数控装备设计

（第2版）

主　编　周利平

副主编　邓远超　刘小莹

主　审　殷国富

U0280065

重庆大学出版社

内 容 简 介

本书包括数控机床设计和数控刀具两大部分,由西华大学长期从事机械设计制造及其自动化专业数控装备课程教学的教师编著。

全书共 11 章,第 1—7 章属"数控机床设计"内容,主要介绍数控机床总体设计、数控机床主传动系统、主轴组件、数控机床的进给传动系统、支承件、导轨及数控机床的刀具交换装置的原理与方法;第 8—11 章属"数控刀具"内容,主要介绍数控加工的切削基础、数控刀具材料、数控刀具、数控工具系统。

本书主要用作高等工科院校机械设计制造及其自动化专业的本科教材,也可用作职业技术院校的同类专业教材,还可供从事数控装备设计、应用及相关工程技术人员参考。

图书在版编目(CIP)数据

数控装备设计／周利平主编. --2 版. -- 重庆:
重庆大学出版社,2023.1
机械设计制造及其自动化本科系列教材
ISBN 978-7-5624-5842-5

Ⅰ.①数… Ⅱ.①周… Ⅲ.①数控机床—加工—设备
—设计—高等学校—教材 Ⅳ.①TG659

中国版本图书馆 CIP 数据核字(2020)第 019685 号

数控装备设计
(第 2 版)

主 编 周利平
副主编 邓远超 刘小莹
主 审 殷国富
特约编辑:秦旋旎
责任编辑:杨粮菊 版式设计:杨粮菊
责任校对:邹 忌 责任印制:张 策

*

重庆大学出版社出版发行
出版人:饶帮华
社址:重庆市沙坪坝区大学城西路 21 号
邮编:401331
电话:(023)88617190 88617185(中小学)
传真:(023)88617186 88617166
网址:http://www.cqup.com.cn
邮箱:fxk@cqup.com.cn(营销中心)
全国新华书店经销
重庆市国丰印务有限责任公司印刷

*

开本:787mm×1092mm 1/16 印张:20.75 字数:534 千 插页:8 开 1 页
2011 年 3 月第 1 版 2023 年 1 月第 2 版 2023 年 1 月第 3 次印刷
ISBN 978-7-5624-5842-5 定价:59.80 元

前言第2版

制造业是国民经济的支柱产业,是工业化和现代化的主导力量,数控装备是现代制造业的基础设备,在我国实现经济社会转型发展、实施"中国制造2025"战略中具有重要支撑作用,随着数控装备在制造业中的广泛应用,在机械制造领域我国数控装备的产量、功能和技术水平都有了长足进步,产业部门急需熟悉、掌握数控装备设计理论和应用技术的人才,掌握数控装备设计技术是当代机械类专业本科生应具备的基本能力。

为培养适应国家和地方经济社会发展需要、符合现代制造业需求的高级专门人才,本书在《数控装备设计》第1版教材的基础上,以本科教学质量国家标准、工程教育认证标准为指导,确立按学科大类培养专业人才的主导思想,构建贯穿"设计 – 制造 – 控制 – 管理"四条知识主线课程体系。"数控装备设计"课程属于机械类专业"机械制造工程原理与技术"核心知识领域课程,在本次修订中,充分体现数控装备技术的最新发展,主要遵循以下修订思想:

1)数控机床和数控刀具是数控装备必不可少的组成部分,迄今为止尚无完全针对数控机床、数控刀具的基本理论、结构设计方法等方面的教材。因此,本书第2版仍然保持第1版原有的基本内容和编写风格,在体系上仍以数控机床、数控刀具的设计方法为主线,以数控机床总体设计、运动设计、结构设计和数控刀具选用及研究方向为重点,注重学生分析问题和解决问题能力的培养,使学生系统掌握数控机床设计、数控刀具选用的基本理论、基本知识和基本方法。

2)西华大学机械设计制造及其自动化专业为首批国家级一流专业建设点,我们结合国家级一流专业建设指标点要求和课程体系的改革思路,重新优化课程目标,总结近几年教学经验,充分结合最新科技成果修订本教材。

3)为进一步培养学生分析问题和解决问题的能力,对习题部分进行了修订。

4)近年来,数控机床精度检验标准、金属切削基本术语等均制订了新标准,本书均采用国家最新标准修订了相关内容。

基于上述修订思想,本书设置4个课程目标:

课程目标1:对数控机床的技术性能、设计方法有较系统的认识,掌握认识和分析数控机床运动、传动方案的方法,具备合理应用机械设计制造领域工程基础理论、专业知识解决数控机床传动系统设计中的复杂工程问题的能力。

1

课程目标2：了解数控机床功能部件基本结构、工作原理及性能特性，能利用机械设计制造领域工程基础理论、专业知识解决数控机床功能部件设计中的复杂工程问题。

课程目标3：掌握典型数控刀具（如数控车削刀具、孔加工刀具、数控铣削刀具等）的结构特点和使用特点，培养学生具有正确选用和使用标准数控刀具的能力。

全书共11章，通过4个课程目标支撑毕业要求指标点"1.4能够应用相关知识和方法正确理解、分析机械设计制造及其自动化专业复杂工程问题，并确定设计目标和参数"。其中，第1～7章属"数控机床设计"内容，主要介绍数控机床总体设计、数控机床主传动系统、主轴组件、数控机床的进给传动系统、支承件、导轨及数控机床的刀具交换装置的原理与方法，使读者对数控机床的技术性能、设计方法有较系统的认识，能掌握认识、分析数控机床运动和传动的方法，了解数控机床典型结构、工作原理及控制系统特性，为今后对数控机床进行创造性的应用和开发打下坚实基础。第8～11章属"数控刀具"内容，主要介绍数控加工的切削基础、数控刀具材料、数控刀具、数控工具系统，使读者了解数控刀具及其工具系统的基本结构，熟悉专用刀具的设计原理及方法，具有正确选用标准刀具的能力。

本书由西华大学、成都医学院长期从事机械设计制造及其自动化专业数控装备课程教学的教师编著。周利平教授担任主编，刘小莹、唐松担任副主编。各章编写分工为：西华大学周利平编写第1、2、7章，成都医学院刘小莹编写第3、4章，西华大学唐松编写第5、6章，西华大学陈朴编写第8、9章，西华大学黄江编写第10、11章。

本书由原教育部高等学校机械设制造及其自动化专业教学指导委员会委员、四川大学殷国富教授和企业专家成都金大立科技有限公司杨刚教授级高工主审。两位主审对本书的修订提供了宝贵意见，在此敬向他们表示衷心感谢！

本书在编写中得到了西华大学教务处、机械工程学院的大力支持，西华大学研究生李福来、刘锐、唐之博、刘军参与了部分资料查询、整理及图形制作等工作，在此一并表示感谢。

本书主要用作高等工科院校机械设计制造及自动化专业的本科教材，也可用作职业技术院校的同类专业教材，还可供从事数控装备设计、应用及相关工程技术人员参考。

由于编者水平有限，书中难免有错误和不妥之处，敬请读者不吝指正。

编者
2023年1月于西华大学

前言 第1版

　　机械制造工业是国民经济赖以发展的基础,实践已一再证明:先进的技术装备在国民经济现代化建设中起着重大的作用,装备制造业是一个国家综合制造能力的集中体现,其生产能力和发展水平是衡量一个国家工业化水平和综合国力的重要标志。随着数控技术在制造业中的广泛应用,我国在装备制造领域数控装备的产量、功能和技术水平都有了长足进步,产业部门急需熟悉、掌握数控装备设计及应用技术的人才。

　　西华大学机械设计制造及其自动化专业作为四川省首批高等学校品牌专业、国家第二批高等学校特色专业(第一类特色专业),在多年的教学实践中,始终围绕"培养满足现代科技和制造业发展需要的、掌握现代制造技术的、具有创新意识和实践能力的高素质专业技术人才"的应用型人才培养目标,在专业人才培养方案的课程设置中一直坚持以"工艺—装备—控制"为专业课程主线,在教学中获得了良好效果,其人才培养模式和教改实践在全国各地方普通高校的课程设置方面具有一定的示范性。

　　数控机床和数控刀具是数控装备必不可少的组成部分,但目前尚无完全针对数控机床、数控刀具的基本理论、结构设计方法等方面的教材。我们拟在实施四川省新世纪教改项目工程基础上,结合国家级特色专业人才培养模式和课程体系的改革,重组课程教学内容,总结近几年教学经验,充分结合最新科技成果、采用新标准编写本书。本书以数控机床、数控刀具的设计方法为主线,以总体设计、运动设计和结构设计为重点,注重学生分析问题和解决问题能力的培养,使学生系统掌握数控装备设计的基本理论、基本知识和基本方法。

　　本书共11章,第1~7章属"数控机床设计"内容,主要介绍数控机床总体设计、数控机床主传动系统、主轴组件、数控机床的进给传动系统、支承件、导轨及数控机床的刀具交换装置的原理与方法,使读者对数控机床的技术性能、设计方法有较系统的认识,能掌握认识分析数控机床运动和传动的方法,了解数控机床典型结构、工作原理及控制系统特性,为今后对数控机床进行创造性的应用和开发打下坚实基础。第8~11章

1

属"数控刀具"内容,主要介绍数控加工的切削基础、数控刀具材料、数控刀具、数控工具系统,使读者了解数控刀具及其工具系统的基本结构,熟悉专用刀具的设计原理及方法,具有正确选用标准刀具的能力。

本书主要用作高等工科院校机械设计制造及自动化专业的本科教材,也可用作职业技术院校的同类专业教材,还可供从事数控装备设计、应用及相关工程技术人员参考。

本书由西华大学长期从事机械设计制造及其自动化专业数控装备课程教学的教师编著。周利平教授担任主编,邓远超、刘小莹担任副主编。各章编写分工为:周利平编写第1,2,7章;刘小莹编写第3,4章;邓志平编写第5,6章;陈朴编写第8,9章;邓远超编写第10,11章。

本书由教育部高等学校机械设制造及其自动化专业教学指导委员会委员、四川大学教授殷国富主审。

本书在编写中得到了西华大学教务处、机械工程与自动化学院的大力支持,西华大学研究生向文英、刘利江、王继生参与了部分资料查询、整理及图形制作等工作,在此一并表示感谢。

由于编者水平有限,书中难免有错误和不妥之处,敬请读者不吝指正。

编　者
2010 年 10 月

目录

第 1 章
数控机床总体设计

机械制造工业是国民经济赖以发展的基础,实践已一再证明:先进的技术装备在国民经济现代化建设中起着重大的作用,装备制造业是一个国家综合制造能力的集中体现,其生产能力和发展水平是衡量一个国家工业化水平和综合国力的重要标志。随着数控技术在制造业中的广泛应用,在装备制造领域我国数控装备的产量、功能和技术水平都有了长足进步。

作为一种典型的机电一体化产品,数控机床是机械和电子技术相结合的产物。数控机床的机械结构包括:机床的基础件(如床身、立柱)、主传动系统、进给传动系统、导轨、自动换刀装置及其他辅助装置(如液压、气动装置,排屑装置等)。数控机床的各机械部件在数控系统的指令控制下相互协调工作,组成一个复杂的机电系统,以实现各种切削加工运动和其他辅助操作等功能。

随着机械电子和计算机控制技术的发展以及在机床上的普及应用,数控机床的机械结构也在不断发展变化。从数控机床的发展史看,早期的数控机床,包括目前部分改造、改装的数控机床,大都是在普通机床的基础上,通过对进给系统的革新、改造而成的。因此,在许多场合,普通机床的构成模式、零部件的设计计算方法仍然适用于数控机床。但是,随着计算机数控技术(包括伺服驱动、主轴驱动)的迅速发展,为了适应现代制造业对生产效率、加工精度和安全环保等方面越来越高的要求,现代数控机床的机械结构已经从初期对普通机床的局部改进,逐步发展形成了自己独特的结构。特别是近年来,随着电主轴、直线电动机等新技术、新产品在数控机床上的推广应用,数控机床的机械结构正在发生重大的变化;虚拟轴机床的出现和实用化,使传统的机床结构面临着更严峻的挑战。

1.1 机床设计应满足的基本要求

机床设计和其他产品设计一样,都是设计师根据市场的需求、现有制造条件和可能采用的新工艺以及相关科学技术知识进行的一种创造性劳动。随着科学技术的发展,机床设计工作已由单纯类比发展到分析计算;由单纯静力分析发展到包括静态、动态以及热变形、热应力等的分析;由定性分析发展到定量分析,使机床产品在设计阶段就能预测其性能,提高了一次成

1

功率。特别是在计算机辅助设计技术的发展和应用以及生产社会化的有利条件下,不仅提高了机床设计的效率、缩短了设计周期,而且许多零部件均可外购,缩短了产品的制造周期,更好地满足了市场的需求。

在机床设计中,必须充分注意机床产品的评价指标以及用户的具体要求,以便设计出技术先进、经济合理,即质优价廉的机床,提高机床在国内外市场上的竞争力。

评定机床性能的标准是其技术经济指标,具体体现在"性能要求、经济效益和人机关系"等方面。

1.1.1 性能要求

(1)工艺范围

机床的工艺范围是指机床适合不同加工要求的能力。一般包括如下内容:在机床上可完成的工序种类,加工零件的类型,材料和尺寸范围,毛坯的种类等。

根据机床的工艺范围,可将机床分为通用机床、专门化机床和专用机床三种不同类型。通用机床适用于小批、单件生产,工艺范围较宽,能完成较多的工序,可适应各种工业部门的需要。在大批、大量生产中,工序往往是分散的,一台机床只承担某几道工序甚至某一道工序的加工。这种情况下,通常采用工艺范围较窄的专用机床或专门化机床,例如组合机床等。

数控机床是一种能进行自动化加工的通用机床,能在一次装夹下完成大量工序,重新调整也十分方便,故适用于小批生产自动化。但目前数控机床已开始用于大批大量生产,以充分发挥其生产率高、废品率低、生产周期短、便于调整等优点。由于数字控制的优越性,数控机床的工艺范围比传统的通用机床更宽,例如加工中心由于具有刀库和自动换刀装置,在加工过程中可以自动更换多种刀具,一次装夹能完成多面多工序的加工;数控车床可以完成普通卧式车床、转塔车床、多刀半自动车床和仿形车床等的加工工序;车削中心在数控车床的基础上增加了动力刀具,可完成钻、铣加工。

(2)机床精度和表面粗糙度

机床的加工精度是指被加工零件在尺寸、形状和相互位置等方面所能达到的准确程度。零件的加工精度是由机床、刀具、夹具、切削条件和操作者等因素决定的。目前,机床的精度分三级:普通级、精密级和高精度级。机床的精度包括几何精度、运动精度、定位精度和传动精度等。几何精度是指机床在不运转或低速运转时机床主要零部件工作面的精度;运动精度是指机床的主要零部件以工作速度无负载运动时的精度;定位精度是指机床主要部件运动到终点所达到的实际位置精度;传动精度是指机床内联传动链各末端执行件之间相对运动的准确性。

影响机床加工精度的因素,除机床本身的精度外,还有机床的刚度、由构件残余应力引起的变形、热变形和磨损等。

机床加工零件的表面粗糙度是机床的主要性能之一。它与被加工零件的材料、刀具的材料、进给量、刀具的几何形状和切削时的振动等有关。零件表面质量的要求越高,即表面粗糙度要求越小,则对机床的抗振性的要求也越高。机床的抗振性是指抵抗受迫振动和自激振动的能力。如果振动源的频率与机床某一主要部件的某一振型的固有频率一致时,将产生共振。这将使表面粗糙度大大增加,甚至不能正常工作。自激振动则是产生于切削过程中,如果切削不稳定,将使切过的表面波纹度大幅度增加,振动越来越剧烈,将严重破坏被加工零件的表面质量。

（3）生产率

机床的生产率是指在单位时间内,机床所能加工的工件数量。因此,提高机床的生产率就是缩短加工一个零件的平均总时间,包括缩短切削时间、辅助时间以及分摊到每个零件上的准备与结束时间。采用先进刀具以提高切削速度,采用大切深、大进给、多刀多刃和成形切削,以铣代刨等可缩短切削时间;采用空行程机动快移、自动工件夹紧、自动测量和数字显示等,可缩短辅助时间;将切削时间与辅助时间部分重合等都是提高生产率的有利途径。数控机床采用自动换刀、自动交换工件、自动检测等也是提高生产率的有效途径。

（4）自动化

机床自动化可减少人对加工的干预,更好地保证被加工零件精度的稳定性,同时还可提高生产率,减轻工人的劳动强度。机床自动化可分为大批大量生产自动化和单件小批生产自动化。对于大批大量生产,常采用自动化单机(如自动机床、组合机床)或由他们与相应自动化辅助装置组成的自动生产线来完成。对单件小批生产,常采用数控机床、加工中心或由他们组成的柔性制造系统和工厂自动化来完成。

（5）可靠性

可靠性是指机床在规定的使用条件下和规定的使用期间内,其功能的稳定程度,也就是要求机床不轻易发生或尽可能少发生故障。可靠性对于任何产品都是极其重要的技术经济指标。随着自动化水平的提高,需要许多机床、仪表、控制系统和辅助装置等协同工作,对于纳入自动线、自动化加工系统或自动化工厂的机床,可靠性指标尤为重要,否则只要一台机床出现故障,往往会影响全线或部分的自动化生产。因此,必须采取有效措施来保证机床的可靠性。

（6）机床寿命

机床寿命是指机床保持它应有的加工精度的时间。提高机床寿命的关键在于提高关键性零件的耐磨性,并使主要传动件的疲劳寿命与其匹配。随着技术设备更新的加快,对机床寿命所要求的时间也在缩短。中小型通用机床的寿命约为 8 年。专用机床随被加工零件的更新而报废,寿命要求更短些,因此,设计该类机床时,应突出提高生产率,以期在短期内获得最大的经济效益。大型机床和精密级、高精度级机床的价格高,则要求寿命相对长些,以期在较长的时间里保持精度,提高经济效益。

1.1.2　经济效益

在保证机床性能要求的同时,还必须高度重视机床的经济效益。不仅应重视降低机床设计、制造、生产和管理成本,以提高机床生产厂的经济效益,而且还应重视提高机床使用厂的经济效益。

对于机床生产厂的经济效益,主要体现在机床成本上。一般说来,机床成本的 80% 左右在设计阶段就可基本确定。为了降低机床成本,机床设计工作应在满足用户需求的前提下,尽可能做到结构简单,工艺性好,制造、装配、检验与维护方便;尽量提高机床结构模块化、品种系列化、零部件通用化和标准化水平。

对于机床使用厂的经济效益,首先是要提高机床的加工效率和可靠性,还必须减少能耗,提高机床的机械效率。因为机床的机械效率是有效功率与输入功率之比,二者差值就是损失,而且主要是摩擦损失。在这损失的过程中,摩擦功转化的热能将引起机床的热变形,对机床的工作极为不利。因此,要特别注意提高功率较大和精加工机床的机械效率。

　　提高机床标准化程度不仅在发展机床品种、规格、数量和质量及新产品设计、老产品革新等方面有重要意义，而且在组织生产、降低机床成本和机床的使用、维修等方面也有明显的效益。机床品种系列化，零部件通用化和零件标准化，统称为标准化。系列化的目的是用最少品种规格的机床最大限度地满足国民经济各部门的需要。零部件通用化是指不同型号的机床要用相同的零部件，一般称这些适合于不同机床的零部件为通用件。零件标准化是指在机床设计中应尽量使用国际和国内规定的标准化零件。标准件外购或按规定标准制造，能极大地节省设计和制造工作量。

　　为了克服通用零部件在性能上难以完全适应不同产品要求的缺点，应积极推广模块化设计方法。模块化是指对具有相同功能的零部件，根据不同的用途和性能，设计出多种可以互换的模块供选用。模块化的结果可大大缩短设计和制造的周期，提高多产品生产的能力，能够快速地满足市场的需求。因此，同时兼顾了机床制造厂和用户的利益。

1.1.3　人机关系

　　因为"人机学"（或称"宜人学"）是综合研究人—机械—环境的一门新兴学科。因此，设计机床和设计其他产品一样，必须重视应用"人机学"的理论和知识来处理人和机器、环境的关系。

　　机床设计要布局合理、操作方便、造型美观、色彩悦目。机床的造型要简洁明快，美观大方，使用舒适。简洁的外形便于制造，符合人的视觉特征，看后易于记忆，印象深刻，能防止疲劳，提高效率，少出差错。机床的操纵应方便、省力、容易掌握、不易发生操作故障和错误。机床工作时不允许对周围环境污染，渗、漏油必须避免。机床的噪声要低，噪声级要在规定值以下。不同精度等级的机床，国家有相应的规定标准，噪声不能对人耳有强烈的不适感。应该指出，在当前激烈的市场竞争中，机床的"人机关系"具有先声夺人的效果，在产品设计中应给予高度重视。

　　在设计机床时，要对上述各项技术经济指标进行综合考虑，应根据不同的要求，有所侧重。

1.2　机床设计的基本步骤

　　机床设计是一种创造性的劳动，为此，必须做好技术信息和市场的预测工作，掌握机床发展的趋向和动态，拟定产品的长远发展规划。要加强产品的试验研究工作，使其具有一定技术储备，为改进产品以至更新换代创造条件。要博采众长，学习国内外的新技术、新结构、新工艺、新材料，并将其及时用于机床设计，以提高产品水平。生产的需求是机床发展的动力，用户的要求是机床设计的依据。为在用户中赢得声誉，必须重视坚持为用户服务的原则，一切为用户着想，急用户之所急。如果用户的经济效益越大，对机床的设计制造单位来说，不仅利润越多，而且声誉也越好，产品的竞争力也越强，会进一步推动机床产品向更高层次迈进。

　　机床设计大体可按照下列步骤进行：

1.2.1　调查研究

　　具体是指研究市场和用户对所设计机床的要求，然后检索有关资料。其中包括技术信息、市场预测、试验研究成果、发展趋向、新技术应用以及相应的结构图样资料等。只有在此基础上拟定的方案才会技术先进,工艺合理,具有较高的经济效益。

1.2.2 方案拟订

在调查研究的基础上,可拟出几个方案进行分析比较。每个方案所包括的内容有:工艺分析、主要技术参数、总布局、传动系统、液压系统、控制操纵系统、电气系统、主要部件的结构草图、试验结果及技术经济分析等。有时还要进行可靠性论证。

在拟订方案时,要处理好以下几个关系:①使用和制造的关系。首先应满足使用要求,其次才是尽可能便于制造,要尽量采用先进工艺和创新结构。②理论与实践的关系。设计必须以生产实践和科学实验为依据,凡是未经实践考验的方案,必须经过实验证明可靠后才可用于设计。③继承与创新的关系。必须做到继承与创新相结合,要尽量采用先进技术,迅速提高生产力。注意吸取前人和国外的先进经验,在此基础上有所创造和发展。

1.2.3 技术设计

根据确定的总体设计方案,绘制机床总图、部件装配图、液压系统图、控制系统框图和电气系统图,并进行必要的运动计算和动力计算。有条件时,应尽可能采用计算机辅助设计。

1.2.4 工作图设计

绘制机床的全部零件图。

1.2.5 编制技术文件

整理机床有关部件与主要零件的设计计算书,编制各类零件明细表,制定精度和其他检验标准,编写机床说明书等技术文件。

1.2.6 对图样进行工艺审查和标准化审查

经过上面程序,已形成所有加工工序所必需的图样和技术文件,可进行生产。

如果设计的新机床是成批生产的产品,在工作图设计完成后,应进行样机的试制以考验设计,然后进行试验和鉴定,合格后再进行小批试制以考验工艺。根据试制、试验和鉴定过程中暴露出的问题,修改图样,直到产品达到使用要求为止。在机床投入使用后,要及时收集使用部门和制造部门的意见,并随时注意科学技术的新发展,总结经验,以便对机床产品进行改进和提高。

1.3 机床总布局

数控机床总布局的任务是解决机床各部件间的相对运动和相对位置关系,并使机床具有一个协调完美的造型。合理选择机床布局,不但可以使机床满足数控化的要求,而且能使机械结构更简单、合理、经济。如前所述,早期的数控机床是在普通机床的基础上,经过局部结构改进而成的,它与普通机床有很多相似之处,有的仍然保持普通机床的基本布局形式。随着数控技术的发展,特别是近年来高速加工机床的出现,使数控机床的总体结构形式灵活多样,变化较大,出现了许多独特的结构。下面仅就某些典型数控机床的布局思想作一简单介绍。

1.3.1 数控车床

数控车床常用的布局形式有平床身、斜床身和立式床身三种,如图1.1所示。

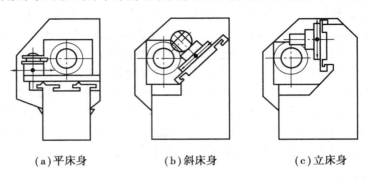

（a）平床身   （b）斜床身   （c）立床身

图1.1 数控车床总布局

这三种布局方式各有特点,一般经济型、普及型数控车床以及数控化改造的车床,大都采用平床身,性能要求较高的中、小规格数控车床采用斜床身(有的机床是用平床身斜滑板)布局,大型数控车床或精密数控车床采用立式床身。

斜床身布局的数控车床(导轨倾斜角度通常选择45°、60°和75°),不仅可以在同等条件下改善受力情况,而且还可通过整体封闭式截面设计提高床身的刚度,特别是自动换刀装置的布置较方便。而平床身、立式床身布局的机床受结构的局限,布置比较困难,限制了机床性能。因此,斜床身布局的数控车床应用比较广泛。在其他方面这三种布局方式的特点如下:

1)热稳定性 当床头箱因发热使主轴中心线产生热变位时,斜床身的影响最小;而斜床身、立式床身因排屑性能好,受切屑产生的热量影响较小。

2)运动精度 平床身布局由于刀架水平布置,不受刀架、滑板自重的影响,容易提高定位精度;立式床身受自重的影响最大,有时需要加平衡机构消除;斜床身介于两者之间。

3)加工制造 平床身的加工工艺性较好,部件精度较容易保证。另外,平床身机床工件重量产生的变形方向竖直向下,它和刀具运动方向垂直,对加工精度的影响较小;立式床身产生的变形方向正好沿着运动方向,对精度影响最大;斜床身介于两者之间。

4)操作、防护、排屑性能 斜床身的观察角度最好,工件的调整比较方便。平床身有刀架的影响,加上拖板突出前方,观察、调整较困难。但是,在大型工件和刀具的装卸方面,平床身因其敞开面宽,故起吊容易,装卸比较方便。立式床身因切屑可以自由落下,排屑性能最好,导轨防护也较容易。在防护罩的设计上,斜床身和立式床身结构较简单,安装也比较方便;而平床身则需要三面封闭,结构较复杂,制造成本较高。

1.3.2 加工中心

加工中心的总布局按机床结构不同分立式、卧式、龙门式等,同时,其联动坐标轴数、刀库形式、换刀方式等对机床的布局都会产生影响。因此,加工中心的布局形式较为丰富。

图1.2所示为立式加工中心的常见布局。立式加工中心是指主轴垂直设置的加工中心,工作台一般不升降,立柱有固定(图1.2(a)、图1.2(c))、可移动(图1.2(b))两种基本形式。其中,图1.2(a)、图1.2(c)立柱固定式结构与传统的立式镗铣床类似,是中、小规格机床的常

用形式。图 1.2（b）所示立柱移动式结构的优点是：首先，这种形式减少了机床的结构层次，使床身上只有回转工作台、工作台，共三层结构，它比传统的四层十字工作台更容易保证大件结构刚性，同时又降低了工件的装卸高度，提高了操作性能。其次，由于 Y 轴导轨的承重是固定不变的，它不随工件重量改变而改变，因此有利于提高 Y 轴的定位精度和精度的稳定性。但是，由于 Y 轴承载较重，对提高 Y 轴的快速性不利，这是其不足之处。

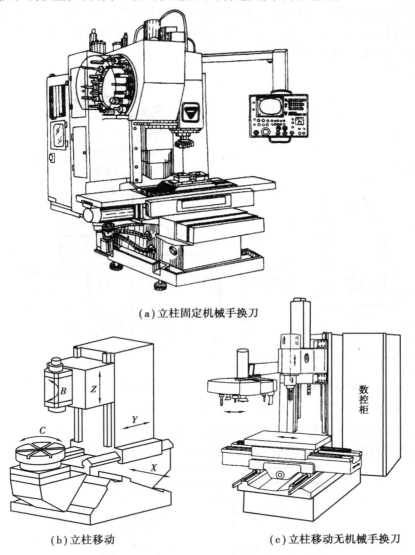

（a）立柱固定机械手换刀

（b）立柱移动　　　　　　　　（c）立柱移动无机械手换刀

图 1.2　立式加工中心总布局

从换刀方式看，图 1.2（a）为盘式刀库，用机械手实现换刀。图 1.2（c）为斗笠式刀库，无机械手，刀库中刀具轴线与机床主轴轴线平行，换刀时主轴移近刀库便可直接换刀。

加工中心一般具有 X,Y,Z 三个坐标轴，可实现两轴、两轴半或三轴联动。有的加工中心还有 U,V,W,A,B,C 中的一个、两个或多个坐标运动，可分别实现 X,Y,Z,U,V,W,A,B,C 任何方向的四轴、五轴联动，甚至可实现更多坐标轴联动。图 1.2（b）为五轴联动的加工中心，立柱作 Y 向运动，床鞍、工作台在倾斜式床身上作 X 向运动，主轴箱沿立柱导轨作 Z 向运动，主轴

可绕 B 轴转动,回转工作台可绕 C 轴转动,从而实现五轴联动加工。

图 1.3 为卧式加工中心的常见布局。卧式加工中心是指主轴水平设置的加工中心,其布局形式与立式加工中心类似,也有立柱可移动(如图 1.3(a)所示)、固定(如图 1.3(b)所示)两种基本形式。这两种基本形式通过不同组合,还可以派生出其他多种变型,如 X,Y,Z 轴都采用立柱移动而工作台完全固定的结构形式(如图 1.3(a)所示);或 X,Y 由立柱移动而 Z 轴由工作台移动的结构形式等。卧式加工中心的各种布局特点与对应立式加工中心类似,这里不再赘述。总的来说,卧式加工中心与立式加工中心相比,一般具有刀库容量大、整体结构复杂、体积和占地面积大、价格较高等特点。

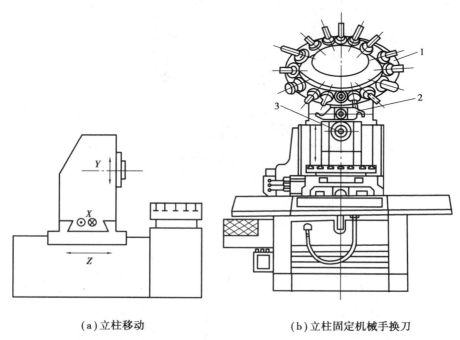

(a)立柱移动   (b)立柱固定机械手换刀

图 1.3 卧式加工中心总布局

以上加工中心的布局形式多用于中小型加工中心,当要加工大型或形状复杂的工件时,可采用龙门式结构,如图 1.4 所示。龙门式加工中心的总布局与普通龙门铣床类似,主轴多为垂

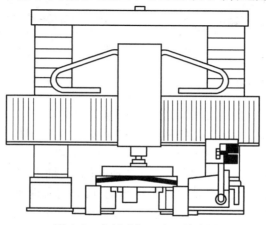

图 1.4 龙门式加工中心总布局

直设置,主轴箱可沿横梁上的导轨左右移动(Y向),横梁可沿立柱导轨上下移动(Z向),工作台作前后方向移动(X向),主轴也可作上下移动(W向)。这种布局方式用于加工工件较大的机床,刚性好,热变形小。

1.3.3　虚拟轴机床

虚拟轴机床是一种基于并联机构原理并结合现代机器人技术和机床技术而产生的新型数控机床,其基本的结构特征是并联,即由床身—刀具(动平台)—工件这一运动链中包含多条独立的运动支链,如图1.5所示。传统机床的布局特点是以床身、立柱、横梁等作为支承部件,主轴和工作台滑板沿支承部件上的直线导轨移动,按X,Y,Z坐标运动叠加的串联运动学原理形成刀具的加工轨迹。正是由于采用了空间并联结构,使得虚拟轴机床在结构和工作性能上显示出许多突出特点。

图1.5　Variax 机床

(1) 机床结构简单

虚拟轴机床主要由框架和变长度杆等简单构件组成,对于复杂的曲面加工,不需要普通机床的X、Y、Z三个方向的工作台或刀架的复合运动,只要控制六杆的长度即可。机床以较为复杂的控制换取结构的最大简化。

(2) 机床结构刚度高

传统机床因结构不对称,而使机床受力、受热不均匀。虚拟轴机床呈对称的框架结构,传递力的运动链是六条腿构成的六个"并联"运动链,主轴平台所受外力由六根杆分别承担,故每杆受的力要比总负荷小得多,且这些杆件只承受拉压载荷,而不承受弯矩和扭矩,因此具有刚度高、传力大、稳定性好、承载/重量比高的优点。

(3) 机床动态性能好

传统机床的工件、工作台等大质量部件一般都在运动,系统惯性大,使机床高速动态性能恶化。而虚拟轴机床运动部件的数量少、质量轻,减少了运动负荷,使系统的动态性能得以改善,能够实现更快的动态响应。在高速加工时,并联结构的优点更加明显。

(4) 加工精度高

传统机床是串联传动结构,主轴或工作台的运动由各传动轴依次传递,存在误差积累问题。而虚拟轴机床具有并联结构特点,并联机构各个轴的误差形成的是平均值,而不像串联机构各个轴的误差相互叠加,因此加工精度较高。

另外,虚拟轴机床的结构精度可以不依靠导轨正交的直线性和精度,虚拟轴机床可以将所有的测量点都置于不移动的构架结构上,而这些在传统机床中是不可能做到的。除此之外,结构刚度的提高、运动质量的减小也对加工精度产生良好的影响。

(5)适应性强

虚拟轴机床的加工,主要是通过连接刀具的动平台在空间改变位置和姿态实现的,而刀具的运动则是由六个伺服电机驱动六个滚珠丝杆,通过调整各杆的长度来进行控制。对于不同形状的零件,只要改变相应伺服电机的控制指令,从而改变各杆的长度,就可以实现刀具位置的变化。因此,对于复杂形状的零件,刀具调整方便,机床适应性强。

(6)经济性好

虚拟轴机床产生运动可以不需要消耗材料多、重量大的床身式直线导轨,不需要保持导轨正交状态的部件,不需要支撑横向载荷的部件,材料消耗少,既减轻了机床重量,又降低了制造成本。虚拟轴机床不仅结构简单,而且主要部件多为通用件,具有较强的模块化功能,有利于针对不同加工需要进行设备重组。减少投资,维修方便,经济性能良好。

1.4 机床主要技术参数的确定

在机床的总体设计时,首先要确定机床主要技术参数,它是后续设计的前提和依据。机床的主要技术参数大致分为三类:尺寸参数、运动参数和动力参数。

1.4.1 尺寸参数

机床尺寸参数是影响机床加工性能的主要结构尺寸,包括机床的主参数、第二主参数和其他一些尺寸参数。机床的主参数是机床最重要的技术参数,它代表机床的规格大小(机床最大工作能力)。各类通用机床和专门化机床的主参数已有统一的规定,通常是机床加工最大工件的尺寸。如卧式车床是床身上工件的最大回转直径,立式钻床和摇臂钻床是最大钻孔直径,龙门刨床、龙门铣床、升降台式铣床和矩形工作台平面磨床是工作台工作面的宽度,外圆磨床和无心磨床是最大磨削直径,齿轮加工机床是最大工件直径,牛头刨床和插床是最大刨削和插削长度。有的机床不用尺寸作为主参数,如拉床的主参数是额定拉力。

有些机床,一个主参数还不足以确定机床的规格,还需要第二主参数加以补充。如车床的第二主参数是最大工件长度,铣床和龙门刨床是工作台工作面长度,摇臂钻床是最大跨距等。此外,与工件尺寸有关的尺寸参数,与工具、夹具有关的尺寸参数和与机床结构相关的尺寸参数也要明确地规定。例如,普通车床要明确在刀架上工件的最大回转直径和主轴允许通过的棒料直径;龙门铣床要确定横梁的最高和最低位置;摇臂钻床要确定主轴下端到底座间的最大和最小距离,其中包括摇臂的升降距离和主轴最大伸出量等。

机床的尺寸参数主要由被加工工件的尺寸确定。机床的主参数、第二主参数和其他尺寸参数确定后,就基本上确定了该机床所能加工或安装的最大工件尺寸。

1.4.2 运动参数

机床运动参数是指机床执行件(主轴、刀架、工作台等)成形运动的速度,如车床主轴的转速(r/min)、刀架进给运动量大小(mm/r)等。因此,在一般情况下,机床运动参数的确定包括主运动参数、进给运动参数的确定。

(1)主运动参数

主运动为回转运动的机床(如车床、铣床、镗床等),其主运动参数是主轴转速,它与切削速度的关系为

$$n = 1\,000v/\pi d \tag{1.1}$$

式中　n——主轴转速,r/min;

　　　v——切削速度,m/min;

　　　d——工件或刀具的直径,mm。

主运动为直线运动的机床(如刨床或插床等),其主运动参数是主运动执行件每分钟的往复次数,它与切削速度、行程长度的关系为

$$n_r = \frac{1\,000v}{S + Sv/v_1} \tag{1.2}$$

式中　n_r——主运动往复行程数,双行程/min;

　　　v——切削速度,m/min;

　　　v_1——回程速度,m/min;

　　　S——行程长度(含切入空行程和超程长度),m。

对于不同的机床,主运动参数有不同的要求。专用机床和组合机床是为某一特定工序而设计制造的,通常只需有一个固定的转速,根据最有利的切削速度和直径而定,没有变速要求。通用机床或专门化机床需适应不同尺寸、不同材料零件的加工,主轴需要变速。因此需确定它的变速范围,即最低与最高转速。如果采用分级变速,还应确定转速级数。

1)主轴最低转速 n_{min} 和最高转速 n_{max} 的确定

在调查和分析所设计机床可能完成工序的基础上,选择需要最低、最高转速的典型工序,根据典型工序的切削速度(可通过调查、切削实验、查切削用量手册)和工件(或刀具)直径,按式(1.1)计算 n_{max} 和 n_{min},即

$$n_{min} = 1\,000v_{min}/\pi d_{max} \tag{1.3}$$
$$n_{max} = 1\,000v_{max}/\pi d_{min} \tag{1.4}$$

n_{max} 和 n_{min} 的比值即为主轴变速范围 R_n

$$R_n = \frac{n_{max}}{n_{min}} \tag{1.5}$$

在计算 n_{max}(n_{min})时,不是将所有可能出现的 v_{max}、d_{min}(或 v_{min}、d_{max})代入式中,而是在实际使用情况下,采用 v_{max}(或 v_{min})时常用的 d_{min}(或 d_{max})值。这样计算出的 n_{max}(或 n_{min})才比较合理。对于卧式车床,一般可取 $d_{max} = (0.5 \sim 0.6)D_{max}$,$d_{min} = (0.2 \sim 0.25)d_{max}$($D_{max}$ 为床身上最大回转直径);对于摇臂钻床,通常取 $d_{max} = D_{max}$(D_{max} 为最大钻孔直径),$d_{min} = (0.2 \sim 0.25)d_{max}$;对于卧式铣床,一般取 $d_{max} =$ 盘形铣刀最大直径。

为给今后工艺和刀具方面的发展留有储备,一般可将 n_{max} 的计算值提高 20% ~ 25%。

2)主轴转速数列

在确定了 n_{max}、n_{min} 后,还需确定中间转速。为获得合理的切削速度,最好能连续地变换转速,即在 n_{max} 和 n_{min} 范围内能够提供任何转速,此为无级变速。对于大多数数控机床和重型机床,常用变速电动机进行无级变速(有时也需串联分级变速机构来扩大其变速范围,见2.4)。

对于大多数普通机床,常用分级变速。

分级变速机床的主轴转速应如何排列才比较合理呢? 如某机床主轴的转速共有 Z 级,其中 $n_1 = n_{min}$, $n_z = n_{max}$,转速分别为

$$n_1, n_2, n_3, \cdots, n_j, n_{j+1}, \cdots, n_z$$

如某工序所需的合理切削速度为 v,对应的转速为 n。分级变速机构往往不能恰好得到这个转速,而 n 处于 n_j 和 n_{j+1} 之间,即

$$n_j < n < n_{j+1}$$

为了保证刀具耐用度,一般采用 n_j。这时会出现转速损失为 $n - n_j$,相对转速损失 A 为

$$A = (n - n_j)/n$$

最大相对转速损失 A_{max} 是当所需的转速 n 趋近于 n_{j+1} 时的转速损失,即

$$A_{max} = \lim_{n \to n_{j+1}} \frac{n - n_j}{n} = \frac{n_{j+1} - n_j}{n_{j+1}} = 1 - \frac{n_j}{n_{j+1}} \tag{1.6}$$

在其他条件(直径、进给、切深)不变的情况下,转速损失反映了生产率损失。对于普通机床,如果认为每个转速使用的机会均等,则应使 A_{max} 为一定值,即

$$A_{max} = 1 - \frac{n_j}{n_{j+1}} = \text{const} \ 或 \ \frac{n_j}{n_{j+1}} = \text{const} = \frac{1}{\varphi}$$

因此,任意两级转速间的关系为

$$n_{j+1} = \varphi n_j \tag{1.7}$$

即分级变速机床的主轴转速应按等比数列排列。其公比为 φ,各级转速应为

$$\left. \begin{array}{l} n_1 = n_{min} \\ n_2 = n_1 \varphi \\ n_3 = n_2 \varphi = n_1 \varphi^2 \\ \vdots \\ n_z = n_{z-1} \varphi = n_1 \varphi^{z-1} = n_{max} \end{array} \right\} \tag{1.8}$$

最大相对转速损失率为

$$A_{max} = \left(1 - \frac{1}{\varphi}\right) \times 100\% \tag{1.9}$$

等比数列同样适合于直线往复主运动(刨床、插床等)的往复次数数列、进给数列以及尺寸和功率参数系列。

3)标准公比和标准数列

为便于机床的设计与使用,机床行业标准规定了 7 个标准公比:1.06,1.12,1.26,1.41,1.58,1.78,2。标准公比值的制定原则如下:

①机床主轴转速是由小到大递增的,因此 $\varphi > 1$,并规定最大相对转速损失不超过 50%,则相应公比 φ 不得大于 2,故 $1 < \varphi \le 2$。

②公比为 2 的某次方根,使转速 n 每隔几级就增大或减少 2 倍,不仅便于记忆,而且便于使用转速成倍数关系的双速或多速电动机,以简化变速机构。7 个标准公比中,$1.06 = \sqrt[12]{2}$、$1.12 = \sqrt[6]{2}$、$1.26 = \sqrt[3]{2}$、$1.41 = \sqrt{2}$。

③公比 φ 为 10 的某次方根,使转速 n 每隔几级后的转速为前面的 10 倍,符合常用的十进制习惯,便于记忆和使用。7 个标准公比中,$1.06 = \sqrt[40]{10}$,$1.12 = \sqrt[20]{10}$,$1.26 = \sqrt[10]{10}$,$1.58 = $

$\sqrt[5]{10}$,$1.78 = \sqrt[4]{10}$,而且 7 个标准公比中,后 6 个都与 1.06 有方次关系,即 $1.12 = 1.06^2$,
$1.26 = 1.06^4$,$1.41 = 1.06^6$,$1.58 = 1.06^8$,$1.78 = 1.06^{10}$,$2 = 1.06^{12}$。因此,当采用标准公比后,
就可以从 1.06 的标准数列表(表 1.1)中直接查出主轴标准转速。例如,设计一台卧式车床,
$n_{max} = 2\,500$ r/min,$n_{min} = 31.5$ r/min,$\varphi = 1.26$。查表 1.1,首先找到 31.5,然后每隔 3 个数取
一个值,则得 31.5,40,50,63,80,100,125,160,200,250,315,400,500,630,800,1 000,1 250,
1 600,2 000,2 500,共 20 级。

此表不仅可用于转速、双行程数和进给量数列,而且也可用于机床尺寸和功率参数等数
列。表中的数列应优先选用。

表 1.1　标准数列

1.00	2.36	5.6	13.2	31.5	75	180	425	1 000	2 360	5 600
1.06	2.5	6.0	14	33.5	80	190	450	1 060	2 500	6 000
1.12	2.65	6.3	15	35.5	85	200	475	1 120	2 650	6 300
1.18	2.8	6.7	16	37.5	90	212	500	1 180	2 800	6 700
1.25	3.0	7.1	17	40	95	224	530	1 250	3 000	7 100
1.32	3.15	7.5	18	42.5	100	236	560	1 320	3 150	7 500
1.4	3.35	8.0	19	45	106	250	600	1 400	3 350	8 000
1.5	3.55	8.5	20	47.5	112	265	630	1 500	3 550	8 500
1.6	3.75	9.0	21.2	50	118	280	670	1 600	3 750	9 000
1.7	4.0	9.5	22.4	53	125	300	710	1 700	4 000	9 500
1.8	4.25	10	23.6	56	132	315	750	1 800	4 250	10 000
1.9	4.5	10.6	25	60	140	335	800	1 900	4 500	
2.0	4.75	11.2	26.5	63	150	355	850	2 000	4 750	
2.12	5.0	11.8	28	67	160	375	900	2 120	5 000	
2.24	5.3	12.5	30	71	170	400	950	2 240	5 300	

4)公比的选用

由式(1.5),主轴的变速范围 R_n 为 n_{max} 与 n_{min} 之比,即

$$R_n = \frac{n_{max}}{n_{min}} = \frac{n_z}{n_1} = \varphi^{z-1}$$

两边取对数,则

$$z = \frac{\lg R_n}{\lg \varphi} + 1 \qquad (1.10)$$

当确定了 n_{max} 和 n_{min} 后,R_n 为一定值,这时应选择公比 φ。从机床的使用性能考虑,公比 φ
最好选小一些,以便减少相对转速损失。但公比越小,级数 Z 就越多,将使机床的结构复杂。
因此,在选择公比 φ 时应根据机床的实际情况,综合机床结构与使用性能两方面的因素,妥善
处理。对于生产率要求较高的通用机床,为使相对转速损失不大,机床结构又不过于复杂,一
般取 $\varphi = 1.26$ 或 1.41;对于小型机床,为简化结构,公比宜取大值,如 $\varphi = 1.58$、1.78 或 2;由于

用于大批大量生产的专门化、自动化机床,对他们的生产率要求较高,相对转速损失影响较大,故公比 φ 要取得小一些,常取 $\varphi = 1.12$ 或 1.26;又因为这类机床的变速时间分摊到每一工件,与加工时间相比是很小的,为了简化机床结构,常用交换齿轮变速。由于大型机床的切削加工时间长,减小相对转速损失十分重要,若不采用无级变速,公比 φ 应取小值,如 $\varphi = 1.12$ 或 1.06。

(2)进给运动参数

大部分机床的进给量用工件或刀具每转的位移表示,即单位为 mm/r,如车床、钻床、镗床及滚齿机等。直线往复运动的机床,如刨床、插床,以每一往复的位移表示。铣床和磨床,由于使用的是多刃刀具,进给量常以每分钟的位移量表示,即单位为 mm/min。

数控机床的进给运动均采用无级调速,普通机床的进给运动既有无级调速,又有分级变速。由于进给量的损失,在其他条件不变的情况下,也反映了生产率的损失,故普通机床采用分级调速时,为使进给量相对损失为一定值,进给量一般为等比数列。对于普通车床、螺纹车床、螺纹铣床,因为被加工螺纹的螺距是按分段等差数列排列,进给量也必须是等差数列。有些往复主运动机床,进给是间歇的,为使进给机构简单而常用棘轮机构,进给量则由主运动每次往复转过的齿数而定,因此,进给量是等差数列。自动和半自动机床用于大批大量生产,进给量调整不频繁,故常用交换齿轮调整。这样可以不按一定规则而按最有利的原则来选择进给量。

1.4.3 动力参数

机床的动力参数包括电动机功率,液压缸的牵引力,液压马达、伺服电动机和步进电动机的额定转矩等。机床各传动件的参数(如轴或丝杠的直径、齿轮与蜗轮的模数等)都是根据动力参数设计计算的。如果动力参数定的过大,将使机床过于笨重,浪费材料和电力;如果定的过小,又将影响机床的性能。机床的动力参数可以通过调查类比法、试验法和计算法进行确定。这里仅讨论电动机功率的确定。

(1)主运动功率的确定

机床主运动的功率,包括切削功率 $P_{切}$、空载功率 $P_{空}$ 和附加机械摩擦损失功率 $P_{附}$ 三部分。机床加工工件时,要消耗切削功率 $P_{切}$,它与刀具和工件的材料、切削用量有关。如果是专用机床,则工件条件比较固定,也就是刀具与工件的材料和切削用量的变化范围较小,通过计算所得结果比较接近实际情况。而通用机床,因切削条件变化大,通常可根据机床检验时所要求的重负荷切削条件来确定。

机床主运动空转时,为了克服传动件的摩擦、搅油、空气阻力以及其他动载荷等所消耗的功率,称为空载功率 $P_{空}$(kW)。它只随主轴和其他各传动轴转速的变化而改变。对于中型机床,主运动的空载功率可用下面实验公式估算:

$$P_{空} = \frac{k_1}{10^6}\left(3.5 d_c \sum n_i + k_2 d_主 n_主\right) \tag{1.11}$$

式中　d_c——主传动链中各传动轴轴颈的平均直径。如果主运动链的结构尺寸尚未确定,则可按主电动机功率 $P_电$(kW)初步选取

当 $1.5 < P_电 \leqslant 2.8$ kW　　　　$d_c = 30$ mm

当 $2.5 < P_电 \leqslant 7.5$ kW　　　　$d_c = 35$ mm

当 $7.5 < P_电 \leqslant 14$ kW　　　　$d_c = 40$ mm

$d_{主}$——主轴前后轴颈的平均值,mm。

$\sum n_i$——当主轴转速为 $n_{主}$ 时,传动链内各传动轴的转速和。如传动链内有不传递载荷但也随之空转的轴时,其转速也应计入,r/min。

$n_{主}$——主轴转速,r/min。

k_1——润滑油黏度影响的修正系数。用 N46 号机械油时,$k_1 = 1$;用 N32 号机械油时,$k_1 = 0.9$;用 N15 号机械油时,$k_1 = 0.75$。

k_2——轴承系数。滚动或滑动轴承两支承主轴,$k_2 = 8.5$;滚动轴承三支承主轴,$k_2 = 10$。

机床切削时,齿轮、轴承等零件上的正压力加大,各种摩擦阻力加大,功率的损耗也加大。比 $P_{空}$ 多出来的那部分功率损耗称为附加机械摩擦损失功率(简称附加功率)$P_{附}$。当传动件一定时,$P_{附}$ 随 $P_{切}$ 加大而加大。$P_{附}$ 可按下式计算:

$$P_{附} = \frac{P_{切}}{\eta_{\sum}} - P_{切} \tag{1.12}$$

式中　$\eta_{\sum}$——主传动链的机械效率,$\eta_{\sum} = \eta_1 \cdot \eta_2 \cdot \eta_3 \cdots$,$\eta_1,\eta_2,\eta_3,\cdots$,为各串联传动副的机械效率,其值可查阅《机械设计手册》。

综上所述,主电动机功率为

$$P_{主} = P_{切} + P_{附} + P_{空} = \frac{P_{切}}{\eta_{\sum}} + P_{空} \tag{1.13}$$

在主传动链的结构尚未确定前,可用下面的经验公式估算 $P_{主}$。

$$P_{主} = \frac{P_{切}}{\eta_{总}} \tag{1.14}$$

式中　$\eta_{总}$——机床主传动系统的总机械效率。对于回转运动机床,$\eta_{总} = 0.7 \sim 0.85$;对于直线运动机床,$\eta_{总} = 0.6 \sim 0.7$。

(2)进给运动功率的确定

在进给运动与主运动共用一个电动机的普通机床上,如卧式车床和钻床,由于进给运动所消耗的功率与主运动相比是很小的,因此可以忽略进给所需的功率。在进给运动与空行程运动共用一个电动机的机床上,如升降台铣床,也不必单独考虑进给所需的功率,因为使升降台快速上升所需的空行程运动功率比进给运动的功率大得多。

数控机床的进给运动是用单独的伺服电动机驱动的,伺服电动机的选择计算见第 4 章。

单独用普通电动机驱动进给运动的机床(如龙门铣床),需要确定进给电动机功率。通常用参考同类机床比较和计算相结合的方法确定。

因为进给速度较低,空载功率可略。因此,进给功率 $P_s(kW)$ 可根据进给牵引力 $F_Q(N)$、进给速度 $v_s(m/min)$ 和机械效率 η_s,由下式确定

$$P_s = \frac{F_Q v_s}{60\,000 \eta_s} \tag{1.15}$$

进给传动链的机械效率 η_s 一般取 $0.15 \sim 0.20$。

滑动导轨进给牵引力 F_Q 的估算公式见表 1.2。

在正常润滑条件下的铸铁—铸铁副导轨,k 与 f' 可取如下数值:三角形和矩形导轨,$k = 1.1 \sim 1.15$,$f' = 0.12 \sim 0.13$(矩形)或 $= 0.17 \sim 0.18$(90°三角形);燕尾形导轨,$k = 1.4$,$f' = 0.2$。

表 1.2　进给牵引力 F_Q 的估算公式

导轨形式 ＼ 进给方向	水平进给	垂直进给
三角形或三角形与矩形综合导轨	$F_Q = kF_z + f'(F_Y + G)$	$F_Q = k(F_z + G) + f'F_Y$
矩形导轨	$F_Q = kF_z + f'(F_X + F_Y + G)$	$F_Q = k(F_z + G) + f'(F_X + F_Y)$
燕尾形导轨	$F_Q = kF_z + f'(2F_X + F_Y + G)$	$F_Q = k(F_z + G) + f'(2F_X + F_Y)$
钻床主轴		$F_Q = (1 + 0.5f)F_z + f\dfrac{2T}{d} \approx F_z + f\dfrac{2T}{d}$

式中　G——移动部件的重力，N，$G = mg$；

　　　F_X, F_Y, F_z——切削力的三向分力，其中 F_z 沿导轨的纵向，F_Y 垂直于导轨面，F_X 为横向力；

　　　f'——当量摩擦系数；

　　　f——钻床主轴套筒上的摩擦系数；

　　　k——考虑颠覆力矩影响的系数；

　　　d——主轴直径，mm；

　　　T——主轴上的转矩，N·mm。

（3）快速运动功率的确定

机床的一些移动部件，如工作台、刀架、摇臂、横梁等移近、退回等辅助运动应是快速运动，一般由单独电动机驱动。当快速运动与进给运动共用电动机时，其功率也由快速运动确定。快速运动电动机的功率一般参考同类型机床辅之以计算的办法确定（最好再经试验验证）。

由于快速运动电动机往往是满载启动，在启动时不仅要克服摩擦力，还要克服惯性力。因此，快速运动电动机功率 $P_{快}$ 应由下式确定：

$$P_{快} = P_1 + P_2 \tag{1.16}$$

式中　P_1——克服惯性力所需功率，kW；

　　　P_2——克服摩擦力所需功率，kW。

克服惯性力所需功率 P_1：

$$P_1 = \frac{T_a n}{9\,550\eta} \tag{1.17}$$

式中　T_a——克服惯性力所需的转矩，N·m；

　　　n——电动机转速，r/min；

　　　η——快速传动系统的机械效率。

克服惯性的转矩 T_a：

$$T_a = J\frac{\omega}{t_a} = \frac{2\pi n}{60 t_a}J \tag{1.18}$$

式中　J——各传动件折算到电动机轴上的当量转动惯量，kg·m²；

　　　ω——电动机角速度，rad/s；

　　　t_a——电动机启动加速过程的时间，数控机床可取 t_a 为伺服电动机机械时间常数的 3～4 倍；中、小型普通机床可取 $t_a = 0.5$ s；大型普通机床可取 $t_a = 1$ s。

各传动件在电动机轴上的当量转动惯量可根据动能守恒定理，由下式确定：

16

$$J = \sum_k J_k \left(\frac{\omega_k}{\omega} \right)^2 + \sum_i m_i \left(\frac{v_i}{\omega} \right)^2 \qquad (1.19)$$

式中　J_k——各旋转件的转动惯量,kg·m^2;

ω_k——各旋转件的角速度,rad/s;

m_i——各直线运动件的质量,kg;

v_i——各直线运动件的速度,m/s。

实心圆柱形件的转动惯量

$$J = \frac{1}{8} m D^2 = \frac{\pi}{32} \rho D^4 L \qquad (1.20)$$

空心圆柱形件的转动惯量

$$J = \frac{1}{8} m (D^2 + d^2) = \frac{\pi}{32} \rho (D^4 - d^4) L \qquad (1.21)$$

式中　m——质量,kg;

ρ——密度,kg/m^3,对于钢 $\rho = 7.8 \times 10^3$ kg/m^3;

D,d,L——分别为圆柱形件的外径、内径和长度,mm。

快速移动部件多半重量较大。如果是沿水平方向快速运动,则克服摩擦力的功率为

$$P_2 = \frac{f'mgv}{60\,000\eta} \qquad (1.22)$$

如果是升降运动,则快速运动克服质量和摩擦力的功率应为

$$P_2 = \frac{(mg + f'F)v}{60\,000\eta} \qquad (1.23)$$

式中　m——运动部件质量,kg;

g——重力加速度,$g = 9.8$ m/s^2;

F——由于重心与垂直运动机构不同心而引起的导轨上的挤压力,N;

f'——当量摩擦系数,取值见表 1.2 的说明;

v——快速移动速度,m/s。

应该指出的是,P_1 仅存在于启动过程,当运动部件达到正常速度,P_1 即消失。交流异步电动机的启动转矩为满载时额定转矩的 1.6 ~ 1.8 倍,工作时又允许短时间超载,最大转矩可为额定转矩的 1.8 ~ 2.2 倍,快速行程的时间又很短。因此,可根据式(1.16)计算出来的 $P_{快}$ 和电动机转速 n 计算出启动转矩,使所选电动机的启动转矩大于计算出来的启动转矩即可。这样,可使所选电动机的功率小于由式(1.16)计算出来的功率。

习题与思考题

1. 机床设计应满足哪些基本要求?

2. 机床的系列化、通用化、标准化的含义是什么?

3. 机床的主参数包括哪几种? 它们各自的含义是什么?

4. 为何通用机床的主轴转速数列采用等比级数?

5. 公比 φ 的标准数列有何特点? 公比 φ 的选用原则是什么?

6. 试用查表法求主轴各级转速:

（1）已知：$\varphi = 1.26$，$n_{\min} = 12 \text{ r/min}$，$Z = 18$；

（2）已知：$\varphi = 1.41$，$n_{\max} = 1\,800 \text{ r/min}$，$R_n = 45$；

（3）已知：$\varphi = 1.58$，$n_{\max} = 200 \text{ r/min}$，$Z = 6$；

（4）已知：$n_{\min} = 100 \text{ r/min}$，$Z = 12$，其中 $n_1 \sim n_3$、$n_{10} \sim n_{12}$ 的公比为 $\varphi_1 = 1.26$，其余各级转速的公比为 $\varphi_2 = 1.58$。

7. 试用计算法求下列参数：

（1）已知：$R_n = 10$，$Z = 11$，求 φ；

（2）已知：$R_n = 355$，$\varphi = 1.41$，求 Z；

（3）已知：$\varphi = 1.06$，$Z = 24$，求 R_n。

8. 什么是并联机床？其特点是什么？

9. 图 1.6 为一伺服电机驱动的数控机床进给系统。已知执行部件质量为 m，丝杆导程为 P_h，$i_1 = \dfrac{z_1}{z_2}$，$i_2 = \dfrac{z_3}{z_4}$，I、II、III 轴上各元件总的转动惯量分别为 J_1、J_2、J_3。试写出该机械系统各运动件折算到电机轴（I 轴）上的当量转动惯量计算式。

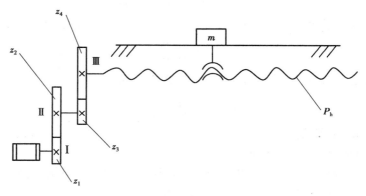

图 1.6　题 9 图

第**2**章
数控机床主传动系统

2.1 概　述

机床主传动系统是实现主运动的传动系统,包括:动力源、变速装置、启停换向装置、操纵(控制)机构、主轴组件等。数控机床与普通机床一样,主传动系统应保证执行件具有一定的转速(速度)和足够的变速范围,以适应不同的加工要求,并能方便地实现运动的启停、变速、换向和制动等。在变速的同时,还要求传递一定的功率和足够的转矩,满足切削的需要。

机床主传动的变速方式有分级变速和无级变速两种。实现变速的方法很多,可以采用液压传动、电气传动和机械传动的方法。前两种方法容易实现无级变速。机械传动变速既可实现无级变速也可实现分级变速。机械无级变速有一定的缺点,目前未能获得广泛应用,现在广泛使用的是分级变速的齿轮运动。

普通机床一般采用机械分级变速传动,而数控机床需要自动换刀和自动变速;且在切削不同直径阶梯轴、切削曲线旋转面和端面时,常需进行恒速切削,即需要随切削直径的变化而自动变速,以维持切削速度基本恒定。这些自动变速往往需要采用无级变速,以利于在一定的调速范围内选择到理想的切削速度,这样既有利于提高加工精度,又利于提高切削效率。数控机床一般都采用由直流或交流调速电动机作为动力源的电气无级变速。大型机床(如龙门刨床)也采用电气无级变速装置。由于数控机床的主运动的调速范围较大,单靠调速电机无法满足这么大的调速范围。另一方面,调速电机的功率转矩特性也难于直接与机床的功率和转矩要求相匹配。因此,数控机床主传动变速系统常常在无级变速电机之后串联机械分级变速传动,以满足机床要求的调速范围和转矩特性。为此,本章将先讨论分级变速系统设计,后讨论无级变速系统设计。

2.2 分级变速传动系统设计

2.2.1 分级变速机构的转速图和结构网

机床主传动系统的设计任务是按照已确定的技术参数和传动方案,设计出经济合理、性能先进的传动系统。其主要设计内容为:拟定结构式或结构网;拟定转速图;确定带轮直径、齿轮齿数;布置、排列齿轮,绘制传动系统图。

（1）转速图

转速图是分析和设计机床传动系统的重要工具,基本组成为"三线一点":传动轴线、转速线、传动线和转速点。

图 2.1 为某中型车床的传动系统图。主轴转速共 12 级,转速范围为 31.5～1 400 r/min,公比 $\varphi = 1.41$,电动机转速为 1 440 r/min。传动系统内共五根轴:电动机轴和轴 Ⅰ 至 Ⅳ。其中轴 Ⅳ 为主轴。轴 Ⅰ—Ⅱ 之间为传动组 a,Ⅱ—Ⅲ 和 Ⅲ—Ⅳ 之间分别为传动组 b 和 c。

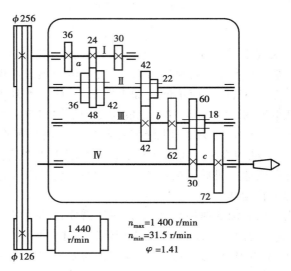

图 2.1 12 级主传动系统图

图 2.2 是它的转速图。

①传动轴线:距离相等的竖直格线,每组竖线代表一传动轴。轴号写在上面。竖线间的距离不代表中心距。

②转速线:距离相等的水平线,代表各级转速。由于分级变速机构的转速是按等比数列排列的,故转速采用了对数坐标。相邻两水平线之间的间隔为 lg φ。为了简单起见,图中省略了对数符号而直接写出了转速值。

③转速点:转速线与各竖线的交点,表示各轴的转速。

④传动线:传动轴线间的转速点连线,表示相应传动副的传动比。传动线的倾斜方向和倾斜程度代表传动副传动比的大小。如电动机轴与轴 Ⅰ 之间的连线代表皮带定比传动,其传动比为

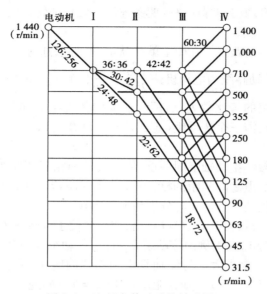

图 2.2　12 级主传动系统转速图

$$i = \frac{126}{256} \approx \frac{1}{2} = \frac{1}{1.41^2} = \frac{1}{\varphi^2}$$

是降速传动,故连线向下倾斜两格。轴 I 的转速为

$$n_1 = 1\ 440 \times \frac{126}{256}\ \text{r/min} = 710\ \text{r/min}$$

轴 I —II 之间有传动组 a,其传动比分别为

$$i_{a1} = \frac{36}{36} = \frac{1}{1}$$

$$i_{a2} = \frac{30}{42} = \frac{1}{1.41} = \frac{1}{\varphi}$$

$$i_{a3} = \frac{24}{48} = \frac{1}{2} = \frac{1}{\varphi^2}$$

表现在转速图上为 I —II 之间有三条连线,分别为水平、降一格和降两格。

轴 II —III 之间有传动组 b,其传动比分别为

$$i_{b1} = \frac{42}{42} = \frac{1}{1}$$

$$i_{b2} = \frac{22}{62} = \frac{1}{2.82} = \frac{1}{\varphi^3}$$

表现在转速图上为轴 II —III 之间,轴 II 的每一转速都有两条连线与轴 III 相连,分别为水平和降三格。由于轴 III 有三个转速,每种转速都通过上述两条线与轴 III 相连,故轴 III 共得 $3 \times 2 = 6$ 种转速。连线中的平行线代表同一传动比。

轴 III —IV 之间有传动组 c,其传动比分别为

$$i_{c1} = \frac{60}{30} = \frac{2}{1} = \frac{\varphi^2}{1}$$

$$i_{c2} = \frac{18}{72} = \frac{1}{4} = \frac{1}{\varphi^4}$$

表现在转速图上为升两格和降四格的两条连线。轴Ⅳ的转速共为 $3 \times 2 \times 2 = 12$ 级。

由此可见,转速图可表示:

①主轴各级转速的传动路线。在图上就是从电动机起,通过那些连线传到主轴的。例如主轴为 500 r/min 时的传动路线为电动机 $-\dfrac{126}{256}-\dfrac{36}{36}(a)-\dfrac{22}{62}(b)-\dfrac{60}{30}(c)$。

②保证主轴得到连续的等比数列条件下,所需的传动组数和每个传动组中的传动副数。如本例主轴转速共 12 级,需三个传动组(定比传动不计在内),每个传动组分别有 3,2,2 个传动副,即 $12 = 3 \times 2 \times 2$。

③传动组的级比指数。主动轴上同一点,传往被动轴相邻两连线代表传动组内相邻两个传动比。它们与被动轴交点之间相距的格数,代表相邻两传动比之比值 φ^x 的指数 x,称为级比指数。图中三个传动组的 x_a、x_b 和 x_c 分别为 1、3 和 6。

④基本组和扩大组。从转速图上可以看出,如果要使主轴转速为连续的等比数列,必须有一个传动组的级比指数为 1,如本例的传动组 a。这个传动组称为基本组。

从轴Ⅱ至轴Ⅲ为第一次扩大。为使轴Ⅲ得到连续的转速,传动组 b 的级比指数应为 3。传动组 b 称为第一扩大组。扩大后,轴Ⅲ能得到 $3 \times 2 = 6$ 种转速。

从轴Ⅲ至轴Ⅳ为第二次扩大。可以看出,传动组 c 的级比指数应为 6,称为第二扩大组。如果还有更多的传动组,则依此类推。

根据以上分析可以看出,本例中的主传动系统是通过了 1 个三级变速传动组和 2 个两级变速传动组串联起来,使主轴获得 12 级等比转速数列。但并非任意几个传动组串联起来都能实现按等比数列排列的分级变速转速值,而是存在一定的内在规律——级比规律。如果以 $p_0, p_1, \cdots, p_n$ 分别表示基本组、第一扩大组……的传动副数,以 $x_0, x_1, \cdots, x_n$ 分别表示基本组、第一扩大组……的级比指数,则以单速电机驱动,由若干传动组串联组成、使主轴得到连续的等比数列(既无空缺又无重复)转速的传动系统的级比规律为

a. 基本组的级比指数为 1,即 $x_0 = 1$;

b. 任一扩大组的级比指数必大于 1,且按扩大顺序,后一传动组的级比指数等于前一传动组的级比指数与传动副数之积。即

$$x_n = x_{n-1} p_{n-1} \tag{2.1}$$

⑤各传动组的变速范围

基本组　　　　　　$R_0 = \varphi^{x_0(p_0-1)}$

第一扩大组　　　　$R_1 = \varphi^{x_1(p_1-1)}$ （2.2）

任一扩大组　　　　$R_j = \varphi^{x_j(p_j-1)}$

本例所示的传动系统,各传动组都是前后串联的。如遵守级比规律,就可使机床主轴转速得到连续的等比数列,这样的传动系统称为常规传动系统。应该指出的是:在本例中,基本组、第一扩大组、第二扩大组的排列次序与传动顺序(从电动机到主轴)是一致的,即扩大顺序与传动顺序相同。一般地说,扩大顺序并不一定要与传动顺序相同。

(2)结构网和结构式

在设计传动系统时,往往首先比较和选择各传动比的相对关系。由此为了便于分析比较传动系统的方案,常采用形式简单的结构网或结构式。

表示传动比的相对关系而不表示转速数值的线图称为结构网。结构网也由"三线一点"组成,但传动线和转速点仅表示相对值,且图中不表示电机轴和定比传动组。由于不表示转速

和传动比值,故可画成对称的形式,如图 2.3
所示。

结构网表示各传动组的传动副数和各传动
组的级比指数,还可以看出其传动顺序和扩大
顺序。

图 2.3 所示的结构网也可写成结构式:

$$12 = 3_1 \times 2_3 \times 2_6$$

结构网和结构式的表达内容相同,结构网
比结构式更直观,结构式比结构网更简单。结
构图和结构式表达下列内容:①传动链的组成
及传动顺序:$12 = 3 \times 2 \times 2$。12 表示主轴转速级
数,3,2,2 的次序表示传动顺序,数值表示各传

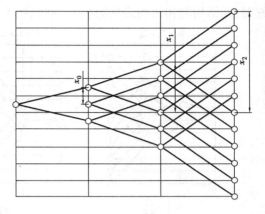

图 2.3 12 级传动系统的结构网

动组的传动副数。②各传动组的级比指数,分别为 1,3,6,即结构式中的各个下标。③扩大顺
序,可从级比指数的大小看出。

2.2.2 主运动链转速图的拟定

拟定转速图前需知机床类型、主轴的转速级数 Z、公比 φ、各级转速和电动机的转速。由
于传动组数和每一传动组的传动副数的不同,不同传动副数的传动组的排列次序不同,基本组
及各扩大组的排列次序不同,可以有多种转速图方案。因此,转速图的设计就是从众多方案中
选择出经济合理的方案。

转速图设计步骤为:确定有几个传动组及各传动组的传动副数;拟定结构网(式);拟定转
速图。现通过例题,分述如下。

需设计的机床类型为中型车床。$Z = 12, \varphi = 1.41$,主轴转速为 31.5,45,63,90,125,180,
$-250,355,500,710,1\ 000,1\ 400\ \text{r/min}$。电动机转速 $n_\text{电} = 1\ 440\ \text{r/min}$。

(1)传动组和传动副数的确定

传动组和传动副数可能的方案有:

$12 = 4 \times 3$ $\qquad\qquad 12 = 3 \times 4$

$12 = 3 \times 2 \times 2$ $\qquad 12 = 2 \times 3 \times 2$ $\qquad\qquad 12 = 2 \times 2 \times 3$

在上列两行方案中,第一行方案有时可以省掉一根轴。缺点是有一个传动组内有 4 个传
动副。如果用一个四联滑移齿轮,则会增加轴向尺寸;如果用两个双联滑移齿轮,则操纵机构
必须互锁以防止 2 个滑移齿轮同时啮合。因此一般少用。

第二行的 3 个方案,每个传动组的传动副数为 2 或 3,便于采用双联或三联滑移齿轮变
速、轴向结构紧凑、操纵机构简单,因此设计转速图时,通常把主轴的转速级数 Z 分解为 2 或 3
的因子,就能确定传动组数和各传动组的传动副数了。

第二行的 3 个方案具体应采用哪个方案,可根据下述原则比较:从电动机到主轴,一般为
降速传动。接近电动机处的零件转速较高,从而转矩较小,尺寸也就较小。如使传动副较多的
传动组放在接近电动机处,则可使小尺寸的零件多些,大尺寸的零件就可以少些,省材料了。
这就是"前多后少"的原则。从这个角度考虑,应优先选用 $12 = 3 \times 2 \times 2$ 的方案。

(2)结构网或结构式的确定

在 $12 = 3 \times 2 \times 2$ 中,又因基本组和扩大组排列顺序的不同而有不同的方案。可能的 6 种

方案,其结构网和结构式见图2.4。在这些方案中,可根据下列原则选择最佳方案。

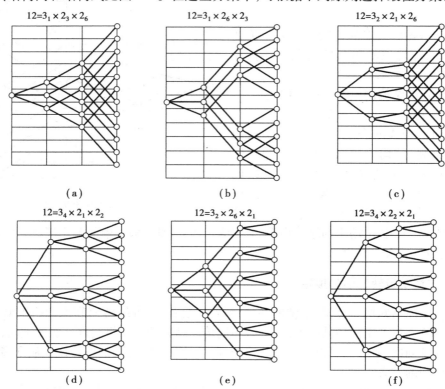

$$12 = 3_1 \times 2_3 \times 2_6 \qquad 12 = 3_1 \times 2_6 \times 2_3 \qquad 12 = 3_2 \times 2_1 \times 2_6$$

$$(a) \qquad\qquad (b) \qquad\qquad (c)$$

$$12 = 3_4 \times 2_1 \times 2_2 \qquad 12 = 3_2 \times 2_6 \times 2_1 \qquad 12 = 3_4 \times 2_2 \times 2_1$$

$$(d) \qquad\qquad (e) \qquad\qquad (f)$$

图2.4　12级结构网的各种方案

1)传动副的极限传动比和传动组的极限变速范围

在降速传动时,为防止被动齿轮的直径过大而使径向尺寸太大,常限制最小传动比 $i_{min} \geqslant 1/4$。在升速时,为防止产生过大的振动和噪声,常限制最大传动比 $i_{max} \leqslant 2$;斜齿齿轮传动比较平稳,如采用斜齿齿轮传动,则 $i_{max} \leqslant 2.5$。因此,主传动链任一传动组的极限变速范围一般为

$$R_{max} = \frac{i_{max}}{i_{min}} \leqslant 8 \sim 10 。$$（对于进给传动链,由于转速通常较低,零件尺寸也较小。上述限制可放宽些,$1/5 \leqslant i_{进} \leqslant 2.8$。故 $R_{进max} \leqslant 14$。）

在检查传动组的变速范围时,只需检查最后一个扩大组。因为其他传动组的变速范围都比它小。根据式(2.2),有

$$R_j = \varphi^{x_j(p_j-1)} \leqslant R_{max}$$

图2.4中,方案(a)、(b)、(c)、(e)的第二扩大组 $x_2 = 6$, $p_2 = 2$,则 $R_2 = \varphi^{6 \times (2-1)} = \varphi^6$。因本例 $\varphi = 1.41$,则 $R_2 = 1.41^{6 \times (2-1)} = 8 = R_{max}$,是可行的方案。而方案(d)和(f),$x_2 = 4$,$p_2 = 3$,$R_2 = \varphi^{4 \times (3-1)} = \varphi^8 = 16 > R_{max}$,是不可行的。

2)基本组和和扩大组的排列顺序

在可行的4种结构网(式)方案中,还要进行比较以选择最佳方案。其原则是选择中间传动轴(如本例的轴Ⅱ、Ⅲ)变速范围最小的方案。因为如果各方案同号传动轴的最高转速相同时,则变速范围小的,最低转速较高,转矩较小,传动件的尺寸也就可以小些。比较图2.4的方案(a)、(b)、(c)、(e),方案(a)的中间传动轴变速范围最小,故方案(a)最佳。故如无特殊要

求,则应尽量扩大顺序与传动顺序一致,即所谓"前密后疏"原则。

(3) 拟定转速图

电动机和主轴的转速是已定的,当确定了结构网或结构式后,合理分配各传动组的传动比并确定中间轴的转速,再加上定比传动,就可画出转速图。

在分配传动组的传动比时,如果中间轴的转速能高一些,传动件的尺寸也就可以小一些。通常从电动机到主轴大多为降速传动,为使尺寸小的传动件尽量多一些,按传动顺序,各传动组的最小传动比应采用所谓"前缓后急"原则,即

$$i_{a\min} \geqslant i_{b\min} \geqslant i_{c\min} \geqslant \cdots \geqslant i_{j\min}$$

但是,中间轴如果转速过高,将会引起过大的振动、发热和噪声。通常希望齿轮的线速度不超过 12 ~ 15 m/s。对于中型车、钻、铣等机床,中间轴的最高转速不宜超过电动机的转速。对于小型机床和精密机床,由于功率较小,传动件不会太大,这时振动、发热和噪声是应该考虑的主要问题。因此,更要注意限制中间轴的转速,不要过高。

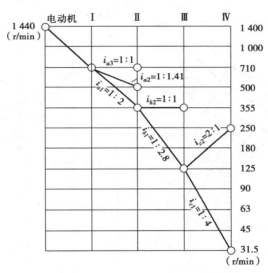

图 2.5　转速图的拟定

本例所选定的结构式共有 3 个传动组,变速机构共需 4 轴,加上电动机轴共 5 轴。故转速图需 5 条竖线,如图 2.5。主轴共 12 级转速,电动机轴转速与主轴最高转速相近,故需 12 条横线。注明主轴的各级转速,电动机轴上注明电动机转速。

中间各轴转速的确定可以从电动机轴开始"由前向后"进行,也可以从主轴开始"由后向前"进行。通常,"由后向前"比较方便,即先决定轴Ⅲ的转速。

传动组 c 的变速范围为 $\varphi^6 = 1.41^6 = 8 = R_{\max}$,可知两个传动副的传动比必然是前文叙述的极限值

$$i_{c1} = \frac{1}{4} = \frac{1}{\varphi^4}, i_{c2} = \frac{2}{1} = \frac{\varphi^2}{1}$$

这样就确定了轴Ⅲ的 6 种转速只有一种可能,即为 125,180,250,…,710 r/min。

随后决定轴Ⅱ的转速。传动组 b 的级比指数为 3,在传动比极限值的范围内,轴Ⅱ的转速最高可为 500,710,1 000 r/min,最低可为 180,250,355 r/min。为了避免升速,又不使传动比

过小,可取

$$i_{b1} = \frac{1}{\varphi^3} = \frac{1}{2.8} , i_{b2} = \frac{1}{1}$$

轴Ⅱ的转速确定为 355,500,710 r/min。

同理,对于轴Ⅰ,可取

$$i_{a1} = \frac{1}{\varphi^2} = \frac{1}{2}, i_{a2} = \frac{1}{\varphi} = \frac{1}{1.41}, i_{a3} = \frac{1}{1}$$

轴Ⅰ的转速确定为 710 r/min。电动机轴与轴Ⅰ之间为带传动,传动比接近 $1/2 = 1/\varphi^2$。最后,在图 2.5 上补足各连线,就可以得到如图 2.2 所示的转速图。

由于中间各轴转速的不同,还可以有另外一些方案,如图 2.6 所示。读者可自行分析图中方案的特点。在分析比较各种转速图方案时,既要考虑中间轴有较高转速,以减小传动件尺寸,也要考虑中间轴转速过高导致噪声和发热增大等问题。

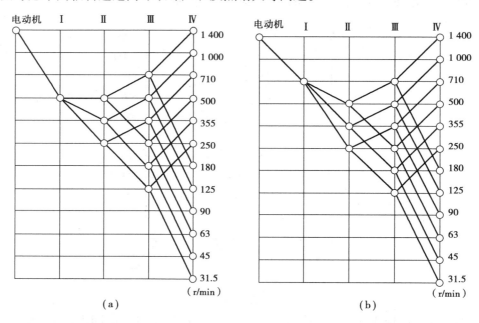

图 2.6　12 级转速图的部分不同方案

从这里可以看出,设计方案是很多的,各有利弊。转速图的拟定往往需要多次修改,在以后的结构设计仍有可能更改。因此,设计时应全面考虑,权衡得失,兼顾多个传动组,特别注意结构尺寸和传动性能的影响,拟定出完善合理的转速图方案。

2.2.3　扩大变速范围的方法

由于传动链中最后扩大组受到极限变速范围的限制,常规传动系统的主轴最大变速范围是有限的。如果最后一个扩大组由两个传动副组成(按"前多后少"原则,大多如此),主轴转速级数为 Z,则最后一个扩大组的变速范围 $R = \varphi^{\frac{Z}{2}}$。由于极限传动比的限制,$R \leq 8 = 1.41^6 = 1.26^9$,因此当 $\varphi = 1.41$ 时,$Z = 12$;$\varphi = 1.26$ 时,$Z = 18$。传动链的变速范围 $R_n = \varphi^{z-1}$,则当 $\varphi = 1.41$ 时,最大的 $R_n = 1.41^{11} = 45$;$\varphi = 1.26$ 时,$R_n = 1.26^{17} \approx 50$。这样的变速范围常不能满足通用机床的要求。例如中型卧式车床 R_n 可达 $140 \sim 200$，有的新型镗床可以超过200。这时可用下述几种方法扩大变速范围。

（1）增加一个传动组

在原来的传动链后面用串联的方式增加一个传动组是最简单的办法。但由于极限传动比的限制，将会产生一些转速重复。例如在前例中（$\varphi = 1.41$，$Z = 12$ 的传动系统），如增加一个双传动副的传动组（第3扩大组），结构式似应为 $24 = 3_1 \times 2_3 \times 2_6 \times 2_{12}$。但最后一个扩大组的级比指数最大只能为6，故结构式应为 $3_1 \times 2_3 \times 2_6 \times 2_6$。这时重复了6级转速，使得主轴实际所得的转速为 $Z = 3 \times 2 \times 2 \times 2 - 6 = 18$，则变速范围可达 $R_n = 1.41^{17} \approx 344$。可见，增加传动组要产生转速重复现象，但可扩大主轴的变速范围，增加主轴转速级数。

（2）采用背轮

背轮机构（也叫回曲机构）的传动原理如图2.7所示，运动输入轴Ⅰ和运动输出轴Ⅲ同轴线。可合上离合器直接传动，此时传动比 $i = 1$。也可如图示经 $\dfrac{z_1}{z_2}$、$\dfrac{z_3}{z_4}$ 两次降速传动，极限传动比 $i_{min} = \dfrac{1}{4} \times \dfrac{1}{4} = \dfrac{1}{16}$，则背轮机构的极限变速范围 $R_{背max} = 16$，很容易达到扩大变速范围的目的。同时，从结构上看，背轮机构仅占两排孔的空间，可缩小变速箱的径向尺寸，因此这种机构在机床上应用得较多。

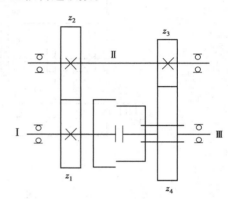

图2.7 背轮机构

设计背轮时要注意"超速"问题。当合上离合器时，z_3 和 z_4 应脱离啮合，以减少空载损失、噪声、振动和发热。在图2.7中，z_4 为滑轮齿轮，这样，轴Ⅱ虽也转动，但齿轮副 $\dfrac{z_1}{z_2}$ 是降速，轴Ⅱ转速将低于轴Ⅰ，从而可避免超速现象。如果使 z_1 为滑轮齿轮，则合上离合器时，轴Ⅱ将经齿轮 $\dfrac{z_4}{z_3}$ 升速，使轴Ⅱ高速空转，将加大噪声、振动、空载功率和发热。

（3）采用分支传动

背轮机构能极好地实行扩大变速范围的目的，但根据"前密后疏"、"前缓后急"的原则，背轮机构往往用在最后的传动组，从而图2.7中的背轮机构输出轴Ⅲ应该是主轴。绝大多数机床主轴的前、后端均应穿过主轴箱的箱壁，这样，按背轮机构的结构特点较难实现。因此，出现了在背轮机构基础上衍生出的分支传动。在图2.8所示的CA6140型普通车床主传动系统中，就采用了分支传动。从轴Ⅲ开始分为两条路线传动：一条经齿轮63/50直接传动主轴Ⅵ，得到 $450 \sim 1\ 400$ r/min 的6级高转速；另一条经Ⅲ—Ⅳ—Ⅴ—Ⅵ轴的齿轮传动，使主轴得到 $10 \sim 500$ r/min的18级低转速（重复了6级转速）。由于主轴经两条传动路线传动，其中高速分支可采用升速传动，低速分支可采用两次降速传动，因此，分支传动的总变速范围可极大地得到扩大，且使高速传动路线缩短以提高传动效率。

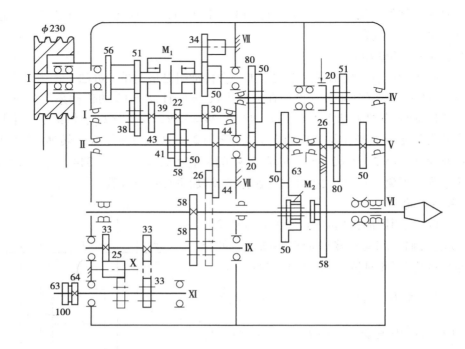

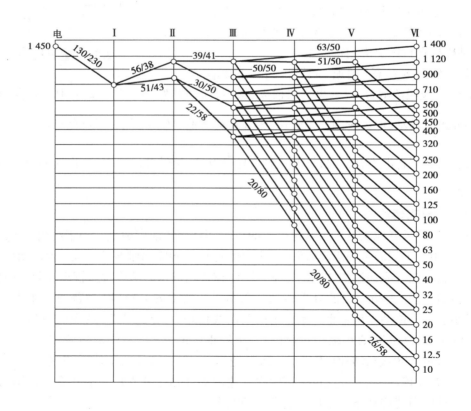

图 2.8　CA6140 普通车床主传动系统

表 2.1　常用传动比的适用齿数

i \ S_z	40	41	42	43	44	45	46	47	48	49	50	51	52	53	54	55	56	57	58	59	60	61	62	63	64	65	66	67	68	69	70	71	72	73	74	75	76	77	78	79
1.00	20		21		22		23		24		25		26		27		28		29		30		31		32		33		34		35		36		37		38		39	
1.06		20		21		22		23									27		28		29		30		31		32		33		34		35		36		37		38	
1.12	19							22		23		24		25		26		27		28			29		30		31		32		33		34		35		36	36	37	37
1.18					20		21		22		23				25		26		27		28		29			30		31		32		33			34	34	35	35		36
1.25		18		19		20				22		23		24			26		27		28		29	29		30		31		32	33			34		35		
1.32			18		19				21		22			23		24		25			26		27		28			29		30		31			32		33			34
1.4		17					19		20			21		22			24		25			26		27		28	28		29		30	30		31			32			33
1.5	16					18					20		21			22		23			24		25			26		27	27		28		29	29		30		31	31	
1.6		16			17					19			20		21			22		23	23		24			25		26			27		28	28		29		30	30	
1.7	15			16					18				19			20		21			22			23		24			25		26		27	27		28		29	29	
1.8			15					17			18			19			20			21			22			23			24		25	25		26			27			28
1.9				15			16			17				18			19			20		21	21		22	22		23			24			25			26			27
2.0			14			15			16				17			18			19			20			21			22			23			24			25			26
2.12					14			15			16			17			18			19			20			21	21		22	22		23	23			24			25	
2.24			13			14				15			16			17			18			19	19		20			21			22	22		23	23		24	24		
2.36					13			14				15			16			17				18			19			20	20		21			22				23	23	
2.5			12				13			14				15			16				17			18				19			20	20		21	21			22	22	
2.65						12			13			14				15			16	16			17				18			19	19		20	20			21			
2.8							12				13			14	14			15				16				17			18	18		19	19			20	20			
3.0									12				13				14				15	15		16			17	17		18	18			19	19					20
3.15											12				13				14					15			16	16		17	17				18					19
3.35													12				13				14			15	15		16	16				17							18	18
3.55															12	12			13				14	14			15	15			16	16					17	17		
3.75																	12				13				14	14			15	15					16	16				

i \ S_z	80	81	82	83	84	85	86	87	88	89	90	91	92	93	94	95	96	97	98	99	100	101	102	103	104	105	106	107	108	109	110	111	112	113	114	115	116	117	118	119	120
1.00	40		41		42		43		44		45		46		47		48		49		50		51		52		53		54		55		56		57		58		59		60
1.06	39		40	40	41	41	42	42	43	43	44	44	45	45		46		47		48		49		50		51		52		53	53	54	54	55	55	56	56	57	57	58	58
1.12	38	38		39		40		41		42		43		44	44	45	45	46	46	47	47	48		49		50		51	51	52	52	53	53	54	54	55	55	56	56		57
1.18		37		38		39	39	40	40		41		42		43		44	44	45	45	46	46		47		48		49	49	50	50	51	51	52	52		53		54	54	55
1.25		36	36	37	37		38		39		40	40	41	41		42		43		44	44	45	45		46		47	47	48	48	49	49		50		51	51	52	52	53	53
1.32	34	35	35		36		37	37	38	38		39		40	40	41	41		42		43	43	44	44		45		46	46	47	47		48		49	49	50	50	51	51	51
1.4	33		34		35	35		36		37	37	38	38		39		40	40		41		42	42	43	43		44	44	45	45		46		47	47	48	48		49	49	50
1.5	32		33	33		34		35	35		36		37	37		38		39	39	40	40		41	41	42	42		43	43	44	44		45	45	46	46		47	47	48	48
1.6	31		32	32		33	33		34		35	35		36		37	37		38	38	39	39		40	40		41		42	42		43	43	44	44		45	45	46	46	46
1.7	30	30		31		32	32		33	33		34		35	35		36	36		37	37	38	38		39	39		40	40	41	41		42	42		43	43	44	44		45
1.8	29	29		30	30		31			32		33	33		34	34		35	35		36	36	37	37		38	38		39	39		40	40		41	41	41	42	42	43	43
1.9	28	28		29	29		30	30		31	31		32	32		33	33		34	34	35	35		36	36		37	37		38	38		39	39		40	40		41	41	42
2.0		27			28			29		30	30		31	31		32	32		33	33		34	34		35	35		36	36		37	37		38	38		39	39	39	40	40
2.12		26			27		28	28		29	29		30	30		31	31		32	32		33	33		34	34		35	35	35	36	36	36		37	37		38	38		
2.24		25		26	26		27	27		28	28		29	29			30	30		31	31		32	32		33	33	33	34	34	34		35	35		36	36			37	37
2.36		24		25	25		26	26		27	27		28	28		29	29			30	30		31	31		32	32	32		33	33		34	34		35	35	35			
2.5	23	23			24	24		25	25			26	26		27	27			28	28		29	29			30	30		31	31	31		32	32		33	33	33		34	34
2.65	22	22			23	23		24	24			25	25		26	26		27	27			28	28			29	29		30	30	30		31	31		32	32	32			33
2.8	21	21			22			23	23			24	24			25	25		26	26		27	27	27		28	28	28		29	29			30	30			31	31		
3.0	20		21	21			22	22			23	23			24	24			25	25			26	26			27	27		28	28			29	29					30	30
3.15	19		20	20			21	21			22	22			23	23			24	24	24		25	25	25		26	26		27	27			28	28						29
3.35			19	19			20	20	20			21	21		22	22			23	23	23			24	24		25	25	25		26	26	26			27	27				
3.55		18	18			19	19			20	20	20		21	21			22	22	22			23	23		24	24	24			25	25	25		26	26	26				
3.75	17	17			18	18			19	19			20	20				21	21	21		22	22			23	23			24	24	24							25	25	25
4.0	16				17	17			18	18			19	19				20	20				21	21			22	22				23	23							24	24
4.25			16	16				17	17			18	18	18				19	19	19				20	20				21	21				22	22	22				23	23
4.5			15	15			16	16				17	17	17				18	18			19	19	19					20	20				21	21	21				22	22

2.2.4　齿轮齿数的确定

转速图拟定后,各传动组的传动比就确定了,即可进一步确定各传动副的齿轮齿数和带轮直径等。确定齿数时主要注意以下几点:

①应满足转速图上传动比的要求。

②同一传动组中的各对齿轮,其中心距必须保持相等。一般地,为了便于设计和制造,同一传动组采用相同的模数,则各对齿轮的齿数和 S_z 应相等。但有时为了满足传动比的要求,可以使同一传动组内各传动副的 S_z 不等,然后采用变位的方法使中心距相等。此时各传动组的 S_z 相差不能太多。

③齿数和 S_z 不宜过大,以便限制齿轮的线速度而减少噪声,同时避免齿轮尺寸过大而使机床结构增大。一般推荐 $S_z \leqslant 100 \sim 120$。

④齿数和 S_z 也不宜过小,以免使小齿轮发生根切。对于标准齿轮,一般要求最小齿数 $Z_{\min} \geqslant 18 \sim 20$。

⑤采用三联滑移齿轮时,还应检查滑移齿轮之间的齿数关系。例如图 2.1 的传动组 a,当 Ⅰ、Ⅱ 轴上的齿轮 36/36 啮合时,三联齿轮将向左移。齿轮 42 将从轴 Ⅰ 的齿轮 24 旁边滑移过去。要使 42 与 24 的外圆不碰,则这两个齿轮的齿顶圆半径之和应等于或小于中心距。对于不变位的标准齿,三联滑移齿轮的最大和次大齿轮之间的齿数差,应大于或等于 4。如刚好等于 4,则可使次大轮的齿顶圆减小一点。双联滑移齿轮没有这个问题。

根据上述原则,齿轮齿数既可以用计算法,也可以用查表法来确定。计算法请读者参阅其他相关资料,这里仅就查表法进行介绍。

当传动比 i 采用标准公比的整数次方时,齿数和 S_z 以及小齿轮齿数可从表 2.1 中查得。例如图 2.2 的传动组 a,$i_{a1}=1$,$i_{a2}=\dfrac{1}{1.41}$,$i_{a3}=\dfrac{1}{2}$。查 i 为 1,1.4 和 2 的 3 行。有数字的即为可能方案。结果如下:

$i_{a1}=1$　$S_z = \cdots,60,62,64,66,68,70,72,74,\cdots$

$i_{a2}=\dfrac{1}{1.41}$　$S_z = \cdots,60,63,65,67,68,70,72,73,75,\cdots$

$i_{a3}=\dfrac{1}{2}$　$S_z = \cdots,60,63,66,69,72,75,\cdots$

从以上 3 行中可挑出 $S_z=60$ 和 72 是共同适用的。如取 $S_z=72$,则从表中查出该传动组 3 对齿轮的小齿轮齿数分别为 36,30,24。即 $i_{a1}=\dfrac{36}{36}$,$i_{a2}=\dfrac{30}{42}$,$i_{a3}=\dfrac{24}{48}$。

由于本例传动组 a 采用了三联滑移齿轮,故应检查三联滑移齿轮的最大和次大齿轮之间的齿数差,本例齿数差为 $48-42=6$。故无问题。

2.3　计算转速

机床上的许多零件,特别是传动件(如轴、齿轮等)的尺寸主要根据它所受的载荷来计算。而载荷取决于零件所传递的功率和转速。机床变速传动链内的零件,有的转速是恒定的,如图2.1中的轴Ⅰ、皮带传动副和传动组 a 中各齿轮;有的转速是变化的,如其余各轴和各传动组的齿轮。对于转速变化的传动件应该根据哪一个转速进行动力计算,就是本节所讨论的计算转速问题。

2.3.1　机床的功率转矩特性

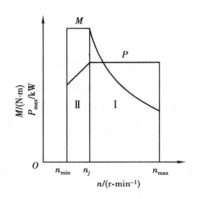

图 2.9　主轴的功率转矩特性

根据《金属切削原理》的知识可以知道,切削速度对切削力或进给速度对进给力的影响是不大的。因此,作直线运动的执行件,可以认为在任何速度下都有可能承受最大切削力。也就是说,对于拖动直线运动执行件的传动件,在任意转速下都可能承受最大转矩。因此,可以认为是恒转矩传动。例如龙门刨床的工作台传动和拉床(均为主运动)以及大多数机床的进给运动。

执行件作旋转运动的传动链则有所不同。对于旋转主运动,主轴转速不仅决定于切削速度,还决定于工件(如车床)或刀具(如钻床、铣床)的直径。对于旋转进给运动(如圆工作台铣床),工作台的转速不仅决定于进给速度,还决定于旋转半径。较低转速多用于大直径刀具或加工大直径工件,这时要求输出的转矩增大,反之,要求的转矩减小。因此,旋转运动传动链(包括旋转主运动和旋转进给运动)内的传动件,输出转矩与转速成反比,基本上是恒功率传动。但是,旋转主运动的通用机床,由于主轴最低的几级转速常用于宽刀光车、攻大直径螺纹、铰大直径孔、精镗等轻负荷工作,即使用于粗加工,采用的切削用量都不大,并不需要传递全部功率。因此,通用机床主传动系统只是从某转速开始才使用电动机的全部功率。

主轴所传递的功率或转矩与转速之间的关系,称为主轴的功率或转矩特性,如图2.9所示。主轴从最高转速 $n_{\max}$ 到某一转速 n_j 之间,主轴应能传递电动机的全部功率,这个区域称为恒功率区域。在恒功率区域内,主轴的最大输出转矩应随转速的降低而加大。从 n_j 以下直到最低转速 $n_{\min}$,这个区域内的各级转速并不需要传递全部功率。主轴的输出转矩不再随转速的降低而加大,而是保持 n_j 时的转矩不变,称该区为恒转矩区域。在恒转矩区域,主轴所传递的功率,则随转速的降低而降低。n_j 是主轴能传递全功率的最低转速,称为主轴的计算转速。传动链中其余传动件的计算转速,可根据主轴的计算转速及转速图决定。传递全功率的最低转速,就是该零件的计算转速。

2.3.2　机床主要传动件计算转速的确定

主轴的计算转速在主轴调速范围中所居的地位,是因机床种类而异的。表2.2列出了各类机床主轴计算转速的统计公式。使用时,轻型机床的计算转速可比表中推荐的高,数控机床由于考虑切削轻金属,调速范围比普通机床宽,计算转速也可比表中推荐的高些。但是,目前数控机床尚未总结出公式。

如前所述,主轴从 n_j 到最高转速之间的全部转速都传递全部功率,因此,使主轴获得上述转速的传动件的转速也应传递全部功率。传动件的这些转速中的最低转速,就是传动件的计算转速。当主轴的计算转速确定后,就可以从转速图上得出各传动件的计算转速。具体方法为:首先找出该传动件有几级转速,再找出哪几级转速传递了全部功率,最后找出传递全部功率的最低转速就是该传动件的计算转速。

下面以图 2.2 所示卧式车床主传动系统为例,说明主轴、各传动轴和齿轮计算转速的确定方法。

①主轴。根据表 2.2,中型车床主轴的计算转速是第一个三分之一转速范围内的最高一级转速,即为 $n_4 = 90$ r/min。

②各传动轴。轴Ⅲ可从主轴为 90 r/min 按 72/18 的传动副找上去,似应为 355 r/min。但由于轴Ⅲ上的最低转速 125 r/min 经传动组 c 可使主轴得到 31.5 和 250 r/min 两种转速。250 r/min 要传递全部功率,因此轴Ⅲ的计算转速应为 125 r/min。轴Ⅱ的计算转速可按传动副 b 推上去,得 355 r/min。

表 2.2　各类普通机床的主轴计算转速

机床类型		计算转速 n_j	
		等公比传动	双公比或无级传动
中型机床	车床、升降台铣床、转塔车床、仿形半自动车床、多刀半自动车床、单轴和多轴自动和半自动车床、卧式铣镗床($\phi63 \sim \phi90$)	$n_j = n_{min}\varphi^{\frac{Z}{3}-1}$ 计算转速为主轴从最低转速算起,第一个 1/3 转速范围内的最高一级转速	$n_j = n_{min}R_n^{0.3}$
	立式钻床、摇臂钻床、滚齿机	$n_j = n_{min}\varphi^{\frac{Z}{4}-1}$ 计算转速为主轴第一个 1/4 转速范围内的最高一级转速	$n_j = n_{min}R_n^{0.25}$
大型机床	卧式车床($\phi1\ 250 \sim \phi4\ 000$) 立式车床 卧式和落地式镗铣床($\leqslant \phi160$)	$n_j = n_{min}\varphi^{\frac{Z}{3}}$ 计算转速为主轴第二个 1/3 转速范围内的最低一级转速	$n_j = r_{min}R_n^{0.35}$
	落地镗铣床($\phi160 \sim \phi260$)	$n_j = n_{min}\varphi^{\frac{Z}{2.5}}$	$n_j = r_{min}R_n^{0.4}$
高精度和高精密机床	坐标镗床 高精度车床	$n_j = n_{min}\varphi^{\frac{Z}{4}-1}$ 计算转速为主轴第一个 1/4 转速范围内的最高一级转速	$n_j = r_{min}R_n^{0.25}$

③各齿轮。传动组 c 中,18/72 只需计算 $z = 18$ 的齿轮,计算转速为 335 r/min;60/30 只

需计算 $z=30$，$n_j=250$。$z=18$ 和 $z=30$ 两个齿轮哪一个的应力更大一些，较难判断。可同时计算，选择模数较大的作为传动组 c 齿轮的模数。传动组 b 应计算 $Z=22$，$n_j=355$。传动组 a 应计算 $z=24$，$n_j=710$。

2.4　无级变速传动链设计

如前所述,数控机床(包括重型机床、精密机床)广泛采用无级变速。无级变速有机械、液压和电气等形式,数控机床主传动变速系统常常在直流或交流调速电机之后串联机械分级变速传动,以满足机床要求的调速范围和转矩特性。

数控机床常用的调速电机有直流电动机和交流调频调速电动机两种。目前,中小型数控机床中,交流调频调速电动机已占优势,有取代直流电动机之势。设计时,必须注意机床主轴与电动机在功率特性方面的匹配。

2.4.1　主轴的功率转矩特性

如前所述,机床实际使用情况调查统计表明,在实际生产中,并不需要机床主轴在整个调速范围内均为恒功率,一般都要求从主轴计算转速 n_j 至最高转速 n_{max} 为恒功率传动,从最低转速 n_{min} 至 n_j 为恒转矩传动。通常,恒功率区占整个主轴变速范围的 $2/3 \sim 3/4$;恒转矩区占 $1/4 \sim 1/3$。图 2.9 所示就是机床主轴要求的功率和转矩特性。

2.4.2　调速电动机的功率转矩特性

直流电动机从额定转速 n_d 至最高转速 n_{max} 采用调节磁通 Φ 的办法得到(称为调磁调速),属恒功率调速;从最低转速 n_{min} 至 n_d 用调节电枢电压的办法得到(称为调压调速),属恒转矩调速。直流电动机的额定转速常为 $1\,000 \sim 1\,500$ r/min,恒功率调速范围为 $2 \sim 4$。交流调频电动机用调节电源频率来达到调速的目的,额定转速 n_d 常为 $1\,500$ r/min,同样 n_d 以上至最高转速 n_{max} 为恒功率调速,恒功率调速范围为 $3 \sim 5$;n_d 以下至最低转速 n_{min} 为恒转矩调速。这两种电动机的恒转矩变速范围都很大,可达几十甚至 100 以上。这两种电动机的功率转矩特性如图 2.10 所示。

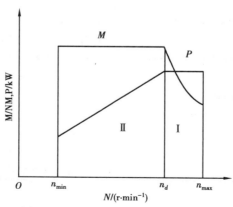

图 2.10　变速电动机的功率转矩特性

很明显,调速电动机的功率转矩特性与机床主轴所要求的功率转矩特性(图 2.9 所示)是相似的。如果用直流或交流调速电动机拖动直线运动执行件,可直接利用调速电动机的恒转矩调速范围,将电动机直接或通过减速装置拖动执行件。但如果电动机用于拖动旋转运动(如机床主轴),调速电动机的恒功率范围小而主轴要求的范围大,因此,单凭总变速范围设计主传动系统是不能满足加工要求的,必须考虑机床主轴与电动机在功率转矩特性方面的匹配问题。

例如某数控车床,主轴最高转速 $n_{max} = 4\ 000$ r/min,最低转速 $n_{min} = 30$ r/min,计算转速 = 145 r/min,最大切削功率为 5.5 kW。则该机床变速范围 $R_n = \dfrac{n_{max}}{n_{min}} = \dfrac{4\ 000}{30} \approx 133.3$,恒功率变速范围 $R_{nP} = \dfrac{n_{max}}{n_j} = \dfrac{4\ 000}{145} \approx 27.6$。如果采用交流调频电机,其额定转速 $n_d = 1\ 500$ r/min,最高转速 $n_{max} = 4\ 500$ r/min,电动机的恒功率调速范围 $R_{dP} = \dfrac{n_{max}}{n_d} = \dfrac{4\ 500}{1\ 500} = 3$,显然远小于主轴要求的 $R_{nP} = 27.6$。因此,虽然交流调频电机的最低转速可以低于 30 r/min,总的调速范围可以超过主轴要求的 $R_n = 133.3$,但由于恒功率调速范围不够,功率特性不匹配,是不能简单地使电动机直接拖动主轴的。解决的办法是在电动机与主轴之间串联一个分级变速箱。

2.4.3　数控机床分级变速箱的设计

数控机床的分级变速箱位于调速电动机与主轴之间,设计时除遵循前述一般分级变速箱设计原则外,必须处理好分级变速箱公比 φ 的选择。在设计数控机床分级变速箱时,其公比 φ 原则上应等于电动机的恒功率调速范围 R_{dP},即 $\varphi = R_{dP}$。如果取 $\varphi > R_{dP}$,可减少分级变速箱的级数 Z,从而简化变速机构,但电动机的功率必须选得比要求的功率大。如果取 $\varphi < R_{dP}$,则需增加分级变速箱的传动副,从而增加变速机构的复杂性,但有利于使恒功率变速段相互重合。现以前面某数控车床的无级变速设计要求为例,将该 3 种情况分述如下:

①取变速箱的公比 φ 等于电机的恒功率调速范围 R_{dP},即 $\varphi = R_{dP}$

则机床主轴的恒功率变速范围为

$$R_{nP} = \varphi^{Z-1} R_{dP} = \varphi^{Z}$$

故变速箱的变速级数:

$$Z = \frac{\lg R_{nP}}{\lg \varphi} = \frac{\lg 27.6}{\lg 3} \approx 3$$

其转速图如图 2.11(a)所示。从图中可看出,电动机经定比传动 26/57 后,如果经Ⅱ—Ⅲ轴之间的 82/42 传动,则当电动机转速从 4 500 r/min 降至 1 500 r/min(额定转速)时,主轴得到 1 330 ~ 4 000 r/min 恒功率转速范围。如果电动机转速继续下降,则将进入恒转矩区,最大输出功率也将随之下降。表现在图 2.11(b)的主轴功率特性图上,主轴转速为 1 330 ~ 4 000 r/min 时,为 AB 段,是恒功率。当电动机转速低于额定转速时,最大输出功率将沿 B 点处的虚线下降,显然将不再是恒功率。

主轴转速还需下降时,则变速箱变速,经 49/75 传动主轴。这时电动机转速又恢复到最高转速。当电动机又从 4 500 r/min 降至 1 500 r/min 时,主轴从 1 330 r/min 降至 440 r/min,仍为恒功率。在功率特性图上为 BC 段。

同样,当变速箱经 22/102 传动主轴,主轴从 445 r/min 降至 145 r/min。在特性图上为 *CD* 段。

此时,电动机从 1 500 r/min 继续降速,则进入恒转矩段。当电动机转速降至 310 r/min 时,主轴转速降至 30 r/min,即为主轴的最低转速,在功率特性图上为 *DE* 段。

在图 2.11(b)中,*AB*,*BC*,*CD* 三段应为一条直线。为了清楚起见,把它画成三段,并略错开。

为满足最大切削功率的需要,如果取总效率 $\eta = 0.75$,则电动机功率 $P = 5.5/0.75 = 7.3$ kW。可选额定功率为 7.5 kW 的交流调速电动机。

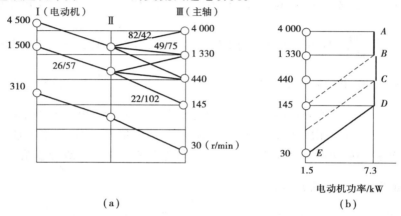

图 2.11 $\varphi = R_{dP}$ 时无级变速传动系统及功率特性

②如果为了简化变速箱的结构,希望变速级数少一些,则不得不取较大的公比。

如上例若取 $Z = 2$,根据

$$R_{nP} = \varphi^{Z-1} R_{dP}$$

则:

$$\varphi = \sqrt[Z-1]{\frac{R_{nP}}{R_{dP}}} = \frac{R_{nP}}{R_{dP}} = \frac{27.6}{3} \approx 8.9$$

这时的转速图及功率特性见图 2.12。

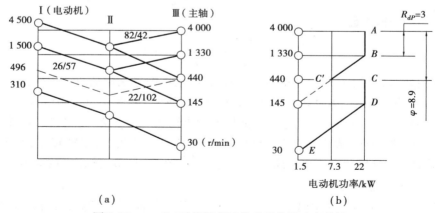

图 2.12 $\varphi > R_{dP}$ 时无级变速传动系统及功率特性

电动机经定比传动副 26/57 传动变速箱的轴Ⅱ。经Ⅱ—Ⅲ轴之间的 82/42 升速传动,传至主轴Ⅲ。当电动机转速从 4 500 ~ 1 500 r/min 时，主轴转速从 4 000 ~ 1 330 r/min，电动机转速从 4 500 ~ 1 500 r/min，该段为恒功率，为图 2.12(b)的功率特性图上的 AB 段。由于公比 $\varphi = 8.9$，$\varphi > R_{dP}$($R_{dP} = 3$)，当变速箱经齿轮 22/102 传动主轴时，电动机转速从 4 500 ~ 1 500 r/min，主轴转速从 440 ~ 145 r/min，该段仍为恒功率，为图 2.12(b)的功率特性图上的 BC 段。可见，在主轴的恒功率区的 BC 间出现了"缺口"。为获得主轴 1 330 ~ 440 r/min 间的转速，唯有通过齿轮副 82/42 传动，并使电动机转速从 1 500 r/min 降至 496 r/min，但这时已进入电动机的恒转矩区，为图 2.12(b)的功率特性图上的 BC' 段。这一段最大输出功率逐步下降。也就是说，主轴从计算转速 $n_j = 145$ r/min 至最高转速 $n_{max} = 4\ 000$ r/min 的范围内，最大输出功率是变化的。为了使"缺口"处能得到要求的切削功率，只能将电动机的最大输出功率选得大一些。为使电动机在 496 r/min 时能得到所需的切削功率 $P = 5.5/0.75 = 7.3$ kW，故选择的电动机应保证在 1 500 r/min 时的输出功率(最大输出功率)应为

$$P_d = 7.3 \times \frac{1\ 500}{496} \approx 22.08$$

由此可见，变速箱因 φ 大而可以简化机构(变速级数少)，但电动机的额定功率将增大。这就是说，简化变速箱是以选择较大功率的电动机作为代价的。

③数控车床在切削阶梯轴、成形螺旋面或端面时，有时需要进行恒线速切削。随着工件直径的变化，主轴转速也要随之而自动变化。这时，主轴必须在运转中连续变速，不能停车用变速箱变速，必须用电动机变速。

例如车端面时，当车刀在工件外缘处，主轴转速若为 650 r/min，随着车刀向工件中心进给，切削半径逐渐减小，最后主轴转速假如需提高到 1 850 r/min。这时，如采用图 2.11 或图 2.12 所示的传动系统，则若使用分级变速箱 82/42 传动，恒功率段最低只能到 1 330 r/min。从 1 330 ~ 650 r/min，若仍使用 82/42 传动，则进入电动机的恒转矩区，电动机的最大输出功率将下降，有可能功率不足。如使用分级变速箱 49/75 传动，则高转速达不到要求(1 330 ~ 1 850 r/min)。因此，为保证恒线速切削，可采用 $\varphi < R_{dP}$ 方案。

从图 2.12(b)可见，当 $\varphi > R_{dP}$ 时，主轴恒功率范围出现"缺口"。如果 φ 减小，"缺口"将减小。当 $\varphi = R_{dP}$ 时，如图 2.11(b)所示，三段直线(AB、BC、CD)首尾相连，"缺口"完全消除。显然，当 $\varphi < R_{dP}$，三段首尾将互相重叠，φ 越小，重叠部分越多。

假设按前例某数控车床的无级变速要求，取 $Z = 4$，则

$$\varphi = \sqrt[Z-1]{\frac{R_{nP}}{R_{dP}}} = \sqrt[3]{\frac{R_{nP}}{R_{dP}}} = \sqrt[3]{\frac{27.6}{3}} \approx 2.1$$

由此可设计出转速图和主轴功率特性图，如图 2.13 所示。主轴恒功率段的转速分别为 145 ~ 440 r/min、300 ~ 900 r/min、630 ~ 1 900 r/min、1 330 ~ 4 000 r/min。这四段转速都彼此有重合，对本例所要求的 650 ~ 1 850 r/min 的主轴恒功率转速，用第 2 段即可满足要求。这种恒功率段重合的无级变速方案，在新式的数控车床和车削中心中得到广泛应用。

综上所述，对于一般传动系统，原则上应使 $\varphi = R_{dP}$，但在实际设计中，为了简化齿轮变速组的结构，通常使 $\varphi > R_{dP}$；当因加工需要，机床主轴的转速段跨于两挡之间且又不能够停车实现连续变速的场合，可采用 $\varphi < R_{dP}$ 的方案。

在决定了变速箱的公比 φ、变速级数 Z、计算转速 n_j 和所传递的功率后，就可选择主电机的功率和型号，并按设计分级变速箱时的一般方法设计分级传动系统。

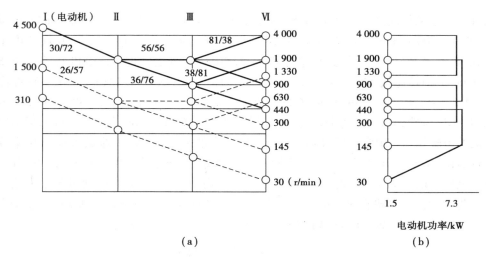

图 2.13　$\varphi < R_{dP}$时无级变速传动系统及功率特性

2.5　主传动系统结构

2.5.1　主传动调速方式

数控机床的调速是按照控制指令自动进行的,变速机构必须适应自动无级调速要求。现代数控机床的主运动系统广泛采用交流调速电动机或直流调速电动机作为驱动元件,以实现宽范围的无级调速。

目前,数控机床主传动调速控制主要有 3 种配置方式,如图 2.14 所示:

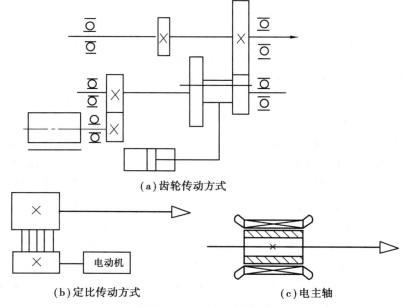

(a)齿轮传动方式

(b)定比传动方式　　　　(c)电主轴

图 2.14　主传动调速方式

（1）带变速齿轮的主传动（图 2.14（a）所示）

如前所述，由于电动机在额定转速以上的恒功率调速范围只有 3～5，对于大、中型数控机床，为了使主轴在低速时获得大转矩和扩大恒功率调速范围，通常在使用电动机无级变速的基础上再增加两级或三级齿轮变速机构作为补充。通过分段变速方式，确保低速时的大转矩，扩大恒功率调速范围，满足机床重切削时对转矩的要求。齿轮变速机构的结构、原理和普通机床相同，可以通过电磁离合器、液压或气动带动滑移齿轮等方式实现。

（2）通过定比传动的主传动（图 2.14（b）所示）

这种方式主要用于转速较高、变速范围不大、低速转矩要求不高的小型数控机床上。为了降低噪声与振动，通常采用三角皮带或同步皮带传动。这种方式的调速范围受电动机调速范围和输出特性的限制。主电动机和主轴直接联结的形式也属这种方式，它可以进一步简化主传动系统的结构，有效地提高主轴刚度和可靠性。但是，其主轴的输出扭矩、功率、恒功率调速范围决定于主电动机本身；另外，主电动机的发热对主轴精度有一定的影响。

（3）采用电主轴的主传动（图 2.14（c）所示）

在高速加工机床上，大多数使用将电动机转子和主轴装为一体的电主轴。其优点是主轴部件结构紧凑，省去了电动机和主轴间的传动件，系统惯量小，可提高启停响应特性，且有利于控制振动和噪声，从而可以使主轴达到数万转甚至十几万转的高速。其缺点主要是电动机发热对主轴的影响较大，因此，温度控制和冷却是电主轴的关键问题。

2.5.2　传动轴的安装

在主传动系统中，传动轴轴承主要采用深沟球轴承，也可用圆锥滚子轴承。前者噪声小、发热小，应用较多。后者装配方便，承载能力较大，还可承受轴向载荷，因而也有采用。载荷较大的地方还可用圆柱滚子轴承。

传动轴在箱体内的轴向位置必须是确定的，不能轴向窜动，以保证轴上零件的正常工作。考虑到工作时轴的温度将高于箱体，为使轴有热膨胀的余地，装深沟球轴承的传动轴常一端轴向固定，一端轴向自由，如图 2.15 所示。图 2.15（a）～（e）为固定端的结构，图 2.15（f）为自由端的结构。轴承内圈与轴的定位，一端靠轴肩，另一端则可用端盖、螺母或弹性挡圈。轴承外圈与孔的定位，图 2.15（a）的优点是箱体可以镗通孔，但多一个零件；图 2.15（b）在箱体上镗台阶孔，工艺比较麻烦；图 2.15（c）、（d）都需要镗装弹性挡圈的槽；图 2.15（e）可用外圈上有止动槽的深沟球轴承（止动槽内装弹性挡圈，并将该圈压在箱体-压盖之间）。自由端的外圈在孔内轴向不定位。孔可于装配后用堵塞堵住。堵塞中部的螺纹用于拆卸。螺孔不能钻通，否则会漏油。

2.5.3　齿轮的布置与排列

为保证运动可靠的传递、变速操纵的方便性和变速箱结构紧凑性，应对各传动组中滑移齿轮进行合理布置。

①在变速传动组内，应尽量使较小的齿轮成为滑移齿轮，使滑移省力。

②滑移齿轮必须使原处于啮合状态的齿轮完全脱开后，另一个齿轮才开始啮合。因此，双联滑移齿轮传动组占用的轴向长度为 $B > 4b$（b 为齿宽），如图 2.16（a）所示。三联滑移齿轮传动组 $B > 7b$，如图 2.16（b）所示。

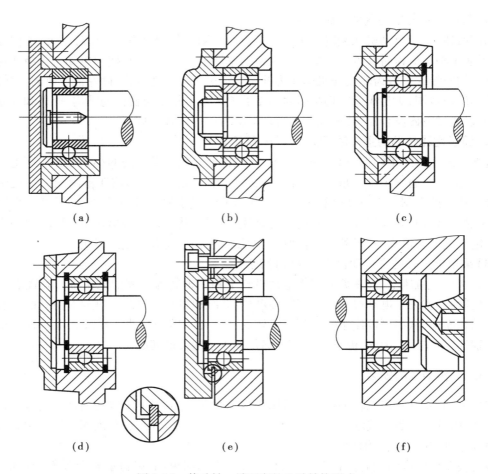

图 2.15　传动轴一端固定的几种结构形式

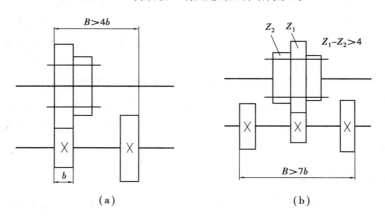

图 2.16　滑移齿轮轴向长度

③两个传动组的齿轮如果并行排列,其轴向占用的总长度等于两个传动组的轴向长度之和,如图 2.17(a)所示。如果将固定齿轮都放在轴Ⅱ上,而且使轴Ⅱ上的主、从动齿交错排列(将轴Ⅱ上的主动齿轮放在中间,从动齿轮放在两端),如图 2.17(b)所示,则总长度将缩短 2 倍齿宽。

④采用公用齿轮可以缩短长度。图 2.17(c)、(d)中打剖面线的齿轮是公用齿轮。它兼作上一传动组的从动轮和下一传动组的主动轮。这样做,可使总长度缩短一个齿度 b,如图 2.17(c)所示。如果再采用轴Ⅱ上的主、从动齿交错排列的方案(如图 2.17(d))所示),又可比图 2.17(c)缩短一个齿度 b。

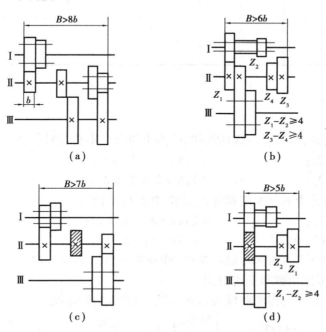

图 2.17 两个传动组齿轮交错排列

2.5.4 相啮合齿轮的宽度

在一般情况下,一对相啮合的齿轮,宽度应该是相同的。但是,考虑到操纵机构的定位不可能很精确,拨叉也存在着误差和磨损,使用时往往会发生错位。这时只有部分齿轮参与工作,会使齿轮局部磨损,降低寿命。如果轴向尺寸并不要求很紧凑,可以使小齿轮比相啮合的大齿轮宽 1~2 mm。带来的缺点是轴向尺寸将有所增加。

习题与思考题

1. 试述转速图的组成和画法。

2. 试述转速图和结构网的异同之处。

3. 已知某铣床的主传动系统为常规传动结构,公比 $\varphi = 1.12$,传动顺序与扩大顺序一致,试:

(1)填下表:

项 目 变速组	传动副数 p	级比指数 x	变速范围	其后传动轴的 变速范围 R
基本组	3			
第一扩大组	2			
第二扩大组	2			
第三扩大组	2			

(2) 写出其结构式;

(3) 画出结构网。

4. 判断下列结构式,哪些符合级比规律,哪些不符合? 不符合时,主轴转速排列有何特点?

(1) $8 = 2_1 \times 2_2 \times 2_4$;　　　　　　　　(2) $8 = 2_4 \times 2_2 \times 2_1$;

(3) $8 = 2_2 \times 2_1 \times 2_3$;　　　　　　　　(4) $8 = 2_1 \times 2_2 \times 2_5$。

5. 指出下列结构式中的基本组和各扩大组,并画出结构网。

(1) $8 = 2_2 \times 2_1 \times 2_4$;　　　　　　　　(2) $12 = 3_1 \times 2_6 \times 2_3$;

(3) $16 = 2_4 \times 2_1 \times 2_2 \times 2_8$;　　　　(4) $18 = 3_1 \times 3_6 \times 2_3$。

6. 画出结构式 $18 = 2_3 \times 3_1 \times 3_6$ 的结构网,并分别求出当 $\varphi_1 = 1.41$ 时,第二传动组和第二扩大组的传动副数、级比指数和变速范围。

7. 已知某机床主运动的传动路线表达式,试绘出相应的转速图。

$$\text{电机} \xrightarrow{\quad} \begin{Bmatrix} 33/22 \\ 19/34 \end{Bmatrix} \xrightarrow{\quad} \begin{Bmatrix} 34/32 \\ 28/39 \\ 22/45 \end{Bmatrix} \xrightarrow{\quad} \dfrac{\phi 200}{\phi 200} \xrightarrow{\quad} \begin{Bmatrix} -M- \\ \dfrac{27}{63} - \dfrac{17}{58} \end{Bmatrix} \xrightarrow{\quad} \text{主轴}$$
（1 440 r/min）　　　　　　　　　　　　（皮带传动）

8. 已知某普通车床的 $n_{max} = 1\,600$ r/min,$n_{min} = 31.5$ r/min,$\varphi = 1.26$,$n_电 = 1\,440$ r/min,试拟定转速图。

9. 某机床 $n_电 = 1\,440$ r/min,$n_{min} = 8$ r/min,$\varphi = 1.26$,采用一级背轮机构变速,并要求主轴在没有重复转速的前提下,具有最多的转速级数,试拟定转速图。

10. 确定机床主传动系统齿轮齿数时,对三联滑移齿轮之间的齿数差有何要求? 为什么?

11. 某机床主轴转速为等比数列,公比 $\varphi = 1.58$,主轴最高转速 $n_{max} = 1\,600$ r/min,主轴变速范围 $R_n = 10$,电动机转速 $n_电 = 1\,450$ r/min,要求:

(1) 拟定合理的结构网和转速图;

(2) 求出变速齿轮的齿数;

(3) 画出主传动系统图。

12. 根据下图给出的某中型车床主轴转速标牌,若已知电机转速为 1 440 r/min,电机到 I 轴的传动比为 $\Phi 100/\Phi 250$,主轴转速为连续不重复的等比级数,A 为第一传动组,B 为第二传动组,C 为第三传动组,要求:

(1) 确定公比 Φ,写出结构式并画出结构网;

(2) 补全标牌转速值;

(3) 画出转速图;

(4) 求各齿轮齿数;

（5）确定各轴及各传动组的计算转速。

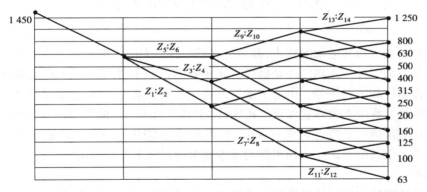

13. 某车床主传动系统的转速图如下图所示，要求：

（1）写出结构式；

（2）求各齿轮齿数；

（3）若主轴计算转速为 160 r/min，确定各轴及齿轮 $Z_1 \sim Z_{14}$ 的计算转速。

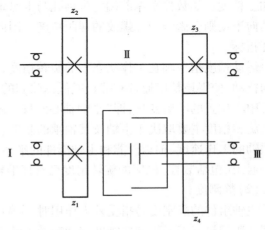

14. 采用无级调速电动机的主运动变速系统，主轴和电动机功率特性如何匹配？串联分级变速箱的公比 φ 应如何选取？

15. 为什么数控车床和车削中心的主传动系统常采用恒功率段重合的设计方案？其设计要点是什么？

16. 在某机床的传动系统中，有相邻的两个三联滑移齿轮变速组，不采用公用齿轮。试绘出两种齿轮轴向布置的方案，比较它们的轴向长度并注明齿数差限制。

17. 画出图 2.18 所示（同教材图 2.7）背轮机构的结构网。

图 2.18　题 17 图

第3章

主轴组件

3.1 主轴组件的基本要求

凡是成型运动有回转运动的机床,都具有主轴组件。有的机床只有一个主轴组件,而有的机床则有多个主轴组件。主轴组件是数控机床重要的组成部件,包括主轴、主轴的支承、安装在主轴上的传动件和密封件等。由于主轴组件直接承受切削力,转速范围又很大,因而数控机床的加工质量很大程度上要靠它保证。据统计,相对于机床的其他部件,主轴组件对加工综合误差的影响在通常情况下要占30%~40%,严重时可达60%~80%。因此,数控机床设计对主轴组件提出了很高的要求。主轴组件的基本要求包括以下几个方面。

(1)精度

主轴组件的精度包括旋转精度和运动精度。旋转精度是指装配后,在无载、低速转动条件下,主轴前端工作部位的径向跳动、端面跳动和轴向窜动。主轴组件的旋转精度直接影响机床的加工精度。如数控车床前端定位锥孔与卡盘定心轴径的径向跳动,会影响加工工件的圆度,而轴向窜动则会影响加工螺纹的螺距精度。因此,主轴组件的旋转精度是机床的一项重要的精度指标。

运动精度指主轴在工作状态下的旋转精度,由于切削力的作用、润滑油膜的产生和不平衡力的扰动,使得该精度通常和静止或低速状态的旋转精度有较大的差别,它表现在工作时主轴回转中心位置的不断变化,即"主轴轴心漂移"现象。

旋转精度主要取决于主轴及其轴承的制造、装配、调整的精度,运动状态下旋转精度取决于主轴的工作速度、轴承性能和主轴部件的平衡等因素。

通用(包括数控)机床的旋转精度已有标准规定可循。

(2)静刚度

主轴组件的静刚度是指受外力作用时,主轴组件抵抗变形的能力,又分为抗弯和扭转两种刚度。数控机床多采用抗弯刚度作为衡量主轴组件刚度的指标。通常以主轴前端产生单位位移时,在位移方向上所施加的作用力大小来表示。如果主轴组件刚度不足,在切削力及其力的作用下,主轴将产生较大的弹性变形,不仅影响工件的加工质量,还会破坏齿轮、轴承的正常工作条件,使磨损加快,精度降低。

影响主轴组件刚度的因素很多,如主轴的尺寸、形状,主轴轴承的类型、数量、配置形式、预紧情况,前后轴承跨距、主轴前端的悬伸量等。目前,各种机床主轴组件的刚度尚无统一的标准。

(3)抗振性

主轴组件的抗振性是指抵抗振动保持平稳运行的能力。主轴振动有受迫振动和自激振动两种类型。有时也把抵抗受迫振动的能力称为动刚度,此时,抗振性仅指抵抗自激振动的能力。若主轴组件抗振性差,工作时容易产生振动,不仅降低加工质量,而且限制了机床生产率的提高,使刀具耐用度下降。

影响主轴组件抗振性的主要因素有部件的静态刚度、质量分布和阻尼,特别是主轴前轴承的阻尼。设计时,要使主轴的固有频率远大于工作时的激振频率,使之不易发生共振。

目前,尚未制定出抗振性的指标,只有一些实验数据可供设计时参考。

(4)热稳定性

主轴组件在运转中,温升过高会引起两方面的不良后果:一是主轴组件和箱体因热膨胀而变形,主轴的回转中心线和机床其他部件的相对位置会发生变化,直接影响加工精度;二是轴承等元件会因温度过高而改变已调好的间隙和破坏正常润滑条件,影响轴承的正常工作,严重时甚至会发生"抱轴"。

影响主轴组件热稳定性的主要因素有:轴承的类型及其布置方式、轴承预紧力的大小、润滑方式和散热条件等。一般规定,主轴轴承在高速空转、连续运转下的允许温升:高精度机床为 8 ~ 10 ℃,精密(数控)机床为 15 ~ 20 ℃,普通机床为 30 ~ 40 ℃。

由于受热膨胀是材料的固有特性,因此提高主轴组件热稳定性的主要措施是减少发热、加快散热、隔离热源以及采用尽可能合理的结构设计,以使热变形能得到补偿和对加工的影响最小。

(5)耐磨性

主轴组件必须有足够的耐磨性,以便能长期保持精度。主轴上易磨损的地方是刀具或工件的安装部位以及移动式主轴的工作部位。为了提高耐磨性,主轴的上述部位应该淬硬,或者经过氮化处理,以提高其硬度增加耐磨性。主轴轴承也需有良好的润滑,提高其耐磨性。

以上这些要求,有些还是矛盾的,如高刚度与高速、高速与低温升、高速与高精度等。这就要具体问题具体分析。例如设计高效数控机床的主轴组件时,主轴应满足高速和高刚度的要求;设计高精度数控机床时,主轴应满足高刚度、低温升的要求。对于自动换刀数控机床,为了实现刀具在主轴上的自动装卸与夹持,还必须有刀具的自动夹紧装置、主轴准停装置和切屑清除装置等结构。

3.2 主 轴

主轴是主轴组件的重要组成部分。它的结构形状、尺寸、制造精度、材料及其热处理,对主轴组件的工作性能都有很大影响。主轴结构随主轴系统设计要求的不同而有各种形式。

(1)主轴的主要尺寸参数

主轴的主要尺寸参数包括:主轴直径、内孔直径、悬伸长度和支承跨距。评价和考虑主轴的主要尺寸参数的依据是主轴的刚度、结构工艺性和主轴组件的工艺适用范围。

①主轴直径。主轴直径越大,其刚度越高,但使得轴承和轴上其他零件的尺寸相应增大。轴承的直径越大,同等级精度轴承的公差值也越大,要保证主轴的旋转精度就越困难。同时极限转数下降。主轴后端支承轴颈的直径可视为 0.7~0.8 倍的前支承轴颈值,实际尺寸要在主轴组件结构设计时确定。前、后轴颈的差值越小则主轴的刚度越高,工艺性能也越好。

②主轴内孔直径。主轴的内孔用来通过棒料、通过刀具夹紧装置固定刀具、传动气动或液压卡盘等。主轴孔径越大,可通过的棒料直径也越大,机床的使用范围就越广,同时主轴部件的相对重量也越轻。主轴的孔径大小主要受主轴刚度的制约。主轴的孔径与主轴直径之比,小于 0.3 时空心主轴的刚度几乎与实心主轴的刚度相当;等于 0.5 时空心主轴的刚度为实心主轴刚度的 90%;大于 0.7 时空心主轴的刚度就急剧下降。一般可取其比值为 0.5 左右。

(2)主轴端部结构形式

主轴端部用于安装刀具或夹持工件的夹具,在结构上,应能保证定位准确、安全可靠、连接牢固、装卸方便,并能传递足够的扭矩。主轴端部的结构形状都已经标准化,详见《机床设计手册》第 3 册。图 3.1 所示为部分常见机床上通用的结构形式。

如图 3.1(a)所示为车床主轴端部,卡盘靠前端的短圆锥面和凸缘端面定位,用拨销传递扭矩。卡盘装有固定螺栓。卡盘装于主轴端部时,螺栓从凸缘上的孔中穿过,转动快卸卡板将数个螺栓同时卡住,再拧紧螺母将卡盘固牢在主轴端部。主轴为空心,前端有莫氏锥度孔,用于安装顶尖或心轴。

如图 3.1(b)所示为数控铣、镗床的主轴端部,主轴前端有 7∶24 的锥孔,用于装夹铣刀柄或刀杆。主轴端面有一端面键,既可通过它传递刀具的扭矩,又可用于刀具的轴向定位,并用拉杆从主轴后端拉紧。

如图 3.1(c)所示为外圆磨床砂轮主轴的端部,图(d)所示为内圆磨床砂轮主轴端部,图(e)所示为钻床与普通镗床锤杆端部,刀杆或刀具由莫氏锥度定位,用锥孔后端第一个扁孔传递扭矩,第二个扁孔用以拆卸刀具。但在数控镗床上要使用(b)图所示的形式,图中 7∶24 的锥孔没有自锁作用,便于自动换刀时拔出刀具。

(3)主轴的材料和热处理

主轴受力后允许的弹性变形很小,引起的应力通常远小于钢的强度极限。因此,主轴材料的选择不以强度为依据。当几何形状确定后,主轴刚度主要决定于材料的弹性模量 E,而各种钢材的 E 值基本相同,因此刚度也不是选材的依据。

主轴材料主要根据强度、刚度、耐磨性、载荷特点和热处理变形大小等因素来选择。对于一般要求的机床,其主轴可用价格便宜的优质中碳钢(45 或 60 钢),进行调质处理后硬度为 22~28 HRC;当载荷较大或存在较大的冲击时,或者精密机床的主轴为减少热处理后的变形,或者需要作轴向移动的主轴为了减少它的磨损时,则可选用合金钢。常用的合金钢有 40Cr 进行淬硬使硬度达到 40~50 HRC;或者用 20Cr 进行渗碳淬硬使硬度达到 56~62 HRC。某些高精度机床、加工中心的主轴材料则选用 38CrMoAl 进行氮化处理,使硬度达到 850~1 000 HVC。

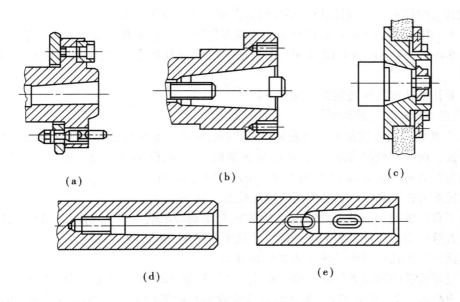

图 3.1　主轴端部结构形式

(4) 主轴主要精度指标

主轴的精度对主轴组件的各种质量有直接的影响,因此,必须根据机床的精度标准对主轴提出相应的技术要求。

支承轴颈是主轴的工作基面、工艺基面和测量基面,其精度指标应满足主轴旋转精度的要求。主轴支承轴径的直径公差和形状公差可参考表 3.1 制定。

表 3.1　主轴颈精度指标

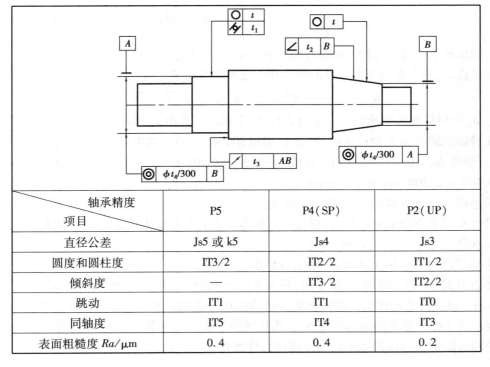

轴承精度 项目	P5	P4(SP)	P2(UP)
直径公差	Js5 或 k5	Js4	Js3
圆度和圆柱度	IT3/2	IT2/2	IT1/2
倾斜度	—	IT3/2	IT2/2
跳动	IT1	IT1	IT0
同轴度	IT5	IT4	IT3
表面粗糙度 $Ra/\mu m$	0.4	0.4	0.2

主轴其余的技术要求,根据机床精度标准制定。现举例说明如下。

例 3.1 图 3.2(a)为简化后的某车床主轴零件图。图中 A,B 处是安装轴承的轴颈,直径分别为 105 mm 和 75 mm,1∶12 锥面。前后轴承精度均为 P5 级。C,D 是安装卡盘的定心锥面和端面。

其主要技术精度指标及制定方法如下:

①前、后支承轴承轴颈的圆度

轴颈 A,B 的圆心连线是主轴的安装基准,又是主轴莫氏 6 号锥孔的工艺基准。因此,必须首先保证这两个轴颈的圆度。因为,如果轴颈截面不圆,就不会有稳定的圆心。查表 3.1,公差为 IT3/2,查标准公差表,A 处为 0.003 mm,B 处为 0.002 5 mm。

②莫氏 6 号锥孔和 1∶12 锥面用涂色法检查接触率

为保证莫氏锥孔与标准工具锥柄、A,B 锥面与滚动轴承锥孔的一致性,需用标准锥度规靠涂色法检查接触率以保证锥角的准确性。接触率≥70%,且大端接触要较好。

③莫氏 6 号锥孔对轴承轴颈 A,B 的径向跳动

机床是以锥孔的轴线来代表主轴中心线。机床精度标准规定:主轴组件装配后,在锥孔内插入长度 300 mm 以上的检验棒,通过测量检验棒的径向跳动来确定机床主轴组件的径向旋转精度。普通卧式车床的规定值为:在主轴端部,径向跳动 $\Delta_1 = 0.01$ mm,为便于计算,取为半径方向的误差 $\delta_1 = 0.005$ mm;在 300 mm 处,$\Delta_2 = 0.02$ mm,$\delta_2 = 0.010$ mm。

由于前轴承有误差 δ_a,在近轴端和 300 mm 处将造成误差 δ_{a1} 和 δ_{a2}(如图 3.2(b)所示);由于后轴承有误差 δ_b,同样将造成误差 δ_{b1} 和 δ_{b2}。由于主轴的制造误差,锥孔中心线与主轴中心线不重合,将造成误差 δ_{c1} 和 δ_{c2}。其中

$$\delta_{a1} = \frac{L+a}{L}\delta_a, \qquad \delta_{a2} = \frac{L+a+300}{L}\delta_a$$

$$\delta_{b1} = \frac{a}{L}\delta_b, \qquad \delta_{b2} = \frac{a+300}{L}\delta_b$$

一般情况下,主轴组件的径向跳动由前轴承、后轴承的误差和主轴的制造误差组成,这些误差都是向量,总误差应为各分量的向量和。在误差方向未知时,通常可取均方根值,因此:

$$\delta_1 = \sqrt{\delta_{a1}^2 + \delta_{b1}^2 + \delta_{c1}^2} \qquad \delta_2 = \sqrt{\delta_{a2}^2 + \delta_{b2}^2 + \delta_{c2}^2}$$

δ_a、δ_b 可根据所选轴承精度由手册查得,由上式即可算出 δ_{c1} 和 δ_{c2}。它们的 2 倍即为莫氏 6 号锥孔对轴承轴颈 A,B 的径向跳动(近轴端和 300 mm 处)。对本例,可算得主轴锥孔的径向跳动:近轴端 $\Delta_{c1} = 0.006$ 8 mm;在 300 mm 处,$\Delta_{c2} = 0.016$ 8 mm。为有一定精度储备,取为:近轴端 0.005 mm,300 mm 处 0.010 mm。

④短锥 C 对轴承轴颈 A,B 的径向圆跳动

短锥 C 是装卡盘的定心轴颈,精度检验标准规定的公差也为 0.01 mm。按以上方法计算,该项精度公差也定为 0.005 mm。

⑤端面 D 对轴承轴颈 A,B 的端面圆跳动

端面 D 是卡盘的轴向定位表面,机床精度检验标准规定主轴轴肩支承面的跳动为 0.02 mm。该项公差包括主轴的轴向窜动和端面 D 对轴颈 A,B 的端面圆跳动。主轴的轴线窜动主要取决于推力轴承的轴向跳动 S_{ia}。用第③项中的类似计算方法可得端面 D 对轴承轴颈 A,B 的端面圆跳动为 0.010 mm(请读者自行计算)。

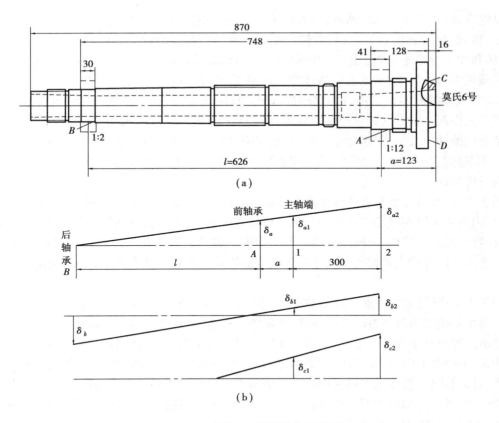

图3.2 主轴主要精度指标计算图

3.3 主轴轴承

机床主轴带着刀具或夹具在支承中作回转运动,应能传递切削扭矩,承受切削抗力,并保证必要的旋转精度。数控机床主轴支承根据主轴部件的转速、承载能力及回转精度等要求的不同而采用不同种类的轴承。一般中小型数控机床(如车床、铣床、加工中心、磨床)的主轴部件多数采用滚动轴承;重型数控机床采用液体静压轴承;高精度数控机床(如坐标磨床)采用气体静压轴承;转速达$(2 \sim 10) \times 10^4$ r/min 的主轴可采用磁力轴承或陶瓷滚珠轴承。

在以上各类轴承中,以滚动轴承的使用最为普遍,而且这种轴承又有许多不同类型。滚动轴承摩擦阻力小,可以预紧,润滑维护简单,能在一定的转速范围和载荷变动范围下稳定地工作。滚动轴承由专业化工厂生产,选购维修方便,在数控机床上被广泛采用。但与滑动轴承相比,滚动轴承的噪声大,滚动体数目有限,刚度是变化的,抗振性略差,并且对转速有很大的限制。数控机床主轴组件在可能的条件下,尽量使用滚动轴承,特别是大多数立式主轴和主轴装在套筒内能够作轴向移动的主轴。这时滚动轴承可以用润滑脂润滑以避免漏油。

3.3.1 主轴常用的几种滚动轴承类型

图3.3(a)所示为角接触球轴承。这种轴承既能承受径向载荷,又能承受轴向载荷。接触

角常见的有 $\alpha = 15°$ 和 $\alpha = 25°$ 两种，前者转速高，但轴向刚度较低，多用于磨床或不承受轴向载荷的车、铣、镗床主轴的后轴承；后者轴向刚度较高，但径向刚度和允许转速略低，多用于车、铣、镗床和加工中心等主轴。把内、外圈相对轴向移动，可以调整间隙，实现预紧。为了提高刚度和承载能力，在同一支承处可以将该轴承多联组配，如图 3.4 所示。其中图 3.4(a)、(b)、(c)为 3 种基本组配形式，图(a)为背靠背组配，图(b)为面对面组配，图(c)为同向组配。这 3 种形式都是由两个轴承共同承担径向载荷；图(a)、(b)可承受双向轴向载荷，图(c)则只能承受一个方向的轴向载荷，但承载能力较大，轴向刚度较高。这种轴承还可三联组配(图 3.4(d)所示)、四联组配等。在主轴组件中，角接触轴承多用背靠背组配，而滚珠丝杠中，角接触轴承多用面对面组配。

图 3.3(b)所示为锥孔双列圆柱滚子轴承，内圈为 1∶12 的锥孔，当内圈沿锥形轴颈轴向移动时，内圈胀大以调整滚道的间隙。滚子数目多，两列滚子交错排列，因而承载能力大、刚性好、允许转速高。它的内、外圈均较薄，因此，要求主轴颈与箱体孔均有较高的制造精度，以免轴颈与箱体孔的形状误差使轴承滚道发生畸变而影响主轴的旋转精度，该轴承只能承受径向载荷。

图 3.3(c)所示为双列推力向心球轴承，接触角 60°，球径小、数目多，能承受双向轴向载荷。磨薄中间隔套可以调整间隙或预紧，轴向刚度较高，允许转速高。该轴承一般与双列圆柱滚子轴承配套用作主轴的前支承，并将其外圈外径作成负公差，保证只承受轴向载荷。

图 3.3(d)所示为双列圆锥滚子轴承，它有一个公用外圈和两个内圈，由外圈的凸肩在箱体上进行轴向定位，箱体孔可以镗成通孔。磨薄中间隔套可以调整间隙或预紧，两列滚子的数目相差一个，可使振动频率不一致，改善轴承的动态特性。这种轴承能同时承受径向载荷和轴向轴承，通常用作主轴的前支承。

图 3.3(e)所示为带凸肩的双列圆柱滚子轴承，结构上与图(d)相似，可用作主轴前支承。滚子做成空心，保持架为整体结构，润滑油充满滚子之间的间隙，由空心滚子端面流向挡边摩擦处，可有效地进行润滑和冷却。空心滚子承受冲击载荷时可产生微小变形，能增大接触面积并有吸振和缓冲作用。

图 3.3(f)所示为带预紧弹簧的单列圆锥滚子轴承，弹簧数目为 16 ~ 20 根，均匀增减弹簧可以改变预加载荷的大小。

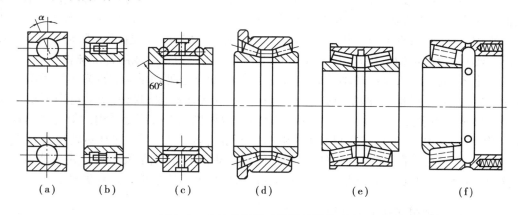

图 3.3　主轴常用滚动轴承的结构形式

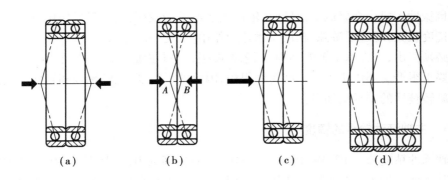

图 3.4　角接触轴承的组配形式

3.3.2　主轴滚动轴承的配置

主轴组件需要使用若干个轴承,对轴承的合理配置对主轴组件的性能有重要影响。机床主轴有前、后两个支承和前、中、后三个支承两种类型,大多数机床采用两支承结构。无论两支承或三支承,各支承处均需配置径向支承。而机床主轴一般受两个方向轴向载荷,需至少配置两个相应的推力轴承。因此,主轴组件滚动轴承的配置问题,其实主要是讨论其推力轴承的配置。目前数控机床主轴轴承的配置主要有如图 3.5 所示的几种形式。如果采用双列圆柱滚子轴承,则一个轴承相当于一个径向支承;如果采用双列推力向心球轴承,则一个轴承相当于两个推力支承;如果采用角接触球轴承或圆锥滚子轴承,则一个轴承相当于一个径向支承和一个推力支承;如果采用双列圆锥滚子轴承,则一个轴承相当于一个径向支承和两个推力支承。

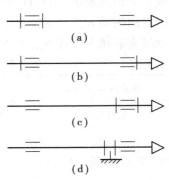

图 3.5　数控机床主轴轴承的配置形式

图 3.5(a)所示的配置形式表示推力支承在后支承的两侧,轴向载荷由后支承承受。这种配置形式构造简单,前支承温升较小,但主轴受热后向前伸长,影响轴向精度。数控机床的坐标原点常设在主轴前端,因此这种配置形式将使主轴发热后造成机床坐标原点"飘移"。

图 3.5(b)所示的配置形式表示推力支承在前、后径向支承以外。当主轴受热伸长时,影响轴承间隙,因此主要用于主轴较短的情况或有自动补偿轴向间隙装置的机床。

图 3.5(c)所示的配置形式表示推力支承在前支承的两侧。这种结构轴向刚度较高,避免了主轴受热后向前伸长的缺点。

图 3.5(d)所示的配置形式表示推力支承在前支承的内侧。这种结构具有图 3.5(c)同样的优点,同时减少了主轴前端悬伸,提高主轴组件径向刚度,但前支承结构复杂。

前面的讨论仅限于两支承主轴组件。实际上,国内外的机床产品中也有采用三支承主轴结构的,其中一个起辅助支承作用。辅助支承的特点是所用轴承有较大的游隙(0.03 ～ 0.07 mm),以免运转时发生干涉。通常是采用向心球轴承或圆柱滚子轴承作辅助支承。辅助支承有的设置在中间,也有设置在后端的。

一般说来,相同规格的机床主轴采用三支承结构时,可使主轴跨距大大缩短,从而提高主轴刚度和抗振性。机床在轻载下运转时,辅助支承不承受载荷,只起阻尼作用,载荷增大时,辅助支承处挠度较大,超过了游隙,辅助支承才起作用,承受一定载荷。

但是必须指出,三支承主轴的结构、工艺难度很大,对主轴上 3 个轴径和箱体上 3 个座孔的同轴度要求很严。还由于主支承间跨距很短,因此轴承精度、主轴轴颈和箱体座孔同轴度误差对主轴旋转精度的要求更加显著。

3.3.3 主轴滚动轴承的精度

滚动轴承的精度分为 P2、P4、P5、P6 和 P0 级(旧标准为 B,C,D,E,G 级)。其中 P2 级最高,P0 级为普通精度级。主轴轴承以 P4 级为主。高精度主轴可用 P2 级。要求较低的主轴或三支承主轴的辅助轴承可用 P5 级。P6 和 P0 一般不用。

主轴颈通常是与轴承配磨的。因此,规定了两种辅助精度级 SP 和 UP。它们的跳动公差分别与 P4 和 P2 级相同,但尺寸公差略宽。这样做,可以在满足使用要求的前提下降低成本。

虽然轴承精度包括的项目甚多,但决定性的只有一二项。轴承的工作精度主要取决于旋转精度。对径向轴承(如圆柱滚子轴承)主要是"成套轴承内圈的径向跳动 K_{ia}"或"成套轴承外圈的径向跳动 K_{ea}"。对推力轴承主要是"成套轴承内圈端面对滚道的跳动 S_{ia}",而对角接触球轴承则应兼顾 K_{ia}(或 K_{ea})和 S_{ia}。主轴滚动轴承内、外圈的旋转精度见表 3.2 和表 3.3。

表 3.2　主轴滚动轴承内圈的旋转精度　　　　　　　　　μm

轴承内径 d/mm		50～80			90～120			120～180		
精度等级		P2	P4	P5	P2	P4	P5	P2①	P4	P5
向心轴承（圆锥滚子轴承除外）	K_{ia}	2.5	4	5	2.5	5	6	2.5	6	8
	S_{ia}	2.5	5	8	2.5	5	9	2.5	7	10
圆锥滚子轴承	K_{ia}	—	4	7	—	5	8	—	6	11
	S_{ia}	—	4		—	5		—	7	—
推力轴承	S_{ia}	—	3	4	—	3	4	—	4	5

①P2 级轴承内径最大为 150 mm,下同。

表 3.3　主轴滚动轴承外圈的旋转精度　　　　　　　　　μm

轴承外径 D/mm	80～120			120～150			150～180			180～250		
精度等级	P2	P4	P5	P2	P4	P5	P2①	P4	P5	P2①	P4	P5
向心轴承（圆锥滚子轴承除外）K_{ea}	5	6	10	5	7	11	5	8	13	7	10	15
圆锥滚子轴承 K_{ea}	—	6	10	—	7	11	—	8	13	—	10	15

如果切削力方向固定,不随主轴旋转而旋转,如车、铣、磨床主轴,则应根据 K_{ia} 选择。如果切削力方向随主轴旋转而旋转,如镗床和加工中心主轴,则应根据 K_{ea} 选择。

前、后轴承的精度对主轴旋转精度的影响是不同的,如图 3.6 所示。图 3.6(a)表示前轴承轴心有偏移 δ_a(表 3.2 或表 3.3 中 K_{ia} 或 K_{ea} 的一半),后轴承偏移为零的情况。这时,反映到主轴前端轴心偏移为:

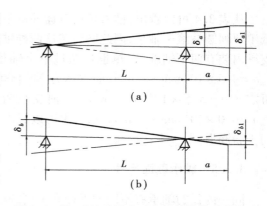

$$\delta_{a1} = \frac{L + a}{L}\delta_a$$

图 3.6(b)表示后轴承轴心有偏移 δ_b,前轴承偏移为零的情况。这时,反映到主轴前端轴心偏移为:

$$\delta_{b1} = \frac{a}{L}\delta_b$$

图 3.6　前、后轴承精度对主轴前端偏移的影响

这说明,前轴承对主轴组件精度的影响比后轴承的大。因此,后轴承的精度可比前轴承低一级。

3.3.4　轴承速度

决定轴承速度性能的是速度因子 $d_m n$(mm·r/min)。d_m 是轴承的中径,等于内、外径的平均值(mm),n 是转速(r/min)。$d_m n$ 值反映了滚动体公转速度。而这正是轴承转速的主要限制性因素。

在轴承的样本上,分别标有脂润滑和油-气润滑的"极限转速"。这是指单个轴承,在一定条件下的转速。对于主轴轴承,这些条件是:圆柱滚子轴承为零间隙,角接触球轴承为轻预紧;温升为 15 ~ 20 ℃;轻载或无外载。折合成 $d_m n$ 值,参考数据如表 3.4 所示。表中所列的角接触球轴承的速度因子是指单个轴承轻预紧时的值,如为多联组配和不同的预紧,则应乘以表 3.5 所示的速度系数。

表 3.4　几种主轴轴承的 $d_m n$ 值($\times 10^6$)

轴承型号	双列圆柱滚子轴承 NN3000K NNU4900BK	$\alpha = 60°$推力 角接触球轴承 234400	$\alpha = 40°$推力 角接触球轴承 BTA-B	$\alpha = 15°$ 角接触球轴承 7000CD	$\alpha = 25°$ 角接触球轴承 7000ACD
脂润滑	0.65	0.5	0.58	1.05	0.95
油气润滑	0.75	0.6	0.7	1.7	1.5

表 3.5　速度系数

组配方式	双联, 同向组配	双联, 背靠背	三联	四联	五联
轻预紧	0.90	0.80	0.70	0.65	0.60
中预紧	0.80	0.70	0.55	0.45	0.40
重预紧	0.65	0.55	0.35	0.25	0.20

从表3.4可以看出,推力角接触球轴承不论其接触角 $\alpha = 60°$ 或 $\alpha = 40°$,速度因子 $d_m n$ 都低于双列圆柱滚子轴承,因此同时装这两种轴承的主轴组件,转速决定于推力轴承。此外,前支承内装有两个轴承,发热也将超过单个轴承,因此,前支承为 NN3000K 加 234400 时,可定 $d_m n = 4.5 \times 10^5$ mm · r/min;前支承为 NN3000K 加 $\alpha = 40°$ 或 $\alpha = 30°$ 的推力角接触球轴承时,可定 $d_m n = 5.5 \times 10^5$ mm · r/min。前支承为 $\alpha = 25°$ 的三联角接触球轴承,轻预紧时,可定 $d_m n = 6.0 \times 10^5$ mm · r/min。从这里可以看出,后轴承用 NN3000K 是可以的。以上数据,都适用于脂润滑。

3.3.5 轴承截面尺寸

同一内径的轴承有不同的外径和不同的截面尺寸,从而可以分为超轻型、特轻型、轻型、中型、重型等。机床主轴轴承,以特轻型为主。超轻型主要用于大型主轴,轻型主要用于小型主轴。中型和重型一般不用。在轴承代号的倒数第三位,以 9 代表超轻型,0(旧标准为 1)代表特轻型,2 代表轻型。

机床主轴较粗,所用轴承内径较大,相对来说,负载较轻。轴承越"轻",滚动体越小,承载能力也越小,表现为额定动载荷和额定静载荷较小。但是,滚动体的数量却增多了,因此,刚度降低不多。主轴轴承是按刚度选择的。此外,轴承越"轻",同样的主轴轴颈直径配用的轴承外径越小,箱体孔的直径也越小。或者说,同样的箱体孔直径(轴承外径),轴承的内径越大,主轴越粗,这样可以提高主轴本身的刚度。从以上分析可知,主轴组件的综合刚度反而可以有所提高。这就是主轴轴承以特轻型为主的理由。

但是,轴承越"轻",内外圈越薄,制造越困难。轴颈和箱体孔稍有不圆,就会使内外圈变形而破坏其原始精度。因此对轴颈和箱体孔的加工要求(尺寸精度、形状精度、表面粗糙度)就越高。

3.3.6 轴承刚度

轴承的滚动体与滚道之间是接触变形。轴承在零间隙时的变形和刚度,可按下列公式计算。

(1)点接触的球轴承

$$
\begin{cases}
\delta_r = \dfrac{0.436}{\cos \alpha} \sqrt[3]{Q_r^2 / d_b} \\[2mm]
\delta_a = \dfrac{0.436}{\sin \alpha} \sqrt[3]{Q_a^2 / d_b}
\end{cases}
\tag{3.1}
$$

$$
\begin{cases}
K_r = \dfrac{dF_r}{d\delta_r} = 1.18 \sqrt[3]{F_r d_b (iZ)^2 \cos^5 \alpha} \\[2mm]
K_a = \dfrac{dF_a}{d\delta_a} = 3.44 \sqrt[3]{F_a d_b Z^2 \sin^5 \alpha}
\end{cases}
\tag{3.2}
$$

(2)线接触的滚子轴承

$$
\begin{cases}
\delta_r = \dfrac{0.077 Q_r^{0.9}}{\cos \alpha l_a^{0.8}} \\[2mm]
\delta_a = \dfrac{0.077 Q_a^{0.9}}{\sin \alpha l_a^{0.8}}
\end{cases}
\tag{3.3}
$$

$$\begin{cases} K_r = 3.39 F_r^{0.1} l_a^{0.8} (iZ)^{0.9} \cos^{1.9}\alpha \\ K_a = 14.43 F_a^{0.1} l_a^{0.8} Z^{0.9} \sin^{1.9}\alpha \end{cases} \tag{3.4}$$

$$\begin{cases} Q_r = \dfrac{5F_r}{iZ \cos \alpha} \\ Q_a = \dfrac{F_a}{Z \sin \alpha} \end{cases} \tag{3.5}$$

式中　δ_r, δ_a——径向和轴向变形,μm;

$\quad\quad K_r, K_a$——径向和轴向刚度,N/μm;

$\quad\quad \alpha$——接触角,(°);

$\quad\quad d_b$——球径,mm;

$\quad\quad l_a$——滚子有效长度,mm;

$\quad\quad i, Z$——列数和每列的滚动体数;

$\quad\quad Q_r, Q_a$——作用于单个滚动体的径向和轴向载荷,N;

$\quad\quad F_r, F_a$——作用于轴承上的径向和轴向载荷,N。

从式(3.1)至式(3.5)可以看出,轴承的载荷与变形之间的关系是非线性的,不服从胡克定律。轴承的刚度,不是一个定值,而是载荷的函数。载荷越大,刚度也越大。载荷对刚度的影响,对于点接触的球轴承和线接触的滚子轴承有所不同。球轴承的刚度与载荷的 1/3 次幂成正比,而滚子轴承的刚度与载荷的 0.1 次幂成正比,故球轴承载荷对刚度的影响比滚子轴承对刚度的影响大。因此,在计算球轴承的载荷时应考虑预紧力。有轴向预紧力 F_{a0} 时的径向和轴向载荷分别为

$$F_r = F_{re} + F_{a0}\cot \alpha \tag{3.6}$$
$$F_a = F_{ae} + F_{a0} \tag{3.7}$$

式中　F_{re}, F_{ae}——径向和轴向外载荷,N;

$\quad\quad F_{a0}$——预紧力,N,见轴承样本;

$\quad\quad \alpha$——接触角,(°)。

在实际计算中,总希望有一个刚度值供参考。在外载荷无法确定时,计算中常取轴承额定动载荷(可查样本)的 1/10 作为轴承的载荷。在一般通用机床计算中,由于主轴的载荷变化范围很大,也可取上述值。

3.3.7　主轴滚动轴承的预紧

所谓轴承的预紧,是使轴承滚道预先承受一定的载荷,消除间隙并使得滚动体与滚道之间发生一定的变形,增大接触面积,轴承受力时变形减小,抵抗变形的能力增大。

将滚动轴承进行适当预紧,使滚动体与内外圈滚道接触处产生预变形,使受载后承载的滚动体数量增多,受力趋向均匀,从而提高承载能力和刚度,有利于减少主轴回转轴线的漂移,提高旋转精度。若过盈量太大,轴承磨损加剧,承载能力将显著下降,主轴组件必须具备轴承间隙的调整结构。

对主轴滚动轴承进行预紧和合理选择预紧量,可以提高主轴部件的回转精度、刚度和抗振性,机床主轴部件在装配时要对轴承进行预紧,使用一段时间以后,间隙或过盈有了变化,还得重新调整,因此要求预紧结构应便于调整。滚动轴承间隙的调整或预紧,通常是通过轴承内、外圈相对轴向移动来实现的。常用的方法有以下几种。

(1)轴承内圈移动

如图3.7所示,这种方法适用于锥孔双列圆柱滚子轴承。用螺母通过套筒推动内圈在锥形轴颈上作轴向移动,使内圈变形胀大,在滚道上产生过盈,从而达到预紧的目的。

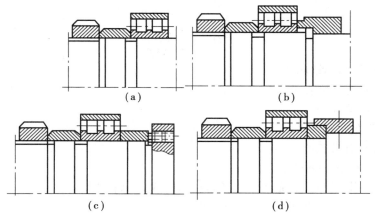

图3.7 滚动轴承的预紧

如图3.7(a)所示的结构简单,但预紧量不易控制,常用于轻载机床主轴部件。如图3.7(b)所示用右端螺母限制内圈的移动量,易于控制预紧量。如图3.7(c)所示在主轴凸缘上均匀分布数个螺钉以调整内圈的移动量,调整方便,但是用几个螺钉调整,易使垫圈歪斜。如图3.7(d)所示将紧靠轴承右端的垫圈做成两个半环,可以径向取出,修磨其厚度可控制预紧量的大小,调整精度较高。调整螺母一般采用细牙螺纹,便于微量调整,而且在调好后要能锁紧防松。

(2)修磨座圈或隔套

如图3.8(a)所示为轴承外围宽边相对(背对背)安装,这时修磨轴承内圈的内侧;如图3.8(b)所示为外围窄边相对(面对面)安装,这时修磨轴承外圈的窄边。在安装时,按图示的相对关系装配,并用螺母或法兰盖将两个轴承轴向压拢,使两个修磨过的端面贴紧,这样使用两个轴承的滚道之间产生预紧。另一种方法是将两个厚度不同的隔套放在两轴承内、外圈之间,同样将两个轴承轴向相对压紧,使滚道之间产生预紧,如图3.9所示。

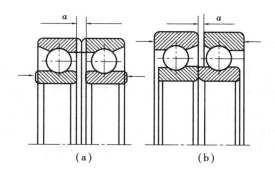

图3.8 修磨轴承座圈

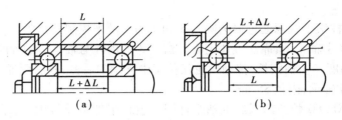

图 3.9　隔套的应用

3.4　主轴组件结构

数控机床主轴组件的结构根据不同的机床有较大差别,本节就车、镗、铣、加工中心类机床的主轴组件结构进行简要介绍。

(1)中等转速,较高刚度

这类主轴的前、后径向支承多用双列圆柱滚子轴承,推力轴承多用双向推力角接触球轴承。数控机床的坐标原点常定在主轴前端,因此,应把推力轴承安排在前支承内,尽量靠近前端面,使主轴发热向后膨胀。

图 3.10 是某些数控车床的主轴组件。电机功率为 28 kW,主轴转速为 14～3550 r/min,计算转速为 180 r/min,最大输出扭矩为 1 200 N·m。

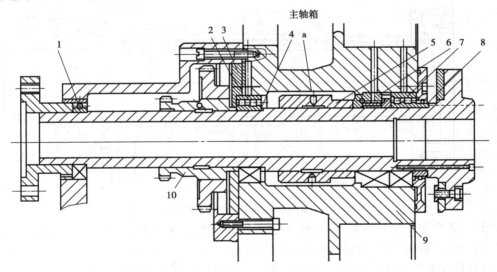

图 3.10　数控车床的主轴组件(高刚度型)

1,2,6,7—轴承;3—法兰;4,8—隔套;5—过盈套;a—注油孔;9—箱体;10—齿轮

该机床的主轴箱与变速箱是分离的。主轴箱靠螺钉和定位销固定在倾斜的床身上。主轴的前、中支承为主支承,都用双列圆柱滚子轴承(7 和 2)承受径向力,内径分别为 100,90 mm,轴向力由双向推力角接触球轴承 6 承受,内径也是 100 mm。3 个轴承的精度均为 SP 级。前支承靠套 5 压紧,套 5 与主轴之间为过盈配合,无螺纹,拆卸时往孔 a 内注入高压油,把套膨大。这种结构可避免因螺纹歪斜而使压紧力不均。主轴上的齿轮 10 也靠过盈配合传递扭矩,

没有键。

前、中双列圆柱滚子轴承通过修磨隔套 8 和 4 的厚度来控制其预紧。

变速箱固定在主轴箱上,靠法兰 3 定心。法兰 3 的内孔与轴承 2 的外圈相配,以保持主轴 3 个轴承孔的同轴度。主轴较长,传动齿轮又位于中支承的后方,故后面增加 1 个辅助支承 1。辅助支承为深沟球轴承,内径 85 mm。

图 3.11 是 TND360 数控车床的主轴组件图。主轴组件负荷较大,要求的刚度也较高,所以前后支承都用角接触球轴承。前支承采用三联相配,前面两个串联,大口朝外(主轴前端),接触角为 25°,后面一个大口朝里,接触角为 14°,中间一个轴承与后面($\alpha = 14°$)一个轴承间留有 8 μm 的间隙,装配时压紧,使轴承获得预紧,轴向切削力 P_x 由前面两个轴承承受,故接触角较大,同时也减少了主轴的悬伸量。后轴承为两个角接触球轴承,$\alpha = 14°$,背靠背布置,这两个轴承共同担负后支承的径向载荷。轴向载荷已由前支承承担,故后轴承的外圈轴向不定位。主轴轴承都属于超轻型,精度为 SP(C)级。主轴轴承用脂润滑,迷宫式密封。主轴材料为 16MnCr5(也可用 45 钢)。前面的短锥、前法兰端面、前后轴承和齿轮轴颈、前面孔(Φ82H6)皆需淬硬至 55 ±2HRC,深 1 mm(16MnCr5 需渗碳)。与主轴前后轴承配合的轴颈公差均为 h4。

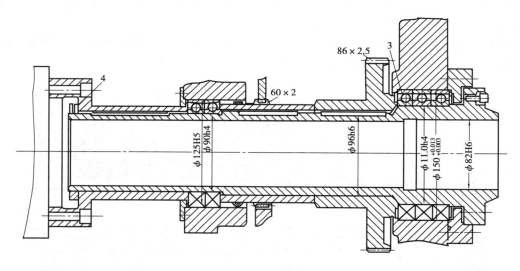

图 3.11　TND360 数控车床的主轴组件(高速型)

图 3.12 为加工中心主轴,其前轴承与图 3.11 数控车床主轴相同。主轴后支承不用轴向限位,当受热膨胀时,主轴带着后轴承向后端移动。

刀具自动夹紧机构位于主轴内,它由弹力卡爪 11、拉杆 7、蝶形弹簧 8(外径 × 内径 × 厚度为 50 mm × 25.4 mm × 3 mm,共 84 个)、活塞杆 4 等组成。夹紧刀具时,活塞杆 4 处于上端位置,蝶形弹簧 8 使拉杆 7 带动由两瓣组成的弹力卡爪 11 上移,爪 11 的端部有锥面 C,与套 10 的锥孔相配合。锥面 C 使爪 11 收紧,抓住拉钉(图中未示出)将刀具拉紧。松开刀具时,液压缸的活塞杆 4 下移,克服蝶形弹簧的弹力向下推拉杆 7,使弹力卡爪 11 端部与套 10 的接合锥面下移至紧挨主轴前端锥孔的空腔 E 内,松开刀具。

当机械手把刀柄从主轴中拔出后,压缩空气通过活塞和拉杆 7 的中孔将主轴锥孔吹净。拉杆 7 上端装有磁感应盘 5,它与磁传感器 6 组合,可用于测定主轴上刀具是否已经夹紧(盘 5

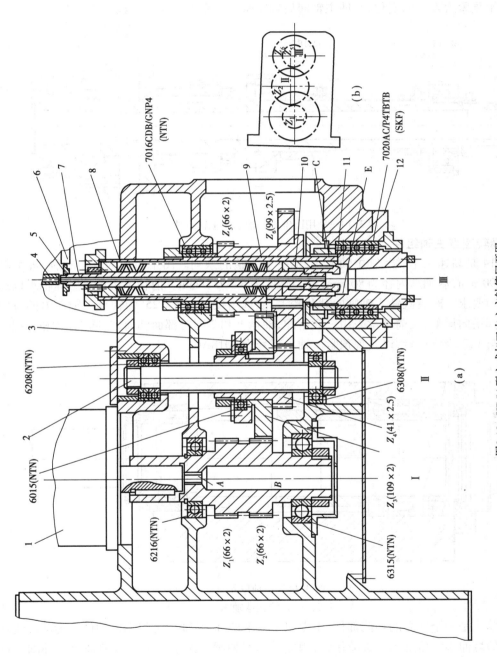

图3.12　VR5A型立式加工中心主轴箱展开图

1—交流主轴电动机;2—中间传动轴;3—拨叉;4—卸刀活塞杆;5—磁感应盘;6—磁传感器;
7—拉杆;8—碟形弹簧;9—主轴;10—套;11—弹力卡爪;12—下轴承套筒

轴向是否已到位)以及实施主轴准停。主轴准停的重复精度为 ±0.5°。

目前数控机床主轴结构主要采用图 3.10(高刚度型)和图 3.11(高速型),且以后者为多。

图 3.13 是采用圆锥滚子轴承的主轴组件。这种机床电机功率为 5.5 kW,主轴转速较低,为 25 ~ 1 600 r/min。主支承为圆锥滚子轴承。蝶形弹簧 1 用以控制预紧力,补偿因主轴热伸长而使轴承预紧力发生的变化,并使主轴向后端膨胀。后支承用深沟球轴承作辅助支承。

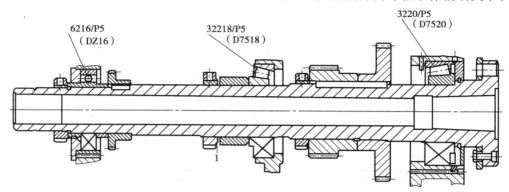

图 3.13 采用圆锥滚子轴承的主轴组件

(2)高转速型主轴组件

图 3.14 是高速型车、镗、铣主轴单元,是一个完整的系列。图中所示为其中一种,即前轴承内径为 90 mm,后轴承内径为 80 mm,最高转速为 5 300 r/min。前轴承用角接触球轴承以适应较高速的要求。车、镗、铣主轴轴向载荷较大,故选用接触角 $\alpha = 25°$ 的轴承。轴向力的方向是从轴头部指向尾部,故前轴承采用三联组配,轴承 1 和 2 同时都面朝前,共同承担轴向载荷。而轴承 3 与 1,2 为背靠背,以实现预紧。轴承型号为 7018AC。

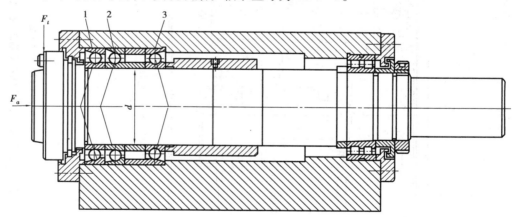

图 3.14 主轴单元

1,2,3—角接触球轴承

主轴单元是一个独立的功能部件,由专门工厂生产,前后轴承之间无传动件。传动件装在主轴的尾部悬伸端。后支承的载荷较大,因此采用双列圆柱滚子轴承。这种轴承的外圈是可以分离的,主轴热膨胀时,可连同轴承内圈的滚子在外圈滚道上轴向移动。后轴承直径比前轴承小,预紧力也小,因此温升不致超过前轴承。前后轴承皆为特轻系列,前轴承为 P4 级,后轴承为 SP 级。

（3）主轴准停装置

主轴准停是指数控机床的主轴每次能准确地停在一个固定的位置上，又称为主轴定位（Spindle Specified Position Stop）。在自动换刀的加工中心上，切削扭矩是通过两个端面键来传递的。端面键固定在主轴前端面上并嵌入刀杆的两个缺口槽内。自动换刀时，必须保证端面键对准缺口槽，这就要求主轴具有准确定位于圆周上特定角度的功能。除此之外，在进行反镗、反倒角和通过前壁小孔镗内壁同轴大孔等加工时，也要求主轴实现准停，使刀尖停在一个固定的方位上。

目前，主轴准停主要有机械准停和电气准停两种方式。

图 3.15 所示为机械准停装置中较典型的 V 形槽定位盘准停装置，带有 V 形槽的定位盘与主轴固定在一起，并使 V 形槽与主轴端面键保持一定的相对位置关系。当执行准停控制指令时，控制系统首先使主轴降速至某一可以设定的低速转动，当无触点开关有效信号被检测到后，立即使主轴电动机停转并断开主轴传动链。此时主轴电动机与主传动件依惯性继续慢速空转，同时定位液压缸定位销伸出，并压向定位盘。当定位盘 V 形槽与定位销对正时，由于液压缸的压力，定位销插入 V 形槽，准停到位检测开关 LS2 发出信号，表明准停动作完成。限位开关 LS1 为准停释放信号，如果 LS1 发出信号，表明定位销退出了 V 形槽。采用这种准停方式时，必须要有一定的逻辑互锁：当 LS2 有效后，才能进行下面的诸如换刀等动作；而只有当 LS1 有效时，才能启动主轴电动机正常运转。上述准停控制通常可由数控系统所配的可编程控制器来实现。

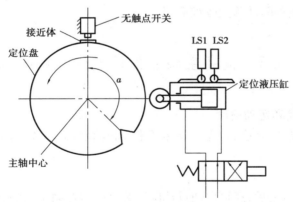

图 3.15　机械准停装置原理

机械准停还有其他机构形式，如端面螺旋凸轮准停装置等，其基本原理与此类同。

机械准停装置动作比较准确可靠，但结构较复杂。现代数控机床多采用电气准停装置。电气准停装置主要有磁传感器方式、编码器方式和数控系统方式三种。图 3.16 为磁传感器主轴准停装置原理图。在主轴上安装一个磁发体与主轴一起旋转，在主轴箱体准停位置上装一个磁传感器。当主轴需要准停时，数控装置发出主轴准停指令，主轴电动机立即减速至准停速度，使主轴以低速回转。当磁发体与磁传感器对准时，磁传感器发出信号，主轴驱动立即进入以磁传感器为反馈元件的位置闭环控制，目标位置即为准停位置。准停完成后，主轴驱动装置输出准停完成信号给数控系统，从而可进行自动换刀或其他相关动作。

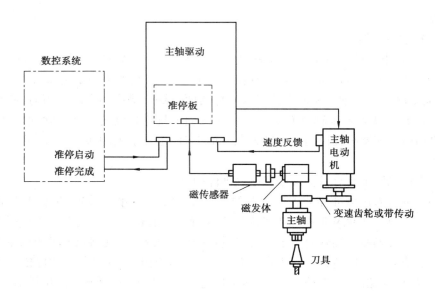

图 3.16　磁传感器准停装置原理

编码器准停装置的控制原理与磁传感器装置类似,主要有两点不同:检测元件不同,其中编码器的安装位置更灵活多样;另外,编码器准停的准停位置可由外部开关量信号设定给数控系统,由数控系统向主轴驱动单元发出准停信号,而磁传感器准停装置只能靠调整磁发体或磁传感器的相对位置来实现。数控系统准停控制方式要求主轴驱动单元具有闭环伺服控制功能,因此对大功率的主轴驱动单元较难适用。

3.5　提高主轴组件性能的一些措施

(1)提高旋转精度和运动精度

提高主轴组件的旋转精度,首先是要保证主轴和轴承具有一定的精度,此外还可采取一些工艺措施。

1)选配法

轴承及其精度选定之后,还可以通过选配安装进一步提高主轴的旋转精度。如图 3.17 所示,主轴端部锥孔中心 O 相对于主轴轴颈中心 O_1 的偏心量为 δ_1。安装在轴颈上的轴承内圈内孔中心也是 O_1,内圈滚道中心 O_2 相对于 O_1 的偏心量为 δ_2。装配后主轴部件的旋转中心为 O_2。显然,若两个偏心的偏移方向相同(图(a)),则主轴锥孔中心的偏心量为 $\delta = \delta_1 + \delta_2$;若方向相反(图(b)),则偏差为 $\delta = |\delta_1 - \delta_2|$。这表明后者的主轴组件旋转精度较高。

前、后轴承选配合理时,可以减小主轴端部径向跳动量。如图 3.18 所示,设前后轴承的径向跳动量为 δ_1、δ_2,主轴端部的径向跳动量为 δ,利用相似三角形关系可得

$$\frac{\delta_1 + \delta_2}{L} = \frac{\delta + \delta_2}{L + \alpha}$$

即
$$\delta = \delta_1\left(1 + \frac{\alpha}{L}\right) + \delta_2 \frac{\alpha}{L}$$

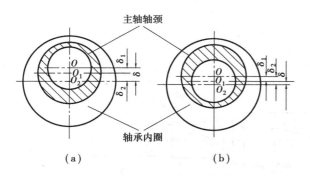

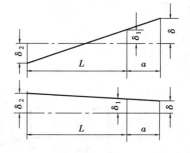

图 3.17　径向跳动量的合成　　　　　图 3.18　轴承径向跳动对主轴端部的影响

于是,当 $\delta = 0$ 时,有

$$\delta_1 \left(1 + \frac{\alpha}{L} \right) = \delta_2 \frac{\alpha}{L}$$

即应使两个偏心的方向相同,并取前后两轴承的偏心量之比最好为 $\alpha / (L + \alpha)$。

2)装配后精加工

由于有些特别精密的主轴组件对旋转精度要求很高,如果只靠主要零件的加工精度来保证,几乎是不可能的。例如坐标镗床主轴组件,主轴锥孔的跳动允差只有 $1 \sim 2\ \mu m$,如果只靠主轴轴承精度来保证是做不到的。这时可以先将主轴组件装配好,再以主轴两端锥孔为基准,在精密外圆磨床上精磨主轴套筒的外圆。再以此外圆为基准,精磨主轴锥孔。精磨完毕,拆卸清洗,重新组装,获得成品。

当主轴以工作转速运转时,主轴轴心会在一定范围内漂移。这个误差称为运动误差。为提高运动精度,除适当提高轴承的精度外,对于滚动轴承还可采取下列措施:①消除间隙并适当预紧,使各滚动体受力均匀;②控制轴颈和轴承座孔的圆度误差;③适当加长外圈的长度,使外圈与箱体孔的配合可以略松,以免箱体孔的圆度误差影响外圈滚道;④采用 NNU4900K 系列轴承(挡边开在外圈上,内圈可以分离的 3182100 系列轴承),可将内圈装在主轴上后再精磨滚道;⑤内圈与轴颈、外圈与座孔配合不能太紧。

如果主轴用滑动轴承,则轴颈和轴瓦的形状误差对运动精度影响很大。由于动压轴承的动压效应,油膜压强随转速而变,因此,单油楔轴承轴颈中心将随转速的变化而变动。多油楔轴承这个变化要小得多。静压轴承由于油膜较厚,均化作用明显,运动精度要更高一些。

(2)改善动态特性

主轴组件应有较高的动刚度和较大的阻尼,使得主轴组件在一定幅值的周期性激振力作用下,受迫振动的振幅较小。图 3.19 为一内圆磨床主轴的振型(基本振动型态)图。主轴两端支承简化为 2 个弹簧,尾部作用一带轮压力。图中示出三个振型:①主轴作为一个刚体在弹性轴承上作平移振动,如图(b)所示,此时主轴各点振动方向一致;②主轴在弹性轴承上作摇摆振动,如图(c)所示,左右振动方向相反,振动线与轴心线的交点 P 称为节点;③主轴作弯曲振动,见图(d),主轴中间与两端的振动方向相反,有 2 个节点 P_1、P_2,节点位于支承点附近。

每个振型都有各自的固有频率。振型和固有频率合称“模态”。习惯上把各个模态按固有频率从小到大的顺序排列,其序号称为“阶”。上述 3 个振型中平移振型的固有频率最低,为第 1 阶振型、第 1 阶固有频率,合称第 1 阶模态。弯曲振型的固有频率最高,称为第 3 阶固

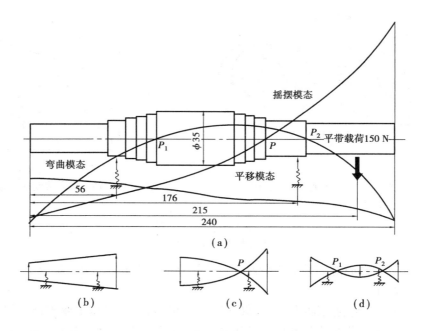

图3.19　主轴组件的振动模态

有频率,第 3 阶模态。从振型图可以看出,第 1、2 阶模态的弹性环节主要是轴承;第 3 阶则主要是主轴。从表 3.6 也可看出,当轴承刚度提高时,第 1、2 阶模态的固有频率也随之提高,但第 3 阶模态则提高不明显。

表 3.6　不同轴承刚度下的固有频率　　　　　　　　　　　　　rad/s

轴承径向刚度/(N·μm^{-1})	40	80	120	160
平移振型	8 600	12 000	14 200	16 000
摇摆振型	8 900	11 500	13 100	14 000
弯曲振型	16 900	17 000	17 600	18 000

　　主轴是一个连续体,有无穷多个自由度,因而也有无穷多个模态。例如主轴还有扭转振动、纵向振动等。但这些模态的固有频率较高,工作时不可能发生共振,因此只需研究固有频率最低的几阶模态。主轴模态可用有限元法或传递矩阵法,借助计算机计算。

　　通常,主轴组件的固有频率是很高的,远远高于主轴的最高转速,故不必考虑共振问题,按静态处理。但是对于高速主轴,特别是带内装式电机的高速主轴(电机转子是一个集中质量,将使固有频率下降),则要考虑共振问题。改善动态特性的主要措施有以下一些。

　　1)使主轴组件的固有频率避开激振力的频率。通常应使固有频率高于激振力频率 30%以上。如果发生共振的那阶模态属于主轴的刚体振动(平移或摇摆振型),则可设法提高轴承刚度;当属于主轴的弯曲振动,则需提高主轴的刚度,如适当加大主轴直径、缩短悬伸等。激振力可能由于主轴组件不平衡(固有频率等于主轴转速)或断续的切削力(固有频率等于主轴转速乘以刀齿数)等而产生。

2）主轴轴承的阻尼对主轴组件的抗振性影响很大,特别是前轴承。如果加工表面的 R_a 值要求很小,又是卧式主轴,可用滑动轴承。例如外圆磨床和卧轴平面磨床。滚动轴承中,圆锥滚子轴承的端面有滑动摩擦,其阻尼要比球轴承和圆柱滚子轴承高一些。适当预紧可以增大阻尼,但过大的预紧反而使阻尼减小。故选择预紧时还应考虑阻尼的因素。

3）采用三支承结构时,其中辅助支承的作用在很大程度上是为提高抗振性。

4）采用消振装置。

(3) 控制主轴组件温升

主轴运转时滚动轴承的滚动体在滚道中摩擦、搅油,滑动轴承承载油膜受到剪切内摩擦,均会产生热量,使轴承温度升高。轴承直径越大,转速越高,发热量就越大。故轴承是主轴组件的主要热源。前后轴承温度的升高不一致,使主轴组件产生热变形,从而影响轴承的正常工作,导致机床加工精度降低。故对于高精度和高效自动化机床,如高精度磨床、坐标镗床和自动交换刀具的数控机床(加工中心),控制主轴组件温升和热变形,提高其热稳定性是十分必要的。主要措施有两项。

1）减少支承发热量。合理选择轴承类型和精度,保证支承的制造和装配质量,采用适当的润滑方式,均有利于减少轴承发热。

2）采用散热装置。通常采用热源隔离法、热源冷却法和热平衡法,能够有效地降低轴承温升,减少主轴组件热变形。机床实行箱外强制循环润滑,不仅带走了部分热量,而且使油箱扩大了散热面积。对于高精度机床主轴组件,油液还用专门的冷却器冷却,降低润滑油温度。有的采用恒温装置来降低轴承温升,使主轴热变形小而均匀。

3.6　主轴组件的计算

根据机床的要求选定主轴组件的结构(包括轴承及其配置)后,应进行计算,以确定主要尺寸。设计和计算的主要步骤如下:

①根据统计资料,初选主轴直径;

②选择主轴的跨距;

③进行主轴组件的结构设计,根据结构要求修正上述数据;

④进行验算;

⑤根据验算结果对设计进行必要的修改。

3.6.1　初选主轴直径

主轴直径直接影响主轴组件的刚度。直径越粗,刚度越高,但同时与它相配的轴承等零件的尺寸也越大。故设计之初,只能根据统计资料选择主轴直径。

车床、铣床、镗床、加工中心等机床因装配的需要,主轴直径通常是自前往后逐步减小的。前轴颈直径 D_1 大于后轴颈直径 D_2。对于车、铣床,一般 $D_2 = (0.7 \sim 0.9)D_1$。几种常见的通用机床钢质主轴前轴颈 D_1,可参考表 3.7 选取。

表 3.7　主轴前轴颈直径 mm

主电机功率/kW	5.5	7.5	11	15
卧式车床	60～90	75～110	90～120	100～160
升降台铣床	60～90	75～100	90～110	100～120
外圆磨床	55～70	70～80	75～90	75～100

多数机床主轴中心有孔,主要用来通过棒料或安装工具。主轴内孔直径 d 在一定范围内对主轴刚度影响很小,若超过此范围则能使主轴刚度急剧下降。由材料力学可知,刚度 K 正比于截面惯性矩 I,它与直径之间有下列关系:

$$\frac{K_空}{K_实} = \frac{I_空}{I_实} = \frac{\pi(D^4 - d^4)/64}{\pi D^4/64} = 1 - \left(\frac{d}{D}\right)^4 = 1 - \varepsilon^4$$

一般,$\varepsilon \leqslant 0.7$ 对刚度影响不大,若 $\varepsilon > 0.7$ 将使刚度急剧下降。

3.6.2　主轴悬伸量的确定

主轴悬伸量 a 是指主轴前支承径向支反力的作用点到主轴前端面之间的距离,见图3.20。它对主轴组件刚度影响较大。根据分析和试验,缩短悬伸量可以显著提高主轴组件的刚度和抗振性。因此,在满足结构要求的前提下,尽量缩短悬伸量 a。

3.6.3　主轴最佳跨距的选择

主轴的跨距(前、后支承之间的距离)对主轴组件的性能有很大影响,合理选择跨距是主轴组件设计中一个相当重要的问题。

图 3.20 是主轴端部受力后的变形。图(a)表示刚性支承、弹性主轴的情况,则主轴在前端受力 F 后的挠度为 y_1。

$$y_1 = \frac{Fa^3}{3EI}\left(\frac{l}{a} + 1\right)$$

主轴的柔度即为

$$\frac{y_1}{F} = \frac{a^3}{3EI}\left(\frac{l}{a} + 1\right)$$

主轴柔度 $\frac{y_1}{F}$ 与 $\frac{l}{a}$ 的关系如图 3.21 中的曲线 a,可见二者呈线性关系。$\frac{l}{a}$ 愈大,柔度也愈大,刚度则越低。

如果假设主轴为刚体,支承为弹性体,则情况应如图 3.20(b)所示。由于支承变形很小,可近似地认为支承受力后作线性变形。设前、后支承的支反力分别为 R_A 和 R_B,刚度为 K_A 和 K_B,则前后支承的变形分别为

$$\delta_A = \frac{R_A}{K_A}, \quad \delta_B = \frac{R_B}{K_B}$$

由于支承变形而导致主轴前端位移

$$y_2 = \delta_A\left(1 + \frac{a}{l}\right) + \delta_B\frac{a}{l}$$

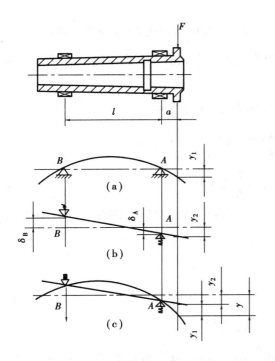

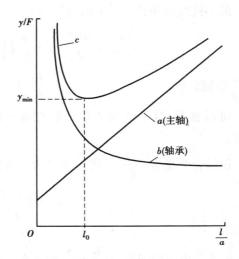

图 3.20　主轴端部受力后的变形　　　图 3.21　主轴最佳跨距计算简图

又由于
$$R_A = F\left(1 + \frac{a}{l}\right), \quad R_B = F\frac{a}{l}$$

因此
$$y_2 = \frac{F}{K_A}\left[\left(1 + \frac{K_A}{K_B}\right)\frac{a^2}{l^2} + 2\frac{a}{l} + 1\right]$$

相应地主轴柔度
$$\frac{y_2}{F} = \frac{1}{K_A}\left[\left(1 + \frac{K_A}{K_B}\right)\frac{a^2}{l^2} + 2\frac{a}{l} + 1\right]$$

柔度 $\frac{y_2}{F}$ 与 $\frac{l}{a}$ 的关系如图 3.21 中的曲线 b。即当 $\frac{l}{a}$ 很小时,柔度 $\frac{y_2}{F}$ 随 $\frac{l}{a}$ 的增大而急剧下

降,即刚度急剧增高;当 $\frac{l}{a}$ 较大时,再增大 $\frac{l}{a}$,则柔度降低缓慢,刚度提高也很缓慢。

实际上,当主轴前端受力 F 后,支承和主轴都有变形,故应综合以上两种情况,得出主轴端部的总挠度为

$$y = y_1 + y_2 = \frac{Fa^3}{3EI}\left(\frac{l}{a} + 1\right) + \frac{F}{K_A}\left[\left(1 + \frac{K_A}{K_B}\right)\frac{a^2}{l^2} + 2\frac{a}{l} + 1\right] \tag{3.8}$$

故主轴端部总柔度

$$\frac{y}{F} = \frac{a^3}{3EI}\left(\frac{l}{a} + 1\right) + \frac{1}{K_A}\left[\left(1 + \frac{K_A}{K_B}\right)\frac{a^2}{l^2} + 2\frac{a}{l} + 1\right]$$

总柔度 $\frac{y}{F}$ 与 $\frac{l}{a}$ 的关系见图 3.21 中的曲线 c。显然存在 1 个最佳的 $\frac{l}{a}$ 值。这时,柔度 $\frac{y}{F}$ 最

小,也就是刚度最大。当 a 值已定时,则存在 1 个最佳跨距 l_0。通常 $\frac{l_0}{a} = 2 \sim 3.5$。从线图上可

以看出,在 $\frac{l}{a}$ 的最佳值附近,柔度变化不大。当 $l > l_0$ 时,柔度的增加比 $l < l_0$ 时慢。因此,设计时应争取满足最佳跨距。若结构不允许,则可使跨距略大于最佳值。下面讨论最佳跨距 l_0 的确定方法。

最小挠度的条件为 $\frac{\mathrm{d}y}{\mathrm{d}l} = 0$,这时的 l 应为最佳跨距 l_0,计算公式为

$$\frac{\mathrm{d}y}{\mathrm{d}l} = \frac{Fa^3}{3EI}\frac{1}{a} + \frac{F}{K_A}\Big[\Big(1 + \frac{K_A}{K_B}\Big)\Big(-\frac{2a^2}{l_0^3}\Big) - \frac{2a}{l_0^2}\Big] = 0$$

整理后得
$$l_0^3 - \frac{6EI}{K_A a}l_0 - \frac{6EI}{K_A}\Big(1 + \frac{K_A}{K_B}\Big) = 0 \tag{3.9}$$

可以证明,这个 3 次方程只存在唯一的正实根。解此方程较麻烦,因此可用计算线图求解。

设综合变量 $\eta = \frac{EI}{K_A a^3}$,代入式(3.9),可得到

$$\eta = \Big(\frac{l_0}{a}\Big)^3 \frac{1}{6\Big(\frac{l_0}{a} + \frac{K_A}{K_B} + 1\Big)} \tag{3.10}$$

η 是一个无量纲量,是 $\frac{l_0}{a}$ 和 $\frac{K_A}{K_B}$ 的函数。故可用 $\frac{K_A}{K_B}$ 为参变量,以 $\frac{l_0}{a}$ 为变量,作出 η 的计算线图,如图 3.22 所示。计算单位:长度均为 m,力为 N,弹性模量为 Pa,刚度为 N/μm。

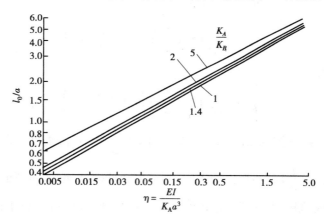

图 3.22　主轴最佳跨距计算线图

使用该线图时,先计算出变量 η,在横坐标上找到 η 值的位置,然后向上作垂线与相应 $\frac{K_A}{K_B}$ 的斜线相交,再从交点作水平线与纵坐标轴相交得 $\frac{l_0}{a}$,因为 a 已知,便得最佳跨距 l_0。

在具体设计时,常由于结构上的限制,实际跨距 $l \neq l_0$,这样就造成主轴部件的刚度损失。根据试验分析可知,$l/l_0 = 0.75 \sim 1.5$ 时,刚度损失不大(5% 左右),应认为在合理的范围之内,即合理跨距应在 $(0.75 \sim 1.5)l_0$ 范围内。

3.6.4   主轴组件的刚度验算

对一般机床主轴,主要进行刚度验算。通常,若能满足刚度要求,也就能满足强度要求。只有对某些粗加工、重载荷机床的主轴才进行强度验算。对某些高速主轴还要进行临界转速的验算,以防止发生共振。

目前,对主轴组件的刚度验算问题尚未得到满意解决,其困难主要在于尚未制定出既有充分理论根据又实用的刚度标准。从现有文献资料来看,主轴组件的刚度最好采用有限元法或传递矩阵法,结合迭代借助电子计算机进行计算。在条件不允许的情况下,为了便于使用,可以采用一些经验近似方法进行计算。下面介绍一种简化的近似计算方法。为此,首先应把主轴组件简化为一个均匀截面的简支梁模型。

(1)主轴的简化及刚度计算

如主轴前后轴颈之间由数段组成,则当量直径 d。

$$d = \frac{d_1 l_1 + d_2 l_2 + \cdots + d_n l_n}{l} \tag{3.11}$$

式中 $d_1, l_1; d_2, l_2; \cdots d_n, l_n$——各段的直径和长度,mm;

l——总长, $l = l_1 + l_2 + \cdots + l_n$,mm。

如果前后轴承颈的直径相差不大,也可把前后轴承颈直径的平均值近似地作为当量直径 d。

主轴的前悬伸部分较粗,刚度较高,其变形可以忽略不计。后悬伸部分不影响刚度,也可不计。如主轴前端作用一外载 F,如图 3.23 所示,则挠度为

$$\delta_s = \frac{Fa^2 l}{3EI} (\text{mm}) = \frac{Fa^2 l}{3EI} \times 10^3 (\mu\text{m})$$

式中 F——外载荷,N;

a——前悬伸,等于载荷作用点至前支承点间的距离,mm;

l——跨距,等于前后支承间的距离,mm;

E——主轴材料的弹性模量,钢的 $E = 2 \times 10^5$,MPa;

I——主轴截面的惯性矩,当主轴平均直径为 d,内孔直径为 d_i 时,$I = \pi(d^4 - d_i^4)/64$,mm^4。

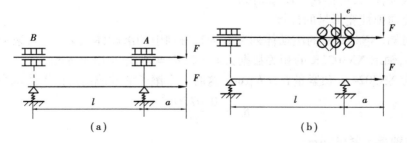

图 3.23   主轴组件计算模型

将 E 及 I 值代入,可得

$$\delta_s = \frac{Fa^2 l}{30(d^4 - d_i^4)} \tag{3.12}$$

如 $d_i \leqslant 0.5d$, 则孔的影响可忽略

$$\delta_s \approx \frac{Fa^2l}{30d^4}(\mu m) \tag{3.13}$$

弯曲刚度 $\quad\quad K_s = \frac{F}{\delta_s} = \frac{30(d^4 - d_i^4)}{a^2l}(N/\mu m) \tag{3.14}$

因此当 $d_i \leqslant 0.5d$ 时,则

$$K_s \approx \frac{30d^4}{a^2l}(N/\mu m) \tag{3.15}$$

(2)支承的简化

如果支承为双列圆柱滚子轴承,则可简化支承点在轴承中部,如图 3.23(a)。如果支承为三联角接触球轴承,则可简化为支承点在第二个轴承的接触线与主轴轴线的交点处。该处离第二个轴承的中部为 $e = \frac{d_m}{2}\tan\alpha(mm)$(图 3.23(b))($d_m$ 为中径,α 为接触角),相当于 2.6 个轴承支承主轴。即计算轴承的刚度时,可将支反力除以 2.6 作为单个轴承的载荷,并按单个轴承计算其变形或刚度。

例 3.2 有一主轴,前轴颈为 120 mm,后轴颈为 110 mm,前轴承为 NN3024K 型,后轴承为 NN3022K 型,跨距 $l = 346$ mm,前悬伸 $a = 96$ mm。中孔 $d_i = 80$ mm。预紧量前轴承为 7 μm,后轴承为 0。主轴端加载 15 400 N。求主轴的径向刚度。计算简图见图 3.23(a)。

解

①计算轴承支反力

前轴承支反力 $\quad\quad R_A = F\left(1 + \frac{a}{l}\right) = 15\ 400 \times \frac{346 + 96}{346} = 19\ 673(N)$

后轴承支反力 $\quad\quad R_B = R_A - F = 19\ 673 - 15\ 400 = 4\ 273(N)$

②主轴前端挠度的计算

主轴的当量直径 $d \quad\quad d = (d_1 + d_2)/2 = (120 + 110)/2 = 115(mm)$

在轴端载荷 F 作用下,前端挠度 δ_s 可按下式计算

$$\delta_s = \frac{Fa^2l}{30(d^4 - d_i^4)}$$

将已知数据代入,可得 $\delta_s = 12.22\ \mu m$。

③轴承径向弹性变形量的计算

查手册可知,NN3024K 的滚动体列数 $i_1 = 2$,每列中的滚动体数 $Z_1 = 25$,滚动体有效长度 $l_{a1} = 13.8$ mm;轴承 NN3022K 的相关数据为 $i_2 = 2$,$Z_2 = 26$,$l_{a2} = 12.8$ mm。

前轴承为 NN3024K,预紧量 $\delta_r = 7\ \mu m$。这时一个滚子的预载荷可由下式求得

$$\delta_r = \frac{0.077Q_r^{0.9}}{l_a^{0.8}}$$

式中 $\quad$ δ_r ——轴承预紧量,μm;

$\quad\quad$ Q_r ——滚子所受预载荷,N;

$\quad\quad$ l_a ——滚动体有效长度,mm。

由上式可推算出,$Q_{r1}^{0.9} = \dfrac{\delta_r l_{a1}^{0.8}}{0.077} = 7 \times 13.8^{0.8}/0.077$,则 $Q_{r1} = 1\ 547$ N,这相当于前轴承增

加了附加载荷 F_{rp}。F_{rp} 可由 $Q_r = 5F_{rp}/iZ$ 中推算出 $F_{rp} = Q_{r1}i_1Z_1/5 = 15\,470(\mathrm{N})$。

则前轴承所承受的全部载荷为 $R'_A = 19\,673 + 15\,470 = 35\,143(\mathrm{N})$

前轴承的总弹性变形为

$$\delta'_A = \frac{0.077Q_{r1}^{0.9}}{l_{a1}^{0.8}} = \frac{0.077}{l_{a1}^{0.8}}\left(\frac{5R'_A}{i_1Z_1}\right)^{0.9} = \frac{0.077 \times (5 \times 35\,143/50)^{0.9}}{13.8^{0.8}} = 14.66(\mu\mathrm{m})$$

扣除预紧量 7 μm，实际总变形量为 $\delta''_A = 14.66 - 7 = 7.66(\mu\mathrm{m})$

折合到主轴前端的径向变形量 δ_A 为

$$\delta_A = \delta''_A\left(1 + \frac{a}{l}\right) = 7.66 \times \frac{346 + 96}{346} = 9.79(\mu\mathrm{m})$$

后轴承为零间隙，其实际总变形量为

$$\delta''_B = \frac{0.077Q_{r2}^{0.9}}{l_{a2}^{0.8}} = \frac{0.077 \times (5 \times 4\,273/52)^{0.9}}{12.8^{0.8}} = 2.25(\mu\mathrm{m})$$

折合到主轴前端的径向变形量 δ_B 为

$$\delta_B = \delta''_B\frac{a}{l} = 2.25 \times \frac{96}{346} = 0.63(\mu\mathrm{m})$$

④主轴组件的径向刚度

将有关数据代入　　$K = \dfrac{F}{\delta_\Sigma} = \dfrac{F}{\delta_S + \delta_A + \delta_B} = \dfrac{15\,400}{12.22 + 9.79 + 0.63} = 680(\mathrm{N}/\mu\mathrm{m})$

从瑞典 SKF 公司的主轴单元样本可以看出，同类型同尺寸轴承主轴单元的径向刚度值与以上的计算相当吻合。两者之间存在的差异主要是由于计算时假设外力 F 作用于主轴端点，而测试时实际上作用于主轴前法兰。以上计算方法，可供验算主轴组件刚度使用。此外，对于高速主轴组件还需对其临界转速进行验算，这里不做进一步介绍。

3.7　主轴组件润滑和密封

主轴轴承的润滑与密封是机床使用和维护过程中值得重视的两个问题。良好的润滑效果可以降低轴承的工作温度和延长使用寿命。密封不仅要防止灰尘屑末和切削液进入，还要防止润滑油的泄漏。

3.7.1　滚动轴承的润滑

对滚动轴承进行良好润滑，可以减小轴承内部摩擦与磨损，防止烧粘，延长疲劳寿命，排出摩擦热并冷却。滚动轴承的润滑有油脂、油雾、油-气、喷射等润滑方式。脂润滑一般用在 $d_m n$（d_m 是轴承内外径的平均值，单位为 mm；n 是转速，单位为 r/min）小于 1×10^6 的低速主轴，在使用陶瓷轴承的条件下，可使其 $d_m n$ 值提高 25% ~ 35%。$d_m n$ 值在 1×10^6 以上的主轴，多采用油雾、油-气和喷射润滑方式。

(1) 油脂润滑

滚动轴承可用脂润滑，是其突出优点之一。当滚动轴承的 $d_m n$ 较低时可用脂润滑。脂润滑不需要供油管路和系统，没有漏油问题。如果脂的选择合适，洁净、密封良好，则脂的使用寿命会很长,一次充脂可以使用到大修,不需中途补充。因此,结构上不必设计加脂孔。

润滑脂可选用锂基脂或钡基脂。主轴轴承油脂封入量,通常为轴承空间容积的10%,切忌随意填满。油脂过多,会加剧主轴发热。油脂封入量的概略计算式如下:

$$V = f \times 10^{-5}(D^2 - d^2)B \tag{3.16}$$

式中　V——油脂封入量,cm^3;

　　　D——轴承外径,mm;

　　　d——轴承内径,mm;

　　　B——轴承宽度,mm;

　　　$f = 1.5$ 用于 NN3000K 系列轴承、234400 系列轴承;

　　　$f = 1.7$ 用于 7000AC、7000C 系列轴承。

采用油脂润滑方式,要采取有效的密封措施,以防止切削液或润滑油进入到轴承中去。

(2)油雾润滑

如果滚动轴承的 $d_m n$ 值较高时,则轴承不仅需要润滑还需冷却,此时可采用油雾润滑。油雾润滑以压缩空气为动力,通过油雾器,使油液雾化并混入空气流中,然后输送到需要润滑的地方。油雾润滑能获得良好而均匀的润滑效果,压缩空气不仅输送油雾,还能带走摩擦产生的热量,大大降低摩擦副的工作温度,又因油雾润滑大幅度降低润滑油的消耗量,从而减少了因搅拌而引发的发热,所以常用于高速主轴轴承的润滑。但是,油雾容易吹出,污染环境。

(3)油-气润滑

油-气润滑是最近发展起来的一种所需油量最少的新技术,润滑剂消耗量是油雾润滑量的1/10,能确保润滑的高效性及降低磨损,是一种比较理想的润滑方式,尤其适用于高速旋转的滚动轴承。油-气润滑原理图如图3.24所示。

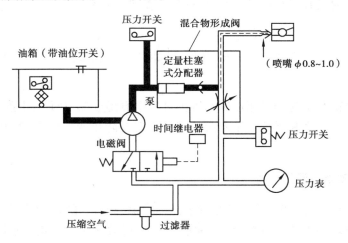

图 3.24　油-气润滑原理图

油-气润滑是将具有一定压力的压缩空气和润滑油混合后,形成条纹状油液微滴,进入轴承内部摩擦区域进行润滑。要求所形成的润滑油膜不能太厚,最好选择比样本提供的参考黏度值大 5 ~ 10 倍的润滑油,以确保有良好的黏度和润滑性能。压缩空气必须干燥,且过滤精度不大于 3 μm,空气压力必须与流量、管路长度、管路内径、轴承的内压力损失相匹配。轴承的供油方式取决于轴承类型和配置方式。对单列轴承而言,最佳润滑方式为从一边进入轴承内部,喷嘴孔应与内环齐平,不能指向保持架;对双列轴承而言,润滑油必须从与外圈滚道边齐平的地方喷入轴承内部以对轴承充分润滑。

与油雾润滑相比,油-气润滑由于使用大量空气冷却轴承,轴承温升比油雾润滑时低,因此允许轴承的 $d_m n$ 值可更高,一般用于 $d_m n > 1 \times 10^6$ 的高速轴承。此外,油-气润滑的油不雾化,用后可回收,不像油雾润滑会污染环境。

(4)喷射润滑

当轴承高速旋转时,滚动体和保持架也以相当高的速度旋转,并使其周围空气形成气流,这样用一般润滑方法就很难将润滑油输入到轴承中。这时就必须要用高压喷射的方法,才能将润滑油送到预定的区域。这种润滑方式是用油泵,通过位于轴承内圈和保持架中心之间的一个或几个口径为 $0.5 \sim 1$ mm 的喷嘴,以一定的压力,将流量大于 500 mL/min 的润滑油喷射到轴承上,使之穿过轴承内部,经轴承另一端流入油槽,达到对轴承润滑和冷却的目的。

虽然喷射润滑可使 $d_m n$ 值达到 2.5×10^6,但需要大量润滑油,因搅拌阻力使动力损失较大,而且需要较复杂的附属设备,成本较高,所以一般用于 $d_m n > 1.6 \times 10^6$ 并承受重负载的轴承。

3.7.2　密封

主轴组件的密封有接触式密封和非接触式密封。

图 3.25 是几种非接触密封的形式。图 3.25(a) 是利用轴承盖与轴的间隙密封,轴承盖的孔内开槽是为了提高密封效果,这种密封用在工作环境比较清洁的油脂润滑处。图 3.25(b) 是在螺母的外圆上开锯齿形环槽,当油向外流时,靠主轴转动的离心力把油沿斜面甩到端盖 1 的空腔内,油液流回箱内。图 3.25(c) 是迷宫式密封结构,在切屑多、灰尘大的工作环境下可获得可靠的密封效果,这种结构适用油脂或油液润滑的密封。在用非接触式的油液密封时,为了防漏,应确保回油能尽快排掉,因此要保证回油孔的畅通。接触式密封主要有油毡圈和耐油橡胶密封圈密封,如图 3.26 所示。

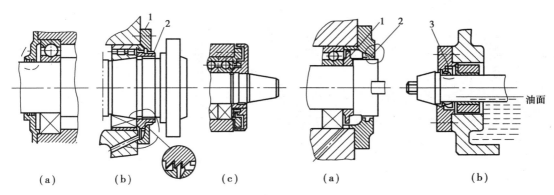

（a）　　　　（b）　　　　（c）　　　　　　（a）　　　　　　（b）

图 3.25　非接触式密封　　　　　　　　　图 3.26　接触式密封
1—端盖;2—螺母　　　　　　　　　1—甩油环;2—油毡圈;3—耐油橡胶密封圈

习题与思考题

1. 数控机床主轴组件需要满足哪些基本要求？

2. 数控机床主轴支承根据主轴组件的转速、承载能力及回转精度等要求的不同可选用哪些种类的轴承？这些轴承在性能上有何区别？

3. 主轴常用滚动轴承有哪些类型？其各自特点是什么？

4. 主轴滚动轴承的预紧方式有哪些？

5. 一个支承中如果有两个角接触轴承,其布置方式有哪几种？各有何特点？

6. 主轴的结构设计应考虑哪些问题？为什么有的机床主轴是空心的？

7. 主轴的材料选择应考虑哪些问题？主轴上哪些表面应淬硬？为什么？

8. 试分析在主轴组件中采用角接触轴承组配时,多用背靠背组配,而滚珠丝杠中,角接触轴承多用面对面组配。

9. 有一 400 mm 数控车床,电动机功率 7.5 kW,主轴内孔直径为 48 mm,主轴前后均为 3182100 系列双列圆柱滚子轴承,主轴计算转速为 50 r/min。试通过设计计算确定主轴组件的轴径和跨距。

10. 试分析图 3.10 ~ 图 3.14 所示主轴组件:

(1)画简图表示该主轴组件前后支承的配置形式,并简述其特点;

(2)轴承间隙应如何调整？

(3)分析主轴所受轴向力的传递路线。

第 **4** 章
数控机床的进给传动系统

4.1 数控机床进给系统工作原理

数控机床的进给传动系统常用伺服进给系统来工作。传统的进给系统和主运动系统多采用一个电机,执行件之间采用大量的齿轮传动,以实现内(外)传动链的各种传动比要求,所以它们的传动链很长,结构相当复杂。数控伺服进给系统的每一个运动都由单独的伺服电机驱动,传动链大大缩短,传动件大大减少,这极利于减少传动误差,提高传动精度。执行件之间的传动比关系,由数控系统(计算机)来保证。也可以说伺服进给传动系统是把彼此相关(复合)的运动分解为简单(外联系)的运动,再由计算机将各个运动复合起来,以形成工件的各种表面,特别是空间曲面。即数控伺服进给系统的作用是根据数控系统传来的指令信息,进给放大以后控制执行部件的运动,不仅控制进给运动的速度,同时还要精确控制刀具相对于工件的移动位置和轨迹。因此,数控机床进给系统,尤其是轮廓控制系统,必须对进给运动的位置和运动的速度两个方面同时实现自动控制。

4.1.1 进给伺服系统的基本要求

带有数字调节的进给驱动系统都属于伺服系统。伺服进给系统不仅是数控机床的一个重要组成部分,也是数控机床区别于一般机床的一个特殊部分。数控机床对进给伺服系统的性能指标可归纳为:定位精度要高,跟踪指令信号的响应要快,系统的稳定性要好。

(1)稳定性

所谓稳定的系统,即系统在输入量改变、启动状态或外界干扰作用下,其输出量经过几次衰减振荡后仍能迅速地稳定在新的或原有的平衡状态下。它是伺服进给系统能够正常工作的基本条件,包含绝对稳定性和相对稳定性(稳定裕度)。

进给伺服系统的稳定性和系统的惯性、刚度、阻尼以及系统增益都有关系。适当选择系统的机械参数(主要有阻尼、刚度、谐振频率和失动量等)和电气参数,并使它们达到最佳匹配,是进给伺服系统设计的目标之一。

（2）精度

所谓伺服进给系统的精度，是指系统的输出量复现输入量的精确程度（偏差），即准确性。它包含动态误差，即瞬态过程出现的偏差；稳态误差，即瞬态过程结束后，系统存在的偏差；静态误差，即元件误差及干扰误差。

常用的精度指标有定位精度、重复定位精度和轮廓跟随精度。精度用误差来表示，定位误差是指工作台由一点移动到另一点时，指令值与实际移动距离的最大差值。重复定位误差是指工作台进行一次循环动作之后，回到初始位置的偏差值。轮廓跟随误差是指多坐标联动时，实际运动轨迹与给定运动轨迹之间的最大偏差值。影响精度的参数很多，关系也很复杂。采用数字调节技术可以提高伺服驱动系统的精度。

（3）快速响应特性

所谓快速响应特性，是指系统对指令输入信号的响应速度及瞬态过程结束的迅速程度。它包含系统的响应时间，传动装置的加速能力。它直接影响机床的加工精度和生产率。系统的响应速度越快，则加工效率越高，轨迹跟随精度也高。但响应速度过快会造成系统的超调，甚至会引起系统不稳定。因此，应适当选择快速响应特性。

对于点位控制的机床，主要应保证定位精度并尽量减少定位时间。对于轮廓控制的机床，除了要求高的定位精度外，还要求良好的快速性及形成轮廓的各运动坐标伺服系统动态性能的一致性。对于开环及半闭环的控制形式，主要是应满足定位精度的要求，而对于闭环的控制形式，则主要是稳定性的问题。

4.1.2　进给伺服系统的组成

数控机床的伺服进给系统一般由驱动控制单元、驱动元件、机械传动部件、执行件和检测反馈环节等组成，如图 4.1 所示。驱动控制单元和驱动元件组成伺服驱动系统；机械传动部件和执行元件组成机械传动系统；检测元件与反馈电路组成检测装置，亦称检测系统。机床数字调节技术中，最重要、最基本的调节技术就是进给伺服系统的位置调节技术。

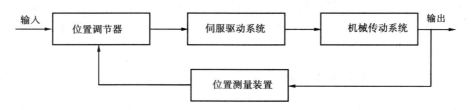

图 4.1　进给伺服系统组成

数控机床的位置调节技术保证被加工零件的尺寸精度和轮廓精度。在位置环的调节方式上有模拟式和数字式，或者说有连续控制方式和离散控制方式。图中输入参数的产生和位置调节器的功能可用数字计算机完成，从而构成一个数字位置调节系统，属于离散控制方式。这类系统精度高，动态性能好，可充分利用计算机的快速运算功能和存储功能，使进给伺服系统始终处在最佳工作状态。

位置检测装置起着检测和反馈两个作用，它发出的信号传送给位置调节器，从而构成闭环控制。从一定意义上看，数控机床的加工精度主要取决于检测装置的精度。常用的位置检测装置有旋转变压器、脉冲编码器、光栅、磁栅等。

伺服驱动系统包括驱动元件及其控制单元。开环进给系统一般采用步进电机作为驱动元件。闭环(半闭环)进给系统中一般采用直流伺服电动机或交流伺服电动机作为驱动元件。早期的数控机床多采用直流伺服电动机作为进给驱动元件。由于直流伺服电动机内部有机械换向装置,存在电刷磨损问题,需要较多维护;同时,由于运行时电机的换向器会出现运行火花,限制了直流伺服电动机的转速与输出功率的提高。随着微处理器技术和电子半导体技术的发展,交流伺服系统的性能有了很大的提高,在数控机床中的应用也越来越广泛。

机械传动系统的作用是传递和转换伺服电动机的运动,并带动工作台移动,包括减速器、滚珠丝杠副机构等。现代数控机床多采用大惯量直流伺服电动机或交流伺服电动机,可直接通过滚珠丝杠副带动工作台运动。

4.1.3　进给伺服系统的控制方式

进给伺服系统按其控制方式不同可分为开环系统和闭环系统。闭环控制方式通常是具有位置反馈的伺服系统。根据位置检测装置所在位置的不同,闭环控制系统又分为半闭环系统和全闭环系统。

(1)开环控制

采用开环控制的进给系统一般采用步进电动机作为驱动元件,它不需要位置与速度检测元件,也没有反馈回路,具有结构简单、工作可靠、造价低廉等优点。由于影响定位精度的机械传动装置的摩擦、惯量、间隙的存在,故精度和快速性较差。开环控制系统的定位精度一般为 $\pm 0.01 \sim \pm 0.02$ mm,其系统框图如图 4.2 所示。开环控制一般仅用于精度不高的经济型数控车床的进给系统。

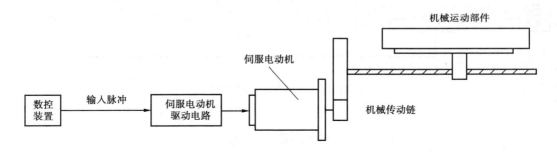

图 4.2　开环控制系统框图

(2)闭环控制

闭环控制的进给系统通常采用伺服电动机作为驱动元件,根据其检测元件安装位置的不同,可进一步分为全闭环控制和半闭环控制两种。

半闭环系统的位置与速度传感器安装在电动机的非输出轴端上,即检测装置装在伺服电动机或丝杠的尾部,用测量电动机或丝杠转角的方式间接检测运动部件的坐标位置,如图 4.3 所示。由于电动机到工作台之间的传动部件有间隙、弹性变形和热变形等因素,因而检测的数据与实际的坐标值有误差。但由于丝杠螺母副、机床运动部件等大惯量环节不包括在闭环内,因此可以获得稳定的控制特性,使系统的安装调试方便,而且半闭环系统还具有价格较便宜、结构较简单、检测元件不容易受到损害等优点,因此,半闭环控制正成为目前数控机床首选的控制方式,广泛用于加工精度要求不是很高的数控机床上。

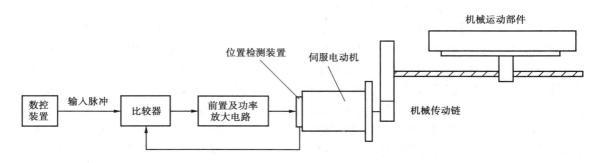

图 4.3　半闭环控制系统框图

全闭环系统将位移与速度传感器安装在工作台或其他执行元件上。从理论上讲,闭环控制系统中机床工作精度主要取决于测量装置的精度,而与机械传动系统精度无关。因此,采用高精度测量装置可以使闭环控制系统达到很高的工作精度。但是由于许多机械传动环节都包含在反馈回路内,而各种反馈环节具有丝杠与螺母、工作台与导轨的摩擦,且各部件的刚性、传动链的间隙等都是可变的,因此机床的谐振频率、爬行、运动死区等造成的运动失步,可能会引起振荡,降低了系统稳定性,调试和维修比较困难,且结构复杂、价格昂贵。全闭环控制系统的结构如图 4.4 所示。

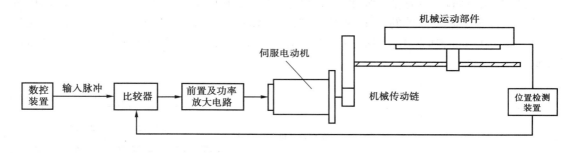

图 4.4　闭环控制系统框图

4.2　数控机床伺服驱动装置

为了满足数控机床对伺服系统的要求,对电气伺服系统的执行元件——伺服电动机必须有较高的要求:

1)电动机从最低转速到最高转速范围内应都能平滑地运转;转矩波动要小,尤其在最低转速时,仍要有平稳的速度而无爬行现象。

2)电动机应具有大的、较长时间的过载能力,以满足低速大转矩的要求。

3)电动机应可控性好、转动惯量小、响应速度快。

4)电动机应能承受频繁的启动、制动和反转。

常用的进给伺服执行元件主要有直流伺服电动机、交流伺服电动机和步进电动机等,近来直线电动机也被应用在数控机床和加工中心上。常用的主轴伺服元件有直流主轴电动机和交流主轴电动机等,随着高速加工技术的发展,电主轴在数控机床和加工中心上也得到了越来越多的应用。下面分别介绍常用伺服执行元件的工作原理。

4.2.1　步进电动机伺服驱动系统

步进电动机伺服系统是典型的开环伺服系统。在这种开环伺服系统中,执行组件步进电动机把进给脉冲转换为机械角位移,并由传动丝杠带动工作台移动。由于系统中没有位置和速度检测环节,因此它的精度主要由步进电动机的步距角和与之相连的丝杠等传动机构的精度所决定,故相对于有反馈回路的闭环伺服系统,其精度较低。步进电动机的最高运行速度通常要比伺服电动机低,并且在低速时容易产生振动,影响加工精度。但步进电动机开环伺服系统的控制和结构简单、成本低廉、调整容易,故多应用在速度和精度要求不太高的场合。

(1)步进电动机的结构和工作原理

1)步进电动机的分类及基本结构

步进电动机的分类方法很多,按力矩产生的原理,分为反应式和励磁式。

①反应式步进电动机。其转子中无绕组,由定子磁场对转子产生的感应电磁力矩实现步进运动。有较高的力矩转动惯量比,步进频率较高,频率响应快,不通电时可以自由转动,结构简单,寿命长。

②励磁式步进电动机。其定子和转子均有励磁绕组,由它们之间的电磁力矩实现步进运动。有的励磁式电动机转子无励磁绕组,是由永久磁铁制成的,有永久磁场。通常也把这样的步进电动机称为混合式步进电动机。混合式步进电动机具有步距角小、有较高的起动和运行频率、消耗功率小、效率高、不通电时有定位转矩、不能自由转动等特点,广泛应用于机床数控系统、打印机、软盘机、硬盘机和其他数控装置中。

按输出力矩大小分为伺服式和功率式。伺服式只能驱动小负载,一般与液压转矩放大器配用,才能驱动机床等较大负载。功率式可以直接驱动较大负载。各相绕组分布形式分为径向式和轴向式。径向式步进电动机各相绕组按圆周依次排列,轴向式步进电动机各相绕组按轴向依次排列。

2)步进电动机的工作原理

从图 4.5 中可以看出,在定子上有六个大极,每个极上绕有绕组。每对对称的大极绕组形成一相控制绕组,共形成 A,B,C 三相绕组。极间夹角为 60°。在每个大极上,面向转子的部分分布着多个小齿,这些小齿呈梳状排列,大小相同,间距相等。转子上均布 40 个齿,大小和间距与大齿上的相同。当某相(如 A 相)上的定子和转子上的小齿由于通电电磁力使之对齐时,另外两相(B 相、C 相)上的小齿分别向前或向后产生 1/3 齿的错齿。这种错齿是实现步进旋转的根本原因。这时如果在 A 相断电的同时,另外的 B,C 两相中的某一相通电,则电动机的这个相由于电磁吸力的作用使之对齐,产生旋转。步进电动机

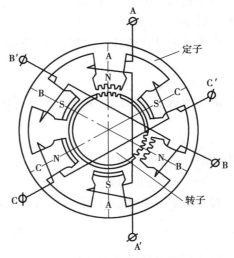

图 4.5　径向三相反应式步进电动机结构原理

每走一步,旋转的角度是错齿的角度。错齿角度越小,所产生的步距角越小,步进精度越高。

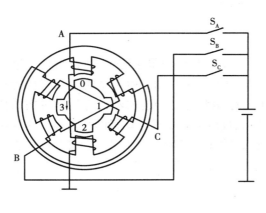

图 4.6　步进电动机步进过程原理

现在步进电动机的步距角通常为 3°、1.8°、1.5°、0.9°、0.5° ~ 0.9°等。步距角越小,步进电动机结构越复杂。

由步进电动机的结构了解到,要使步进电动机能连续转动,必须按某种规律分别向各相通电。步进电动机的步进过程如图 4.6 所示。假设图中是一个三相反应式步进电动机,每个大极只有一个齿,转子有四个齿,分别称 0,1,2,3 齿。直流电源开关分别对 A,B,C 三相通电。图 4.6 所示的整个步进循环过程由表 4.1 可显见。

把对一相绕组一次通电的操作称为一拍,则对三相绕组 A,B,C 轮流通电共包括三拍,才使转子转过一个齿,转一齿所需的拍数为工作拍数。对 A,B,C 三相轮流通电一次称为一个通电周期。所以一个通电周期,步进电动机转动一个齿距。对于三相步进电动机,如果三拍转过一个齿,称为三相三拍工作方式。

表 4.1　步进电动机步进循环过程

通电相	对齐相	错齿相	转子转向
A 相(初始状态)	A 和 0,2	B,C 和 1,3	
B 相	B 和 1,3	A,C 和 0,2	逆转 1/2 齿
C 相	C 和 0,2	A,B 和 1,3	逆转 1 齿

由于按 A—B—C—A 相序顺序轮流通电,则磁场逆时针旋转,转子也逆时针旋转,反之则顺时针转动。

设步进电动机的转子齿数为 N,则它的齿距角为

$$\theta_z = \frac{2\pi}{N} \tag{4.1}$$

由于步进电动机运行 K 拍可使转子转动一个齿距角,因此每一拍的步距角 θ_s 可以表示为

$$\theta_s = \frac{2\pi}{NK} \tag{4.2}$$

式中　K——步进电动机的工作拍数;
　　　N——转子的齿数。

对于转子有 40 齿并且采用三拍工作的步进电动机,其步距角为

$$\theta_s = \frac{360°}{40 \times 3} = 3°$$

3)步进电动机的主要特性

①步距角和静态步距误差。由前面分析知道,通电一次,转子转过一个步距角,因此步进电动机在转动过程中无累积误差。但在每步中实际步距角和理论步距角之间有误差,把一转

内各步距误差的最大值定为步距误差。步进电动机的静态步距误差通常为理论步距的5%左右。

②静态矩角特性。当步进电动机在某相通电时,转子处于不动状态。这时,在电动机轴上加一个负载转矩,转子就按一定方向转过一个角度θ,此时转子所受的电磁转矩T称为静态转矩,角度θ称为失调角。T和θ的关系叫矩角特性。该特性上的电磁转矩最大值T_{max}称为最大静转矩。在一定范围内,外加转矩越大,转子偏离稳定平衡的距离越远。在静态稳定区内,当外加转矩除去时,转子在电磁转矩作用下,仍能回到稳定平衡点位置。

③起动频率。空载时,步进电动机由静止状态起动,达到不丢步的正常运行的最高频率,称为起动频率。起动时,指令脉冲频率应小于起动频率,否则将产生失步。步进电动机在带负载下的起动频率比空载要低。每一种型号的步进电动机都有固定的空载起动频率。

④连续运行频率步进电动机起动后,不丢步工作的最高工作频率,称为连续运行频率。连续运行频率通常是起动频率的4~10倍。随着步进电动机的运行频率增加,其输出转矩相应下降,所以步进电动机的运行频率也受所带负载转矩的影响。对于某特定步进电动机,单拍工作频率要比双拍工作时低。一个好的驱动方式和功率驱动电源可以提高起动频率和运行频率。

(2)步进电动机的基本控制方法

要使步进电动机产生运转,必须按规定的通电时序对步进电动机各相通电。因此步进电动机运转的控制方法的实质就是要解决各相的脉冲分配问题。

步进电动机的工作方式分为单拍工作、双拍工作和多拍工作。

①三相步进电动机单三拍工作方式。设三相步进电动机三相分别为A,B,C相,每次只有一相通电。其通电方式为A—B—C—A,则励磁电流切换三次,磁场旋转一周,转子转动一个齿距。转子就会与通电相的定子齿对齐。其电压波形如图4.7所示。

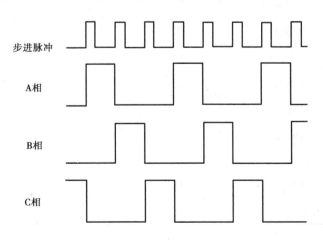

图4.7　三相步进电动机单三拍工作电压波形

②双三拍工作方式。如果每次都是两相同时通电,通电方式为AB—BC—CA—AB,控制电流切换三次,磁场旋转一周。其电压波形如图4.8所示。从图中可以看到,每一相都是连续通电两拍,因此励磁电流比单拍要大,所产生的励磁转矩也较大。由于同时有两相通电,因此转子齿不能和这两相定子齿对齐,而是处于两定子齿的中间位置。其步距角和单三拍相同。

③三相步进电动机六拍工作方式。如果把单三拍和双三拍的工作方式结合起来,就形成六拍工作方式。这时通电次序是:A—AB—B—BC—C—CA—A。在六拍工作方式中,控制电流切换六次,磁场转一周,转子转动一个齿距角。其步距角 $\theta_s = \dfrac{2\pi}{NK}$。由于这时的 K 是单拍工作的两倍,因此步距角是单拍工作时的 $1/2$,每一相是连续三拍通电(如图 4.9 所示),这时相电流最大,且电磁转矩也最大。

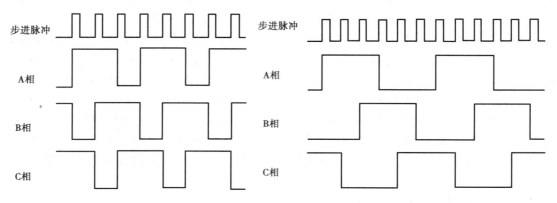

图 4.8　三相步进电动机双三拍工作电压波形　　图 4.9　三相步进电动机六拍工作时电压波形

三相步进电动机三种工作方式的性能比较见表 4.2。

表 4.2　三相步进电动机三种工作方式性能比较

工作方式	单三拍	双三拍	六拍
步进周期	T_w	T_w	T_w
每相通电时间	T_w	$2T_w$	$3T_w$
齿矩周期	$3T_w$	$3T_w$	$6T_w$
相电流	小	较大	大
高频性能	差	一般	好
转矩	小	一般	大
电磁阻尼	差	较好	较好
振荡	多	少	较小
功耗	小	中	较大
起动频率	低	中	高

4.2.2　直流伺服电动机及其驱动系统

直流伺服电动机具有良好的转矩、转速控制特性,还具有相对功率大、响应速度快等优点,在数控机床的闭环、半闭环进给伺服系统中得到了广泛应用。

（1）直流伺服电动机工作原理

常用的直流伺服电动机有：永磁直流伺服电动机、无槽电枢直流伺服电动机、杯形电枢直流伺服电动机、无刷直流伺服电动机等，由于其结构不同，性能上也有差异。由于永磁直流伺服电动机以其过载能力强、动态响应快、调速范围宽、低速输出转矩大等优点广泛应用于数控机床的进给伺服系统，因此下面以永磁直流伺服电动机为例，介绍直流伺服电动机的工作原理。

直流伺服电动机由一个带绕组的转子（电枢）和能产生固定磁场的定子组成，其原理简图如 4.10 所示。

设定子产生的固定磁场磁通方向向下，当转子绕组中通以如图所示方向的直流电时（为说明原理，图中绕组只画了一匝），它与定子磁场产生电磁力，按右手规则，电磁力 F 的方向对上面导线向左，对下面导线向右，使转子逆时针方向旋转；当转子转过 180°后，由于转子绕组的直流电是经导电环引入的，因此绕组中的电流方向并不改变，仍为原来方向，因而电磁力方向也不变，使转子能持续不断地旋转。一匝绕组在转子

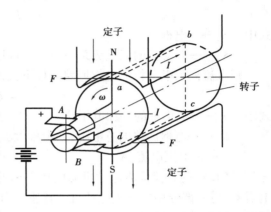

图 4.10　直流伺服电动机工作原理

旋转一周时产生的电磁力的大小是变化的。实际的电动机转子上不可能是一匝绕组，而是在转子的圆周上均匀分布了许多绕组，总的电磁力是这些绕组产生的电磁力的总和。转子上分布的绕组越密，总的电磁力越大，越接近恒定。

从前面的原理可得，当电枢绕组中有电流时，在固定磁场中产生的电磁转矩为

$$T_{em} = K_t I_a \tag{4.3}$$

式中　K_t——电动机的力矩系数，N·m/A，它只与电动机本身的结构参数有关；

I_a——电枢绕组中的电流，A。

由式（4.3）可知，当励磁恒定不变时，直流电动机的电磁转矩与电枢电流成正比。

当直流电动机拖动负载时，电磁转矩既要克服由于负载的机械摩擦及阻尼带来的负载阻转矩，又要克服由于电动机中的机械摩擦、电枢中的磁滞与涡流等产生的电动机阻转矩，还要使惯性负载产生加速度，其转矩平衡方程式为

$$J \frac{d\omega}{dt} = T_{em} - T_L \tag{4.4}$$

式中　T_{em}——电动机电磁转矩，N·m；

T_L——作用于电动机轴上的阻转矩，包括电动机阻转矩和负载阻转矩，N·m；

J——电动机转子及负载等效在电动机轴上的转动惯量，kg·m^2；

ω——电动机转动角速度，rad/s。

静态时，电磁转矩应和加在电动机轴上负载转矩相平衡，即

$$T_{em} = T_L \tag{4.5}$$

把式（4.3）代入式（4.5）得

$$T_L = K_t I_a \tag{4.6}$$

式(4.6)为直流伺服电动机的力矩平衡方程式。电动机稳定运行时,其产生的电磁转矩除克服本身的阻转矩外,必须和外加负载转矩相平衡。外加负载转矩增大时,电动机的电枢电流也必须增大。

进一步分析还可以看到,当电动机旋转后,转子绕组在定子磁场中将切割磁力线,则会在转子绕组中产生感应电势,其方向为对抗原电流方向,即和外加电压极性相反,因此称为反电势。根据电磁感应定律,当磁通恒定时,直流电动机电枢反电动势可以认为与转速成正比,即

$$E_a = K_e \omega \qquad (4.7)$$

式中　E_a——电枢反电势,V;

　　　K_e——电动机的反电势系数,V·s/rad,它也只与电动机本身的结构参数有关。

则直流伺服电动机的电枢回路有如下关系式

$$u_a = E_a + R_a I_a \qquad (4.8)$$

式中　u_a——电枢上的外加电压,V;

　　　R_a——电枢回路的总电阻,如由放大器供给电枢电压时,也包括放大器的内阻,Ω;

　　　I_a——电枢电流,A。

式(4.8)为直流伺服电动机的电压平衡方程式,电枢上外加电压的一部分消耗在回路的电阻上,另一部分用来产生电动机的转速。当外加电压一定时,电枢回路的电流越大,产生的反电势越小,转速越低。

(2)直流伺服电动机静态和动态特性

1)静态特性　根据上述分析可知,静态时直流伺服电动机的转速可表示为

$$\omega = \frac{u_a}{K_e} - \frac{R_a}{K_e K_t} T_{em} \qquad (4.9)$$

根据式(4.9)可得直流伺服电动机的机械特性,即保持控制电压恒定时,电动机转矩与转速的关系曲线,如图4.11所示。

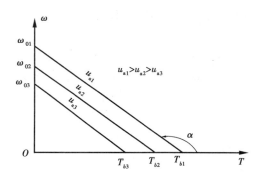

图4.11　直流伺服电动机机械特性

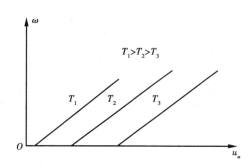

图4.12　直流伺服电动机调节特性

根据上式,理想空载转速 ω_0 为

$$\omega_0 = \frac{u_a}{K_e}$$

由于电动机本身存在阻转矩,即使在空载情况下,电动机也不可能达到这个转速。

又根据式(4.9),转速为零时,电动机的堵转转矩 T_b 为

$$T_b = \frac{K_t}{R_a} u_a$$

机械特性的硬度 $|\tan a|$ 用理想空载转速和堵转转矩定义为

$$|\tan a| = \frac{\omega_0}{T_b} = \frac{R_a}{K_e K_t}$$

由上式可见,机械特性的硬度与电枢电压无关。

同时,由式(4.9)又可得到直流伺服电动机的调节特性,即电磁转矩恒定时,电动机转速随控制电压变化的关系曲线,如图 4.12 所示。

调节特性与横轴的交点为电动机的始动电压。从原点到始动电压点的横坐标范围,被称为在某一电磁转矩值时伺服电动机的失灵区。失灵区的大小与电磁转矩的大小成正比。

2)动态特性　根据上面的分析可知,直流伺服电动机的动态特性由下列方程组描述

$$u_a(t) = R_a i_a(t) + L_a \frac{\mathrm{d}i_a(t)}{\mathrm{d}t} + E_a(t)$$

$$E_a(t) = K_e \omega(t)$$

$$T_{em}(t) = K_t i_a(t)$$ (4.10)

$$T_{em}(t) = J \frac{\mathrm{d}\omega(t)}{\mathrm{d}t} + B\omega(t) + T_L(t)$$

式中,B 为等效在电动机轴上的黏性阻尼系数;$T_L(t)$ 为电动机阻转矩与负载阻转矩之和。其余参数和变量的定义与前面相同。

将方程组(4.10)拉氏变换后,可得下列代数方程组

$$U_a(s) = R_a I_a(s) + L_a s I_a(s) + E_a(s)$$

$$E_a(s) = K_e \Omega(s)$$

$$T_{em}(s) = K_t I_a(s)$$ (4.11)

$$T_{em}(s) = Js\Omega(s) + B\Omega(s) + T_L(s)$$

由(4.11)代数方程组,可画出等价的传递函数方块图,如图 4.13 所示。通过化简方块图,可得到以电枢电压 $U_a(s)$ 为输入变量、电动机转速 $\Omega(s)$ 为输出变量的传递函数

$$\frac{\Omega(s)}{U_a(s)} = \frac{K_t}{L_a Js^2 + (L_a B + R_a J)s + R_a B + K_e K_t}$$ (4.12)

式中　T_a——电动机电磁时间常数,$T_a = \dfrac{L_a}{R_a}$;

　　　　T_m——电动机机电时间常数,$T_m = \dfrac{R_a J}{K_e K_t}$;

　　　　T——机械系统时间常数,$T = \dfrac{J}{B}$。

代入式(4.12)可得

$$\frac{\Omega(s)}{U_a(s)} = \frac{\dfrac{1}{K_e}}{T_a T_m s^2 + \left(\dfrac{T_a T_m}{T} + T_m\right)s + \left(\dfrac{T_m}{T} + 1\right)}$$ (4.13)

若忽略电枢电感和黏性阻尼系数,则直流伺服电动机的传递函数可近似为

$$\frac{\Omega(s)}{U_a(s)} = \frac{\dfrac{1}{K_e}}{T_m s + 1} \tag{4.14}$$

由此可见,直流伺服电动机通常可近似为一阶惯性环节,其过渡过程的快慢主要取决于机电时间常数 T_m。

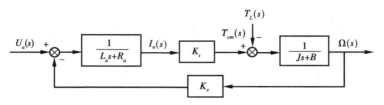

图 4.13 直流伺服电动机传递函数方块图

实际应用中,直流伺服电动机有两种控制方式。一种情况是:从式(4.6)中可以看到,电动机电枢回路中的电流与负载力矩成正比,因此,如果系统需要控制力矩时,可用控制电动机的电流来实现,也称电流控制。另一种情况是:从式(4.7)和式(4.8)中可以看到,外加电压在平衡在力矩(稳态时,电磁力矩等于负载力矩)后,电压和转速也是正比关系,因此系统如果需要控制转速时,可用控制电动机的电压来实现,也称电压控制。

4.2.3 交流伺服电动机及其驱动系统

交流伺服电动机无电刷,结构简单,动态响应好,输出功率较大,因而在数控机床上被广泛应用。

交流伺服电动机分为交流永磁式伺服电动机和交流感应式伺服电动机。永磁式相当于交流同步电动机,常用于进给系统;感应式相当于交流感应异步电动机,常用于主轴伺服系统。其电动机旋转机理都是由定子绕组产生旋转磁场使转子运转。交流永磁式伺服电动机的转速和外加电源频率存在严格的关系,因此电源频率不变时,它的转速是不变的;但若由变频电源供电时,可方便地获得与频率成正比的可变转速,可得到非常硬的机械特性及宽的调速范围。因此在数控机床的进给伺服系统中多采用永磁交流同步型伺服电动机。

(1)交流永磁伺服电动机工作原理

交流永磁式伺服电动机的工作原理与电磁式同步电动机的工作原理类似,只不过磁场不是由转子中的励磁绕组产生,而是由作为转子的永久磁铁产生。

定子三相绕组接上交流电源后,就会产生一个旋转磁场,以同步转速 n_s 旋转。定子旋转磁场与转子的永久磁铁磁极互相吸引,并带着转子一起旋转,使转子也以同步转速 n_s 旋转。当转子上加上负载转矩之后,将造成定子磁场轴线与转子磁极轴线不重合,

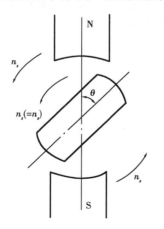

图 4.14 永磁交流同步伺服电动机结构

其夹角为 θ,如图 4.14 所示。若负载发生变化,θ 角也跟着变化,但只要不超过一定的限度,转

84

子始终跟着定子的旋转磁场以恒定的同步转速 n_s 旋转。转子转速为

$$n = n_s = \frac{60f}{p} \quad (\mathrm{r/min}) \tag{4.15}$$

式中　f——电源的频率；

　　　p——磁极对数。

永磁交流伺服电动机的机械特性比直流伺服电动机的机械特性要硬,其直线更接近水平线。此外,断续工作区的范围更为扩大,高速区域尤为突出,有利于提高电动机的加、减速能力。

(2)交流伺服驱动系统

交流伺服驱动系统就是交流伺服电动机速度控制系统,由交流伺服电动机和伺服驱动器组成。永磁交流伺服电动机的调速既不能用调节转差率 S 的方法调速,也不能用改变磁极对数 p 来调速,只能用变频(f)方法调速才能满足数控机床的要求,实现无级调速。因此,永磁交流伺服电动机的调速问题就归结为变频问题。改变供电频率,常用的方法有交-直-交变频和交-交变频,前者广泛应用在数控机床的伺服系统中。交-直-交变频方式如图 4.15。因此,先把交流电整流成直流电,再把直流电逆变成矩形脉冲波电压,采用晶体管脉冲宽度调制(PWM)逆变器来完成。

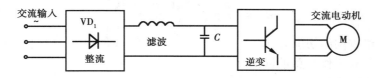

图 4.15　交-直-交变频方式

PWM 的调制方法很多,其中正弦波调制方法是应用最广泛的一种,简称 SPWM。SPWM变频器不仅适用于交流永磁式伺服电动机,也适用于交流感应式伺服电动机。SPWM 采用正弦规律脉宽调制原理,具有功率因数高,输出波形好的优点,因而在交流调速系统中获得广泛应用。

4.2.4　电动机的选用方法

(1)步进电动机的选用

步进电动机是开环进给伺服系统的主要执行元件,其性能直接影响数控机床的性能。因此,在设计步进电动机进给系统时要充分重视步进电动机的特性,合理地选择步进电动机。

1)确定步进电动机的类型

一般来讲,反应式步进电动机步距角小,运行频率高,价格较低,但功耗较大;永磁式步进电动机功耗较小,断电后仍有制动力矩,但步距角较大,启动和运行频率较低;永磁反应式(混合式)步进电动机兼有上述两种电动机的优点,但价格较高。各种步进电动机的产品样本中都给出通电方式及步距角等主要技术参数以供选用。

2)确定脉冲当量

脉冲当量应根据机床的加工精度要求来确定。对于开环伺服系统,一般取为 0.01 mm 或0.005 mm。如取得太大,无法满足系统精度要求;如取得太小,或者机械系统难以实现,或者

对其精度和动态性能提出过高要求,使经济性降低。

3)确定减速齿轮速比

根据所选步进电动机的步距角、丝杠的螺距以及所要求的脉冲当量来计算减速齿轮的速比,采用减速齿轮可以较容易地配置所要求的脉冲当量,减小工作台以及丝杠折算到电动机轴上的惯量,同时增大步进电动机的驱动能力。但采用减速齿轮会带来额外的传动误差,使机床的快速移动速度降低,并且其自身又会引入附加的转动惯量。

根据所要求的脉冲当量 δ,减速齿轮的速比可按下式计算

$$i = \frac{\alpha h_{sp}}{360\delta} \tag{4.16}$$

式中　α——步进电动机步距角,(°);

　　　　δ——系统的脉冲当量,mm/脉冲;

　　　　i——减速齿轮的减速比;

　　　　h_{sp}——滚珠丝杠的螺距,mm。

4)最大静态转矩(M_{Jmax})的选择

在图 4.16 所示的进给系统中,电动机负载主要由切削力 F 和工作台的摩擦力组成,则负载转矩 M_L 为

$$M_L = \frac{(F + 9.8\mu G)h_{sp} \times 10^{-3}}{2\pi\eta i} \tag{4.17}$$

式中　F——进给方向的切削力,N;

　　　　G——工件和工作台总重量,kg;

　　　　μ——导轨摩擦系数;

　　　　η——包括齿轮和丝杠在内的传动系统总效率;

　　　　i——减速比,$i > 1$;

　　　　h_{sp}——丝杠导程,mm。

然后根据下式选择步进电动机的最大静态转矩 M_{Jmax}

$$M_{Jmax} \geq (2.5 \sim 5)M_L \tag{4.18}$$

对于式(4.18)中系数的选择,在电动机相数较多、突跳频率要求不高时取较小的系数值;反之取较大的系数值。

5)启动频率(f_{st})的选择

由于步进电动机带负载启动时,其启动频率会降低,因此首先应计算电动机轴上的等效负载惯量 J_L

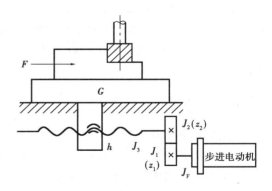

图 4.16　步进电动机进给传动示意图

$$J_L = J_1 + \frac{J_2 + J_3}{i^2} + \frac{G}{981}\left(\frac{360\delta}{2\pi\alpha}\right)^2 \tag{4.19}$$

式中　J_1、J_2——齿轮的转动惯量,N·m·s²;

　　　　J_3——丝杠的转动惯量,N·m·s²;

　　　　δ——系统的脉冲当量,mm/脉冲。

然后,根据机床所要求的启动频率 f_{stm},按下式计算 f_{st} 之值

$$f_{stm} = f_{st} \sqrt{\dfrac{1 - \dfrac{M_L}{M}}{1 + \dfrac{J_L}{J}}} \qquad (4.20)$$

式中　f_{st}——步进电动机空载启动频率,Hz;

f_{stm}——步进电动机带载启动频率,Hz;

　M——启动频率下由矩频特性决定的输出转矩,N·m;

　J——电动机转子转动惯量,N·m·s²;

由于式(4.20)中 M 与 f_{st} 之间为非线性关系,因此只能用试凑方法结合矩频特性曲线近似处理完成。另外,当机床的有关参数不易确定时,也可按下式近似选取。

$$f_{stm} = 0.5 f_{st} \qquad (4.21)$$

6)最高连续运行频率(f_{max})的选择

根据机床工作台的最高运行频率,按下式即可选取 f_{max} 的大小。

$$v_{max} = 60\delta f_{max} \qquad (4.22)$$

式中　v_{max}——机床最高运行速度,mm/min。

(2)直流/交流伺服电动机的选用

闭环和半闭环伺服进给系统的驱动元件,目前主要是直流伺服电动机或交流伺服电动机。在 20 世纪 90 年代以前,直流伺服电动机一直是闭环(以下如不特别说明,则所称闭环也包括半闭环)系统中驱动元件的主流。近年来,由于交流伺服技术的发展,使交流伺服电动机可以获得与直流伺服电动机相近的优良性能,而且交流伺服电动机无电刷磨损问题,维修方便,随着价格的逐年降低,正在得到越来越广泛的应用,因而目前已形成了与直流伺服电动机共同竞争市场的局面。在闭环伺服系统设计时,应根据设计者对技术的掌握程度及市场供应、价格等情况,适当选取合适的驱动元件。

由于交流伺服电机的选择原则与直流伺服电机相同,主要是转矩、转速和转动惯量的选择,因此下面以直流伺服电动机的选用方法为例进行说明。

所选择的伺服电机,应满足下列条件:

①在所有的进给速度范围内(包括快速移动),空载进给力矩应小于电动机额定转矩;

②最大切削力矩小于电动机额定转矩;

③加、减速时间应符合所希望的时间常数;

④快速进给频繁度在希望值以内。

为选取满足上述条件的电动机,需要进行负载扭矩计算、惯量匹配计算和加减速扭矩计算。

1)负载转矩计算

负载转矩是由于驱动系统的摩擦力和切削力所引起,可用下式表示:

$$2\pi M = FL \qquad (4.23)$$

式中　M——电动机轴转矩;

　F——使机械部件沿直线方向移动所需力;

　L——电动机转一圈(2πrad)时,机械移动距离。

$2\pi M$ 是电动机以转矩 M 转一圈时电动机所做的功,而 FL 是以力 F 机械移动 L 距离时所做的机械功。

以图 4.17 所示伺服进给驱动系统为例。

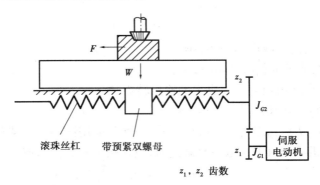

图 4.17 伺服进给驱动系统

在实际机床上,由于存在传动效率和摩擦系数因素,滚珠丝杠克服外部载荷 P 做等速运动所需力矩,应按下式计算:

$$M_1 = \left(K \frac{F_{a0} h_{sp}}{2\pi} + \frac{P h_{sp}}{2\pi \eta_1} + M_B \right) \frac{z_1}{z_2} \tag{4.24}$$

式中　M_1——等速运动时的驱动力矩,N·mm;

$K \dfrac{F_{a0} h_{sp}}{2\pi}$——双螺母滚珠丝杠的预紧力矩,N·mm;

F_{a0}——预紧力,N,通常取最大轴向工作载荷 F_{max} 的 1/3,即 $F_{a0} = \dfrac{1}{3} F_{max}$,当 F_{max} 难于计算时,可采用 $F_{a0} = (0.1 \sim 0.2) C_a$,N;

C_a——滚珠丝杠副的额定载荷,在产品样本中可查到;

h_{sp}——丝杠导程,mm;

K——滚珠丝杠预紧力矩系数,取 0.1~0.2;

P——加在丝杠轴向的外部载荷,$P = F + \mu W$,N;

F——作用于丝杠轴向的切削力,N;

W——法向载荷,$W = W_1 + P_1$,N;

W_1——移动部件重力,包括最大承载重力,N;

P_1——有夹板夹持时(如主轴箱)的夹板夹持力;

μ——导轨摩擦系数,粘贴聚四氟乙烯板的滑动导轨副 $\mu = 0.09$,有润滑条件时,$\mu = 0.03 \sim 0.05$,直线滚动导轨 $\mu = 0.003 \sim 0.004$;

η_1——滚珠丝杠的效率,取 0.90~0.95;

M_B——支承轴承的摩擦力矩,亦叫启动力矩,N·m,可以从滚珠丝杠专用轴承样本中查到;

z_1——齿轮 1 的齿数;

z_2——齿轮 2 的齿数。

最后按满足下式的条件选择伺服电动机:

$$M_1 \leqslant M_S \tag{4.25}$$

式中　M_S——伺服电动机的额定转矩。

2）惯量匹配计算

为使伺服进给系统的进给执行部件具有快速响应能力，必须选用加速能力大的电动机，亦即能够快速响应的电机（如采用大惯量伺服电机），但又不能盲目追求大惯量，否则由于不能充分发挥其加速能力，造成浪费。因此必须使电机惯量与进给负载惯量合理匹配。

通常在电动机惯量 J_M 与负载惯量 J_L（折算至电动机轴上）或总惯量 J_r 之间，推荐下列匹配关系：

$$\frac{1}{4} \leqslant \frac{J_L}{J_M} \leqslant 1 \tag{4.26}$$

或

$$0.5 \leqslant \frac{J_M}{J_r} \leqslant 0.8 \tag{4.27}$$

或

$$0.2 \leqslant \frac{J_L}{J_r} \leqslant 0.5 \tag{4.28}$$

电动机的转子惯量 J_M，可从产品样本中查到。负载惯量按动能守恒定理根据式（1.19）计算。系统中滚珠丝杠、联轴器、齿轮、齿形皮带轮等，均可看作回转体，回转体的转动惯量按式（1.20）或式（1.21）计算。

3）定位加速时的最大转矩计算

定位加速时的最大转矩 M，按下式计算：

$$M = \frac{2\pi n_m}{60 t_a}(J_M + J_L) + M_L \tag{4.29}$$

式中　n_m——快速移动的电机转速，r/min；

　　　t_a——加速、减速时间，s，按 $t_a \approx 3/K_s$，取 150～200 ms；

　　　K_S——系统的开环增益，通常取 8～25 s^{-1}，加工中心一般取 20 s^{-1} 左右；

　　　J_M——电机惯量，kg·m²，可以从样本中查到；

　　　J_L——负载惯量，kg·m²；

　　　M_L——负载转矩，N·m。

若 M 小于伺服电机的最大转矩 M_{max}，则电机能以所取的时间常数进行加速和减速。

4）电机转速的计算

电机的转速取决于使用要求，比如机床工作台的工作进给速度和快进速度。

当伺服电机直接和丝杠相连，机床工作台由丝杠螺母传动机构带动，则电机转速 n_M 应为：

$$n_M \geqslant \frac{v_{快}}{h_{sp}} \tag{4.30}$$

式中　$v_{快}$——工作台快进速度，mm/min；

　　　h_{sp}——丝杠导程，mm。

如电机和丝杠之间有一减速机构，则：

$$n_M \geqslant i \cdot \frac{v_{快}}{h_{sp}} \tag{4.31}$$

式中　i——电机至丝杠传动比。

如果伺服电机通过减速机构(如齿轮传动,蜗轮蜗杆)带动回转工作台转动,那么

$$n_M \geq i \cdot n_{快} \tag{4.32}$$

式中　i——电机至回转工作台传动比;

　　　$n_{快}$——回转工作台快进转速,r/min。

如果电机通过减速机构和齿轮齿条带动工作台直线运动,那么

$$n_M \geq i \cdot \frac{v_{快}}{\pi D_G} \tag{4.33}$$

式中　i——电机至齿轮传动比;

　　　D_G——小齿轮节圆直径,mm。

5)热时间常数

电机的热时间常数越大,允许超载运行的时间也就越长。大惯量电机的热时间常数可达 120 min 左右,电机可在自然空气冷却条件下长时间超负载运转,通常可在 3 倍额定转矩条件下工作 30 min,温升不超过 150 ℃。因为它采用了耐高温的绝缘材料,绕组允许温升可达 155 ℃。

4.2.5　直线电动机

直线电动机是一种新颖的电动机,近年来在国外发展较快,它是一种能将电信号直接转换成直线位移的电动机。直线电动机无需中间机械传动即可直接获得直线运动,所以它使用在数控机床上没有传动机械的磨损,并具有噪音低、结构简单、操作维护方便等优点。

典型直线电动机的结构与原理如图 4.18 所示。定子由磁钢和导磁铁芯构成,动子(相当于旋转电动机的转子)是一个空心线圈。根据载流导体在磁场中受力原理,线圈通电时动子受力而运动,其运动规律与控制信号的形式有关。直线伺服电动机采用直流信号控制,即直流驱动。当线圈中没有电流时,动子静止不动,如图 4.18(a)所示。当线圈通以直流电时,动子受力朝着图 4.18(b)中箭头方向向左移动。若改变线圈中电流的方向,则动子受力的移动方向也随之改变,如图 4.18(c)所示。左、右两个极限位置之间的距离为动子的行程,即电动机的行程。电动机的最大行程由它的结构确定。在最大行程内,动子的速度通过调节电流的大小来控制,而动子的移动方向则以改变电流的方向来控制。

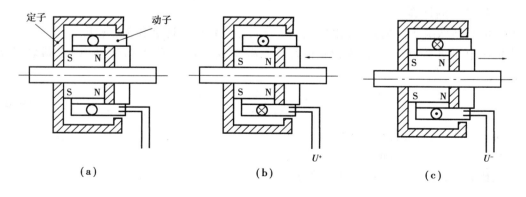

图 4.18　直线电动机的控制原理

4.3 传动齿轮副设计

在数控机床进给系统中,常采用机械变速装置将电动机输出的高转速、低转矩转换为进给运动所需的低转速、大转矩,其中应用最广的就是传动齿轮副。

采用传动齿轮副的优点如下:

①可以降低丝杠、工作台的惯量在系统中所占的比重,提高进给系统的快速性。

②可以充分利用伺服电动机高转速、低转矩的性能,使其变为低转速、大转矩输出,获得更大的进给驱动力。

③在开环步进系统中还可起到机械、电气间的匹配作用,使数控系统的分辨率和实际工作台的最小移动单位统一,以适应不同丝杠导程、不同步距角和不同脉冲当量的配比。

④进给伺服电动机和丝杠中心可以不在同一直线上,布置灵活。

齿轮传动就工作条件来说,有开式、闭式之分。在实际使用中,由于速度、承载不同,材料的性能及热处理工艺的差别等,齿轮传动也呈现出不同的失效形式。一般来说,齿轮传动的主要失效形式是轮齿折断和齿面损坏。齿面损坏又分为齿面的点蚀、胶合、磨损、塑性变形等。齿轮的其余部分(如齿圈、轮辐、轮毂等),除对齿轮的质量大小需加严格限制外,通常只按经验设计,所定尺寸对强度及刚度来说均比较富裕,实践中也极少失效。

齿轮的计算准则由失效形式确定。

轮齿工作面硬度大于 350HBS 或 38HRC,被称为硬齿面齿轮;轮齿工作面硬度小于 350HBS 或 38HRC,被称为软齿面齿轮。

在闭式传动中,主要失效形式是点蚀、弯曲疲劳折断、胶合等。设计时,对软齿面齿轮,通常以保证齿面接触疲劳强度为主,然后校核其弯曲强度;对于硬齿面齿轮,如齿面硬度很高,齿心强度较低(20、20Cr 钢经渗碳后淬火的齿轮)或材质较脆的齿轮,通常则以保证齿根弯曲疲劳强度进行设计,然后校核其接触强度。

开式传动中,主要失效形式是磨损及齿根折断。由于抗磨损能力的计算方法迄今尚不完善,故仅以保证齿根弯曲疲劳强度作为设计准则。为了增加开式传动寿命,可视具体需求适当增大模数。

4.3.1 传动齿轮副的降速比计算

(1)开环系统

开环系统的降速传动比 i 主要取决于机床坐标轴的脉冲当量 $\delta(\mathrm{mm})$、步进电动机的步距角 $\alpha(°)$ 和滚珠丝杠的螺距 $h_{sp}(\mathrm{mm})$,即

$$i = \frac{\alpha h_{sp}}{360\delta}$$

(2)闭环和半闭环系统

闭环和半闭环系统的降速比 i 主要取决于伺服电动机的最高额定转速 $n_{\max}(r/\min)$、机床的最高进给速度 $v_{\max}(\mathrm{mm/min})$ 和滚珠丝杠的螺距 $h_{sp}(\mathrm{mm})$,即

$$i = \frac{n_{max}h_{sp}}{v_{max}} \qquad (4.34)$$

4.3.2 传动齿轮间隙消除机构

由于传动齿轮副存在间隙,在开环、半闭环系统中,将影响加工精度;在闭环系统中,由于位置反馈的作用,间隙产生的位置滞后量虽然能通过系统的闭环自动调节得到补偿,但它将带来反向时冲击,甚至导致系统产生振荡而影响系统的稳定性。因此,必须采取相应的措施,使间隙减小到允许的范围内。

消除齿轮间隙的方法通常有刚性调整法和柔性调整法两种。

(1)刚性调整法

刚性调整法是指调整后齿侧间隙不能自动补偿的调整方法。齿轮的周节公差和齿厚要严格控制,否则会影响传动的灵活性。这种调整方法结构比较简单,且有较好的传动刚度。

1)偏心轴套调整法

如图 4.19 所示,齿轮 1 装在电动机输出轴上,电动机通过偏心轴套 2 安装在机床齿轮箱座孔内。转动偏心轴套 2,可以调整齿轮 1 和齿轮 3 之间的中心距,从而消除齿侧间隙。

2)轴向垫片调整法

如图 4.20(a)所示,将一对啮合齿轮 1,2 的分度圆柱面沿齿厚方向制成带有小锥度的圆锥面,只要改变垫片 3 的厚度就能使齿轮 1 轴向移动,改变两个齿轮的轴向相对位置,从而消除齿侧间隙。

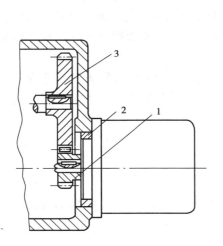

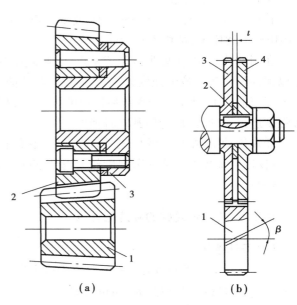

图 4.19 偏心轴套式调整机构
1—齿轮;2—偏心轴套;3—齿轮

图 4.20 轴向垫片式调整机构
(a)1,2—齿轮;3—垫片
(b)1—宽齿轮;2—垫片;3,4—薄片斜齿轮

图 4.20(b)所示是用于斜齿轮的垫片式间隙调整机构。宽斜齿轮 4 同时与齿数相同的两个薄片斜齿轮 1,2 啮合,两个薄片斜齿轮通过平键安装在轴上,二者不能相对回转。加工时在

两薄片齿轮之间装入厚度为 t 的垫片3,并将齿形拼装后一起进行加工。装配时,通过改变垫片3的厚度,可以使薄片齿轮1,2的螺旋线发生错位,其左右两面分别与宽齿轮4的齿槽左右侧面贴紧,从而消除齿侧间隙。这种结构无论正反向旋转时,都分别只有一个薄片齿轮承受载荷,故齿轮的承载能力较小,且不能自动补偿齿侧间隙,调整也比较费事。

（2）柔性调整法

柔性调整法是指调整后齿侧间隙仍可自动补偿的调整方法。这种方法一般都是将相啮合的一对齿轮中的一个制成宽齿轮,另一个由两个薄片齿轮组成,利用调整弹簧力,使薄片齿轮的左右齿侧分别紧贴在宽齿轮齿槽的左右两侧,以消除齿侧间隙。这种调整方法的优点是可以在齿轮的齿厚和周节变化的情况下,保持齿轮的无间隙啮合;但其结构较复杂,轴向尺寸大,传动刚度低,传动平稳性也较差。

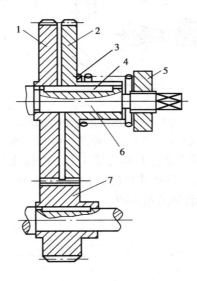

图 4.21　轴向压簧式调整机构

1,2—薄片齿轮;3—弹簧;4—键;

5—螺母;6—轴;7—齿轮

1）轴向压簧调整法

图 4.21 所示为轴向压簧调整法,用于消除斜齿轮的齿侧间隙。该结构的消隙原理与图4.20(b)所示的轴向垫片式间隙调整机构类似,所不同的只是此处是通过齿轮2右侧的弹簧压力使两个薄片齿轮1,2的左右齿面分别与宽齿轮7的左右齿面贴紧,以消除齿侧间隙。

弹簧压力需调整适当,压力过小消除不了间隙,过大会加快齿轮磨损。图中弹簧3的压力可通过螺母5来调整。

2）周向拉簧调整法

图 4.22 所示为周向拉簧调整法,用于消除直齿轮的齿侧间隙。两个相同齿数的薄片齿轮1,2与另一个宽齿轮(图中未画出)啮合,两薄片齿轮可相对回转。两个薄片齿轮的端面分别均布四个螺孔,齿轮1端面的螺孔安装凸耳3,齿轮2端面的螺孔安装凸耳8,凸耳8上安装调节螺钉7。齿轮1端面上与凸耳8安装位置对应处还有另外四个通孔,使凸耳8可以从中穿

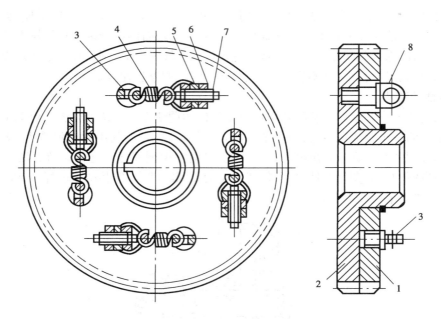

图 4.22　周向弹簧式调整机构

1,2—薄片齿轮;3,8—凸耳;4—弹簧;5,6—旋转螺母;7—调节螺钉

过。弹簧 4 的两端分别钩在调节螺钉 7 和凸耳 3 上。旋转螺母 5 可以调整弹簧 4 的拉力,调整完毕用螺母 6 锁紧。弹簧拉力使薄片齿轮错位,从而使两个薄片齿轮 1,2 的左右齿面分别与宽齿轮的左右齿面贴紧,以消除齿侧间隙。

4.4　滚珠丝杠副设计

4.4.1　滚珠丝杠螺母副的特点

滚珠丝杠螺母副是一种低摩擦、高精度、高效率的机构,在数控机床上得到广泛应用。它的机械效率($\eta = 0.92 \sim 0.96$)比滑动丝杠($\eta = 0.20 \sim 0.40$)高 3 ~ 4 倍。滚珠丝杠螺母副的动(静)摩擦系数相差极小,配以滚动导轨,起动力矩很小,运动极灵敏,低速时不会出现爬行。滚珠丝杠螺母副事先完全消除间隙并可预紧,故有较高的轴向刚度,且反向无空程死区、反向定位精度高。滚珠丝杠螺母摩擦系数小,无自锁,能实现可逆传动,故用于垂直位置时,必须有制动装置。

(1)滚珠丝杠螺母副的结构原理

滚珠丝杠螺母副的工作原理与普通滑动丝杠螺母副基本相同,都是利用螺旋面的升角使螺旋运动转变为直线运动,不同的是普通滑动丝杠螺母副中螺母与丝杠之间为滑动摩擦,而在滚珠丝杠螺母副中,丝杠和螺母都有半圆弧形的螺旋槽,它们套装在一起形成圆弧截面的螺旋滚道,滚道内装满钢珠,从而使丝杠和螺母运动面之间变成滚动摩擦,如图 4.23(a)所示。

为了构成封闭的螺旋滚道,螺母上有滚珠的回路管道,将数圈螺旋滚道的两端连接起来。当丝杠转动时,滚珠在滚道内即自转又沿滚道循环转动,从而螺母(或丝杠)轴向移动。

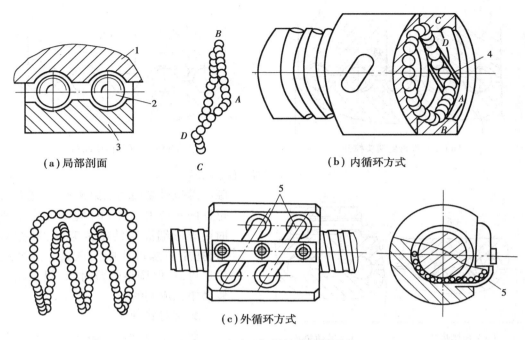

图 4.23 滚珠丝杠螺母副结构原理

根据回珠方式不同,滚珠丝杠螺母副的结构可分为内循环和外循环两种。

内循环方式的滚珠在循环过程中始终与丝杠表面保持接触,如图 4.23(b)所示。在螺母的侧面孔内装有能连通相邻滚道的回珠 4,当钢珠从 A 点走到 B 点、C 点、D 点后,回珠器 4 引导钢珠越过丝杠的螺母顶部回到相邻滚道的 A 点,形成一个循环回路,称为一列。一般在一个螺母上装有 2~4 个回珠器,并沿螺母圆周均匀分布。内循环方式的优点是结构紧凑,返回滚道短,不易发生滚珠堵塞,摩擦损失小,效率高。缺点是结构较复杂,制造精度要求高。

外循环方式的滚珠在循环返回时,将离开丝杠螺纹滚道,如图 4.23(c)所示。在螺母体上轴向相隔若干导程处加工两个与螺旋滚道相切的孔,将弯管 5 的两端插入孔中,形成滚珠返回通道,引导钢珠构成循环回路。外循环方式的优点是结构简单,制造容易。缺点是滚道接缝处很难做得平滑,影响滚珠滚动的平稳性,甚至发生卡珠,噪声也较大。

(2)滚珠丝杠螺母副的预紧

滚珠丝杠螺母副的预紧就是使滚珠丝杠螺母副在过盈状态下工作,即进行预加载荷或预紧(Preload)。滚珠丝杠螺母副预紧是提高进给系统刚度,减小传动系统间隙的重要措施。

滚珠丝杠螺母副的预紧方法有多种,在机床上常用的是双螺母法。双螺母法预紧的基本原理是使两个螺母间产生相对轴向位移,以达到消除间隙,产生预紧力的目的。如图 4.24 所示,左螺母 2、右螺母 4 装在一个共同的螺母体内,作为一个整体,在预加载荷 F_0 的作用下,向相反的方向把滚珠 3 挤紧在丝杠上,使丝杠螺母处于过盈状态。图 4.24(a)把左、右螺母往两头撑开,图 4.24(b)把左、右螺母往中间挤紧。

实现上述原理的具体结构有 3 种:

1)垫片式预紧

如图 4.25 所示,通过改变垫片的厚度,使螺母产生轴向位移。其中,图(a)的垫片比零间

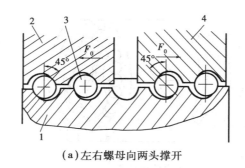

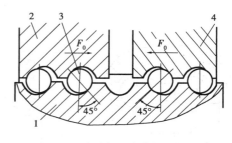

（a）左右螺母向两头撑开　　　　　　　　　（b）左右螺母向中间挤紧

图 4.24　双螺母法预紧原理

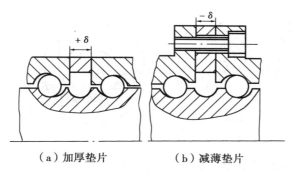

（a）加厚垫片　　　　（b）减薄垫片

图 4.25　垫片式预紧

隙时两螺母端面间的距离厚 δ，把左右螺母往两头撑开。图（b）的垫片比零间隙时两螺母端面间的距离略薄，靠拧紧螺钉，把左右螺母往中间压紧。这种结构简单可靠，但调整较费时间，很难在一次修磨中完成调整。

2）螺母式预紧

如图 4.26 所示，滚珠丝杠左右两个螺母以平键与外套相连，平键可限制螺母在外套内转动，其中右边的一个螺母外伸部分有螺纹。用两个锁紧螺母 1,2 能使螺母相对丝杠实现轴向移动。这种结构紧凑，工作可靠，调整也方便，但调整位移量不易精确控制。

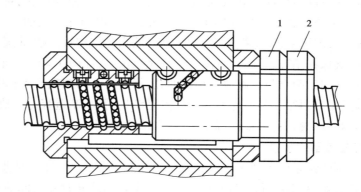

图 4.26　螺母式预紧

3）齿差式预紧

如图 4.27 所示，在左右螺母的凸缘上加工出齿数分别为 Z_1，Z_2（齿数差为 1）的外齿轮，并分别与固定在螺母座两侧的相应内齿轮啮合。预紧时，脱开内齿轮，将两个螺母同向转过相同齿数，再合上内齿轮。由于这时两个螺母转过的角度不同，产生的位移不同，从而使两螺母产生相对轴向位移，实现预紧。

当两螺母沿同一方向各转过一个齿时，其相对轴向位移量：

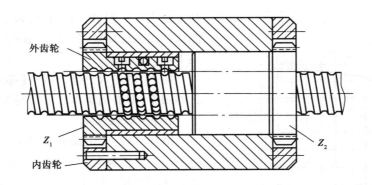

图 4.27　齿差式预紧

$$s = \left(\frac{1}{Z_1} - \frac{1}{Z_2}\right)P_h$$

式中　P_h——丝杠导程。

如 $Z_1 = 99$，$Z_2 = 100$，$P_h = 10 \text{ mm}$，则 $s \approx 0.001 \text{ mm}$。由此可见，这种方法可获得精确的调整量，调整准确可靠，但结构复杂。

4.4.2　滚珠丝杠的主要技术参数

(1)名义直径 D_0（图 4.28）

滚珠丝杠的名义直径 D_0 是指滚珠中心圆的直径。D_0 值的选择与滚珠丝杠的承载能力有关。

D_0 值越大，丝杠的承载能力和刚度越大。用于数控机床进给驱动中的滚珠丝杠，取 $D_0 = 20 \sim 100 \text{ mm}$。且 D_0 值应大于丝杠长度 L_0 的 $\frac{1}{35} \sim \frac{1}{30}$。

但 D_0 值过大，将造成丝杠自重过大，容易引起弯曲，且需增大驱动力矩。因此，较大 D_0 值的丝杠常采用空心结构。

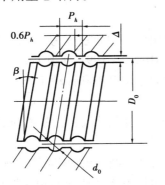

图 4.28　滚珠丝杠参数图

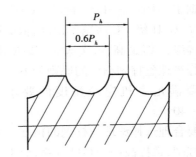

图 4.29　滚珠丝杠 P_h 值的选择

(2)基本导程 P_h

导程 P_h 应根据机床的脉冲指令要求和负载情况来选择。P_h 值大时，允许使用的滚珠直径也大（图 4.29），因而承载能力较强。同时，当名义直径 D_0 确定后，P_h 值大，可使螺纹的升

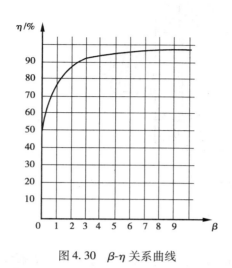

图 4.30 β-η 关系曲线

角 β 变大。一般 $\beta > 2°$，通常取 $\beta > 3.5°$，这样才能保证高的传动效率。因为 $\beta < 2°$，传动效率会明显下降(图 4.30)。

但 P_h 值过大，会造成丝杠部件特别是螺母加工的困难，如磨削螺母滚道时易发生干涉现象。

(3)滚珠直径 d_0

滚珠直径 d_0 值是根据制造厂的产品规格查得的。在丝杠导程 P_h 一定后，d_0 过大，会降低丝杠螺纹的抗剪切和抗弯曲能力。一般取 $d_0 = 0.6P_h$(图 4.29)。

另外，对同一根滚珠丝杠螺母副上的滚珠直径应有公差要求。如 $D_0 = 20 \sim 50$ mm 时，公差 $\Delta = 0.001$ mm；$D_0 = 60 \sim 100$ mm 时，公差 $\Delta = 0.002$ mm。

(4)滚珠的工作圈数 j 和工作滚珠总数 N

根据实验结果，在滚珠丝杠的滚珠中，各圈滚珠所承受的载荷是不均匀的。第 1 圈滚珠承受总载荷 30% ~45%；而第 5 圈至第 10 圈总共才承受载荷的 10%。由此可见，过多的工作圈数对提高承载能力的作用不大。同时，工作圈数过多，分布在螺纹滚道内的滚珠个数要增加，容易引起滚珠流动不畅。因此，工作圈数 j 一般取 2.5 ~3.5 圈，而工作滚珠总数 N 不大于 150 个为宜。

但滚珠个数过少，也会造成滚珠和螺纹滚道负荷集中，接触点受力过大等问题。

(5)列数 K

选择滚珠循环方式时必须保证滚珠流动的畅通，为此工作圈数 j 不应过多。但是在要求工作圈数较多的场合，可采用双列或多列式螺母的结构形式。

4.4.3 滚珠丝杠副精度

根据 JB 3162.2—1982 标准，我国滚珠丝杠副根据使用范围和要求分为 6 个精度等级，即 C、D、E、F、G、H 级。C 级精度最高，依次逐级降低，而 JB 3162.2—1991 分为 1、2、3、4、5、7、10 共 7 个等级，1 级最高，依次递减。根据使用范围，又可分为定位 P 类和传动 T 类。

选择滚珠丝杠副精度的原则如下：

①要满足主机定位精度的要求 滚珠丝杠副的综合行程误差为主机定位误差的 30% ~40%。

②要合理选择滚珠丝杠副的精度 盲目提高精度等级是不经济的，相同尺寸规格的精度滚珠丝杠副，每提高一个精度等级，成本增加 30% 以上。而且由于制造周期相应加长，延长了交货期。

③对于精密机床，在选择相应等级时，还要考虑包括滚珠丝杠副在内的整个进给伺服系统的热变形对滚珠丝杠副导程精度的影响。通常，对滚珠丝杠副施加适当的预紧力，使其拉伸量接近丝杠的热变形量。这样在工作过程中，轴向热变形量正好与丝杠弹性恢复量抵消，从而达到预期的定位精度。

4.4.4　滚珠丝杠螺母副的设计计算

滚珠丝杠都用滚动轴承支承,由于丝杠主要承受轴向力,目前,滚珠丝杠主要采用滚珠丝杠专用轴承:60°接触角的推力角接触轴承和滚针-推力滚柱轴承。在相同尺寸条件下,推力角接触球轴承轴向刚度比向心推力球轴承及圆锥滚子轴承的轴向刚度要大;滚针-推力滚柱轴承刚度又比推力角接触球轴承大一倍左右。在重载、要求刚度较高的地方,多采用滚针-推力滚柱轴承。

根据推力轴承的布置,丝杠有以下 3 种支承方式(图 4.31):

图 4.31(a)所示为一端固定、一端自由的支承方式。这种安装方式仅在一端装可以承受双向轴向载荷与径向载荷的轴承,并进行预紧;另一端完全自由,不作支撑。这种支承形式结构简单,但承载能力较小,刚度较低,且随着螺母位置的变化刚度变化较大。通常适用于短丝杠或竖直安装的丝杠。

图 4.31(b)所示为一端固定、一端简支的支承方式。这种安装方式在一端装可以承受双向轴向载荷与径向载荷的推力角接触球轴承或滚针-推力圆柱滚子轴承,另一端装向心球轴承,仅作径向支撑,轴向游动。与图 4.31(a)方式相比,提高了临界转速和抗弯强度,可以防止丝杠高速旋转时的弯曲变形,其他方面与图 4.31(a)方式相似,但可以适用于丝杠长度、行程较长的情况。

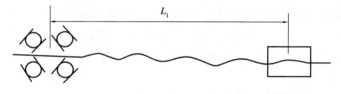

(a)一端固定一端自由

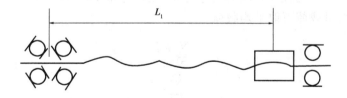

(b)一端固定一端简支

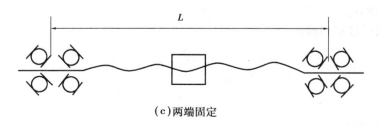

(c)两端固定

图 4.31　滚珠丝杠支承形式

图 4.31(c)所示为两端固定的支承方式。这种安装方式是在滚珠丝杠的两端都装承受双向轴向载荷与径向载荷的推力角接触球轴承或滚针-推力圆柱滚子轴承,并进行轴向预紧,有助于提高传动刚度。这种结构方式可实现丝杠的预拉伸安装,以补偿丝杠热变形对导程的影响,但设计时要注意提高轴承的承载能力和支承刚度。通常用于长丝杠、高转速、要求高精度、高刚度的场合。

对数控机床进给传动系统进行设计时,需要对滚珠丝杠传动装置进行优化设计和选型。根据 ISO 推荐以及各国近年来公认的计算公式,来阐述滚珠丝杠传动装置的设计计算方法。

(1) 丝杠导程 h_{sp}

$$h_{sp} \leqslant \frac{v_{T \max}}{n_{sp \max}} \tag{4.35}$$

式中　$v_{T \max}$——工作台最大速度,mm/min;

　　$n_{sp \max}$——丝杠最大转速,r/min。

丝杠导程 h_{sp} 和减速机构速比 i 以及电机最大转速 $n_{M \max}$ 一起,决定了工作台的最大快进速度。它们之间的关系为

$$v_{T \max} = n_{M \max} h_{sp} i \tag{4.36}$$

丝杠的导程通常是标准值,从经济上考虑,应根据厂家提供的产品样本选取。

(2) 当量载荷 F_m

机床在空载、轻切削和重切削时,负载是不同的。它们的当量载荷可按下式计算:

$$F_m = \sqrt[3]{\frac{F_1^3 n_1 t_1 + F_2^3 n_2 t_2 + \cdots + F_n^3 n_n t_n}{n_1 t_1 + n_2 t_2 + \cdots + n_n t_n}} \tag{4.37}$$

式中　F_m——当量载荷,N;

　　$F_1, F_2, \cdots, F_n$——不同的轴向载荷,N;

　　$n_1, n_2, \cdots, n_n$——与轴向载荷相应的转速,r/min;

　　$t_1, t_2, \cdots, t_n$——与轴向载荷相应的工作时间占总工作时间的百分比。

在粗略计算时,当量载荷可取平均载荷

$$F_m = \frac{\sum\limits_{i=1}^{n} F_i t_i}{\sum\limits_{i=1}^{n} t_i} \tag{4.38}$$

式中　F_i——轴向载荷,N;

　　t_i——相应的工作时间,min。

(3) 当量转速 n_m

当量转速取丝杠平均转速

$$n_m = \frac{\sum\limits_{i=1}^{n} n_i t_i}{\sum\limits_{i=1}^{n} t_i} \tag{4.39}$$

式中符号同式(4.37)。

（4）滚珠丝杠螺母副寿命 L_h

$$L_h = \frac{10^6}{60n_m}\left(\frac{C'_a}{f_w \cdot F_m}\right)^3 \qquad (4.40)$$

式中　L_h——寿命时间，h，见表 4.3；

　　　n_m——当量转速，r/min；

　　　C'_a——动载荷，N；

　　　f_w——载荷系数，见表 4.4；

　　　F_m——当量载荷，N。

表 4.3　滚珠丝杠副预期工作寿命

主机类别	L_h/h
一般机床、组合机床	1 000
数控机床、精密机床	1 500
工程机械	5 000 ~ 10 000
自动控制系统	15 000
测量系统	15 000

表 4.4　载荷系数

使用条件	f_w
平稳、无冲击运动	1.0 ~ 1.2
一般运动	1.2 ~ 1.5
伴随着冲击和振动的运动	1.5 ~ 2.0

（5）额定动载荷校核

额定动载荷系指一批规格相同的滚珠丝杠副，在相同条件下运转 100 万转，其中 90% 不产生疲劳损伤时所能承受的最大轴向载荷。在知道受力情况和确定丝杠寿命以后，可计算出丝杠的动载荷 C'_a，由式（4.40）可得到

$$C'_a = (60n_m L_h)^{1/3} F_m f_w \times 10^{-2} \qquad (4.41)$$

在丝杠产品样本中，可查得丝杠的额定载荷 C_a，应保证

$$C_a \geqslant C'_a \qquad (4.42)$$

（6）额定静载荷校核

额定静载荷系指滚珠丝杠副在静止或低速（$\leqslant$10 r/min）下，滚珠与滚道型面在接触点上产生塑性变形之和为滚珠直径万分之一的轴向载荷。

丝杠的静载荷可由下式计算：

$$C'_{0a} = f_d F_{\max} \qquad (4.43)$$

式中　$F_{\max}$——最大轴向力，N；

　　　f_d——静态安全系数，见表 4.5。

表 4.5　静态安全系数 f_d

使用条件	f_d 的下限值
一般运动	1 ~ 2
伴随有冲击与振动的运动	2 ~ 3

在丝杠产品样本中可查得丝杠的额定静载荷 C_{0a}，应保证

$$C_{0a} \geqslant C'_{0a} \tag{4.44}$$

（7）临界转速 n_c

$$n_c = f\frac{d_{sp}}{L^2} \times 10^7 \quad （\text{r/min}） \tag{4.45}$$

式中　d_{sp}——丝杠底径，mm；

L——丝杠支承间距，mm；

f——与支承方法有关的临界转速系数，见表4.6。

（8）最大转速 n_{max}

丝杠最大转速 n_{max} 按下式计算：

$$d_0 n_{max} \leqslant A \tag{4.46}$$

式中　d_0——丝杠名义直径，mm；

n_{max}——丝杠最大转速。

通常取 $A = 50\ 000 \sim 70\ 000$。

在机床工作台加速与切削加工过程中，在进给轴向方向会产生力，必须保证这个力小于允许的压弯临界载荷 F_a，否则可能导致进给丝杠弯曲。

压弯临界载荷 F_a 可用下式计算：

$$F_a = m\frac{d_{sp}^4}{L^2} \times 10^4 \quad （\text{N}） \tag{4.47}$$

式中　d_{sp}——丝杠底径，mm；

L——丝杠支承间距，mm；

m——与丝杠支承方法有关的临界载荷系数，见表4.6。

表 4.6　系数 f 和 m

支承方法	f	m
双推-双推	21.9	20.3
双推-支承	15.1	10.2
单推-单推	9.7	5.1
双推-自由	3.4	1.3

（9）轴向拉压刚度 K_s

确定进给丝杠尺寸的最重要设计准则是考虑它的抗张和抗压刚度。其计算公式如下：

$$K_s = \frac{\pi d_{sp}^2 E}{4L \times 10^3} \quad （\text{N/mm}） \tag{4.48}$$

式中　d_{sp}——丝杠底径，mm；

E——弹性模量（钢为 2×10^5 Pa）；

L——丝杠的总自由长度，mm。

对于直径小的丝杠，由轴向力所引起的丝杠扭转变形转化为工作台的轴向位移，可能影响丝杠的抗扭或抗压刚度。

进给丝杠的抗扭刚度是

$$K_{Tsp} = \frac{\pi}{32} \frac{Gd_{sp}^4}{L} \quad (\text{N} \cdot \text{m}) \tag{4.49}$$

式中　d_{sp}——丝杠底径,mm;

　　　G——切变模量(钢为 8×10^{10} Pa);

　　　L——丝杠的总自由长度,mm。

进给丝杠扭转引起的工作台位置改变是

$$\Delta x_{Tsp} = \frac{h_{sp}}{2\pi} \frac{M_{sp}}{K_{Tsp}} = \frac{h_{sp}^2}{4\pi^2} \frac{F_{asp}}{K_{Tsp}} \tag{4.50}$$

式中　M_{sp}——进给丝杠的转矩,N·m;

　　　F_{asp}——进给丝杠的轴向力,N。

进给丝杠拉压引起的工作台位置改变是

$$\Delta x_{psp} = \frac{F_{asp}}{K_s} \tag{4.51}$$

若求二者之比,对钢可得到

$$\frac{\Delta x_{Tsp}}{\Delta x_{psp}} = 0.53 \left(\frac{h_{sp}}{d_{sp}} \right)^2 \tag{4.52}$$

这意味着,当比值 $d_{sp}/h_{sp} > 4$ 时,由扭转引起的工作台位移小于由抗压引起的工作台位移的3.2%。

(10)传动效率

典型滚珠丝杠的传动效率为 0.8~0.9。

(11)预紧力

订购滚珠丝杠副时,需根据丝杠受力情况提供给厂家所需预紧力的大小,以便厂家按给定的预紧力预紧。实践证明:预紧力 F_{pr} 选得合理,可以使滚珠丝杠副工作在最佳状态,它的优点才能充分发挥。预紧力增加,钢珠和滚道之间的接触刚度也增加,传动精度也会提高。但是,过大的预紧力将导致钢珠与滚道之间接触应力增大,从而降低工作寿命和传动效率。

滚珠丝杠预紧力的大小应使得滚珠丝杠副在承受最大轴向工作载荷时,丝杠螺母副不出现轴向间隙为最好,见表4.7。

表 4.7　不同工作条件下的预紧力

工作条件				F_{pr}	应用举例
工作速度	反向间隙	定位精度	接触刚度		
中速	无	高	高	$(0.1 \sim 0.3) C_a$	加工中心 精密 NC 机床
中速	无	较高	较高	$\frac{1}{3} F_{max}$	经济型 NC 机床 NC 机床,普通机床
高速	无	一般	低	$\ll \frac{1}{3} F_{max}$	工业机器人 工程机械

4.5 数控进给系统设计步骤

一台机床所具有的加工精度、工件表面粗糙度和生产率取决于电气驱动部件和机械传动部件的优良设计。机械传动部件的设计好坏对进给伺服系统的伺服性能影响很大。常常由于在设计阶段机械传动部件没有得到足够的重视,或者是机械部件结构及尺寸不合适,或者是制造精度不够,结果使位置调节增加了难度。

为使数控机床加工的轨迹误差小,并尽量减少切削加工对机械传动部件的影响,以及为了尽可能达到一个线性的传递性能,机械传动部件应当满足4.1.1节中所提出的要求。

根据数控机床进给伺服系统的3种控制形式(开环、半闭环和闭环),在具体设计之前,首先应根据对机床的性能要求选择适当的控制形式。

一般的选择原则是,精度要求高时(定位误差≤0.001 mm),应采用闭环控制方式,因为各种影响定位精度的因素都可以得到补偿。而开环、半闭环存在着影响定位精度的各种因素,尤其是在频繁定位时。例如行程为2~6 m的机床,由于丝杠的热变形,有时引起的误差竟高达50~200 μm,与此同时,还必须考虑到稳定性、成本及机床规格大小等因素。如大型龙门数控铣床,由于很难提高传动链的刚度和固有频率,因此为保证系统工作,有时就不得不牺牲精度而采用半闭环或开环形式。

对于闭环进给伺服系统,其设计计算主要是稳定性问题;对于开环、半闭环进给伺服系统,其设计计算主要是定位精度问题。

4.5.1 闭环伺服进给系统的设计计算步骤

从控制原理上讲,闭环控制与半闭环控制是一样的,都要对系统输出进行实时检测和反馈,并根据偏差对系统实施控制。两者的区别仅在于传感器检测信号位置的不同,因而导致设计、制造的难易程度不同及工作性能的不同,但两者的设计与分析方法是基本一致的。

(1)伺服电动机的选择

见第4.2.4节。

(2)选择导轨种类和确定阻尼比

伺服进给系统中摩擦阻力的大小主要取决于导轨的类型。为尽可能减少摩擦力,广泛采用各种类型的减摩导轨。其中考虑到进给伺服系统的稳定性,并适当地增加导轨阻尼比,常常采用滚动导轨加预载的结构以及采用滚动、滑动复合导轨和静压卸荷导轨等。其中滚动、滑动复合导轨同时具有滚动和滑动导轨的优点,即具有较小的摩擦系数、很好的刚性和阻尼特性,故近年来应用日益增多。导轨的具体选择见第6章。

各种导轨在进给方向的等价阻尼比(由实验统计得出)见表4.8。

其中,滑动导轨的等价阻尼比 ξ 变化范围很大,为0.02~0.3。这不仅与导轨的材质、润滑条件有关,而且也与进给速度的大小有关。由于导轨的静、动摩擦系数与等价阻尼系数 f 之间没有简单的关系,因此不能从摩擦系数推算出阻尼系数。通常导轨的阻尼性能应通过试验测定,设计时可参考实验数据。

表 4.8　导轨阻尼比

导轨种类	等价阻尼比
滑动导轨	0.02 ~ 0.3（一般 0.15）
静压导轨	0.02
滚动导轨	0.02 ~ 0.05

（3）决定系统增益 K_S 和机械传动链的固有频率 ω_n

根据控制精度及系统稳定性的要求，一般推荐各种类型数控机床进给伺服系统的系统增益 $K_S = 8 \sim 50 \text{ s}^{-1}$。$K_S$ 具体取值大小与控制方式、驱动元件种类、工作台质量、导轨阻尼特性有关。对于点位直线控制方式，$K_S = 8 \sim 15 \text{ s}^{-1}$ 已足够，常取 $K_S = 25 \text{ s}^{-1}$ 左右。用液压马达驱动时，根据实际经验，在工作台重力为 5 000 ~ 7 000 N 时，$K_S = 10 \sim 21 \text{ s}^{-1}$ 较易调整。

速度控制环的开环增益，按式 $K_{v0} = K_a K_M K_f$，一般取 $K_{v0} = (2 \sim 4) K_S$。

由系统增益 K_S 和导轨阻尼比 ξ 初步确定为满足系统稳定性要求所需机械传动链的固有频率 ω_n，一般 $\omega_n > K_S / 2\xi$，可参考表 4.9。

表 4.9　闭环进给伺服系统各组成环节的固有频率

伺服驱动方式		系统开环增益/s^{-1}	截止频率/$(rad \cdot s^{-1})$	速度环交界频率/$(rad \cdot s^{-1})$	最低机械频率/$(rad \cdot s^{-1})$	其他机械频率/$(rad \cdot s^{-1})$
直流伺服电机	单相半波整流	17	17	70 ~ 100	500	900
	三相全波整流	17	17	60 ~ 100	300	600
油缸或油马达		42	42	100 ~ 125	液压部件 300 机械部件 600	1 200

注：本表数值由美国通用电气公司推荐

（4）设计机械传动装置并校验

按机械传动链固有频率的要求，参考现有机构进行机械传动装置的设计。

1）选择执行机构

参考表 4.10 及图 4.32。

表 4.10　根据行程选择执行机构

L	执行机构
$L < (2 \sim 3) \text{ m}$	丝杠螺母传动（丝杠旋转、螺母转动）
$(2 \sim 3) \text{ m} < L < 5 \text{ m}$	丝杠螺母传动（丝杠固定、螺母旋转、移动）
$L > 5 \text{ m}$	齿轮齿条或蜗杆齿条传动

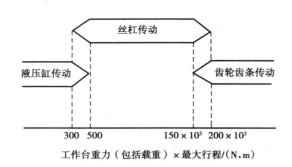

图 4.32　执行机构的选择

2）确定丝杠直径或小齿轮直径

丝杠直径 d 主要取决于所需机械传动链的固有频率 ω_n，工作台重力（包括载重） W、工作台行程 L。对于两端轴向支承的滚珠丝杠传动，假如机械传动综合刚度 K_0 按丝杠拉压刚度 K_{S1} 的 $1/3$ 估算，并且认为工作台行程 L 即丝杠支承距离，则可按下列公式确定丝杠直径 d。

$$\omega_n^2 W = K_0 g \leqslant \frac{\pi E g}{3L} d^2$$

即

$$d \geqslant 0.7 \times 10^{-4} \sqrt{\omega_n^2 W L} \tag{4.53}$$

式中　ω_n——所需机械传动链固有频率，rad/s；

　　　W——工作台重力，包括承载重力，N；

　　　L——丝杠长度，mm。

齿轮齿条传动中的小齿轮直径由最小齿数及模数的要求确定，在保证强度要求的情况下应尽量小。

3）计算降速比

传动齿轮副的降速比计算参看 4.3.1 节。

4）结构设计及校验计算

①根据结构图计算机械传动装置折算到电机轴上的转动惯量，检验其是否符合要求的惯量匹配关系。

②计算机械传动系统的综合刚度 K_0、固有频率 ω_n。液压驱动时还要计算液压系统的固有频率 ω_n，并检验其是否满足系统稳定性要求。

③在给定切削速度及最小加工圆弧半径的情况下，按下式计算由跟踪误差 δ_v 引起的轮廓控制误差 ε，并检验其是否满足工艺要求。

$$\varepsilon \approx \cdot\frac{\delta_v^2}{2(R+r)} = \frac{v^2}{2(R+r)K_0^2} \tag{4.54}$$

式中　R——加工圆的半径，mm；

　　　r——刀具半径，mm；

　　　v——切线速度，mm/s；

　　　K_0——系统开环增益，s^{-1}。

上述任何一项不符合要求时，应修改设计，直至全部符合要求。

4.5.2　开环伺服进给系统的设计计算步骤

①步进电动机的选择。

详见 4.2.4 节。

②计算传动装置的综合拉压刚度 $K_{0\,min}$ 和 $K_{0\,max}$。

③由综合拉压刚度 $K_{0\,min}$ 计算反向死区：

$$\Delta = \frac{2F_0}{K_{0\,min}} \tag{4.55}$$

式中　F_0——进给导轨的静摩擦力。

④计算由于传动刚度的变化引起的定位误差 δ_K，应使

$$\delta_K = F_0\left(\frac{1}{K_{0\,min}} - \frac{1}{K_{0\,max}}\right) < \left(\frac{1}{3} \sim \frac{1}{5}\right)\delta \tag{4.56}$$

式中　δ——机床要求的定位精度。

⑤计算机械传动装置的固有频率 ω_n，并检验其是否符合推荐数据或下式要求：

$$\Delta = \frac{2F_0}{K_0} = \frac{2\mu_0 g}{\omega_n^2} \times 10^4 \tag{4.57}$$

式中　Δ——死区误差，μm；

　　　μ_0——导轨的静摩擦系数；

　　　g——重力加速度，$g = 980$ cm/s^2；

　　　ω_n——机械传动装置固有频率，rad/s。

目前高精度的小型数控机床，死区误差控制到 5 μm 或更小；较高精度的中小型数控机床在 12.5 ~ 25 μm；而中等精度的大型点位控制的数控机床约为 125 μm。

习题与思考题

1. 数控机床进给伺服系统需要满足哪些基本要求？

2. 数控机床进给伺服系统的控制方式有哪些类型？每种控制方式有何特点？

3. 数控系统对伺服电动机的基本要求有哪些？

4. 简述步进电动机的工作原理。

5. 步进电动机的主要特征是什么？基本工作状态是怎样的？

6. 试述直流电动机的工作原理。

7. 对于由直流伺服电动机、减速机构（传动齿轮副）和丝杠螺母传动装置组成的闭环伺服进给系统，设计过程是怎样的？

8. 简要叙述在哪些情况下数控机床进给运动中需采用齿轮传动。减小或消除齿轮传动间隙的措施有哪些？

9. 试分析在滚珠丝杠中采用角接触球轴承组配时，多采用面对面组配的原因。

第 **5** 章

支承件

5.1 支承件应满足的要求

支承件是数控机床中的重要基本构件之一,主要包括机身、立柱、横梁、底座、工作台、箱体及升降台等大件。数控机床中的支承件有的相互固联在一起,有的可沿导轨作相对运动等。支承件的作用是支承其他零部件,使它们之间保持正确的相互位置和相对运动;支承件还承受各种作用力,如车床床身支承着主轴箱、进给箱、溜板箱、刀架、光杠和丝杠等零部件,它不仅承受重力,还承受切削力、摩擦力、夹紧力等。除了可在支承件上安装多种零部件外,有些支承件的内部空间较大,常被利用作为切削液、润滑液的储存器或液压油的油箱;有时,也可将变速箱、电动机和电气箱等部件放在其中。

此外,数控机床中的各种支承件有的互相固定连接,有的在导轨上运动。在切削时,刀具与工件之间相互作用的力沿着大部分支承件逐个传递并使之变形。机床的动态力(如变动的切削力,往复运动件的惯性,旋转件的不平衡等)使支承件和整机振动。支承件的热变形改变执行器官的相对位置或运动轨迹。支承件在机电装备工作过程中会产生变形和振动。这些都将影响加工精度和表面质量。因此,正确设计支承件的结构、尺寸,正确选择材料及合理布局十分重要。

对支撑件的基本要求如下:

①应具有足够的静刚度和较高的刚度,后者在很大程度上反映了设计的合理性。

②应具有较好的动态特性。这包括较大的动刚度和阻尼;与其他部件相配合,使整机的各阶固有频率不致与激振频率重合而产生共振;不会发生薄壁振动而产生噪声等。

③应具有较好的热变形特性,使整机的热变形较小或热变形对加工精度的影响较小。

④应该排屑畅通、吊运安全,并具有良好的工艺性以便于制造和装配。

支撑件的性能对整台机床的性能有不小的影响,其重量又往往占机床总重的80%以上。因此,应该正确地进行设计,并对主要支承件进行必要的验算和试验。使得能满足对它的基本要求,并在这个前提下尽量节约金属。

5.2　支承件设计步骤

重要支撑件的设计步骤：

①根据支承件的使用要求进行受力和变形分析，确定出主、次力和力矩。

②根据所受的力和其他要求（如排屑、安装别的零部件等），并参考现有机床的同类型件，初步决定其形状和尺寸。

③可以采用有限元法，利用计算机进行验算或进行模型试验，求得支承件的静态刚度和动态特性，并对支承件进行热变形和热应力分析。

④根据上述结果，对设计方案进行修改，或对几个方案进行对比，选择出最佳方案。这样在设计阶段就可以预测支承件的性能，以避免盲目性，提高一次成功率。

5.3　支承件的静力分析

在支承件设计中，为了保证其具有足够的刚度，必须进行受力和变形分析，即通过分析其受载情况、产生的变形及由此引起的有关零部件之间相对运动误差，有效地进行支承件的结构设计，使其变形控制在允许的误差范围之内，从而保证数控装备的工作精度。数控装备工作时，支承件上将受重力（自身的重力和其他零部件的重力）、运动部件的惯性及夹紧力、切削力等作用力。对这些力的性质、大小、方向、作用位置和对工件精度烦扰影响的分析，是合理设计支撑件结构的依据。

5.3.1　支承件的静力和变形分析

支撑件是机床的一个组成部分。分析支承件的受力必须首先分析机床的受力。

机床根据其所受的载荷的特点，可分为三大类。

(1) 中小型机床

这类机床的载荷以切削力为主。工件的重量、移动部件（如车床的刀架）的重量等相对较小，在受力和变形分析时可忽略不计，例如车床刀架从床身的一端移至床身中部时，引起的床身弯曲变形的变化可忽略不计。中型车床、铣床、钻床、加工中心等都属于这一类。

(2) 精密和高速精度机床

这类机床以精加工为主，切削力较小。载荷以移动件的重力和热应力为主。例如双柱立式坐标镗床，分析横梁受力和变形时，主要考虑主轴箱从横梁的一端移至中部，引起的横梁弯曲和扭转变形。

(3) 大型机床

这类机床工件较重，切削力较大，移动件的重量也较大。因此，载荷必须同时考虑工件重力、切削力和移动件的重力。例如重型车床、落地镗铣床和龙门式机床等。

支承件根据其形状，可分为三大类：

①一个方向的尺寸比另外两个方向的大得多的零件。如床身、立柱、横梁、摇臂、滑枕等,这类零件可看作梁类件。

②两个方向的尺寸比第三个方向的大得多的零件。如底座、工作台、刀架等,这类零件可看作板类件。

③三个方向的尺寸都差不多的零件。如箱体、升降台等,这类零件可看作是箱形件。

下面以摇臂钻床为例,分析中小型机床及其主要支承件的受力和变形。

摇臂钻床的受力状况如图 5.1(a)和图 5.1(b)所示。这里仅分析切削载荷。

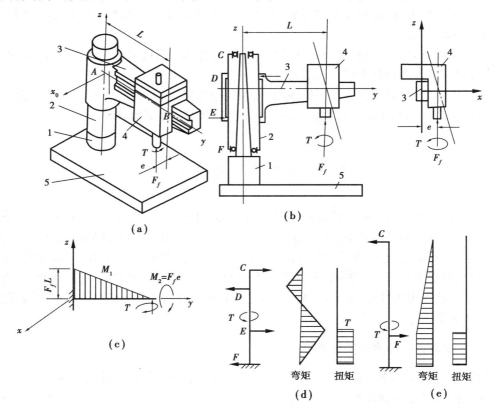

图 5.1 摇臂钻床受力分析示意图

钻孔时,切削载荷为切削转矩 T 和进给力 F_f。切削载荷经主要支承件主轴箱 4、摇臂 3、立柱 2 和 1,传递至底座 5。使这些支承件产生弹性变形:弯曲或扭转。变形的结果,主轴轴线在 yz 平面和 xz 平面内产生偏转,使轴线不垂直于底座的顶面,图 5.1(b)的双点划线所示。钻床精度标准规定了主轴在一定的轴向力(模拟 F_f)作用下,主轴轴线在 yz 和 xz 面内允许的偏转角。轴向力的大小,因机床的种类、大小而异,见各类钻床的精度标准。

在分析时,立柱和摇臂可看作是梁类件,底座可看作是板类件,主轴箱可看作是箱形件。这里主要分析摇臂和立柱,都可看作是一端固定的悬臂梁。

摇臂的受力分析如图 5.1(c)所示。进给力 F_f 摇臂在 yz 内受到一个弯矩 M_1,其最大值为 $F_f L$,从而产生弯曲变形。由于主轴与摇臂的中性轴之间的距离为 e,所以还受到绕 y 轴的扭矩 $M_2 = F_f e$,使摇臂产生扭转变形。切削转矩 T 作用于摇臂,使它在 xy 内产生弯曲变形。T 比

F_fL 要小得多。因此,摇臂所受的载荷,主要是竖直(yz)面内的弯矩 M_1 和绕 y 轴的扭矩 M_2。这两个力矩使摇臂产生弯曲和扭转变形。使主轴偏离其正确位置。

立柱分为内、外两层,见图 5.1(b)。摇臂沿外柱 2 升降,并连同外柱绕内柱 1 转动。摇臂与外柱在上、下两圈 D,E 处接触。工作时,内、外柱之间在 F 处夹紧。

外柱的受力分析见图 5.1(d)。摇臂作用于外柱的,可看作是由 D,E 点处两个集中力组成的力偶,其力偶矩在 yz 和 xz 面内分别为 $M_1 = F_fL$ 和 $M_2 = F_fe$。故外柱在 yz 和 xz 面的弯矩图的形状,都应如图 5.1(d)所示。切削转矩 T 使外柱扭转,扭矩作用于 E 与 F 之间。通常这个扭转变形不大,可以忽略。

内柱的受力情况与外柱相似,也是 yz 和 xz 面内的弯曲和从夹紧点 F 至根部之间的扭转,见图 5.1(e)。扭转变形不大,可以忽略。因此,立柱内、外层都以弯曲变形为主。立柱的弯曲变形也将使主轴偏离其正确位置。立柱的形状往往是圆形的,故 M_1,M_2 两个力矩中,只需考虑大的一个,一般为 $M_1 = F_fL$。

5.3.2　支承件的静刚度和形状选择的原则

(1)支承件的静刚度

支承件刚度不足,则在重力、夹紧力、切削力和摩擦力等作用下会出现变形、振动或爬行等现象,从而影响机电装备的工作性能,如机床的定位精度、加工精度等。因此,支承件必须具有足够的刚度(静、动刚度),以确保其变形在允许的范围内。

支承件的变形通常包括三部分:自身变形、局部变形和接触变形。对于机床床身而言,载荷是通过导轨面作用到床身上的,故变形包括床身自身的变形、导轨的局部变形和导轨表面的接触变形。局部变形和接触变形有时可以忽略,但在某些情况下,它们可能成为支承件变形的主要根源。例如床身,如果设计不合理,导轨部分过于单薄,导轨处的局部变形就会相当大,最终影响加工精度。又如车床刀架和升降台铣床的工作台,由于层次较多,在总变形中,连接变形就可能占相当大的比重。设计时,必须注意这三类变形之间的匹配,并对其薄弱环节,加强刚度。

1)自身刚度

支承件所受的载荷,主要是拉压、弯曲和扭转,其中弯曲和扭转是主要的。因此,支承件的自身刚度,主要应考虑弯曲刚度和扭转刚度。例如摇臂钻床的摇臂,主要就应考虑竖直(yz)面内 z 向的弯曲刚度 K_z 和扭转刚度 K_T。

除上述几种变形外,如果支承件的壁较薄,特别是支承件的内部如果肋板不足或布置不够合理,受力后会发生截面形状的畸变,如图 5.2 所示。

自身刚度主要决定于支承件的材料、形状、尺寸和肋板的布置等。

2)局部刚度

局部变形发生在载荷集中的地方,如导轨部分(图 5.3(a)),主轴箱在主轴支承处附近的部位(图 5.3(b)),摇臂钻床

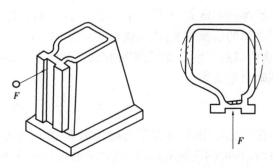

图 5.2　截形畸变

底座装立柱的部位(图 5.3(c))等。

自身刚度和局部刚度,可以用有限元法借助计算机进行计算。

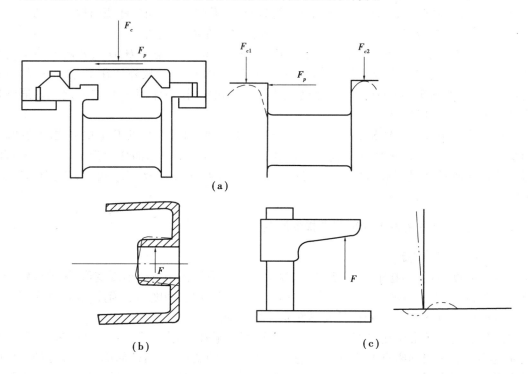

图 5.3　局部变形

3)接触刚度

两个平面接触,由于两个面都不是理想的平面,而是有一定的宏观不平度,因而实际接触面积只是名义接触面积的一部分。又由于微观不平,真正接触的只是一些高点,如图 5.4(a)所示。

接触刚度与构件的自身刚度有两方面的不同:

①接触刚度 K_j(MPa/μm)是平均压强 p 与变形 δ 之比。即

$$K_j = \frac{p}{\delta}$$

②接触刚度 K_j 不是一个固定值,即 p 与 δ 的关系是非线性的,如图 5.4(b)所示。K_j 与接触面之间的压强有关:当压强很小时,两个面之间只有少数高点接触,接触刚度较低;压强较大时,这些高点产生了变形,实际接触面扩大了,接触刚度也提高了。考虑到非线性,接触刚度应更准确地定义为

$$K_j = \frac{\mathrm{d}p}{\mathrm{d}\delta} \qquad \text{或} \qquad K_j = \frac{\Delta p}{\Delta \delta}$$

在实际应用时,还是以有确定的 K_j 值较为方便。K_j 值在 p-δ 曲线上的确定方式,因固定接触(接触面间无相对运动,例如主轴箱与床身间的接合面)还是活动接触(如导轨面)而有所不同。为了提高固定接触面之间的接触刚度,必须预先施加一个载荷(如拧紧固定螺钉),使接触面在受外载荷之前已有一个预施压强 p_0,如图 5.4(c)所示。所施加的预载应远大于外载

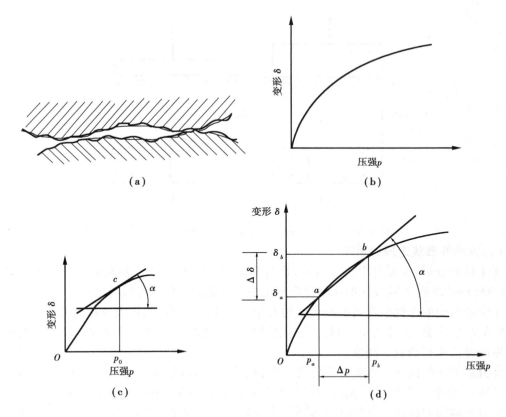

图 5.4　接触刚度

荷。这时由于外载荷而引起的接触面之间的压强变化是不大的。于是就在对应于声 p_0 的 c 点处作 p-δ 曲线的切线,以该切线与水平轴夹角 α 的余切作为接触刚度,即

$$K_j = \cot \alpha$$

活动接触面的情况如图 5.4(d) 所示。它的预载等于滑动件如工作台或床鞍以及装在它们上面的工件、夹具或刀具等的重量。预载与外载荷(主要是切削力)往往处于同一数量级,甚至预载会低于外载荷。计算刚度时,是以预载点 a(此时接触面压强为 p_a)至最大载荷点 b(载荷为预载加最大切削力,此时接触面压强为 p_b)的连线为准。

$$K_j = \Delta p / \Delta \delta = (p_b - p_a)/(\delta_b - \delta_a)$$

可以看出,同样的接触面,活动接触的接触刚度,比固定接触要低。

接触刚度目前尚没有公认的数据。各种文献发表了不少试验结果和根据试验数据得出的经验公式,但结果相当分散。原因是接触面的表面粗糙度和宏观不平,材料的硬度、预压压强等因素对接触刚度的影响很大。试验时,上述条件不同,试验结果就有相当大的差异。支承件的自身刚度和接触刚度对接触压强的分布是有影响的,如图 5.5 所示。在集中载荷的作用下,如自身刚度和局部刚度较高,则接触压强的分布是基本均匀的,如图 5.5(a) 所示。接触刚度也较高。如自身刚度或局部刚度不足,则在集中载荷的作用下,构件将产生变形,使得接触压强分布不均,如图 5.5(b) 所示,从而使接触变形分布也不均,降低了接触刚度。从这里可以看出,接触刚度不仅决定于接触面的加工情况,也决定于支承件。

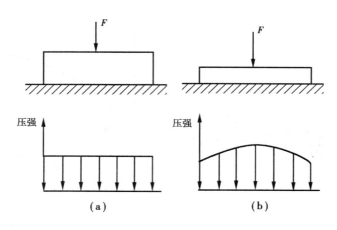

图 5.5　自身刚度和局部刚度对接触压强分布的影响

（2）支承件形状选择的原则

支承件的变形,主要是弯曲和扭转,是与截面惯性矩有关的。表 5.1 为截面积近似地皆为 10 000 mm^2,8 种不同截面形状的抗弯和抗扭惯性矩的比较。可以看出:

①空心截面的惯性矩比实心的大。加大轮廓尺寸,减小壁厚,可大大提高刚度(表中 1、2、3 和 5、6、7)。因此,设计支承件时总是使壁厚在工艺可能的前提下尽量薄一些。一般不用增加壁厚的办法来提高自身刚度。

②方形截面的抗弯刚度比圆形的大,而抗扭刚度则较低(表中 5 与 1 对比)。因此,如果支承件所承受的主要是弯矩,则截面形状以方形和矩形为佳。矩形截面在其高度方面的抗弯刚度比方形截面的高,但抗扭刚度则较低(表中的 7、8)。因此,以承受一个方向的弯矩为主的支承件,其截面形状常取为矩形。以其高度方向为受弯方向,例如龙门刨床的立柱。如果弯矩和扭矩都相当大,则截面形状常取为正方形。例如镗床加工中心和滚齿机的立柱。

③不封闭的截面与封闭的截面相比,其刚度显著下降。特别是抗扭刚度,下降更多(表中 4 与 3 对比)。因此,在可能条件下,应尽量把支承件的截面做成封闭的框形。但是,实际上,由于排屑、清砂、安装电器件、液压件和传动件等,往往很难做到四面封闭,有时甚至连三面封闭都难以做到,例如中小型卧式车床床身。

根据以上分析,设计摇臂钻床支承件的原则如下:

①摇臂主要承受弯矩和扭矩,以竖直(yz)面内的弯矩为主。因此截面形状应为空心矩形,四周尽量封闭。竖向尺寸应大于横向尺寸。但由于扭矩的存在,在两个方向的尺寸不宜相差太大。摇臂靠近立柱处的根部弯矩最大,往自由端逐渐减小,故摇臂的截面也是越靠近根部越大。

②内柱主要承受弯矩,越近下支承点(图 11.1 的 F 处),弯矩越大。故内立柱在上、下支承间一段 CF 应上细下粗。F 处到根部弯矩不变,可做成等截面。

③外柱为摇臂升降的导向面,故常制成圆柱形。

④主轴中心与摇臂的中性面越近,则力臂 e 越小,扭矩 M_2 也越小。因此设计主轴箱时应使主轴中心尽量接近导轨。

表 5.1　截面形状与惯性矩的关系

序　　号		1	2	3	4
截面形状		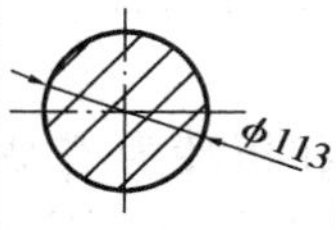	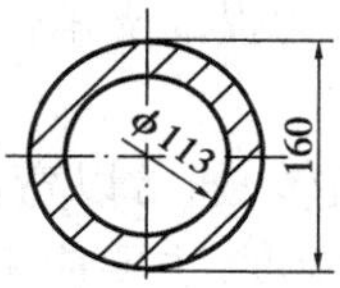	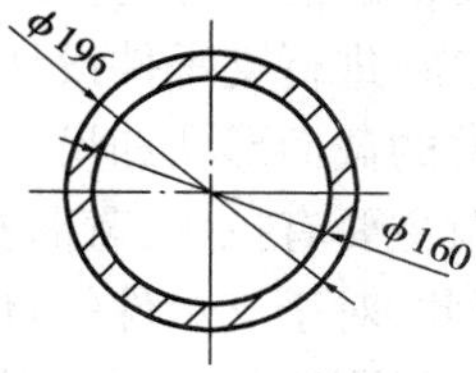	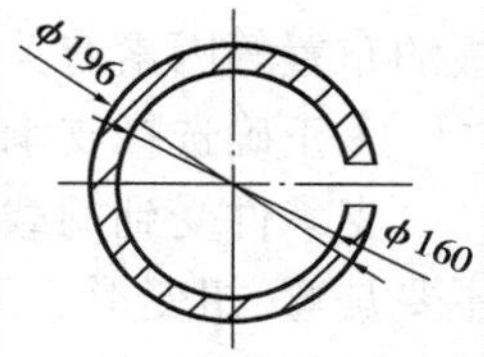
抗弯惯性矩	cm⁴	800	2 416	4 027	—
	%	100	302	503	—
抗扭惯性矩	cm⁴	1 600	4 862	8 054	108
	%	100	302	503	7
序　　号		5	6	7	8
截面形状		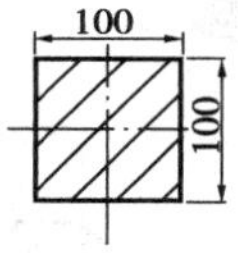	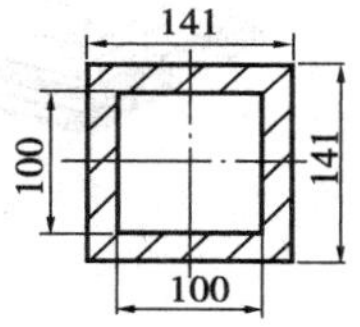	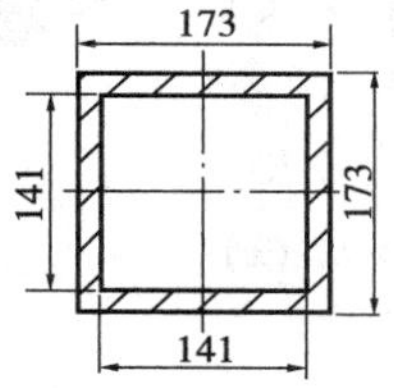	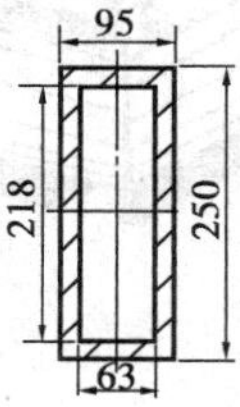
抗弯惯性矩	cm⁴	833	2 460	4 170	6 930
	%	104	308	521	866
抗扭惯性矩	cm⁴	1 406	4 151	7 037	5 590
	%	88	259	440	350

　　卧式车床床身由于考虑排屑,中间部分往往上、下都不能密封,如图 5.6(a)、(b)所示。因此,水平面内的弯曲刚度常远低于竖直面内的弯曲刚度。设计车床床身时,必须注意设法提高水平面内的弯曲刚度。对于较长的床身,扭转变形造成的刀尖与工件间的位移相当大,甚至占主要地位。因此,长床身必须注意提高其抗扭刚度。主轴箱和尾座,对床身作用有较大的弯矩,因此必须注意提高床身两端的刚度,特别是装主轴箱处的刚度。通常,床身左端装主轴箱处可以做成四面封闭,上下开出沙口。主轴箱和尾座可以做成箱形,自身刚度容易满足要求,应特别注意提高受力处的局部刚度。例如主轴前支承处箱壁的刚度。

　　数控车床由于不需手工操作,又必须排除大量切屑,导轨常做成倾斜的,如图 5.6(c)所示。这时,可在床身的左下方装切屑传送链。床身可以设计成四面封闭的,刚度可比图 5.6(a)和 5.6(b)高很多。

(3)提高支承件静刚度的措施

1)提高支承件的自身刚度

支承件抵抗自身变形的能力称为支承件的自身刚度,它与支承件的材料、形状、尺寸及肋板的布置等因素有关。在进行支承件设计时,为提高支承件的自身刚度,可采取以下措施:

①正确选择支承件的截面形状和尺寸。

支承件受到的载荷主要有拉压、弯曲及扭转,通常以弯曲和扭转为主要载荷,产生的变形主要是弯、扭变形。因此,对于支承件的自身刚度,主要应考虑其抗弯刚度和抗扭刚度。在其他条件相同时,抗弯、抗扭刚度与截面的惯性矩有关。对于同一材料,截面面积相同而形状不同,它们的截面惯性矩可能会相差很多。合理地选择截面的形状和尺寸可提高支承件的自身刚度。

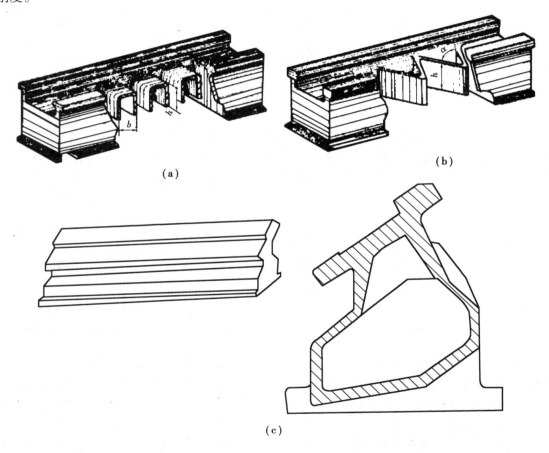

(a)

(b)

(c)

图5.6　车床床身

②合理布置隔板和隔板条。

隔板和隔板条的作用是将作用于支撑件局部的载荷通过它们传递给其他部分,从而使整个支撑件或当支撑件截面形状或尺寸受到结构上的限制时,在支撑件上增加隔板和隔板条来提高刚度,其效果比增加壁厚更为显著。

a.隔板是指在支承件两壁之间起连接作用的连接板。纵向隔板的作用是提高抗弯刚度,横向隔板的主要作用是增加抗扭刚度,斜向隔板兼有提高抗弯和抗扭刚度的作用。

116

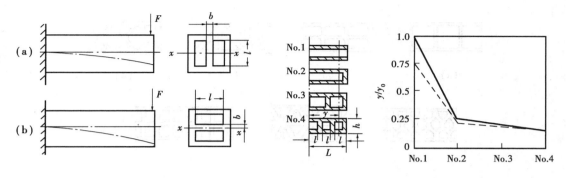

图 5.7　纵向隔板对刚度的影响　　　　　　图 5.8　横向隔板对刚度的影响

为了有效地提高抗弯刚度,纵向隔板应布置在弯曲平面内(图5.7(a)),此时隔板相对于 x 轴的惯性矩为 $\dfrac{bl^3}{12}$;当布置在与弯曲平面相垂直的平面内(图5.7(b))时,则惯性矩为 $\dfrac{lb^3}{12}$,两者之比为 $\dfrac{H^2}{b^2}$。可见,前者抗弯刚度明显大于后者。

空心零件在扭转时常出现壁的翘曲现象,引起截面畸变。增加横向隔板后,如图5.8所示,No.1、No.2、No.3所示,畸变几乎消失,同时端部位移大大减小。一般取 $l=(0.865\sim1.310)h$。图5.8中实线表示加隔板后与不加隔板时端部位移的比值,虚线表示变形相同时材料消耗的比值。

支承件受扭(图5.9(a))时,截面口 $a_1b_1c_1d_1$ 相对于截面 $a_2b_2c_2d_2$ 以产生扭转,使 a_1 与 b_2、d_2 与 c_2 之间的距离发生变化,从而引起截面畸变。增加斜向隔板(图5.9(b))后,可使畸变减小,并能提高抗弯刚度。

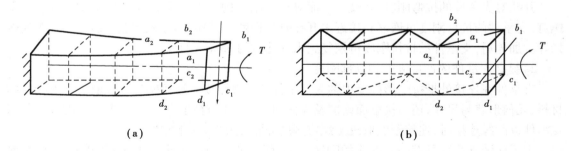

图 5.9　斜向隔板对刚度的影响

b.隔板条的作用与隔板相同,一般配置在支件的内壁上,以提高壁板的抗弯刚度,减小局部变形。当壁板面积大于 400 mm×400 mm 时,在支承件的内壁上增加隔板条可避免出现薄壁振动现象。

隔板条可设计成纵向、横向及斜向的。图5.10(a)所示的直字形肋条最简单,制造也容易,可用于窄壁及受载较小的支承件壁上。图5.10(b)所示的纵横肋条直角相交,制造较简单,但相交处易产生内应力,多用于箱形截面的支承件及平板上。图5.10(c)所示的隔板在壁上呈三角形分布,可保证足够的刚度,常用在矩形截面支承件的宽壁处。图5.10(d)为斜隔板条交叉布置,有时与支撑件壁上的横隔板结合在一起使用,可显著提高刚度,常用于重要支承

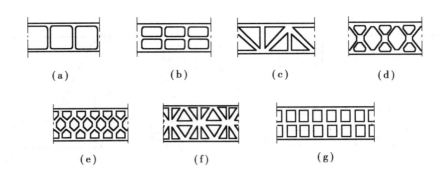

图 5.10　隔板条布置形式

件的宽壁及平板上。图 5.10(e)的蜂窝形隔板条用于平板上,由于在隔板条连接处不堆积金属,在各方向能均匀收缩,因此内应力很小。图 5.10(g)所示的井字形隔板条,其单元壁板的抗弯刚度接近米字形隔板条(如图 5.10(f)所示),但抗扭刚度是米字形的 1/2。米字形肋条铸造困难,且在隔板条连接处易产生内应力。例如,铸铁床身一般用井字形隔板条,焊接床身用米字形隔板条。隔板条的高度一般不大于支承件壁厚的 5 倍,其厚度一般取支承件壁厚的0.8 ~1.0 倍。

③合理开孔和加盖。

为了安装机件或清砂、减轻重量及造型等的需要,往往需要在支承件的壁上开窗孔。窗孔对支承件刚度的影响取决于它的大小和位置。在与弯曲平面垂直的壁上开窗孔后,因减少了壁上受拉、受压的面积,所以会严重地削弱支承件的抗弯刚度。在较窄壁上开窗孔在较宽壁上开窗孔对支承件的抗扭刚度的影响要严重。对于矩形截面的立柱,窗孔的宽度一般不宜超过立柱空腔宽度的 70% ,高度不超过空腔宽度的 1.1 ~1.2 倍。

开孔对支承件的抗弯刚度影响较小,而对抗扭刚度的影响较大。若在开孔处加盖并拧紧螺钉,支承件的抗弯刚度可恢复到接近未开孔时的程度。另外,用嵌入式盖比面覆盖式盖的效果好。加盖后,支承件的抗扭刚度可恢复到未开孔时的 35% ~41% 。

2)提高支承件的连接刚度和局部刚度

支承件在连接处抵抗变形的能力称为支承件的连接刚度。连接刚度不仅取决于连接处的材料、几何形状与尺寸,还与接触面硬度及表面粗糙度、几何精度和加工方法等因素有关。当支承件以凸缘连接时,连接刚度取决于螺钉刚度、凸缘刚度和接触刚度。

为了保证支承件具有一定的接触刚度,接合面上的压力应不小于 1.5 ~2.0 MPa,接合面处的表面粗糙度 R_z 应达到 8 μm。选择合适的螺钉尺寸及合理布置螺钉位置可以提高支承件的接触刚度。从提高抗弯刚度方面考虑,螺钉最好较集中地布置在支承件受拉的一侧。从提高抗扭刚度来考虑,螺钉应均匀分布在四周。在连接螺钉轴线的平面内布置肋条也能适当地提高接触刚度。

立柱导轨的几种连接形式如图 5.11 所示。其中,图 5.11(a)、(b)、(c)所示的板壁易产生变形,将严重影响导轨的局部刚度,而图 5.11(d)、(e)、(f)所示的导轨采用侧壁支承,提高了导轨的局部刚度。图 5.11(g)、(h)、(i)中的支承件内部增设了肋条,不仅提高了局部刚度,同时也提高了支承件自身的抗弯和抗扭刚度。

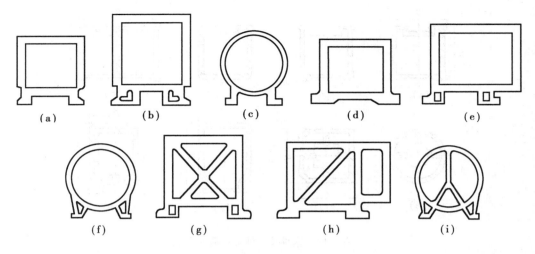

图 5.11　机床立柱截面形状

5.4　支承件结构设计

在进行支承件的结构设计时,首先应考虑机电装备所属的类型、布局及常用的支承件的形状,在满足机电装备工作性能的前提下综合考虑其工艺性、环境属性及工业美学等方面的问题。其次,根据支承件的使用要求、受力情况及其他要求(如安装其他零部件、吊运或排屑等)进行结构设计,在保证支承件具有良好性能的同时,又能减轻重量,节约材料和能源。

5.4.1　截面形状的选择

合理设计支承件的结构是应在尽可能减轻重量的条件下,使其具有最大的静刚度。由于各类机电装备的用途、性能及规格等的不同,支承件的形状和尺寸大小千差万别。以机床为例,床身、立柱、底座和横梁均属支承件,由于它们所起的作用和安装部位不同,因此截面形状和尺寸均不同。

设计床身截面形状时,应综合考虑刚度要求、导轨位置、内部需安装的零部件和排屑等因素。图 5.12 所示为床身和立柱常用的截面形状。其中,图 5.12(a)为前、后、顶三面封闭的卧式机床的箱形床身。为了排屑方便,在导轨间开设倾斜窗口。这种截面容易铸造,但刚度较低,常作为镗床、龙门刨床等机床的床身。图 5.12(b)为前、后、底三面封闭床身,床身内的空间可用于储存润滑油和切削液,以及安装驱动机构等,但不允许切屑落入床身内部。由于这种截面的床身前、后壁之间无隔板相连,故刚度较低,常作为轻载卧式机床的床身,如磨床。图 5.12(c)为二面封闭的床身,刚度较低,但便于排屑和冷却液的流通,主要用于对刚度要求不高的机床,如小型机床。图 5.12(d)是大型和重型机床的床身,采用三道壁,导轨可达 4～5 个。

立柱可看作是立式床身,其截面形状通常为圆形、方形和矩形,如图 5.12(e)、(f)、(g)、(h)所示。作用在立柱上的载荷主要有两类:一类是弯曲载荷,载荷作用于立柱的对称面上,如立式钻床的立柱;另一类是弯曲和扭转载荷,如铣床和镗床的立柱。立柱的截面形状主要由

119

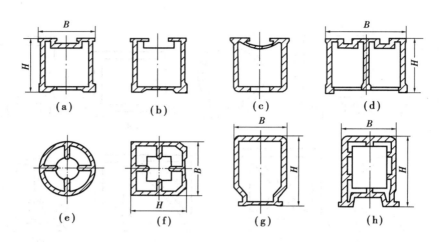

图 5.12　床身及立柱常用截面形状

刚度决定。对于承受弯矩为主的立柱应采用矩形截面,如图 5.12(g)、(h)所示,其中,B 为宽度,H 为长度,立钻和组合机床床身截面的轮廓尺寸比例一般为 $H/B = 2 \sim 3$。图 5.12(h)所示的立柱内有肋板,抗弯刚度高,立式车床和龙门刨床的立柱截面可采用此形式。对于受扭矩为主的支承件(如立钻的立柱等),应采用圆形截面,如图 5.12(e)所示;此时外表面起导轨作用。对那些同时承受弯曲和扭转的支承件应采用近似方形的截面(如图 5.12(f)所示),一般其宽度与长度之比的使用范围为 $B/H = 0.5 \sim 1.5$。这种截面多用在镗床、铣床和滚齿机等的立柱上。

5.4.2　壁厚设计

为了减轻机电装备的重量,节约材料,以及减小驱动力,节约能源,应在结构工艺可行的条件下,尽量减小支承件的壁厚。支承件壁的内、外两侧有时设有肋板或肋条,以加强支承件壁的稳定性。

铸铁支承件的外壁厚可根据当量尺寸 C 来选择。当量尺寸 C 可由下式确定。

$$C = \frac{(2l + b + h)}{3}$$

式中　l,b,h——支承件的长、宽、高。

根据算出的 C 值,查表 5.2,可得到最小的壁厚 δ,然后综合考虑受力情况和工艺条件等相关因素,对壁厚 δ 进行修改。壁厚应尽可能设计成均匀的形式,避免出现壁厚有突然变化的过渡面,以减小内应力。

表 5.2　根据当量尺寸选择壁厚

当量尺寸 C/m	0.75	1.0	1.5	1.8	2.0	2.5	3.0	3.5	4.0
壁厚 δ/mm	8	10	12	14	16	18	20	22	25

支承件采用焊接结构时,通常是用钢板与型钢焊接而成。由于钢的弹性模量约比铸铁大一倍,故用钢板焊接成的支承件的抗弯刚度约为铸铁支承件的 1.45 倍,因此,在承受同样载荷

的条件下,焊接支承件的壁厚可以比铸铁薄 2/3 ~ 4/5。从另一方面来看,钢的阻尼是铸铁的 1/3,抗振性较差。因此,在设计焊接支承件时,还应在结构和焊缝上采取相应的抗振措施。

焊接支承件的截面形状常设计成封闭式,并通过合理地布置隔板和隔板条来提高其刚度。当支承件的壁板厚度过小时,将会使壁板的动刚度急剧下降,在工作过程中易出现薄壁振动现象,从而产生较大的工业噪声,并且浪费了能源。因此,要在满足壁板刚度和尽量节约材料的情况下,合理地确定支承件壁板的厚度,防止产生薄壁振动现象。

对于某些承受载荷较大的支承件,为了提高其壁板处的刚度及减小热变形量,往往采用双层壁结构。双层壁结构的壁厚值一般设计为 $\delta \geqslant 3 \sim 6$ mm。

5.4.3　结构工艺性

在设计支承件时,应注意支承件的结构工艺性。所谓结构工艺性是指支承件的构造在满足数控装备正常工作性能的前提下,在工艺上还要便于铸造、锻造、焊接和机械加工等,达到节约材料和能源、提高经济效益等目的。

对于铸造支承件,在设计时应尽量使铸件形状简单,起模容易,型芯少并便于支撑,确保在浇注过程中铸件能自由收缩。壁厚要均匀,力求避免截面出现急剧的变化、太突起的部位、壁厚过薄、很长的分型线及局部金属积聚等不利的情况。铸件要有足够大的清砂口。铸件毛坯应便于机械加工。例如,加工面尽量集中在少数几个方向上,以减少加工时调头和翻转的次数;同一方向上的加工面尽可能设计在同一个平面内,以便在一次进给中能同时加工到这些表面,从而提高生产效率和加工精度;各加工面都相应地有支承面足够大的基准,以利于加工时进行定位、夹紧及测量等。此外,应尽量避免在大铸件的内部深处及不易加工的地方设有加工面,也应避免需专门设计工艺装备进行加工。

与铸造支承件类似,在设计支承件的焊接结构时,也要注意支承件的结构工艺性。

对于用钢板、角钢等焊接的支承件,由于没有铸件的截面形状限制,故可做成封闭形,而且可根据受力情况合理布置肋板和肋条来提高支承件的抗弯刚度和抗扭刚度。在能充分发挥壁和肋板、肋条的承载及抵抗变形的条件下,应尽量使焊接件有较简单的形状,从而减少焊接和钳工的工作量。设计支承件时要考虑减少焊接时产生的变形,如采用对称结构等。设计时应考虑让操作者在焊接时能用平焊或角焊,尽可能不用仰焊,从而减轻劳动强度,提高焊接质量和生产率。

对于大、重型焊接支承件,设计时要为翻转工作提供一些方便,如设计一些吊装吊钩等。

5.4.4　材料与时效处理

(1)材料

支承件常用的材料除了有铸铁、钢板和型钢外,此外,考虑到实际工作要求和经济性等要素,有时也可选用预应力钢筋混凝土、树脂混凝土或天然花岗岩等作为支承件的材料。

1)铸铁

一般支承件常采用灰铸铁制成。铸铁的铸造性能好,容易铸出具有复杂结构的支承件同时获得较理想的造型。另外,铸铁的内摩擦力较大,阻尼系数大,使振动衰减的性能好,材料的成本较低。但在铸造支承件前需先做木模等,使制造周期增长,有时铸件中还会产生缩孔、气泡等缺陷,影响支承件的刚度和机电装备整机的工作性能。对于易磨损的支承件,可在铸铁中加入少量的镍、铬等合金元素,以提高其耐磨性。

用做支承件的铸铁牌号通常包括 HT200、HTl50 和 HT100 等。

2）钢材

用钢板和型钢等钢材焊接支承件,与铸造相比,可省去制作木模等铸造工艺,生产周期较短,便于产品更新和结构改进。支承件不像铸件那样有截面形状的限制,故可做成封闭结构,刚性较好。由于钢的弹性模量为铸铁的 1.5 ~ 2.0 倍,在刚度要求相同的条件下,钢材焊接支承件的壁厚仅为铸件的一半,可减轻重量 20% ~ 50%,节省了材料,且提高了支承件的固有频率。随着计算技术的发展,可以对焊接支承件的结构负载和刚度进行优化处理,即运用有限元法进行分析计算,根据受力情况合理布置隔板和隔板条,选择合适厚度的材料,来提高支承件的动、静刚度。近 20 年来,国外支承件采用钢板焊接结构件代替铸件趋势正不断扩大,开始在单件和小批量生产的重型机床和超重型机床及自制装备上应用,并逐步发展到一定批量的中型机床中。

3）预应力钢筋混凝土

用作支承件的混凝土必须具有较大的抗拉、抗压和抗弯强度。为了克服混凝土的脆性,有时可将短纤维材料均匀地掺在混凝土中。这种复合材料称为纤维增强混凝土。

预应力钢筋混凝土主要用于制作不常移动的大型机电装备的机身、底座及立柱等支承件,这种支承件的刚度和阻尼比铸铁支承件大几倍,抗振性能好,制造成本低。用钢筋混凝土制作支承件时,钢筋的配置对支承件的性能影响较大。一般三个方向都要配置钢筋,总预拉力为 120 ~ 150 kN。混凝土结构的缺点是弹性模量小、脆性大、耐腐蚀性差、油渗入会导致材质疏松,因此表面应进行喷漆或喷涂塑料。在混凝土构件中不能设置其他驱动装置。

4）天然花岗岩

天然花岗岩性能稳定,精度保持性好,抗振性好,阻尼系数比钢大 15 倍,耐磨性比铸铁高5 ~ 6 倍,热导率和线胀系数较小,热稳定性好,抗氧化性强,不导电,抗磁,与金属不黏合,易于加工,通过研磨和抛光可以得到很高的精度及很小的表面粗糙度。目前,天然花岗岩已用于三坐标测量机、印制电路板数控钻床及气浮导轨基底等。天然花岗岩的缺点是结晶颗粒比钢铁的晶粒大,抗冲击性能差,脆性大,油和水等液体易渗入晶界中,使表面局部变形胀大,难以制作复杂的零件。

5）树脂混凝土

树脂混凝土是制造机电装备机身的一种新型材料,国际上出现在 20 世纪 70 年代。树脂混凝土与普通混凝土的区别在于:它是用树脂和稀释剂代替水泥和水,将骨料固结成为树脂混凝土,也称人造花岗岩。

树脂混凝土的特点是:刚度高;具有良好的阻尼性能,阻尼比是灰铸铁的 8 ~ 10 倍,抗振性好;热容量大,热传导率低,热导率只有铸铁的 1/40 ~ 1/25,热稳定性高,构件的热变形小;密度是铸铁的 1/3,重量轻;可获得良好的几何形状精度,表面粗糙度也较低;对切削液、润滑剂、冷却液有极好的耐腐蚀性;与金属的黏结力强,可根据不同的结构要求,预埋金属件,减少机械加工量,降低成本;浇注时无大气污染;生产周期短,工艺流程短。总之,树脂混凝土具有刚度高、抗振性好、耐水、耐化学腐蚀及耐热等特点。它的缺点主要是某些力学性能低,但可以通过预埋金属或添加强纤维来提高其力学性能。

(2)时效处理

支承件在铸造或焊接后因冷却收缩而产生内应力,且分布不均匀,随着时间的推移,内应力将重新分布并逐渐消失,使支承件产生变形,从而影响机电装置的工作性能。因此,必须对支承件进行时效处理,以消除由于冷却收缩及加工过程中的切削热在支承件内部产生的残余应力。时效处理方法有自然时效、人工时效和振动时效三种。

自然时效是将铸铁毛坯或粗加工后的半成品在露天环境存放 3 个月到几年,逐渐消除内应力,使材料内部恤性能逐渐趋于稳定,然后再进行加工。

人工时效又称焖火,是将工件放在 200 ℃以下的退火炉中以不超过 80 ℃/h 的速度加热到 500 ~ 550 ℃,经 6 ~ 8 h 保温,消除工件的内应力,然后以不超过 40 ℃/h 的速度缓慢地冷却,以免产生新的内应力,当冷却到 400 ℃以下后,方可从炉中取出工件。

振动时效是近几年发展起来的一种新型时效方法。它是将工件放在两个弹性支座上,激振器装在工件的中部。将激振器的激振频率调到等于工件一次弯曲振动的固有频率,使工件发生共振,其弯曲应力加上内应力将有一部分超过材料的屈服点,使材料产生一定的塑性变形,从而消除内应力。目前主要用于对梁类零件(如机床床身、横梁等)进行时效处理。

钢板焊接件消除焊接应力,采用的时效处理方法与铸件基本相同,只是人工热时效处理要升温到 600 ~ 650 ℃。

一般精度的机电装备的支承件只需进行一次时效处理即可,高精度机电装备的支承件好在粗加工前后各进行一次时效处理。个别支承件在进行两次处理后,还应进行自然时效使其充分变形,从而保证所需的精度要求。

5.4.5　结构计算的有限元法简介

过去,由于缺乏一套可靠易行的计算方法,支承件的设计一直沿用类比的办法。如果有几个设计方案,也只能作定性的比较。用这样的方法设计支承件,有时因刚度不够或动态性能不佳(发生共振、响应太大)而导致设计失败;有时为了安全起见而取过大的结构尺寸,但会浪费材料。

电子计算机的高速发展和普及,为开展结构件的计算创造了有利条件。今天,支承件的计算已经普及了。可用的计算程序已有好几个版本。利用这些程序,可计算出支承件在受力后各处的变形,支承件的重量,自由振动的各阶固有频率和振型,受迫振动下的频率响应。比较不同的结构方案时,只需改变部分输入数据,十分方便。下面简要介绍用有限元法(Finite element method-FEM)计算支承件刚度和动态特性的基本概念。详细内容可阅读专著。计算时还要仔细阅读计算程序说明书。

(1)有限元法的基本原理

支承件是连续体,很难进行解析计算。有限元法是一种近似的数值解法。首先,对支承件作必要的简化,然后建立一个离散化的模型。图 5.13 是一个空心立柱的简化模型,由前后左右四块侧板和上端板组成。上端受有载荷 F,下端固定,求立柱各处的变形。

首先,把立柱分解成五块平板(4 块侧板和上端板)。每块平板再分割成若干个矩形(图 5.13(a))或三角形(图 5.13(b))小板,如图 5.13(a)的矩形小板 $abfe$,$bcgf$,…;图 5.13(b)的三角形小板 abe,bfe,…。小板与小板之间看作是离散的,仅在角点 a,b,c,d…处铰接在一起。小板(矩形或三角形)大小、数量都是有限的。每个板称为一个单元(Element),角点称为结点

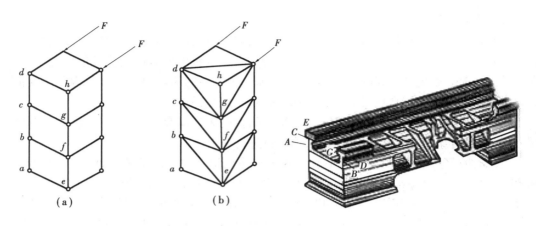

图 5.13　空心立柱有限元模型　　　　图 5.14　车床床身示意图

（Node），这样离散化处理后，仍能组成原来结构的整体形状，这就构成了有限元模型。原来的立柱模型从总体来说仍旧是一个三维的空间结构，但对于每一个单元来说，却都是矩形或三角形薄板。

在设计支承件时，为了尽量用较少的材料来获得较大的刚度，支承件的壁厚相对于轮廓尺寸是很小的。在小变形情况下，如假设应力沿壁厚方向均匀分布，不计其弯曲刚度，将不致产生显著的计算误差，却能使计算工作量大为减少。因此，支承件计算时，所分析的单元可以按平面应力问题来处理。即作用于该单元的结点力和结点位移都在该单元的平面之内，这种单元称为平面单元。

图 5.14 是一个床身的示意图。水平线 AB 以下是床身本体，划分的单元可视作平面单元。AC 和 BD 是两段过渡壁，连接导轨和床身本体，它们的弯曲刚度是不能不计的。因此，过渡壁不能按平面单元处理，应按板弯曲问题处理。导轨 EF 和 GH 可看作梁，按梁单元处理。计算机床支承件时，常用到三类单元：平面单元、板弯曲单元和梁单元。

（2）单元的划分

划分单元时应注意：①必须结点与结点相连接，如图 5.15（a）、（b）所示。图 5.15（c）的划分方法是错误的。②单元划分越细，则计算精度越高，但占用计算机的内存也越多，计算时间也越长。划分单元时，常在应力或变形较大处把单元划分得细一些，其他地方可以粗一些，以便兼顾计算精度和占内存数两方面。③矩形单元（图 5.15（a））的计算精度比三角形单元（图 5.15（b））高。但三角形单元可模拟曲线。例如图 5.16 是一块中有圆孔的薄板。要计算在上、下拉力作用下，圆孔部分的变形。考虑到圆形的对称性，可以分析 1/4。圆孔只能用三角形单元来模拟，共划分了 $13 \times 4 = 52$ 个单元。在圆孔处，以直线代替了圆弧。图 5.16 用一个 16 角孔代替了圆孔。单元划分越细，计算精度越高。图中在要计算变形的圆孔周围，单元划分较细，周边则较粗。

（3）动态特性计算

动态特性计算可用集中质量法。首先仍将构件分割为若干个单元，把每个单元的质量集中到结点上去。如为三角形单元（图 5.17（a）），则 i, j, k 3 点各集中三角形板质量的 1/3；如为矩形单元（图 5.17（b）），则 i, j, k, l 4 点各集中 1/4。在结构中任一结点 m 都集中了从周围各单元集中过来的质量。如图 5.17（a），m 点的质量等于周围 6 个单元集中到 m 点来质量的总

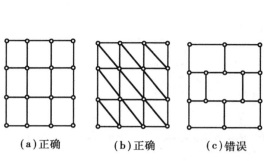

图 5.15 单元划分时必须节点与节点相连接

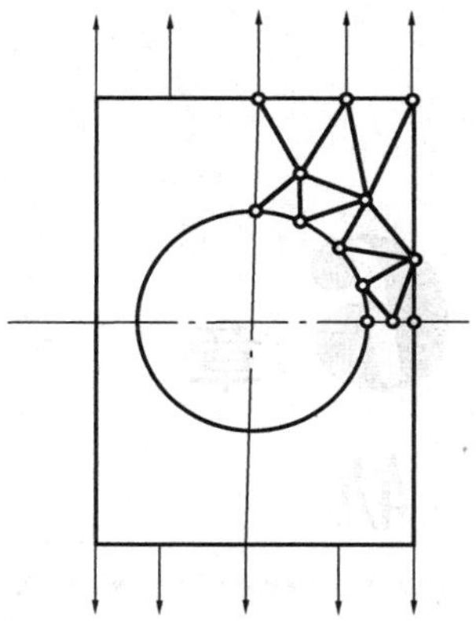

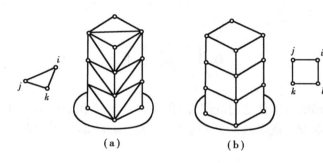

图 5.16 圆孔薄板的单元划分

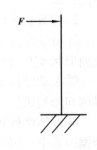

图 5.17 集中质量

和。如图 5.17(b),则 m 点集中了周围 4 个单元集中到 m 点来的质量。这样,就形成了无质量板(代表刚性)和无弹性集中质量的模型。据此,可计算自由振动的最低几阶固有频率和振型。如果已知阻尼,则可计算受迫振动在不同激振频率下的振幅(频率响应)。如果阻尼未知,则可计算外载荷的频率低于固有频率时的响应。这时,阻尼可忽略。

习题与思考题

1.支承件在机床上的主要功用是什么?有哪些基本要求?

2.试对车床床身进行受力分析。

3.如何提高支承件的自身刚度、局部刚度、接触刚度?

4.支承件常用的材料和热处理方式有哪几种?

5.试根据支承件载荷特点说明如何合理选择其截面形状。

6.一支承件受力简图如图 5.18 所示,试画出该支承件结构形状简图并简述理由。

图 5.18 题 6 图

第6章
导　轨

6.1　概　述

机床上有相对运动的两部件之间的配合面,称为导轨,并组成一对导轨副。导轨的功用是使运动部件沿一定的轨迹(直线或圆周)运动,并承受运动部件上的载荷,即起导向和承载作用。

6.1.1　导轨的分类和应满足的要求

导轨的分类

在导轨副中,运动的一方称作运动导轨,不动的一方称作支承导轨。支承导轨用以支承和约束运动导轨,使之按功能要求作正确运动。

导轨副可按下面不同的方法进行分类。

1)按运动导轨的轨迹分类

①直线运动导轨副。支承导轨约束了运动导轨的 5 个自由度,仅保留沿给定方向的直线移动自由度。

②圆周运动导轨副。支承导轨约束了运动导轨的 5 个自由度,仅保留绕给定轴线的旋转运动自由度。

2)按导轨面间的摩擦特性分类

①滑动摩擦导轨副。滑动摩擦导轨副是应用最广的一种,也是其他类型导轨的基础,它的截面形状及其组合形式亦适用于静压导轨和滚动导轨。

②滚动摩擦导轨副。滚动摩擦导轨副导向精度高,耐磨性好,广泛应用于精密机床、数控机床和测量机等。

③液体摩擦导轨副。导轨面间有一层油膜,实现液体摩擦,吸振性好,导轨间不相互接触,摩擦因数小(一般为 0.000 5 ~ 0.001 0),不会磨损,有利于保持导轨的导向精度,在低速下不宜产生爬行,因此在机床上得到广泛应用。

3）按结构形式分类

①开式导轨。必须借助于运动件的自重或外载荷,才能保证在一定的空间位置和受力状态下,运动导轨和支承导轨的工作面保持可靠的接触(如图 6.1(a)所示),从而保证运动导轨的规定运动。其特点是结构简单,但不能承受较大颠覆力矩的作用。

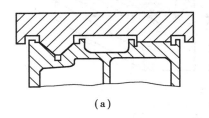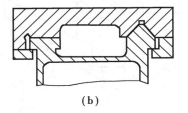

（a）　　　　　　　　　　　　　　　（b）

图 6.1　导轨副按结构形式分类

②闭式导轨。借助导轨副本身的封闭式结构,保证在变化的空间位置和受力状态下,运动导轨和支承导轨的工作面都能始终保持可靠的接触(如图 6.1(b)所示),从而保证运动导轨的规定运动。

此外,还可按导轨副的基本截面形状及其组合形式进行分类。

6.1.2　导轨副应满足的要求

(1)导向精度

导轨在空载下运动和在切削条件下运动时,都应具有足够的导向精度。保证动导轨运动的准确度,是保证导轨工作质量的前提。

1）几何精度

直线运动导轨的几何精度一般包括:导轨在竖直平面内的直线度(简称 A 项精度),见图 6.2(a);导轨在水平平面内的直线度(简称 B 项精度),见图 6.2(b);两导轨面间的平行度,也叫做扭曲(简称 C 项精度),见图 6.2(c)。在 A、B 两项精度中,都规定了导轨在每米长度上的直线度和导轨全长上的直线度。图 6.2(a)、(b)中的 Δ_v 和 Δ_H 值分别是竖直面和水平面在全长上的直线度误差。在 C 项精度中,规定了导轨在每米长度上和导轨全长上,两导轨面间在横向每米长度上的扭曲值 δ。上述 A,B,C 三项精度的公差,可参考有关机床精度检验标准。

2）接触精度

磨削和刮研的导轨表面,接触精度按 JB2278 的规定,采用着色法进行检查。用接触面所占的百分比或 25 mm × 25 mm 面积内的接触点数衡量。

(2)精度保持性

影响精度保持性的主要因素是磨损。提高耐磨性以保持精度,是提高机床质量的主要内容之一,也是科学研究的一大课题。常见的磨损形式有磨料(硬粒)磨损、粘着磨损(或咬焊)和接触疲劳。磨料磨损经常发生在边界摩擦和混合摩擦状态。磨粒夹在导轨面间随之相对运动,形成对导轨面的"切削",使导轨面产生"划伤"。磨料的硬度越高,相对滑动速度越大,压强越大,对摩擦副的危害也越大。磨料磨损很难避免,是导轨防护的重点。粘着磨损也称为分子-机械磨损。当两个摩擦表面相互接触时,在高压强下材料产生塑性变形,相对运动时的摩擦,又使表面层的氧化膜破坏,在新暴露出来的金属表面之间就会产生分子之间的相互吸引和

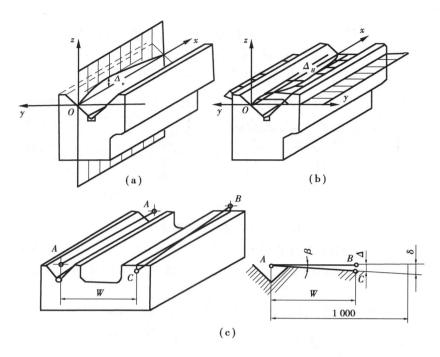

图 6.2 直线运动导轨的几何精度

渗透,使接触点粘结而发生咬焊。接触面的相对运动又要将咬焊点拉开,就造成撕裂性破坏。咬焊是不允许发生的。接触疲劳发生在滚动摩擦副中。滚动导轨在反复接触应力的作用下,材料的表层疲劳,产生点蚀。接触疲劳在滚动摩擦副中,也是无法避免的。

(3) 低速运动平稳性

机电一体化机械中的低速运动速度可达 0.05 mm/min,微小位移达 0.001 mm/次。但此时运动导轨不是匀速运动,而是时走时停或忽快忽慢,这种现象称为爬行。产生爬行的主要原因,一般认为是摩擦面的静摩擦因数大于动摩擦因数,低速范围内的动摩擦因数随相对运动速度的增大而降低。

要避免爬行,提高低速运动稳定性,可同时采取几项措施:采用滚动导轨、静压导轨、卸荷导轨、塑料导轨;在普通滑动导轨上使用含有防爬行的极性添加剂的润滑油;用减少结合面、增大结构尺寸、缩短传动链、减少传动副数等方法来提高机械系统的刚度;用杜绝漏气、增大活塞杆尺寸等方法来提高液压系统的刚度。

(4) 刚度

导轨受力变形会影响部件之间的相对位置和导向精度,因此要求导轨有足够高的刚度。导轨变形包括导轨受力的接触变形、扭转、弯曲变形以及由于导轨的支承件的变形而引起的导轨变形。导轨变形主要取决于导轨的形式、尺寸及与支承件的连接方式与受力情况等。

(5) 结构简单、工艺性好

设计时,要注意使导轨的制造和维护方便,研刮量少。导轨的精加工方法主要有精刨(精铣)、磨削和研刮等。

用磨削的办法精加工导轨面能够达到较高的精度和较小的表面粗糙度,生产率高,而且是加工淬硬导轨的唯一方法。磨削最初只用于精加工支承导轨,与其配合的动导轨则采用配刮,近年来动导轨已能配磨,甚至已在试验互换。导轨的磨削方式有周边磨削和端面磨削两种。周边磨削与端磨相比,质量好,生产率高,表面纹理美观,因而正逐步取代端磨。

刮研可以达到最高的精度,同时还具有变形小、接触好、表面可以存油的优点。它的缺点是劳动强度大、生产率低,而且不能加工淬硬的导轨。这种加工方式至今还被应用于高精度机床导轨的精加工上。

(6) 良好的润滑和防护装置

(7) 误差相互补偿

对于精密导轨的设计,由于精密导轨(例如数控机床、测量机的导轨)对几何精度、运动精度和定位精度要求都较高,在设计时还必须考虑使导轨系统能达到误差相互补偿的效果。

6.1.3 导轨类型选择原则

(1) 精度互不干涉原则

导轨的各项精度制造和使用时互不影响才易得到较高的精度,如矩形导轨的直线性与侧轨的直线性在制造时互不影响;又如平面和 V 形导轨的组合,上导轨(工作台)的横向尺寸的变化不影响导轨的工作精度。

(2) 静、动摩擦因数相接近原则

例如选用滚动导轨或塑料导轨,由于摩擦因数小且静、动摩擦因数相近,因此可获得很低的运动速度和很高的重复定位精度。

(3) 导轨能自动贴合原则

要使导轨精度高,必须使相互结合的导轨有自动贴合的性能。对水平位置工作的导轨,可以靠工作台的自重来贴合;其他导轨靠附加的弹簧力或者滚轮的压力使其贴合。

(4) 移动的导轨始终全部接触原则

也就是固定的导轨长,移动的导轨短。

(5) 水平的导轨、以下导轨为基准、上导轨为弹性体原则

以长的固定不动的下导轨为刚性较强的刚体为基准,移动部件的上导轨为具有一定变形能力的弹性体。

(6) 能补偿因受力变形和受热变形原则

例如龙门式机床的横梁导轨,将中间部位制成凸形,以补偿主轴箱(或刀架)移动到中间位置时的弯曲变形。

6.1.4 设计步骤及内容

①根据工作条件、负载特点,确定导轨的类型、截面形状和结构尺寸。
②进行导轨的力学计算,选择导轨材料、表面精加工和热处理方法以及摩擦面硬度匹配。
③设计(滑动)导轨的配合间隙和预加负荷调整机构。
④设计导轨的润滑系统及防护装置。
⑤制定导轨的精度和技术条件。

6.2 导轨的材料、热处理

导轨的材料有铸铁、钢、有色金属和塑料等,对导轨材料的主要要求为:耐磨性高、工艺性好和成本低等。用于导轨的材料应具有良好的耐磨性、摩擦因数小和动静摩擦因数差小。加工和使用时产生的内应力小,工艺性和尺寸稳定性好及成本低等性能。

导轨副应尽量由不同材料组成,如果选用相同材料,也应采用不同的热处理或不同的硬度。通常动导轨(短导轨)用较软耐磨性低的材料,固定导轨(长导轨)用较硬和耐磨材料制造,这是因为:①长导轨各处使用机会难以均等,磨损往往不均匀。不均匀磨损对加工精度的影响较大。因此,长导轨的耐磨性应该高一些。短导轨磨损比较均匀,即使磨损大一些,对加工精度的影响也不太大。②减少修理的劳动量。短而软的导轨面容易刮研。③不能完全防护的导轨都是长导轨。它露在外面,容易被刮伤。

(1)铸铁

铸铁是一种成本低,有良好的减振性和耐磨性,易于铸造和切削加工的金属材料。在动导轨和支承导轨中都有应用。

1)灰铸铁

应用最多的是 HT200,在润滑与防护较好的条件下有一定的耐磨性。铸铁—铸铁的导轨摩擦副适用于:需要手工刮研的导轨;对加工精度保持性要求不高的次要导轨;不经常工作的导轨,其中包括移置导轨等。

2)孕育铸铁

在铁水中加入少量孕育剂硅和铝而构成的孕育铸铁,可使铸件获得均匀的珠光体和细片状石墨的金相组织,从而得到均匀的强度和硬度。由于石墨微粒能够产生润滑作用,又可吸引和保持油膜,因此孕育铸铁的耐磨性比灰铸铁高。在机床导轨中应用的孕育铸铁牌号为 HT300。这种铸铁在车床、铣床、磨床上都有应用。

3)耐磨铸铁

耐磨铸铁中的合金元素有细化石墨和促进基体珠光体化的作用。它们的碳化物分散在铸铁的基体中,形成硬的网状结构。这些都能提高耐磨性。应用较多的耐磨铸铁有高磷铸铁、磷铜钛铸铁和钒钛铸铁。高磷铸铁是指含磷量高于 0.3% 的铸铁,它的耐磨性比孕育铸铁提高 1倍多,已在许多机床上采用,例如车床、磨床等。磷铜钛和钒钛耐磨铸铁是提高机床导轨耐磨性的好材料。它们具有力学性能好、耐磨性比孕育铸铁高 1.5 ~ 2 倍、铸铁质量容易控制等优点,但成本较高,多用于精密机床,如坐标镗床和螺纹磨床等。

4)铸铁导轨的淬火

采用淬火的办法提高铸铁导轨表面的硬度,可以增强抗磨料磨损、粘着磨损的能力,防止划伤与撕伤,提高导轨的耐磨性。导轨表面的淬火方法有感应淬火和火焰淬火等。感应淬火有高频和中频感应加热淬火两种,硬度可达 45 ~ 55HRC,耐磨性可提高近 2 倍。其中中频加热淬硬层较深,可达 2 ~ 3 mm。高频或中频淬火后的导轨面还要进行磨削加工。火焰表面淬火的导轨因淬硬层深而使导轨耐磨性有较大的提高,但淬火后的变形较大,增加了磨削加工量。目前,采用铸铁作支承导轨的,多数都要淬硬。只有必须采用刮研进行精加工的精密支承导轨,以及某些移置导轨,才不淬硬。

(2)钢

采用淬火钢或氮化钢的镶钢支承导轨,可大幅度地提高导轨的耐磨性。

镶钢导轨材料有下列几类:①合金工具钢或轴承钢,牌号为 9Mn2V、CrWMn、GCr15 等,整体淬硬,HRC≥60。②高碳工具钢,牌号为 T8A、T10A 等,整体淬硬,HRC≥58。③中碳钢,牌号为 45 或 40Cr,整体淬硬,HRC≥48。④低碳钢,牌号为 20Cr,渗碳淬硬,HRC≥60。⑤氮化钢,牌号为 38CrMoAlA,渗氮处理,表面硬度为 HV≥850。

镶钢导轨工艺复杂、加工较困难、成本也较高,为便于热处理和减少变形,可把钢导轨分段钉接在床身上。目前,国内多用于数控机床和加工中心上。

(3)有色金属

用于镶装导轨的有色金属板材料,主要有锡青铜 ZQSn6-6-3 和铝青铜 ZQAl9-4。它们多用于重型机床的动导轨上,与铸铁的支承导轨相搭配。这种材料的优点是耐磨性较高,可以防止撕伤和保证运动的平稳性和提高移动精度。

(4)塑料

在动导轨上镶装塑料具有摩擦系数低、耐磨性高、抗撕伤能力强、低速时不易出现爬行、加工性和化学稳定性好、工艺简单、成本低等优点,在各类机床上都有应用,特别是用在精密、数控和重型机床的动导轨上。塑料导轨可与淬硬的铸铁支承导轨和镶钢支承导轨组成对偶摩擦副。

1)塑料软带

用于镶装导轨的塑料,主要为氟塑料导轨软带,可用粘结的方法将它们固定在动导轨上。氟塑料导轨软带是一种以聚四氟乙烯为基体,添加一定比例的耐磨材料构成的高分子复合物。它的优点是:摩擦系数低,与铸铁导轨组成对偶摩擦副时,摩擦系数在 0.03 ~ 0.05 的范围内,仅为铸铁—铸铁副的 1/3 左右;动、静摩擦系数相近,具有良好的防止爬行的性能;耐磨性高,与铸铁—铸铁摩擦副相比,耐磨性可提高 1 ~ 2 倍;能够自润滑,可在干摩擦条件下工作;有良好的化学稳定性,耐酸、耐碱、耐高温;质地较软,磨损主要发生在软带上,维修时可更换软带,金属碎屑一旦进入导轨面之间,可嵌入塑料,不致刮伤相配合的金属导轨面。这种材料在国内外已较为普遍地采用。但是,局部压强很大的导轨,不宜采用塑料镶装导轨,因为塑料刚度低,会产生较大的弹性变形和接触变形。

2)三层复合材料的导轨板

它是在镀铜的钢板上烧结一层多孔青铜粉,在青铜的孔隙中轧入聚四氟乙烯及其填料,经适当处理后形成金属——氟塑料的导轨板。国外的 DU 导轨板和国内的 FQ-1、SF-1、SF-2、JS、GS 导轨板都属此类。

这类导轨板具有两种材料的优点,既具有聚四氟乙烯的良好的摩擦特性,又具有青铜与钢的刚性和导热性。它适用于中、小型精密机床和数控机床。由于自润滑能力强,可应用于润滑不良或无法润滑的导轨面上,即可在干摩擦条件下工作。用于竖直导轨,更可显出它的优点。装配时可粘结或钉接在动导轨上。

(5)导轨副材料的选用

在导轨副中,为了提高耐磨性和防止咬焊,动导轨和支承导轨应分别采用不同的材料。如果采用相同的材料,也应采用不同的热处理使双方具有不同的硬度。目前在滑动导轨副中,应用较多的是动导轨采用镶装氟塑料导轨软带,支承导轨采用淬火钢或淬火铸铁;其次是动导轨采用不淬火铸铁,支承导轨采用淬火钢或淬火铸铁。高精度机床,因需采用刮研进行导轨的精加工,可采用不淬火的耐磨铸铁导轨副。只有移置导轨或不重要的导轨,才采用不淬火的普通灰铸铁导轨副。

在直线运动导轨中,长导轨用较耐磨的和硬度较高的材料制造。这是因为:①长导轨各处使用机会难以均等,磨损往往不均匀。不均匀磨损对加工精度的影响较大。因此,长导轨的耐磨性应该高一些。短导轨磨损比较均匀,即使磨损大一些,对加工精度的影响也不太大。②减少修理的劳动量。短而软的导轨面容易刮研。③不能完全防护的导轨都是长导轨。它露在外面,容易被刮伤。

6.3 滑动导轨的结构和计算

6.3.1 导轨的截面形状与组合

直线运动滑动导轨截面形状主要有三角形、矩形、燕尾形和圆形,并可互相组合,见图6.3。一对导轨副一凸一凹。支承导轨为凸形不易积存较大的切屑,但也不易存留润滑油。因此,适用于不易防护、速度较低的进给运动导轨。支承导轨为凹形,易存留润滑油,除用于进给导轨外还可用于主运动导轨,如龙门刨床的床身导轨,但必须很好地防护,以免落入切屑和灰尘。

图6.3(a)为双三角形导轨。它的导向性和精度保持性都很高,当导轨面有了磨损时会自动下沉补偿磨损量。但是,由于超定位,加工、检验和维修都比较困难,而且当量摩擦系数也高。因此,多用于精度要求较高的机床,例如丝杠车床、单柱坐标镗床等,顶角 α 常取为90°。

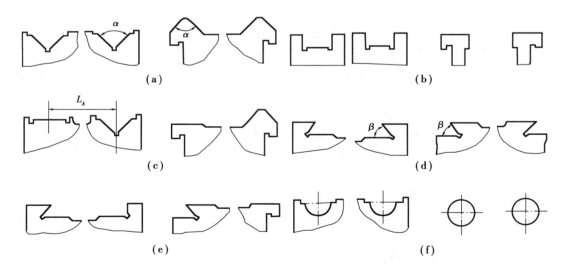

图6.3 直线运动滑动导轨的形状和组合

图6.3(b)为双矩形导轨。这种导轨的刚度高,当量摩擦系数比三角形导轨低,承载能力

高,加工、检验和维修都方便,而被广泛地采用。特别是数控机床,双矩形,动导轨贴塑料软带,是滑动导轨的主要形式。矩形导轨存在侧向间隙,必须用镶条进行调整,见图6.4。图6.4(a)由一条导轨的两侧导向,称为窄式组合;图6.4(b)分别由两条导轨的左、右侧面导向,称为宽式组合。导轨受热膨胀时宽式组合比窄式的变形量大,调整时应留较大的侧向间隙,因而导向性较差。因此,双矩形导轨窄式组合比宽式用得更多一些。

图6.3(c)是三角形和矩形导轨。三角形导轨的顶角 α 除常取为90°外,重型机床由于载荷大,常取 $\alpha = 110° \sim 120°$;有的精密机床和滚齿机,为了提高导向性,采用小于90°的顶角。三角形和矩形导轨的组合,兼有导向性好、制造方便和刚度高的优点而应用很广。例如车床、磨床、龙门刨床、龙门铣床、滚齿机和坐标镗床的导轨副等。

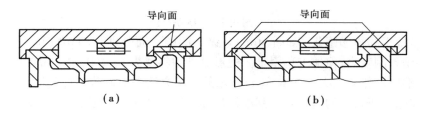

图6.4 窄式和宽式组合的矩形导轨

图6.3(d)是燕尾形(Dovetail)导轨,它的高度较小,可以承受颠覆力矩,是闭式导轨中接触面最少的一种结构。间隙调整方便,用一根镶条就可以调节各接触面的间隙。β 角通常取55°。这种导轨刚度较差,加工、检验和维修都不大方便,适用于受力小、层次多、要求间隙调整方便的地方,例如牛头刨床和插床的滑枕导轨,升降台铣床的床身导轨副,以及车床刀架导轨副和仪表机床导轨等。

图6.3(e)是矩形和燕尾形导轨,由于它兼有调整方便和能承受较大力矩的优点,多用于横梁、立柱和摇臂的导轨副等。

图6.3(f)是双圆柱导轨,圆柱形导轨具有制造方便,不易积存较大的切屑的优点,但间隙难以调整,磨损后也不易补偿。常用于移动件只受轴向力的场合,如推床、攻螺纹机和机械手的导轨副等。

当工作台宽度大于3 000 mm 时,可采用3 条或3 条以上导轨的组合形式。

两条导轨中心之间的距离叫做导轨的跨距,它的大小根据导轨的受力情况及现有同类型机床导轨的跨距来确定。

6.3.2 导轨间隙的调整

导轨结合面配合的松紧对机床的工作性能有相当大的影响。配合过紧不仅操作费力还会加快磨损;配合过松则将影响运动精度,甚至会产生振动。因此,除在装配过程中应仔细地调整导轨的间隙外,在使用一段时间后因磨损还需重调。常用镶条和压板来调整导轨的间隙。

(1)镶条

镶条用来调整矩形导轨和燕尾形导轨的侧隙,以保证导轨面的正常接触。镶条应放在导轨受力较小的一侧。常用的有平镶条和楔形镶条两种。

平镶条见图6.5,它是靠调整螺钉1 移动镶条2 的位置调整间隙的,图6.5(c)在间隙调好后,再用螺钉3 将镶条2 紧固。平镶条调整方便,制造容易,但图6.5(a)和图6.5(b)所示的镶条较薄,而且只在与螺钉接触的几个点上受力,容易变形,刚度较低。目前应用已较少。

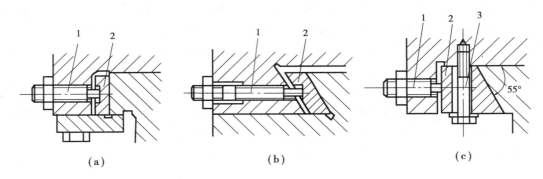

图 6.5 平镶条

图 6.6 是常用的楔形镶条(Taper strip)。镶条的两个面分别与动导轨和支承导轨均匀接触,所以比平镶条刚度高,但加工稍困难。楔形镶条的斜度为 1∶100 ~ 1∶40,镶条越长斜度应越小,以免两端厚度相差太大。图 6.6(a)所示的调整方法是用调节螺钉 1 带动镶条 2 作纵向移动以调节间隙。镶条上的沟槽 a 在刮配好后加工。这种方法构造简单,但螺钉头凸肩和镶条上的沟槽之间的间隙会引起镶条在运动中的窜动。图 6.6(b)从两端用螺钉 3 和 5 调节,避免了镶条 4 的窜动,性能较好。图 6.6(c)通过螺钉 6 和螺母 7 以及件调节镶条 8,镶条 8 上的圆孔在刮配好后加工。这种方法调节方便而且能防止镶条 8 的窜动,但纵向尺寸稍长。楔形镶条在下料时应取得长一些,配刮好后再把两端多余部分截去。

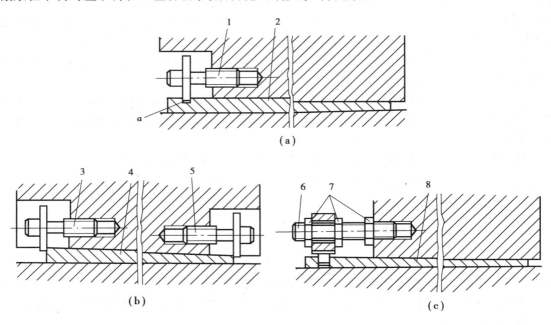

图 6.6 楔形镶条

(2)压板

压板用于调整辅助导轨面的间隙和承受颠覆力矩,见图 6.7。图 6.7(a)用磨或刮压板 3 的 e 和 d 面来调整间隙。压板的 d 面和 e 面用空刀槽分开,间隙大时可磨刮 d 面,太紧时则修

e 面。这种方式构造简单,应用较多,但调整要麻烦些。图 6.7(b)是用改变压板与床鞍(或溜板)结合面间垫片 4 的厚度的办法调整间隙。垫片 4 是由许多薄铜片叠在一起,一侧用锡焊,调整时根据需要进行增减。这种方法比刮、磨压板方便,但调整量受垫片厚度的限制,而且降低了结合面的接触刚度。

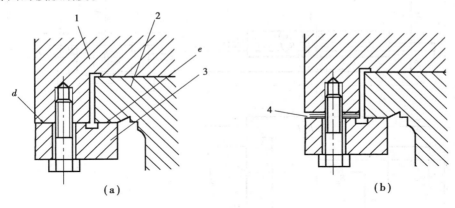

图 6.7　压板

6.4　滑动导轨的验算

6.4.1　概述

导轨的变形主要是接触变形,有时也应考虑导轨部分局部变形的影响。导轨的设计,首先初步确定导轨的形式和尺寸,然后进行验算。对于滑动导轨,应验算导轨的压强和压强的分布。压强的大小直接影响导轨表面的耐磨性,压强的分布影响磨损的均匀性。通过压强的分布还可以判断是否应采用压板,即决定导轨应采用闭式还是开式的。

验算滑动导轨的步骤如下:

(1)受力分析

导轨上所受的外力一般包括切削载荷、工件夹具的重量、动导轨所在部件的重量和牵引力,这些外力使各导轨面产生支反力和支反力矩。牵引力、支反力、支反力矩都是未知力,一般可用静力平衡方程式求出。当出现超静定时,可根据接触变形的条件建立附加方程式求各力。首先建立外力矩方程式,然后依次求牵引力、支反力和支反力矩。

(2)计算导轨的压强

导轨的宽度远小于其长度,因此在宽度方向,可以认为压强分布是均匀的。这个假设使得导轨面的压强计算,可以按一维问题处理。

每条导轨所受的载荷,都可以归结为一个支反力和一个支反力矩。根据支反力可求出导轨的平均压强。加入支反力矩的影响,就可以求出导轨的最大压强。

6.4.2　导轨的受力分析

以图 6.8 所示的数控车床刀架纵导轨为例,分析其受力情况。图中,F_c、F_f 和 F 为切削

135

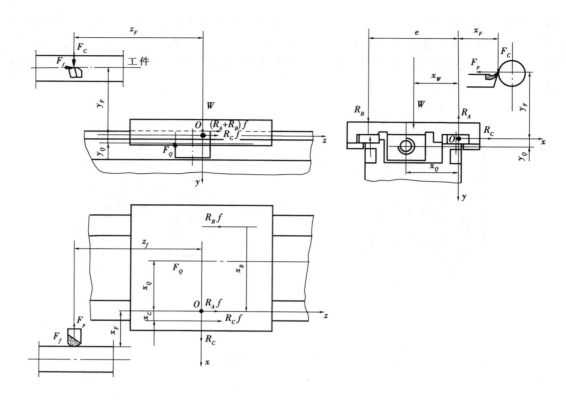

图 6.8　导轨受力分析

力、进给力和背向力(N),分别沿 y,z,x 3 个坐标方向;W 为作用在动导轨上的重力(N);F_Q 为进给机构施加于刀架的牵引力(N);x_F,y_F,z_F 为切削位置的坐标(mm);x_Q,y_Q 是牵引力作用点(牵引丝杠的螺母中点)的 x、y 坐标(mm);x_w 为重心的坐标(mm)。

(1)把各外力分别对坐标轴取

$$M_x = F_C z_F - F_f y_F - F_Q y_Q$$
$$M_y = F_f x_F - F_p z_F - F_Q x_Q \qquad (6.1)$$
$$M_Z = F_p y_F - F_C x_F + W x_w$$

(2)支反力　各导轨面的支反力(集中力)分别为 R_A,R_B 和 R_C;

$$R_A = F_C + W - R_B$$
$$R_B = M_z/e \qquad (6.2)$$
$$R_C = F_p$$

(3)各导轨面上的支反力矩

$$M_A = M_B = M_x/2$$
$$M_C = M_y \qquad (6.3)$$

从这里可以看出,每个导轨都作用有一个集中力和一个力矩,其大小分别等于 $R(a,b,c)$ 和 $M(a,b,c)$。

(4)牵引力

$$F_Q = F_f + (R_A + R_B + R_C)f \qquad (6.4)$$
$$F_Q = F_f + (F_f + F_p + W)f \qquad (6.5)$$

式中 f——导轨的摩擦系数。

6.4.3 导轨的压强

(1)按线性分布的导轨压强

当导轨的自身变形远小于导轨的接触变形时,可只考虑接触变形对压强分布的影响。沿导轨长度的接触变形和压强,可视为按线性分布;宽度方向则视为均布。如前所述,每个导轨面上所受的载荷,都可归结为一个集中力 F(式6.2中的 R_A、R_B 或 R_C)和一个倾覆力矩 M(式6.3中的 M_A、M_B 或 M_C),如图6.9所示。由 F 和 M 在动导轨上引起的压强(MPa)为

$$P_F = \frac{F}{aL} \tag{6.6}$$

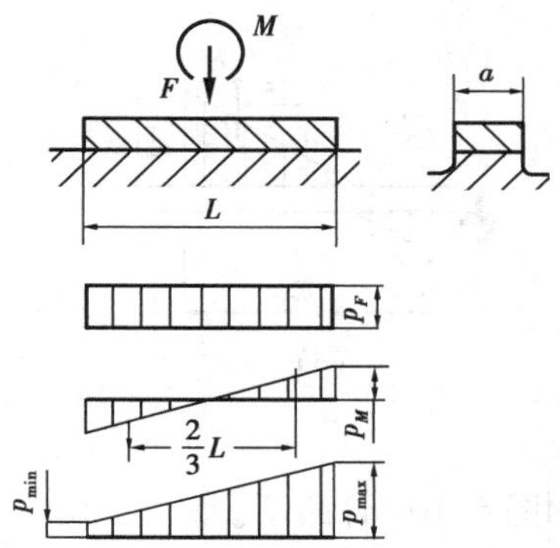

图6.9 导轨的压强

由于

$$M = \frac{1}{2}p_M \frac{aL}{2}\frac{2}{3}L = \frac{p_M aL^2}{6}$$

因此

$$p_M = \frac{6M}{aL^2} \tag{6.7}$$

式中 F——导轨所受的集中力,N;

M——导轨所受的倾覆力矩,N·mm;

P_M——由 M 引起的最大压强,MPa;

p_F——由 F 引起的压强,MPa;

a——导轨宽度,mm;

L——动导轨的长度,mm。

导轨所受的最大、最小和平均压强分别为

$$p_{max} = p_F + p_M = \frac{F}{aL}\left(1 + \frac{6M}{FL}\right)$$

$$p_{min} = p_F + p_M = \frac{F}{aL}\left(1 - \frac{6M}{FL}\right)$$

$$p_{av} = \frac{1}{2}(p_{max} + p_{min}) = \frac{F}{aL} \tag{6.8}$$

从式(6.8)中可以看出:当 $6M/FL = 0$,即 $M = 0$ 时,导轨面上的压强 $p = p_{max} = p_{min} = p_{av}$,压强按矩形分布,它的合力通过动导轨的中心,见图6.10(a),这时导轨的受力情况最好,但这种情况在切削时实际上几乎是不存在的。

当 $0 < 6M/FL < 1$,即 $M/FL < 1/6$ 时,$p_{min} > 0$,$p_{max} < 2p_{av}$,压强按梯形分布,见图6.10(b),它的合力作用点偏离导轨中心为 $z = M/F < L/6$,这是一种较好的受力情况。

当 $6M/FL = 1$,即 $M/FL = 1/6$ 时,$p_{min} = 0$,$p_{max} = 2p_{av}$,如图6.10(c)所示,压强按三角形分布,$z = L/6$,这是一种使动导轨与支承导轨在全长接触的临界状态。

如压强分布属于上述几类,则均可采用开式导轨。

当 $6M/FL > 1$,即 $M/FL > 1/6$ 时,主导轨面上将有一段长度不接触。实际接触长度为 L_j,

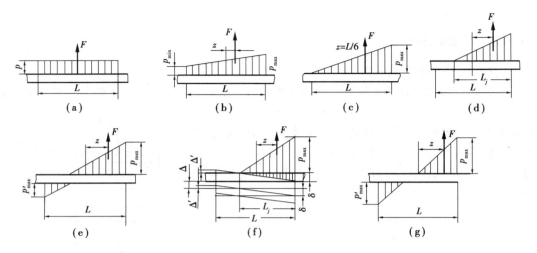

图 6.10 导轨压强的分布

如图 6.10(d)所示。

$$F = \frac{1}{2}p_{max}L_j a \qquad (6.9)$$

倾覆力矩

$$M = Fz = F\left(\frac{L}{2} - \frac{L_j}{3}\right) \qquad (6.10)$$

从式(6.10)中解出 L_j,代入式(6.9),得

$$p_{max} = \frac{2F}{L_j a} = \frac{2F}{\left(\frac{1}{2} - \frac{M}{FL}\right)} = \frac{\dfrac{F}{aL}}{\dfrac{3}{2}\left(\dfrac{1}{2} - \dfrac{M}{FL}\right)} = \frac{P_{av}}{1.5\left(0.5 - \dfrac{M}{FL}\right)} \qquad (6.11)$$

当 $M/FL = 0.5$,即 $6M/FL = 3$ 时,如果没有压板,p_{max} 将为 ∞,即导轨面受力将集中在一个端点上,这是不允许发生的。因此,当 $6M/FL > 1$ 时,即应采用有压板的闭式导轨。

装压板后,压板形成辅助导轨面。在辅助导轨面上的压强与间隙和接触变形有关。

当压板与辅助导轨面间的间隙 $\Delta = 0$ 时,压强的分布见图 6.10(e)。主导轨面上的最大压强为 P_{max},辅助导轨上的最大压强为 p'_{max}。这是理想情况。实际上,$\Delta > 0$。这时压强的分布又分为两种情况,见图 6.10(f)和图 6.10(g)。

图 6.10(f)中,压板与辅助导轨面间的间隙为 Δ。当主导轨上最大压强 p_{max} 处的接触变形为 δ 时,在主导轨面的另一端就会出现间隙 Δ'。图 6.10(f)为 $\Delta > \Delta'$,辅助导轨面与压板不接触,只是主导轨面受力,在部分长度上压强按三角形分布,压板不起作用。$L/6 < z < L/2$。

当 $\Delta < \Delta'$ 时,主、辅导轨面上的压强分布见图 6.10(g)。主、辅导轨面同时工作。这是希望达到的情况。因此,倾覆力矩较大,必须用压板时,应正确地选择间隙 Δ,使 $\Delta < \Delta'$。

从图 6.10(f)的相似三角形可得

$$\frac{\Delta'}{\delta} = \frac{L - L'_j}{L_j} \qquad (6.12)$$

从式(6.10)解出 L_j,代入式(6.12),得

$$\frac{\Delta'}{\delta} = \frac{\dfrac{M}{FL} - \dfrac{1}{6}}{0.5 - \dfrac{M}{FL}} \tag{6.13}$$

又

$$\delta = p_{max}/K_j \tag{6.14}$$

式中　K_j——接触刚度。

$$p = \frac{p_{max} + p_{min}}{2}$$

将式(6.11),式(6.14)代入式(6.13)得

$$\Delta' = \delta \frac{\dfrac{M}{FL} - \dfrac{1}{6}}{0.5 - \dfrac{M}{FL}} = \frac{p_{av}\left(\dfrac{M}{FL} - \dfrac{1}{6}\right)}{1.5\left(0.5 - \dfrac{M}{FL}\right)K_j} \tag{6.15}$$

压板与辅助导轨面之间的间隙 Δ 应小于 Δ'。

(2)按非线性分布的导轨压强

如果导轨所在支承件的刚度较低,在确定导轨的压强时,就应同时考虑导轨本身的弹性变形和导轨面间的接触变形。属于这种类型的导轨有:立式车床的刀架、牛头刨床和插床的滑枕、龙门刨床的刀架、长工作台的导轨等。较长的工作台刚度较低,由于工作台本身的变形,导轨的压强也不能视为线性分布,最大压强与平均压强之比可达 2 ~ 3 倍或更多,考虑导轨所在支承件弹性变形的压强分布,可用有限元法计算,具体方法可查阅相关资料。

6.4.4　导轨的许用压强

导轨的压强是影响导轨耐磨性的主要因素之一。设计导轨时如将许用压强取得过大,则会加剧导轨的磨损;若取得过小,又会增加导轨的尺寸。对于铸铁-铸铁和铸铁-钢的导轨副,中等尺寸的通用机床,主运动导轨和滑动速度较大的进给运动导轨,平均许用压强可取0.4 ~ 0.5 MPa,最大许用压强取 0.8 ~ 1.0 MPa;滑动速度较低的进给运动导轨,平均许用压强取 1.2 ~ 1.5 MPa,最大许用压强取 2.5 ~ 3.0 MPa。重型机床由于尺寸大,加工与修理都费事费时,许用压强可取得小些,相当于中等尺寸通用机床的一半。精密机床为保持高精度,许用压强更应取得小些,例如磨床的平均许用压强取 0.025 ~ 0.04 MPa,最大许用压强取 0.05 ~ 0.08 MPa。专用机床由于经常处于固定的切削条件下工作,负荷比通用机床重,许用压强可减小25% ~ 30%。动导轨上镶有以聚四氟乙烯为基体的塑料板时,如滑动速度 $v \leqslant 1$ m/min 时,则 pv 值不得超过 0.2 MPa·m/min;如滑动速度 $v > 1$ m/min 时,则许用压强取 0.2 MPa。

6.5　各种滑动导轨的设计特点

(1)动压导轨

动压导轨的工作原理与固定多油楔动压滑动轴承相同。动导轨的速度越高,越容易形成液体润滑,油楔的承载能力也越大。因此,动压导轨适用于主运动导轨,例如立式车床的花盘(旋转工作台)-底座导轨。

（2）普通滑动导轨

普通滑动导轨是指导轨面直接接触的滑动导轨副。它的优点是构造简单，制造方便和抗振性良好；缺点是磨损较快。铸铁-铸铁或铸铁-钢导轨副的接触刚度高，缺点是摩擦力大，动、静摩擦系数差别大，低速时易产生爬行。如动导轨上贴塑料软带，上述缺点就基本上不存在了，只是接触刚度较低。因此，应用广泛，特别是数控机床。

普通滑动导轨普遍应用于各类机床，作为进给导轨。

从摩擦性质来看，普通滑动导轨处于具有一定压效应的混合摩擦状态，但它的动压效应还不足以把导轨面隔开。对于大多数的普通滑动导轨来说，希望提高动压效应，以改善导轨的工作条件。导轨的动压效应主要与导轨的滑动速度、润滑油黏度、导轨面的油沟尺寸等有关。动导轨移动速度越高，润滑油的黏度越高，动压效应越显著。导轨的尺寸、油沟的型式对动压效应的影响，在于贮存润滑油的多少，若易存油则动压效应大。导轨宽度 B 与长度 L 之比 B/L 值越小，越容易产生润滑油的侧流，越不易存住润滑油；相反，B/L 值越大，则越易存油。因此在动导轨面上开横向油沟，相当于提高 B/L 值而提高动压效应。若开纵向油沟则相当于降低 B/L 值而降低动压效应。普通滑动导轨的横向油沟数 K，可按 L/B 值进行选择：当 $L/B = 10$ 时，取 $K = 1 \sim 4$；$L/B = 20$，$K = 2 \sim 6$；$L/B = 30$，$K = 4 \sim 10$；$L/B = 40$，$K = 8 \sim 13$。

（3）静压导轨

在导轨的油腔中通入具有一定压强的润滑油以后，就能使动导轨（如工作台）微微抬起，在导轨面间充满润滑油所形成的油膜，使导轨处于纯液体摩擦状态，这就是静压导轨。

静压导轨的优点如下：

1）静压油膜使导轨面分开，导轨即使在启动和停止阶段也没有磨损，精度保持性好；

2）静压导轨的油膜较厚，有均化误差的作用，可以提高精度；

3）摩擦系数很小，大大降低功率损耗，减少摩擦发热；

4）低速移动准确、均匀、运动平稳性好；

5）与滚动导轨相比，静压的油膜具有吸振的能力。

静压导轨的缺点如下：

1）结构比较杂；

2）增加了一套液压设备；

3）调整比较麻烦；

4）对导轨的平面度要求很高。

因此，静压导轨多用于精密级和高精度级机床的进给运动和低速运动导轨。

（4）卸荷导轨

采用卸荷导轨可以减轻支承导轨的负荷，或相当于降低导轨的静摩擦系数，从而减少摩擦力，提高导轨的耐磨性和低速运动的平稳性，减少或防止爬行。由于卸荷导轨的导轨面仍然是直接接触的，因而不仅刚度较高，而且有较大的摩擦阻尼，还可以减振。

导轨卸荷量的大小用卸荷系数表示

$$\alpha_{卸} = \frac{F_{卸}}{F_{载}} \tag{6.16}$$

式中　$F_{载}$——导轨上一个支座承受的载荷，N；

　　　$F_{卸}$——导轨上一个支座的卸荷力，N。

导轨所承受的载荷,包括移动部件的重力、工件重力和切削力。卸荷力的大小取决于卸荷系数的选择。$\alpha_{卸}$ 如取得太小,则卸荷装置起的作用太小,静摩擦系数降低很少,对低速运动平稳性的提高不大,对导轨耐磨性提高也不大;如取得太大,则当载荷较小时又会使移动部件产生飘浮现象。因此,卸荷系数应根据对机床的要求选取。对于大型和重型机床,减轻导轨的负荷是主要的,$\alpha_{卸}$ 应取较大值,一般取 $\alpha_{卸}=0.7$;对于精度要求较高的机床,保证加工精度是主要的,为防止产生漂浮现象,$\alpha_{卸}$ 应取较小值。例如:坐标镗床应取 $\alpha_{卸}\leqslant0.5$,为提高工作台定位精度的稳定性,卸荷后导轨的平均压强应保证 $p\geqslant0.025$ MPa;外圆磨床可取 $\alpha_{卸}=0.5$;滚齿机可取 $\alpha_{卸}=0.6$。

导轨的卸荷方式,有机械卸荷、液压卸荷和气压卸荷。

6.6 直线运动滚动导轨

6.6.1 直线运动滚动导轨的类型与配置

(1)工作原理

图 6.11 所示为数控机床中常采用的直线滚动导轨副,它由导轨 1 和滑块 4 组成。导轨条是支承导轨,一般有两根,安装在支承件(如床身)上,滑块安装在运动部件上,它可以沿导轨条作直线运动。每根导轨条上至少有两个滑块。若运动件较长,可在一根导轨条上装 3 个或更多的滑块。如果运动件较宽,也用 3 根导轨条。滑块 4 中装有两组滚珠 5,两组滚珠各有自己的工作轨道和返回轨道,当滚珠从工作轨道滚到滑块的端部时,经端面挡板 2 和滑块中的返回轨道孔返回,在导轨条和滑块的滚道内连续地循环滚动。为防止灰尘进入,采用了密封垫 3 密封。

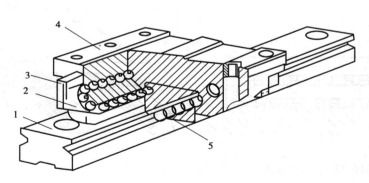

图 6.11 直线滚动导轨副
1—导轨条;2—端面挡板;3—密封垫;4—滑块;5—滚珠

(2)类型

1)按滚动体类型分类

滚动导轨可分为滚珠、滚柱、滚针和滚动导轨块等形式,如图 6.12 所示。滚珠式为点接触,承载能力差,刚度低,滚珠导轨多用于小载荷。滚柱式为线接触,承载能力比滚珠式高,刚度好,滚柱导轨用于较大载荷。滚针式为线接触,常用于径向尺寸小的导轨中。

141

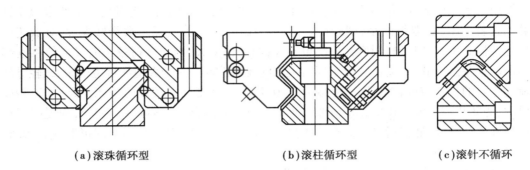

（a）滚珠循环型　　　　　　（b）滚柱循环型　　　　　　（c）滚针不循环

图 6.12　滚动直线导轨副中的滚动体

图 6.13 为滚动导轨块结构。用滚子作滚动体,导轨块 2 用螺钉固定在动导轨体 3 上,滚动体 4 在导轨块 2 与支承导轨 5 之间滚动,并经两端的挡板 1 和 6 及返回轨道返回,连续作循环运动。这种滚动导轨块承载能力大,刚度高。滚动导轨块由专业厂生产,已经系列化、模块化,有各种规格形式供用户选用。

2）按循环方式分类

可以分为循环式和非循环式两种类型:

①循环式滚动导轨的滚动体在运行过程中沿自己的工作轨道和返回轨道作连续循环运动,如图 6.13 所示。因此,运动部件的行程不受限制。这种结构装配和使用都很方便,防护可靠,应用广泛。

②非循环式滚动导轨的滚动体在运行过程中不循环,因而行程有限。运行中滚动体始终同导轨面保持接触,如图 6.12（c）所示。

滚动导轨还可以按导轨截面的形状和滚道沟槽形状进行分类。

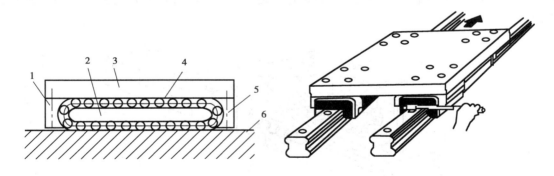

图 6.13　滚动导轨块

1,5—挡板;2—导轨块;3—动导轨块;
4—滚动体;6—支承导轨

图 6.14　直线滚动导轨副的配置

（3）配置与固定

直线滚动导轨副包括导轨条和滑块两部分。导轨条通常为两根,装在支承件上,见图 6.14。每根导轨条上有两个滑块,固定在移动件上。如移动件较长,也可在一根导轨条上装 3 个或 3 个以上的滑块。如移动件较宽,也可用 3 根或 3 根以上的导轨条。移动件的刚度如较高,可少装,否则可多装。

这种导轨副的配置与固定,见图 6.15。两条导轨条中,一条为基准导轨（图中的右导轨）,

上有基准面 A,它的滑块上有基准面 B。另一条为从动导轨(图中为左导轨)。装配时,将基准导轨的基准面 A 靠在支承件 5 的定位面上,用螺钉 4 顶靠后固定。滑块则顶靠在移动件的定位面上。3 是固定螺钉,2 是防尘盖。

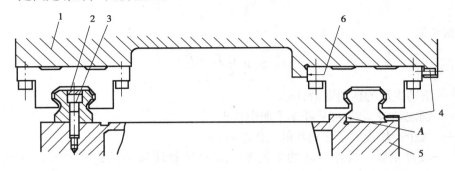

图 6.15 直线滚动导轨副的配置与固定

6.6.2 精度和预紧

(1)精度

直线运动滚动支承的精度分为 1,2,3,4,5,6 级。数控机床应采用 1 或 2 级。不同精度和规格的导轨支承,对安装基面均有相应的形位公差要求。设计时应注意查样本手册。

(2)预紧

不预紧的滚动导轨与混合摩擦滑动导轨相比,刚度低 25% ~ 50%。预紧可以提高滚动导轨的刚度。一般来说,有预紧的滚动导轨比没有预紧的滚动导轨刚度可以提高 3 倍以上。

有预紧的燕尾形和矩形的滚动导轨刚度最高。与混合摩擦滑动导轨相比,在预紧力方向的刚度可提高 10 倍以上,其他方向也可提高 3~5 倍。在有预紧的滚动导轨中,滚珠导轨的刚度最差,但是在预紧力方向与混合摩擦滑动轨相比,刚度也可提高 3~4 倍,其他方向则与混合摩擦滑动导轨大致相同。十字交叉滚柱导轨的刚度比滚珠导轨高些。

滚动导轨通常在下列情况下应该预紧:当颠覆力矩较大,即 $M/(FL) \geq 1/6$ 时,为的是防止滚动导轨的翻转;在高精度机床上预紧为的是提高接触刚度和消除间隙;在立式滚动导轨上预紧为的是防止滚动体脱落和歪斜。有些重量较轻的部件(如砂轮修整器)的滚动导轨为防止在外力的作用下导轨面与滚动体脱开和获得必要的刚度及移动精度也应进行预紧。整体型的直线滚动导轨副,由制造厂用选配不同直径钢球的办法来决定间隙或预紧。机床厂可根据要求的预紧订货,不需自己调整。分离型的直线滚动导轨副和滚子导轨块,应由用户根据要求,按规定的间隙进行调整。

6.6.3 直线运动滚动支承的计算

滚动支承的计算,与滚动轴承计算相仿,以在一定的载荷下行走一定的距离,90%的支承不发生点蚀作为依据。这个载荷,就称为额定动载荷。行走的距离,就称为支承的额定寿命。球导轨的额定寿命,定为 50 km;滚子导轨,定为 100 km。滚动导轨支承的预期寿命,除与额定动载荷和导轨的实际外(工作)载荷有关外,还与导轨的硬度、滑块部分的工作温度和每根导轨上的滑块数有关。计算公式如下：

滚动体为球时

$$L = 50\left(\frac{C}{F}\frac{f_H f_T f_C}{f_w}\right)^3 \qquad (6.17)$$

滚动体为滚子时

$$L = 100\left(\frac{C}{F}\frac{f_H f_T f_C}{f_w}\right)^{\frac{10}{3}} \qquad (6.18)$$

式中　L——滚动支承的预期寿命,km。

　　　　C——额定动载荷 N,可从样本手册中查出。

　　　　F——每个滑块或滚子导轨块的工作载荷,N。

　　　　f_H——硬度系数。当球导轨的导轨条或滚子导轨块接触的定导轨面的硬度为 58 ~ 64HRC 时,$f_H = 1.0$;55HRC 时,$f_H = 0.8$;50HRC 时,$f_H = 0.53$。

　　　　f_T——温度系数。当工作温度不超过 100 ℃时,$f_T = 1$。

　　　　f_C——接触系数。每根导轨条上有两个滑块或每条导轨装两个滚动导轨支承时,$f_C = 0.81$;装 3 个,$f_C = 0.72$;装 4 个 $f_C = 0.66$。

　　　　f_w——载荷/速度系数。无冲击振动 $v \leq 15$ m/min,$f_w = 1 ~ 1.5$;轻冲击振动 15 m/min $< v \leq 60$ m/min,$f_w = 1.5 ~ 2$;有冲击振动 $v > 60$ m/min,$f_w = 2.0 ~ 3.5$。

如果寿命以小时(h)计,则

$$L_h = \frac{L \times 10^2}{2nl \times 60}$$

式中　l——行程长度,m;

　　　　n——每分钟往复次数。

如已选定支承的型号(已知 C),可据此估算预期寿命。如给定预期寿命,可由 L_h 计算 L,由式(6.17)或式(6.18)计算额定动载荷 C,据此选择支承的型号。如静载荷较大,则选择的支承的额定静载荷 C_0 应不小于工作静载荷的 2 倍。

6.7　导轨的润滑与保护

(1)润滑

1)润滑的目的、要求和方式

对导轨进行润滑的目的为:降低摩擦力以提高机械效率,减少磨损以延长寿命,降低温度以改善工作条件,防止生锈。

对润滑的要求为:保证按规定供应清洁的润滑油,油量可以调节,尽量采用自动和强制润滑;简化润滑装置,润滑元件要可靠,确保安全;例如动压导轨在开车前应先供油,静压导轨在没有形成油膜之前不能开车和润滑不正常时有报警信号不能开车等。

导轨的润滑方法很多,最简单的润滑方法就是人工定期地直接在导轨上浇油。这种方法不能保证充分的润滑,因此一般只用于低速的中小型机床导轨。

有的机床在运动部件上装有手动油泵,可在工作前拉动油泵进行润滑。现代机床上多用压力油强制润滑。这种方法效果较好,润滑可靠,与运动速度无关,而且可以不断地冲洗导轨面,但必须有专用的供油系统。

为了使润滑油在导轨面上均匀分布,保证充分的润滑效果,必须在导轨面上开出油沟。油沟的形式与尺寸前已叙述。

2)润滑油的选择

导轨常用的润滑剂有润滑油和润滑脂。其中滑动导轨应该用润滑油,滚动导轨则两种润滑油都能用。

导轨润滑油的黏度可根据导轨的工作条件和润滑方式选择。例如:低载荷(压强 $p <$ 0.1 MPa 的高、中速的中、小型机床进给导轨,可采用 N32 全损耗系统用油;中等载荷(压强 $p > 0.2$ MPa)的中、低速机床导轨(大多数机床的进给导轨属此条件),可采用 N46 或 N68 全损耗系统用油,重型机床(压强 $p > 0.4$ MPa)的低速导轨,可用 N68 或 N100 全损耗系统用油;竖直导轨和倾斜导轨,可采用 N46 或 N68 全损耗系统用油。如果润滑油来自液压系统,则选择润滑油时要兼顾润滑和液压,一般采用中等黏度的润滑油,如磨床可采用 20 号、30 号或 40 号机床液压导轨油。精密级和高精度级机床的进给导轨和移动导轨,为了保证移动的平稳性和提高定位精度,采用 40 号、70 号或 90 号机床导轨油。易被脏物污染的导轨,应采用黏度较低的润滑油,以免脏物聚集而损坏导轨。

滚动导轨多采用润滑脂润滑。它的优点是不会泄漏,不需经常加油;缺点是尘屑进入后易磨损导轨。因此用润滑脂的滚动导轨,对防护的要求要高一些。易被污染而又难于防护的地方,应该用润滑油润滑。

(2)防护

防止或减少导轨副磨损的重要方法之一,就是对导轨进行防护。据统计,有可靠防护装置的导轨,比外露导轨的磨损量可减少 60% 左右。目前,防护装置已有专门工厂生产,可以外购。导轨的防护方式很多,常用的有以下几种:

1)刮板式

图 6.16 表示了几种刮板式防护装置。这种方法能刮除落在导轨面上的尘屑,属于间接防护装置。这种装置广泛地应用于外露导轨的防护,例如车床的溜板导轨和升降台铣床的升降台导轨等。

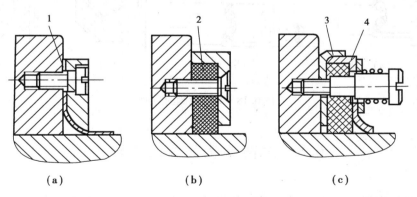

(a)　　　　　　　(b)　　　　　　　(c)

图 6.16　刮板式防护装置

图 6.16(a)所示金属刮板(宽度、形状与导轨相同的黄铜片或弹簧钢片)1 固定在动导轨

上,靠弹性压在支承导轨面上。这种结构的耐热能力好,但只能排除较大的硬粒。图6.16(b)是毛毡加压盖(或用弹性压紧)的结构。毛毡2除可去除细小的尘屑之外,还具有良好的吸油能力。干净的毛毡的吸油率可达毛毡体积的80%,其含油量足够不常移动的导轨使用。但是容易堵塞,需要经常进行拆洗,耐热能力较差。图6.16(c)是金属刮板和毛毡的组合结构。金属刮板4和毛毡3对导轨进行两级防护,这种结构的耐热能力好、防护能力强并有良好的润滑性。虽结构稍复杂,应用仍很多。

2)伸缩式

在伸缩式导轨防护装置中,有软式皮腔式(见图6.17(a))和叠层式(见图6.17(b))。它们都是把导轨全部封闭起来的结构,防护可靠,在滚动导轨与滑动导轨中都有应用。软式皮腔式防护装置,一般用皮革、帆布或人造革制成,结构简单,可用于高速($v=60$ m/min)导轨。缺点是不耐热。这种防护装置多用于磨床和精密机床,如导轨磨床等,但不能用于车床铣床等有红热切屑的机床。叠层式的各层盖板均由钢板制成,耐热性好,强度高、刚性好,使用寿命长。这种防护装置多用于大型和精密机床,如龙门式机床、数控机床和坐标镗床等。

在滚动导轨与滑动导轨中均可采用两侧的防护措施,见图6.18,都是行之有效的。

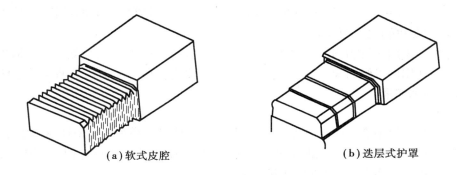

(a)软式皮腔　　　　**(b)迭层式护罩**

图6.17　伸缩式导轨防护装置

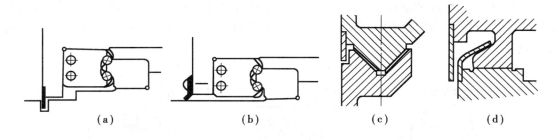

(a)　　　　**(b)**　　　　**(c)**　　　　**(d)**

图6.18　导轨两侧的防护

6.8　提高导轨耐磨性的措施

影响磨损的因素很多,提高耐磨性应从设计、工艺、材料、热处理和使用等方面综合考虑。这里主要从设计角度来进行分析。

从设计角度提高耐磨性的基本思路为:尽量争取无磨损,在无法避免磨损时尽量争取少磨损、均匀磨损,以及磨损后能够补偿,以便提高使用期限。

(1)争取无磨损

磨损的原因是配合面在一定的压强作用下直接接触并作相对运动。因此无磨损的条件为:配合面在作相对运动时不直接接触,接触时则无相对运动。

配合面在作相对运动时不直接接触的办法之一是保证完全的液体润滑,使润滑剂把摩擦面全分隔开。例如静压导轨、静压轴承或其他的静压副。

动压导轨和动压轴承也可以达到完全的液体润滑状态,但油膜压强与相对运动速度有关。因此,在启动或停止的过程中仍难免磨损。

在一些特殊条件下也能保证运动时配合面不接触。例如摇臂钻床主轴箱在摇臂上的移动(图6.19),主轴箱1在摇臂3上的定位靠摇臂下方的燕尾形导轨4。但主轴箱在摇臂上移动时却没有精度要求。因此在主轴箱上部装两个球轴承2。移动时放松夹紧机构,使主轴箱脱离与燕尾形导轨接触,靠两个球轴承支持主轴箱,如图6.19(a)所示。移动到要求位置后夹紧机构使主轴箱上提,并在燕尾形导轨上定位以保证精度。这时两个球轴承则与上导轨脱离,如图6.19(b)所示。这样主轴箱与摇臂的燕尾形定位导轨在移动时不接触,在接触时不移动,就可保证导轨无磨损,以便长期地保证精度。同时,主轴箱的移动也较方便。

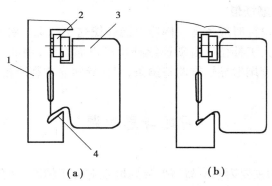

(a) (b)

图6.19 摇臂钻床主轴箱导轨

1—主轴箱;2—轴承;3—摇臂;4—导轨

(2)争取无磨损

上述办法不是在所有的地方都能做到的。例如卧式车床的床身导轨,就既不能用静压(因回油会被切屑灰尘污染),也不能靠动压效应形成完全液体润滑状态(因速度太低),当然也不可能使运动时导轨面不接触。这就只能争取少磨损,以便尽量延长工作期限。争取无磨损有以下一些途径。

1)降低压强

降低压强可减少单位面积上承受的摩擦力。可采用加大接触面和减轻负荷来降低压强。例如提高导轨面的直线度和细化表面粗糙度,增加实际接触的面积;适当加宽导轨面和加长动导轨的长度,也可加大接触面。但是,必须与动导轨所在的支承件(如工作台或滑鞍)的刚度相适应。否则受载后变形大,接触不均,增大了局部压强,导轨虽又宽又长也不起作用。此外,导轨加长加宽也会增加工艺上的困难。减轻导轨的负荷还可采用卸荷的办法。

2）降低摩擦因数

用滚动摩擦副代替滑动摩擦副,则摩擦因数大大降低,磨损也可大为减少。在滑动摩擦副中,正确选择润滑油,使摩擦性质成为混合摩擦,也能降低摩擦因数。此外,还要注意保持润滑油的清洁。不清洁的润滑油会导致过大的磨料磨损。循环润滑不仅能保证足够的润滑油,而且还能起冷却和冲洗作用。

3）正确选择摩擦副的材料和热处理

适当选择摩擦副的材料可降低摩擦因数。热处理可提高抗磨损的能力。

4）加强防护

加强防护是提高摩擦副耐磨性的有效措施,可避免灰尘、切屑、砂轮屑等进入摩擦副。

（3）争取均匀磨损

磨损是否均匀对零部件的工作期限影响很大。例如床身导轨,如果磨损是均匀的,则加工精度一般影响不大,而且可以补偿。磨损不均匀的原因主要有两个:在摩擦面上压强分布不均,各个部分的使用机会不同。争取均匀磨损有如下措施:力求使摩擦面上压强均匀分布,例如导轨的形状和尺寸要尽可能对集中载荷对称;尽量减小转矩和颠覆力矩;保证工作台、溜板等支承件有足够的刚度;回转运动导轨不宜太宽,以免线速度相差太大;摩擦副中全长上使用机会不均的那一件硬度应高些,例如车床床身导轨的硬度应比床鞍导轨硬度较高。

（4）磨损后应能补偿磨损量

磨损后间隙变大了,设计时应考虑在构造上能补偿这个间隙。补偿方法可以是自动的连续补偿,也可以是定期的人工补偿。自动连续补偿可以靠自重,钢如三角形和 V 形导轨。定期的人工补偿,如矩形和燕尾形导轨靠调整镶条,闭式导轨靠调整压板等。

习题与思考题

1. 影响导轨耐磨性的主要因素有哪些？导轨磨损对加工精度有何影响？提高滑动导轨耐磨性的措施有哪些？

2. 直线滑动导轨的间隙调整方法有哪些？各适合于什么场合？

3. 导轨副的材料应如何选配？

4. 塑料导轨有何特点？

5. 下列导轨选择是否合理？为什么？

1）卧式车床的床鞍导轨采用 V 形导轨;

2）龙门刨床的工作台导轨采用凸三角形导轨;

3）拉床选用圆柱形导轨;

4）铣床工作台选用滚动导轨。

6. 双矩形导轨靠什么装置承受颠覆力矩？它的间隙调整有哪几种方法？各有何特点？

第 **7** 章

数控机床的刀具交换装置

一个零件往往需要进行多工序的加工,在加工中需使用多种刀具。无自动换刀功能的数控机床只能完成单工序的加工,如车、钻、铣等。因此,其加工效率的提高受到一定的限制,特别是对于占辅助时间较长的刀具交换和刀具尺寸调整、对刀等操作还需要手动完成。因此,在加工一个零件的过程中,必须花费大量的时间用于更换刀具、装卸零件、测量和搬运零件等加工辅助时间,切削加工时间仅占整个工时中较小的比例。为了缩短加工辅助时间,充分发挥数控机床的效率,往往采用"工序集中"的原则,20 世纪 60 年代末出现了带有自动换刀装置的数控机床,即"加工中心"机床就是典型的代表。目前,自动换刀装置已广泛用于数控镗铣床、数控铣床、数控钻床、数控车床及其他机床上。使用自动换刀装置再配合精密数控转台,不仅有利于扩大数控机床的使用范围,还可使加工效率得到较大的提高,同时由于零件一次安装可以完成多工序加工,大大减少了零件安装定位次数和装夹误差,从而进一步提高了加工精度。

自动换刀装置的基本功能是能够存放一定数量的刀具,并能完成自动换刀。因此,数控机床的自动换刀装置应满足以下要求:

①换刀时间短,刀具重复定位精度高;

②刀具储存量足够;

③结构简单,便于制造、维修、调整;

④应具有较好的刚性,避免冲击、振动及噪声,运转安全可靠;

⑤布局合理,机床总布局美观大方。

7.1 自动换刀装置的形式

自动换刀装置的型式与数控机床类型、工艺范围、需要交换的刀具数量及刀具类型等因素密切相关。现将几种数控机床上常用的自动换刀装置的结构形式及其特点和适用范围介绍如下。

(1)自动回转刀架

自动回转刀架是一种简单的自动换刀装置,常用于数控车床。根据不同的机床要求,可以设计成四方、六方刀架或圆盘式刀架等形式,并相应地安装四把、六把或更多的刀具,并按数控指令进行换刀。为了承受切削力,自动回转刀架必须具有良好的刚性和强度;另外,由于车削加工精度在很大程度上取决于刀尖位置,对于数控车床来说,加工过程中刀具位置不进行人工调整,刀架的定位直接决定了机床的加工精度,因此,回转刀架要选择可靠的定位方案和合理的定位机构,以保证回转刀架每次转位后具有很高的重复定位精度(一般为 0.001~0.005 mm)。

回转刀架的具体结构多种多样,有液压驱动的,电动机驱动的;立式的,卧式的(立式回转刀架的回转轴与机床主轴垂直,卧式回转刀架的回转轴与机床主轴平行)等。图 7.1 所示为数控车床中常用的一种立式四方刀架,该刀架根据数控换刀指令,由驱动电动机作为动力源,通过机械传动系统,自动实现刀架的抬起、转位、定位及夹紧等动作,其换刀动作步骤如下:

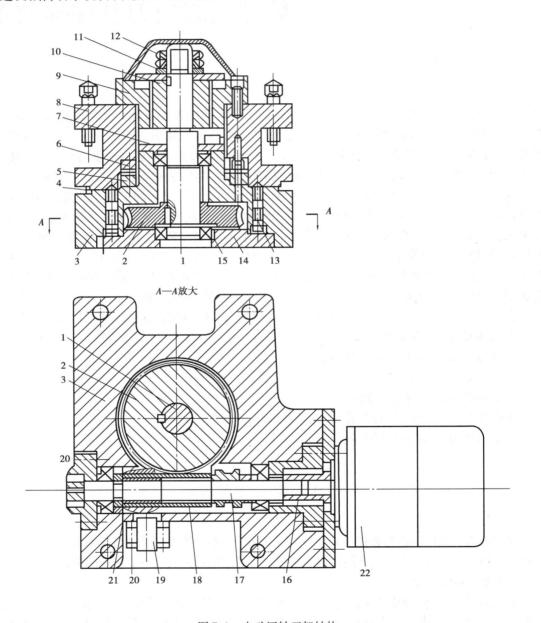

图 7.1 自动回转刀架结构

1)刀架抬起

当数控装置发出换刀指令后,电动机 22 正转,并经联轴套 16、轴 17,由滑键(或花键)带动蜗杆 18、蜗轮 2、轴 1、轴套 10 转动。轴套 10 与套 9 之间为螺纹联结关系,因此,轴套 10 的旋转带动套 9、与套 9 相连的刀架 8 及上端齿盘 6 上升,使 6 与下端齿盘 5 分开,完成刀架抬起动作。

2)刀架转位

在套 9 上端有两处凸起,连接件 11 外圆上有两个槽。刀架抬起后,轴套 10、连接件 11 仍继续转动,连接件 11 上的槽与套 9 上的凸起接触,同时带动刀架 8 一起旋转,刀架进行转位动作。刀架每转过 90°、180°、270°或 360°,由微动开关 19 发出信号给数控装置。具体转过的度数由数控装置的控制信号确定,刀架上的刀具位置一般采用装在轴 1 上编码盘来确定。

3)刀架定位

刀架转到要求的位置后,由微动开关发出的信号使电机 22 反转,连接件 11 上的槽与套 9 上的凸起脱离,同时销 13 使刀架 8 定位而不随轴套 10 回转,于是通过螺纹带动刀架 8 向下移动。上、下端齿盘 5、6 啮合,完成刀架定位。

4)刀架压紧

刀架定位完成后,继续转动,压紧力增大。当压紧力大到预先调好的状态,蜗杆 18 的轴向力压缩弹簧 21 而产生轴向位移,套筒 20 外圆曲面压下微动开关 19,使电机 22 停止旋转,从而完成一次转位,换刀动作结束。

(2)转塔头式换刀装置

转塔头式换刀装置是带有旋转刀具的数控机床上常用的一种换刀装置,这种换刀装置的转塔头上装有多个主轴,每个主轴上装一把刀具,加工中通过转塔头自动转位实现自动换刀。

转塔头有卧式和立式两种,图 7.2 是一数控转塔式镗铣床的外观图。八方形转塔头上装有八根主轴,每根主轴上装有一把刀具。根据工序的要求按顺序自动地将装有所需刀具的主轴转到工作位置,以此实现自动换刀,同时接通主传动,不处在工作位置的主轴便与主传动脱开。转塔头的转位(即换刀)由槽轮机构来实现。

这种换刀装置的转塔头就是一个转塔刀库,结构简单,但储存刀具的数量少,适用于加工较简单的工件。其优点在于省去了自动松、夹、装刀、卸刀以及刀具搬运等一系列的复杂操作,从而缩短了换刀时间(仅为 2 s 左右),并提高了换刀的可靠性。但是由于空间位置的限制,使主轴部件结构不能设计得十分坚实,因而影响了主轴系统的刚度。为了保证主轴的刚度,必须限制主轴数目,否则将使结构尺寸大大增加。因此,转塔头主轴通常只适应于工序较少、精度要求不太高的机床,如数控钻床、铣床等。

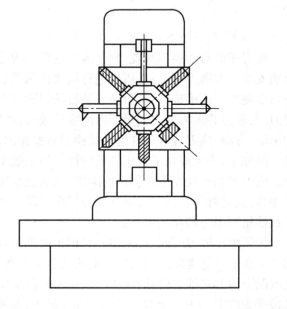

图 7.2　转塔头式换刀装置

（3）带刀库的自动换刀装置

前述回转刀架、转塔头式换刀装置容纳的刀具数量不能太多,不能满足复杂零件的加工需要,因此,目前多工序数控机床多采用带刀库的自动换刀装置。这种自动换刀装置由刀库、选刀机构、刀具交换装置及刀具在主轴上的自动松夹机构四部分组成。刀库可装在机床的工作台上(图7.3)、立柱上或主轴箱上;当刀库容量大、刀具较重时,也可作为一个独立部件装在机床之外如图7.4所示。

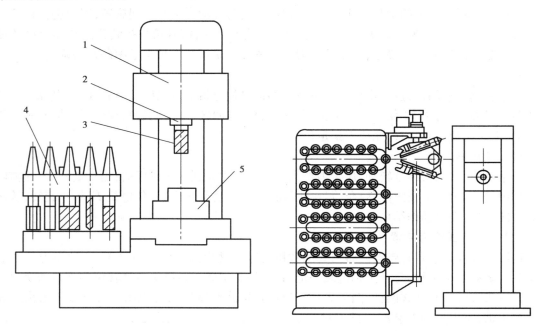

图7.3　刀库安装在机床工作台上　　　　图7.4　刀库装在机床外

带刀库的自动换刀装置,整个换刀过程较为复杂。首先要把加工过程中使用的全部刀具分别安装在标准刀柄上,在机外进行尺寸预调整后,按一定的方式放入刀库。换刀时,根据选刀指令先在刀库中选刀,再由换刀装置从刀库和主轴上取出刀具,进行交换,将用过的旧刀放回刀库,新刀装入主轴。如果刀库离主轴较远,还要有附加搬运装置来完成主轴与刀库间刀具的运输。这种换刀装置与转塔头式换刀装置相比,刀库具有较大的容量,可以实现复杂零件的多工序加工,大大提高了机床的适应性和加工效率;由于数控机床的主轴箱内只有一根主轴,在结构上有利于提高主轴部件的刚度,以满足精密加工和重切削的加工要求。但换刀过程的动作多,换刀时间长,同时,影响换刀工作可靠性的因素也较多。带刀库的自动换刀系统适用于数控钻削中心和加工中心。

为了缩短换刀时间,可采用一种用机械手和转塔头配合刀库进行换刀的自动换刀装置,如图7.5所示。它实际上相当于转塔头式换刀装置和刀库式换刀装置的结合,该机床转塔头3上有两个刀具主轴,其轴线成45°角。当水平方向的主轴加工时,另一主轴处于换刀位置,由机械手2将下一步需用的刀具换至该主轴上,待本工序加工完毕后,转塔头回转180°,交换主轴,完成换刀。这种换刀方式,换刀时间大部分和加工时间重合,真正的换刀时间就是转塔头转位的时间,因此换刀时间缩短,可有效提高生产率。

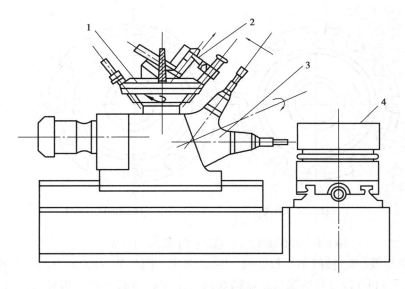

图 7.5　带刀库的转塔头式换刀装置

7.2　刀　库

刀库的作用是用来存放一定数量的刀具,它是自动换刀装置中最主要的部件之一。由于多数加工中心的取送刀位置都是在刀库中的某一固定刀位,因此刀库还需要有使刀具运动及定位的机构来保证换刀的可靠。其动力可采用液动机或电动机,如果需要的话还要有减速机构。刀具的定位机构是用来保证要更换的每一把刀具或刀套都能准确地停在换刀位置上。其控制部分可以采用简易位置控制器或类似半闭环进给系统的伺服位置控制,也可以采用电气和机械相结合的销定位方式。一般要求综合定位精度达到 0.1 ~ 0.5 mm 即可。

(1)刀库型式

刀库的容量、布局以及具体结构随机床结构的不同而差别很大,种类繁多。加工中心上目前最常见的刀库型式主要有鼓(盘)式刀库和链式刀库,并根据不同的机床可以采用多种布局型式,如图 7.6 ~ 图 7.8 所示。另外还有鼓轮弹仓式(又称刺猬式)刀库、格子盒式刀库虽然结构紧凑、占地面积小、在相同空间内刀库容量大,但由于选刀、取刀动作太复杂和结构的限制,目前很少用于单机加工中心,而多用于 FMS 中的集中供刀系统,故在此不作介绍。

1)鼓(盘)式刀库

鼓(盘)式刀库又称为圆盘刀库,其中最常见的型式有刀具轴线与鼓(盘)轴线平行(图 7.6)布局和刀具轴线与鼓(盘)轴线不平行(图 7.7)布局两种。

①刀具轴线与鼓(盘)轴线平行的鼓(盘)式刀库。其典型结构如图 7.6 所示。刀具环形排列,分径向取刀(图 7.6(a))和轴向取刀(图 7.6(b))两种形式。这种鼓式刀库结构简单,取刀也较方便,应用较多。由于环形排列,空间利用率低,适用于刀库容量较少的情况。为增加刀库空间利用率,可采用双环或多环排列刀具的形式。但鼓(盘)直径增大,转动惯量增加,选刀时间也较长。

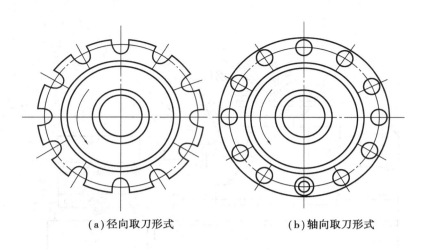

（a）径向取刀形式　　　　　　　（b）轴向取刀形式

图 7.6　刀具轴线与鼓盘轴线平行的鼓（盘）式刀库

　　②刀具轴线与鼓（盘）轴线不平行的鼓（盘）式刀库。图 7.7（a）为刀具轴线与鼓盘轴线成直角的刀库,图 7.7（b）为刀具轴线与鼓盘轴线成一定倾斜角的刀库。相对而言,这种鼓（盘）式刀库占用空间较大,使刀库安装位置和刀库容量受到限制,故应用较少。

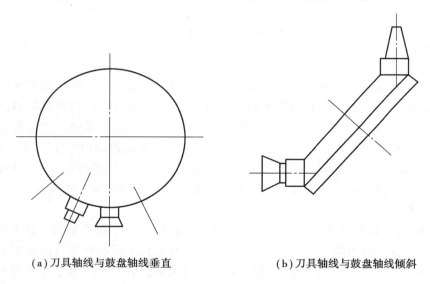

（a）刀具轴线与鼓盘轴线垂直　　　　　　　（b）刀具轴线与鼓盘轴线倾斜

图 7.7　刀具轴线与鼓盘轴线不平行的鼓（盘）式刀库

　　2）链式刀库

　　其典型结构如图 7.8 所示。链式刀库的优点是结构紧凑、布局灵活、刀库容量大。但通常情况下,刀具轴线和主轴轴线垂直,因此,换刀必须通过机械手进行,机械结构比鼓式刀库复杂。

　　刀库链环可以根据机床的总体布局要求,设计成适当形式以利于换刀机构的工作。在刀库容量较大时,可采用加长链条式布置（图 7.8（a））或多环链式布置（图 7.8（b））,使其外形更紧凑、占用空间更小。这种结构形式,在增加刀库容量时,可以通过增加链条长度实现。由于它并不增加链轮直径,故链轮的圆周速度不增加,因此在刀库容量增加时,刀库的运动惯量不会增加太多,这对刀库的设计和制造带来极大方便。一般刀具数量在 30～120 把及以上时,多采用链式刀库。

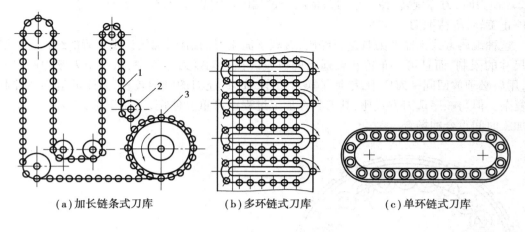

（a）加长链条式刀库　　　　（b）多环链式刀库　　　　（c）单环链式刀库

图 7.8　链式刀库

（2）选刀方式

刀库内一般存放多把刀具,每次换刀前,应按数控装置的换刀指令从刀库中将所需要的刀具准确调出并转换到取刀位置,这称为自动选刀。常用的自动选刀方式有顺序选刀和任意选刀两种。

1）顺序选刀

在加工前,按预定工序的先后顺序将刀具插入刀库的刀座中,使用时按顺序转到取刀位置。用过的刀具放回原来的刀座内,也可以按加工顺序放入下一个刀座内。加工不同的工件时,必须重新排列刀库中的刀具顺序,因而操作较为烦琐。其优点是不需要刀具识别装置,刀库的驱动控制也较简单。但刀库中每一把刀具在不同的工序中不能重复使用,为了满足加工需要只有增加刀具的数量和刀库的容量,这就降低了刀具和刀库的利用率。此外,装刀时必须十分谨慎,如果刀具不按顺序装在刀库中,将会产生严重的后果。因此,顺序选刀方式适合加工批量较大、工件品种数较少、刀具数量较少的数控机床自动换刀。

2）任意选刀

这种方法根据程序指令的要求任意选择所需要的刀具。加工前,刀具在刀库中不必按照工件的加工顺序排列,可以任意存放。每把刀具(或刀座)都编上代码,自动换刀时,刀库运转,每把刀具(或刀座)都经过"编码识别装置"接受识别。当某把刀具(或刀座)的代码与数控指令的代码相符合时,该把刀具被选中,刀库将刀具送到换刀位置,等待刀具交换装置来取刀。任意选刀方式的优点是刀库中刀具的排列顺序与工件加工顺序无关,没有装入刀具失误问题,刀具可重复使用。因此,刀具数量比顺序选择法的刀具可少一些,刀库也相应地小一些,操作较方便,但增加了系统结构的复杂性。目前多数加工中心都采用任意选刀方式。

为了正确识别刀具,任意选刀又分有刀座编码、刀具编码和跟踪记忆三种方法。

①刀座编码方式。根据二进制编码原理对刀库中的每个刀座进行编码,将刀具放入刀座后就具有了该刀座的编码。在编程时要规定每一工序所需刀具要装入的刀座编码,换刀时靠刀座编码识别装置通过识别刀座来选取刀座中的刀具。

图 7.9 为一圆盘式刀库的刀座编码装置。在圆盘的圆周上均布若干个刀座,每个刀座外侧边缘装有相应的刀座编码块(或编码条)1,在刀库的下方装有固定不动的刀座编码识别装

置2。换刀时,刀库旋转,使各个刀座依次经过编码识别装置,直到找到指令规定的刀座,刀库便停止旋转,等待取刀。

这种编码方式无需对刀具进行编码,有利于简化刀柄结构,编码识别装置的结构也不受刀柄尺寸的限制,而且可以布置在较适当的位置。在自动换刀过程中,从一个刀座中取出的刀具,用后必须放回同一刀座中,增加了换刀动作,选刀、还刀的时间较长,刀库的运动及控制也较复杂。但与顺序选刀方式比,其刀具在加工过程中可重复使用,适用于选刀、还刀运动与机床加工时间重合的场合。

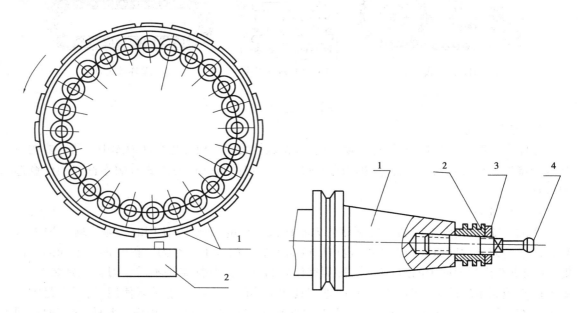

图7.9　刀座编码装置　　　　　　　　　　图7.10　刀具编码装置

②刀具编码方式。对每把刀具都根据二进制编码原理进行编码,通过编码识别装置直接识别刀具编码选刀。这种方式需采用一种特殊的刀柄结构,如图7.10所示。在刀柄1后端的拉杆4上套装着等间隔的编码环2,由锁紧螺母3固定。编码环既可以是整体的,也可由圆环组装而成。编码环直径有大小两种,大直径的为二进制的"1",小直径的为"0"。通过这两种圆环的不同排列,可以得到一系列二进制编码。

这种方式由于每把刀具都具有自己的代码,因而刀具可存放于刀库的任一刀座中,这样刀库中的刀具在不同工序中可多次重复使用,用过的刀具也不一定放回原刀座中,避免了因刀具存放在刀库中的位置差错而造成的事故;同时也有利于缩短刀库运转时间,刀库的运动及控制得到简化。但每把刀具上都带有专用的编码环,刀具长度加长,制造困难,刀库和机械手结构变复杂。

③跟踪记忆方式。这是一种利用软件选刀的方法,将刀具号及其所在的刀座号(存刀位置,即刀具地址)一一对应地记忆在数控系统的PLC中。无论刀具存放在哪个刀座中,计算机都能跟踪记忆。因此,刀具可任意取出,任意送回。刀柄采用国际通用结构,没有编码环,结构简单,通用性能好。刀座上也不编码,但刀库上必须设有刀座位置检测装置,以便检测出每个刀座的位置信息。为此,刀库需设有一个机械原点(又称零位)。对于圆周运动选刀的刀库,每次选刀时,刀库正转或反转都不超过180°。目前多数加工中心都采用跟踪记忆方式来实现任选刀具。

7.3　刀具交换装置

刀具交换装置是用来实现刀库与机床主轴(或刀架)之间传递和装卸刀具的装置。刀具交换装置的形式和具体结构多种多样,它们对数控机床的总布局、生产率和工作可靠性都有直接的影响。

(1)刀具交换装置的形式

刀具交换装置的形式很多,一般可归为如下两类:

1)利用刀库与机床主轴的相对运动实现刀具交换

用这种形式交换刀具时,首先必须将用过的刀具送回刀库,然后再从刀库中取出新刀具,这两个动作不可能同时进行,因此换刀时间较长,换刀动作也较多。图 7.3 所示的数控立式镗铣床就是采用这类刀具交换方式的实例。它的刀库安放在机床工作台的一端,当某一把刀具加工完毕从工件上退出后,即开始换刀。其刀具交换过程如下:

①主轴定向准停,使主轴上的端面键与刀柄键槽方向一致;

②按照指令,控制机床工作台快速向右移动,将工件 5 从主轴 2 下面移开,同时将刀库 4 移到主轴下面,使刀库的某个空刀座恰好对准主轴;

③主轴内的刀具夹紧装置放松,主轴箱下降,将主轴上用过的刀具 3 放回刀库的空刀座中;

④主轴箱上升,接着刀库回转,将下一工步需用的刀具对准主轴;

⑤主轴箱下降,将下一工步所需的刀具插入机床主轴,同时主轴内的刀具夹紧装置夹紧刀具;

⑥主轴箱及主轴带着刀具上升;

⑦机床工作台快速向左返回,将刀库从主轴下面移开,同时将工件移至主轴下面,使主轴上的刀具对准工件的加工面。

这种自动换刀装置只有一个刀库,不需要其他装置,结构极为简单,然而换刀过程却较为复杂。它的选刀和换刀由三个坐标轴的数控定位系统来完成,因而每交换一次刀具,工作台和主轴箱就必须沿着三个坐标轴作两次往复运动,从而增加了换刀时间。另外,由于刀库置于工作台上,因而减少了工作台的有效使用面积。这种换刀装置多用于小型低价位的加工中心。

2)采用机械手进行刀具交换

采用机械手进行刀具的交换,一方面在刀库的布置和刀具数量的增加上,不像无机械手那样受结构的限制,具有很大的灵活性;而且还可以通过刀具预选,减少换刀时间,提高换刀速度,因此,在加上中心上应用最为广泛。

根据刀库及刀具交换方式的不同,换刀机械手也有多种形式,图 7.11 为常用的几种形式。图 7.11(a)、(b)、(c)为双臂回转机械手,能同时抓取和装卸刀库及主轴(或中间搬运装置)上的刀具,动作简单,换刀时间少。图 7.11(d)虽然不是同时抓取刀库和主轴上的刀具,但换刀准备时间及将刀具返回刀库的时间与机加工时间重复,因而换刀时间也很短。除上述形式外,还有单臂单爪回转式、单臂双爪回转式等。当刀库远离机床主轴的换刀装置时,除了机械手外,还必须带有中间搬运装置。

机械手的运动控制可以通过气动、液压、机械凸轮联动机构等方式实现。其中机械凸轮联动换刀与气动、液压换刀相比,具有换刀速度快、换刀可靠、运动平稳等优点,在加工中心上得到了广泛的应用。目前,机械凸轮联动换刀机构已经作为标准部件,由专业生产厂家生产、制造。

抓刀运动可以是旋转运动,也可以是直线运动。

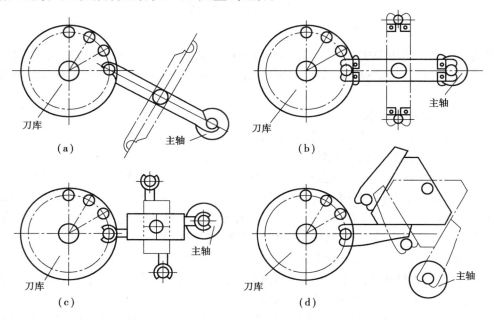

图 7.11　换刀机械手形式

图 7.12 所示为钩刀机械手换刀一次所需的基本动作。在机械手动作以前,根据数控系统发出的 T 代码指令,首先完成刀具"预选",同时主轴定向准停,为刀具交换做好准备。然后开始换刀动作:

图(a)抓刀:手臂旋转 90°,同时抓住刀库和主轴上的刀具。

图(b)拔刀:主轴夹头松开刀具,机械手同时将刀库和主轴上的刀具拔出。

图(c)换刀:手臂旋转 180°新旧刀具交换。

图(d)插刀:机械手同时将新旧刀具分别插入主轴和刀库,然后主轴夹头夹紧刀具。

图(e)复位:转动手臂,回到原始位置。

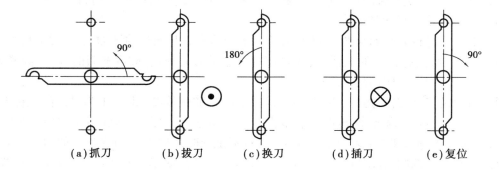

图 7.12　钩刀机械手换刀动作

(2)刀具的夹持

各种类型的刀具必须装在统一的标准刀柄上,以便能安装于主轴、刀库内或由机械手抓取。我国提出了 TSG、TMG 工具系统,并制定了相应的刀柄标准。标准中有直柄及 7∶24 锥度的锥柄两类,分别用于圆柱形主轴孔及圆锥形主轴孔,其结构分别如图7.13(a)、(b)所示。

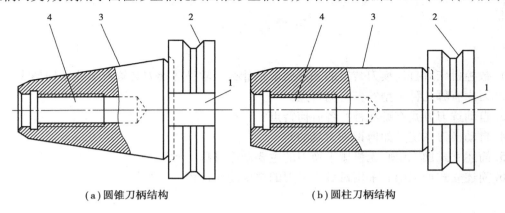

(a)圆锥刀柄结构　　　　　　　　(b)圆柱刀柄结构

图7.13　标准刀柄及夹持结构

为了使机械手能可靠地抓取刀具,刀柄必须有合理的夹持部分。图7.13中3为刀柄定位部位,2为机械手抓取部位,1为键槽用于传递切削扭矩,4为螺孔用以安装可调节拉钉,供主轴内刀具自动夹紧装置拉紧刀柄用。刀具的轴向尺寸和径向尺寸应先在对刀仪上调整好,才可装入刀库中。丝锥、铰刀要先装在浮动卡具内再装入标准刀柄中。圆柱形刀柄在使用时需在轴向和径向夹紧,因而主轴结构复杂,柱柄安装精度高,但磨损后不能自动补偿。而锥柄稍有磨损不会过分影响刀具的安装精度。在换刀过程中,由于机械手抓住刀柄要作快速回转,作拔、插刀具的动作,还要保证刀柄键槽的角度位置对准主轴上的端面键。因此,机械手的夹持部分要十分可靠,并保证有适当的夹紧力,其活动爪要有锁紧装置,以防止刀具在换刀过程中转动或脱落。如图7.14所示数控机床上一种典型的机械手手爪结构,由固定爪7和活动爪1组成,活动爪1可绕轴2回转,在弹簧柱销6的作用下,将刀具夹持在固定爪和活动爪之间。调整螺栓5以保持手爪适当的夹紧力,挡销3限制活动爪的回转角度。锁紧销4使活动爪牢固地夹持刀柄,防止刀具在交换过程中松脱。要将锁紧销4轴向压进,才能放松活动爪1,以便抓刀或松刀时手爪从刀柄V形槽中退出。

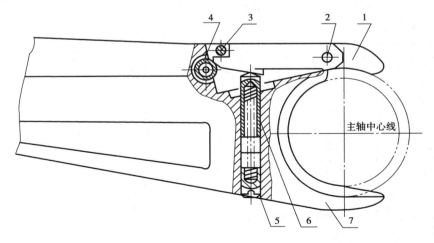

图7.14　机械手爪结构

习题与思考题

1. 数控机床对自动换刀装置的基本要求是什么？常见的换刀装置有哪些结构型式？

2. 刀库有哪几种类型？各有何特点？

3. 自动选刀方式有哪几种？各有何特点？

4. 自动换刀系统是如何识别刀具的？

5. 简述立式加工中心无机械手换刀的主要动作过程。

6. 简述立式加工中心采用机械手换刀的主要动作过程。

第 **8** 章
数控加工的切削基础

8.1 切削过程与刀具几何参数的基本定义

8.1.1 切削运动和切削用量

（1）切削运动

在金属切削机床上切削工件时,工件与刀具之间要有相对运动,这个相对运动即称为切削运动。

如图 8.1 所示为外圆车削时的情况。工件的旋转运动形成母线(圆),车刀的纵向直线运动形成导线(直线),圆母线沿直导线运动时就形成了工件上的外圆表面,故工件的旋转运动和车刀的纵向直线运动就是外圆车削时的切削运动。

图 8.2 所示为在牛头刨床上刨平面的情况。刨刀作直线往复运动形成母线(直线),工件作间歇直线运动形成导线,直母线沿直导线运动时就形成了工件上的平面,故在牛头刨床上刨平面时,刨刀的直线往复运动和工件的间歇直线运动就是切削运动。

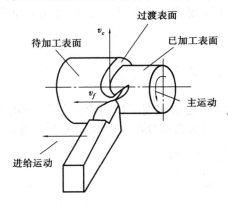

图 8.1 外圆车削的切削运动与加工表面

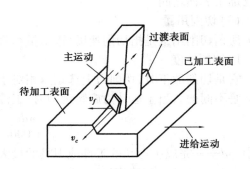

图 8.2 平面刨削的切削运动与加工表面

161

在其他各种切削加工方法中,工件和刀具同样也必须完成一定的切削运动。切削运动通常按其在切削中所起的作用可以分为以下两种:

1)主运动

使工件与刀具产生相对运动以进行切削的最基本的运动称为主运动。这个运动的速度最高,消耗的功率最大。例如,外圆车削时工件的旋转运动和平面刨削时刀具的直线往复运动都是主运动。主运动的形式可以是旋转运动或直线运动,但每种切削加工方法中主运动只有一个。

2)进给运动

使主运动能够继续切除工件上多余的金属,以便形成工件表面所需的运动称为进给运动。例如外圆车削时车刀的纵向连续直线运动和平面刨削时工件的间歇直线运动都是进给运动。进给运动可能不止一个,它的运动形式可以是直线运动、旋转运动或两者的组合。

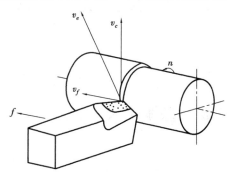

图 8.3　外圆车削时的合成运动

总之,任何切削加工方法都必须有一个主运动,可以有一个或几个进给运动。主运动和进给运动可以由工件或刀具分别完成,也可以由刀具单独完成(例如在钻床上钻孔)。

3)合成切削运动

主运动和进给运动可以同时进行(车削、铣削等),也可交替进行(刨削等)。当主运动与进给运动同时进行时,刀具切削刃上某一点相对工件的运动称为合成切削运动,其速度称为合成切削速度。该速度方向与过渡表面相切,如图8.3所示。合成切削速度等于主运动速度和进给运动速度的矢量和。

$$v_e = v_c + v_f \tag{8.1}$$

(2)工件上的加工表面

在切削加工中,工件上通常存在三个表面,分别如下:

1)待加工表面

它是工件上即将被切去的表面,随着切削过程的进行,它将逐渐减小,直至全部切去。

2)已加工表面

它是刀具切削后在工件上形成的新的表面,随着切削过程的进行,它将逐渐扩大。

3)过渡表面(加工表面)

它是切削刃正切着的表面,并且是切削过程中不断改变着的表面,它总是处在待加工表面与已加工表面之间。

(3)切削用量

所谓切削用量是指切削速度、进给量和背吃刀量三者的总称。

1)切削速度

它是切削加工时,切削刃上选定点相对于工件的主运动速度。切削刃上各点的切削速度可能是不同的。当主运动为旋转运动时,工件或刀具最大直径处的切削速度由下式确定:

$$v_c = \frac{\pi d n}{1\,000} (\text{m/s 或 m/min}) \tag{8.2}$$

式中　d——完成主运动的工件或刀具的最大直径,mm;

　　　n——主运动的转速,r/s 或 r/min。

2）进给量

它是工件或刀具的主运动每转一转或每一行程时，工件和刀具两者在进给运动方向上的相对位移量。例如外圆车削的进给量 f 是工件每转一转时车刀相对于工件在进给运动方向上的位移量，其单位为 mm/r；又如在牛头刨床上刨平面时，其进给量 f 是刨刀每往复一次，工件在进给运动方向上相对于刨刀的位移量，其单位为 mm/双行程。

在切削加工中，也有用进给速度 v_f 来表示进给运动的。所谓进给速度 v_f 是指切削刃上选定点相对于工件的进给速度，其单位为 mm/s。

3）背吃刀量

对外圆车削和平面刨削而言，背吃刀量 a_{sp} 等于工件已加工表面与待加工表面间的垂直距离。（注：在一些场合，可使用"切削深度"来表示"背吃刀量"。）

8.1.2　刀具切削部分的几何形状

（1）刀具的几何结构

切削刀具的种类繁多，结构形状各异。但就其切削部分而言，都可视为外圆车刀切削部分的演变。因此，以外圆车刀为例来介绍刀具切削部分的一般术语，这些术语同样也适用于其他金属切削刀具。

1）刀具结构

图 8.4 所示为最为常用的外圆车刀。它由夹持部分（刀柄）和切削部分（刀头）两大部分构成。夹持部分一般为矩形（外圆车刀）或圆形（镗刀），用于安装或组装刀具；切削部分则根据需要制造成多种形状，用于对工件的切削。

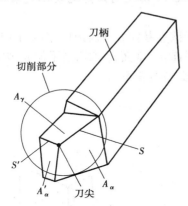

图 8.4　车刀的几何构成

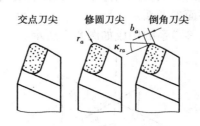

图 8.5　刀尖形状

2）刀具切削部分的组成

车刀切削部分的结构要素包括三个切削刀面、两条切削刃和一个刀尖。

前面（A_τ）——切下的切屑沿其流出的表面。

主后面（A_α）——与工件上过渡表面相对的表面。

副后面（A'_α）——与工件上已加工表面相对的表面。

主切削刃（S）——前面与主后面的交线。它承担主要的金属切除工作并形成工件上的过渡表面。

副切削刃（S'）——前面与副后面的交线。它参与部分的切削工件并最终形成工件上的已加工表面。

刀尖——主、副切削刃的交点。但多数刀具将此处磨成圆弧或一小段直线,如图 8.5 所示。

(2) 刀具切削部分的几何角度

刀具角度是确定刀具切削部分几何形状的重要参数。用于定义和规定刀具角度的各基准坐标平面称为参考系。

1) 刀具角度参考系

刀具角度参考系有两类:

刀具静止参考系。它是刀具设计时标注、刃磨和测量的基准。由此定义的刀具角度称为刀具标注角度。

刀具工作参考系。它是确定刀具切削工作时角度的基准。由此定义的刀具角度称为刀具工作角度。

在建立刀具静止参考系时,特作如下三点假设:

a. 不考虑进给运动的影响,即 $f=0$;

b. 安装车刀时应使刀尖与工件中心等高,且车刀刀杆中心线与工件轴心线垂直;

c. 主切削刃上选定点与工件中心等高。

作了上述三点假设以后,可建立下列三个刀具静止参考系。

① 正交平面参考系

正交平面参考系的构成如图 8.6 所示。

基面(p_r):过切削刃上选定点并垂直于该点切削速度向量 v_c 的平面。通常,基面应平行与刀具上便于制造、刃磨和测量的某一安装定位平面。对于普通车刀,它的基面总是平行于刀杆的底面。

切削平面(p_s):过切削刃上选定点作切削刃切线,此切线与该点的切削速度向量 v_c 所组成的平面。

正交平面(p_o):过切削刃上选定点,同时垂直于该点基面 p_r 和切削平面 p_s 的平面。

显然,对于切削刃上某个选定点,该点的正交平面 p_o、基面 p_r 和切削平面 p_s 构成了一个两两相互垂直的空间直角坐标系,将此坐标称之为正交平面参考系。

② 法平面参考系

法平面参考系的构成如图 8.7 所示。

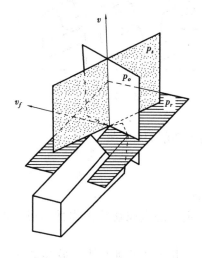

图 8.6　正交平面参考系

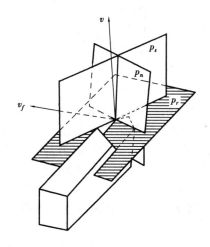

图 8.7　法平面参考系

基面 p_r 和切削平面 p_s 的定义与正交平面参考系里的 p_s 和 p_r 相同。

法平面（p_n）：过切削刃上选定点垂直于切削刃或其切线的平面。对于切削刃上某一选定点，该点的法平面 p_n、基面 p_r 和切削平面 p_s 就构成了法平面参考系。在法平面参考系中，$p_s \perp p_r$、$p_s \perp p_n$，但 p_n 不垂直于 p_r（在刃倾角 $\lambda_s \neq 0$ 的条件下）。

③背平面和假定工作平面参考系

背平面和假定工作平面参考系的构成如图 8.8 所示。

基面 p_r 的定义同正交平面参考系。

背平面（p_p）：过切削刃上选定点，平行于刀杆中心线并垂直于基面 p_r 的平面，它与进给方向 v_f 是垂直的。

假定工作平面（p_f）：过切削刃上的选定点，同时垂直于刀杆中心线与基面 p_r 的平面，它与进给方向 v_f 平行。

对于切削刃上某一选定点，该点的 p_p、p_f 与 p_r 就构成了背平面和假定工作平面参考系。显然，这个参考系也是一个空间直角坐标系。

我国过去多采用正交平面参考系，与欧洲标准相同，近年来参考国际标准 ISO 的规定，逐渐兼用正交平面参考系和法平面参考系。背平面、假定工作平面参考系则常见与美、日文献中。

2）刀具角度的定义

①刀具在正交平面参考系中的角度

刀具角度的作用是确定刀具上切削刃和刀具上前、后面的空间位置。现以外圆车刀为例予以说明，如图 8.9 所示。

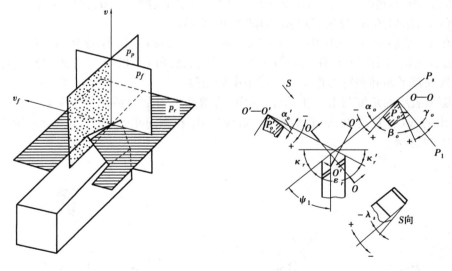

图 8.8　背平面、假定工作平面参考系　　图 8.9　外圆车刀在正交平面参考系的角度

确定车刀主切削刃空间位置的角度有两个。

主偏角 κ_r：主切削刃在基面上的投影与进给方向之间的交角，在基面 p_r 上测量。

刃倾角 λ_s：主切削刃与基面 p_r 的交角，在切削平面 p_s 中测量。当刀尖在主切削刃上为最低点时，λ_s 为负值；反之，当刀尖在主切削刃上为最高点时，λ_s 为正值。

确定车刀前面与后面空间位置的角度有两个。

前角 γ_o：在主切刃上选定点的正交平面 p_o 内，前面与基面之间的夹角。

后角 α_o：在同一个正交平面 p_o 内，后面与切削平面之间的夹角。

除了上述与主切削刃有关的角度外，车刀的副切削刃也可采用同样的分析方法得到相应的四个角度。但是，由于在刃磨车刀时，常常将主、副切削刃磨在同一个平面型的前面上，因此，当主切削刃及其前面已由上述的基本角度 κ_r、λ_s、γ_o 确定后，副切削刃上的副刃倾角 λ'_s 和副前角 γ'_o 也随之确定，故与副切削刃有关的独立角度就只剩以下两个。

副偏角 κ'_r：副切削刃在基面上的投影与进给方向之间的夹角，它在基面 p_r 上测量。

副后角 α'_o：在副切削刃上选定点的副正交平面 p'_o 内，副后面与副切削平面之间的夹角。副切削平面是过该定点作副切削刃的切线，此切线与该点切削速度向量所组成的平面；副正交平面 p'_o 是过该选定点并垂直于副切削平面与基面的平面。

以上是外圆车刀必须标出的 6 个基本角度。有了这 6 个基本角度，外圆车刀的三面（前面、主后面、副后面）、两刃（主切削刃、副切削刃）、一刀尖的空间位置就完全确定下来了。

有时根据实际需要，还可以标出以下角度。

楔角 β_o：在主切削刃上选定点的正交平面 p_o 内，前面与后面的夹角，$\beta_o = 90° - (\gamma_o + \alpha_o)$。

刀尖角 ε_r：主、副切削刃在基面上投影之间的交角，在基面 p_r 上测量，$\varepsilon_r = 180° - (\kappa_r + \kappa'_r)$。

余偏角 ψ_r：主切削刃在基面上的投影与进给方向垂线之间的夹角，在基面 p_r 上测量，$\psi_r = 90° - \kappa_r$。

②刀具在法平面参考系中的角度

刀具在法平面参考系中要标出的角度，基本上和正交平面参考系中类似。在基面 p_r 上表示的角度主偏角 κ_r、副偏角 κ'_r、刀尖角 ε_r、余偏角 ψ_r 和在切削平面 p_s 内表示的角度 λ_s，二参考系是相同的，所不同的是只需将正交平面 p_o 内的前角 γ_o、副后角 α_o、楔角 β_o，改为法平面 p_n 内的法前角 γ_n，法后角 α_n 与法楔角 β_n，如图 8.10 所示。

法前角 γ_n、法后角 α_n、法楔角 β_n 的定义与前角 γ_o、后角 α_o、楔角 β_o 相同，所不同的只是法前角 γ_n、法后角 α_n、法楔角 β_n 在法平面 p_n 内，前角 γ_o、后角 α_o、楔角 β_o 在正交平面 p_o 内。

③刀具在背平面和假定工作平面参考系中的角度

除基面上表示的角度与上面相同外，前角、后角和楔角是分别在背平面 p_p 和假定工作平面 p_f 内标出的，故有背前角 γ_p、背后角 α_p、背楔角 β_p 和侧前角 γ_f、侧后角 α_f、侧楔角 β_f 诸角度。如图 8.11 所示。

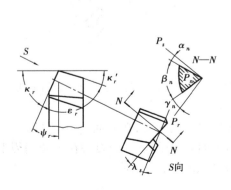

图 8.10　外圆车刀在法平面参考系的角度

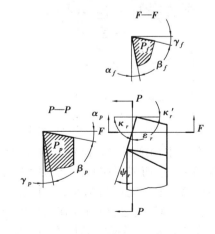

图 8.11　外圆车刀在背平面和假定
工作平面参考系的角度

前角、后角和楔角定义同前,只不过γ_p、α_p和β_p在背平面p_p内;γ_f、α_f和β_f在假定工作平面p_f内。

(3)刀具的工作角度

上面讲到的刀具角度,是在忽略进给运动的影响,而且刀具又按特定条件安装的情况下给出的。而刀具的工作角度是指刀具在实际工作状态下的切削角度,它必须考虑进给运动和实际的安装情况,此时刀具的参考系发生变化,从而导致刀具的工作角度不同于原来的刀具角度。

与刀具静止参考系一样,刀具工作参考系也有三种:工作正交平面参考系,工作法平面参考系,工作背平面和工作平面参考系。刀具工作参考系与静止参考系的区别在于:用合成切削速度向量代替切削速度向量,用实际安装条件代替假定安装条件,用实际的进给方向代替假定的进给方向。刀具工作参考系中各坐标平面的定义见表8.1。

表8.1　刀具工作参考系(过切削刃上选定点)

参考系	坐标平面	符号	定义与说明
工作正交平面参考系	工作基面	p_{re}	垂直与合成切削速度向量v_e的平面
	工作切削平面	p_{se}	切削刃的切线与合成切削速度向量v_e组成的平面
	工作正交平面	p_{oe}	同时垂直于工作基面p_{re}和工作切削平面p_{se}的平面
工作法平面参考系	工作基面	p_{re}	垂直与合成切削速度向量v_e的平面
	工作切削平面	p_{se}	切削刃的切线与合成切削速度向量v_e组成的平面
	工作法平面	p_{ne}	垂直与切削刃或其切线的平面(工作参考系中的法平面与静止参考系中的法平面二者相同,即$p_{ne} \equiv p_n$)
工作背平面和工作平面参考系	工作基面	p_{re}	垂直于合成切削速度向量v_e的平面
	工作切削平面	p_{se}	切削刃的切线与合成切削速度向量v_e组成的平面
	工作平面	p_{fe}	由切削速度向量v_e和进给速度向量v_f所组成的平面。显然,p_{fe}包含合成切削速度向量v_e,因此,$p_{fe} \perp p_{re}$
	工作背平面	p_{pe}	同时垂直于工作基面p_{re}和工作平面的平面p_{fe}

刀具的工作角度就是在刀具工作参考系中确定的角度,其定义与原来的刀具角度相同。刀具的工作角度是刀具在实际工作状态下的切削角度,显然,它更符合于生产实际情况。

1)横向进给运动对刀具工作角度的影响

以切断刀为例。如图8.12所示,在不考虑进给运动时,刀具切削刃上选定点A的切削速度向量v_c过A点垂直向上,A点的基面$p_r \perp v_c$为一平行于刀具底面的平面;A点的切削平面p_s包含切削速度v_c,因此,它与过A点的圆相切;A点的正交平面p_o为图示纸面。γ_o和α_o就为正交平面p_o内的前角和后角。

当考虑进给运动后,A点的合成切削速度向量v_e由切削速度向量v_c与进给速度向量v_f合成,即$v_e = v_c + v_f$。此时,工作基面$p_{re} \perp v_e$,且p_{re}不平行于刀具的底面;工作切削平面p_{se}过v_e,且p_{se}与切削刃在工作上切出的阿基米德螺旋线相切;工作正交平面p_{oe}与原来的p_o是重合的,仍为图示纸面。γ_{oe}和α_{oe}就为工作正交平面p_{oe}内的工作前角和工作后角。

由于 p_{re} 与 p_{se} 相对与原来的 p_r 与 p_s 倾斜了一个角度 η，因此，现在的工作前角 γ_{oe} 和工作后角 α_{oe} 应为：

$$\gamma_{oe} = \gamma_o + \eta \tag{8.3}$$

$$\alpha_{oe} = \alpha_o - \eta \tag{8.4}$$

$$\tan \eta = \frac{v_f}{v_c} = \frac{nf}{\pi d n} = \frac{f}{\pi d} \tag{8.5}$$

式中　η——合成切削速度角，是同一瞬时主运动方向与合成切削方向之间的夹角，在工作平面中测量；

　　　f——工件每转一转时刀具的横向进给量；

　　　d——切削刃上选定点 A 在横向进给切削过程中相对工件中心的直径，该直径是一个不断改变着的数值。

由式(8.5)可知，切削刃愈近工件中心，d 值愈小，则 η 值愈大。因此，在一定的横向进给量 f 下，当切削刃接近工件中心时，η 值急剧增大，工作后角 α_{oe} 将变为负值，此时，刀具已不再是切削工件而成了挤压工件。横向进给量 f 的大小对 η 值也有很大影响。f 增大则 η 值增加大，也有可能使 α_{oe} 变为负值。因此，对于横向切削的刀具，不宜选用过大的进给量 f，并应适当加大后角 α_o。

2）纵向进给运动影响刀具工作角度的影响

一般外圆车削时，由于纵向进给量 f 不大，它对刀具工作角度的影响通常忽略不计，但在车削螺纹时，就会有较大的影响，此时的刀具工作角度与刀具的标注角度就会有较大的差别。

与横向进给运动对刀具工件角度的影响相似，纵向进给运动也将影响刀具工作前角、后角，将导致前角大大，后角减小。

3）刀具安装高低对工作角度的影响

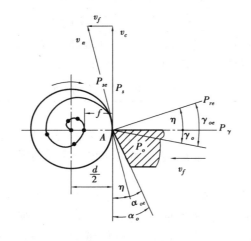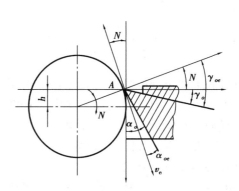

图 8.12　横向进给运动对刀　　　　　图 8.13　刀具安装高低对
　　　具工作角度的影响　　　　　　　　　　工作角度的影响

如图 8.13 所示，当刀尖(或选定点 A)安装高于工件中心线时，刀具的工作切削平面变为 P_{se}，工作基面变为 P_{re}，刀具的工作前角 γ_{oe} 增大，工作后角 α_{oe} 减小，其角度的变化量由图 8.13 中几何关系可知：

$$\sin N = \frac{2h}{d} \tag{8.6}$$

式中　d——A 点工件直径。

由上式可以看出,刀具工作角度的变化量 N 与 h 成正比,与 d 成反比,当工件直径很小时(如切断加工接近工件中心时),即使 h 值很小,也会引起很大的刀具工作角度的变化。

同理,当刀尖(或选定点 A)安装低于工件中心线时,上述工作角度的变化情况刚好相反,将引起工作前角减小、工作后角增大。

加工内表面时,刀尖的装高或装低对刀具工作角度变化情况与加工外表面相反。

4)刀杆中心线与进给方向不垂直对工作角度的影响

当刀杆中心线与进给方向垂直时,工作主偏角与工作副偏角就等于车刀的标注角度的主偏角 κ_r 与副偏角 κ'_r。当刀杆中心线与进给方向不垂直时,如图 8.14 所示,则刀具工作主偏角和工作副偏角的变化由图中几何关系可知为

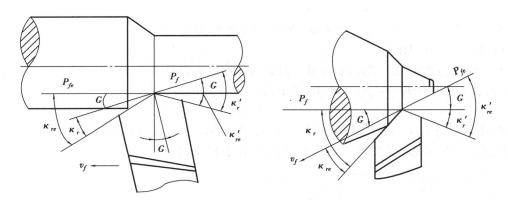

图 8.14　刀杆中心线与进给运动方向不垂直时刀具工作角度的变化

$$\begin{cases} \kappa_{re} = \kappa_r \pm G \\ \kappa'_{re} = \kappa'_r \mp G \end{cases} \tag{8.7}$$

式中　"+"或"−"取决于刀杆的倾斜方向;G 为刀杆中心线的垂线与进给方向的夹角。

8.1.3　切削层与切削方式

(1)切削层参数

在各种切削加工中,刀具或工件沿进给运动方向每移动一个 f(mm/r)或 a_f(mm/z)后,由一个刀齿正在切的金属层称为切削层。切削层参数就是指的这个切削层的截面尺寸,它通常在过切削刃上选定点并与该点切削速度向量垂直的基面内观察和度量。

现用典型的外圆纵车来说明切削层参数。如图 8.15 所示,车刀主切削刃上任意一点相对于工件的运动轨迹是一条空间螺旋线,整个主切削刃切出的是一个螺旋面。工件每转一转,车刀沿工件轴线移动一个进给量 f 的距离,主切削刃及其对应的工作过渡表面也在连续移动中由位置 Ⅰ 移至相邻的位置 Ⅱ,于是 Ⅰ、Ⅱ 螺旋面之间的一层金属被切下变为切屑。由车刀切削着的这一层金属就叫做切削层。切削层的大小和形状直接决定了车刀切削部分所承受的负荷大小及切下切屑的形状和尺寸。在外圆纵车中,当 $\kappa'_r = 0$、$\lambda_s = 0$ 时,切削层的截面形状为一平

169

行四边形;当 $\kappa_r = 90°$ 时,切削层的截面形状为矩形。

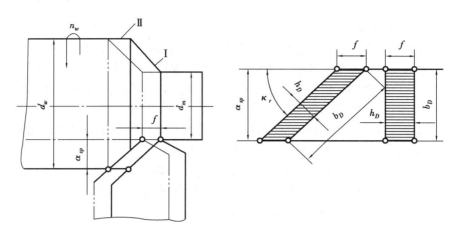

图 8.15　外圆纵车时切削层的参数

1)切削层公称厚度 h_D

在主切削刃选定点的基面内,垂直于过渡表面度量的切削层尺寸称为切削层的公称厚度,以 h_D 表示。在外圆纵车时,如图 8.15 所示,若车刀主切削刃为直线,则

$$h_D = f \cdot \sin \kappa_r \tag{8.8}$$

由此可见, f 或 κ_r 增大,则 h_D 变厚。若车刀主切削刃为圆弧或任意曲线,如图 8.16 所示,则对应于主切削刃上各点的切削层公称厚度 h_D 是不相等的。

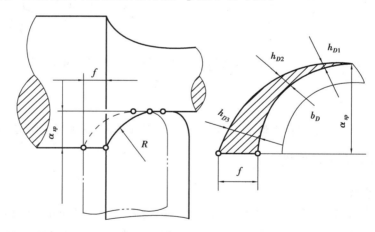

图 8.16　曲线切削刃工作时的切削层参数

2)切削层公称宽度 b_D

在主切削刃选定的基面内,沿过渡表面度量的切削层尺寸,称为切削层公称宽度,以 b_D 表示。当车刀主切削刃为直线时,外圆纵车的 b_D 为

$$b_D = \frac{a_{sp}}{\sin \kappa_\gamma} \tag{8.9}$$

由上式可知,当 a_{sp} 减小或 κ_r 增大时, b_D 变短。

3）切削层公称横截面积 A_D

在主切削刃选定点的基面内,切削层的横截面积称为切削层公称横截面积,以 A_D 表示。车削时:

$$A_D = h_D \cdot b_D = f \cdot a_{\eta p} \tag{8.10}$$

(2) 切削方式

1）自由切削与非自由切削

刀具在切削过程中,如果只有一条直线切削刃参加切削工作,这种情况称之为自由切削。其主要特征是切削刃上各点切屑流出方向大致相同,被切金属的变形基本上发生在二维平面内。如图 8.17 所示,宽刃刨刀的主切削刃长度大于工件宽度,没有其他切削刃参加切削,因此它是属于自由切削。

反之,若刀具上的切削刃为曲线,或有几条切削刃(包括副切削刃)都参加了切削,并且同时完成整个切削过程,则称之为非自由切削。其主要特征是各切削刃交接处切下的金属互相影响和干扰,金属变形更为复杂,且发生在三维空间内。例如外圆车削时除主切削刃外,还有副切削刃同时参加切削,因此,它是属于非自由切削方式。

2）直角切削与斜角切削

直角切削是指刀具主切削刃的刃倾角 $\lambda_s = 0$ 的切削,此时,主切削刃与切削速度向量

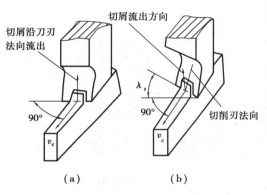

图 8.17　直角切削与斜角切削

成直角,故又称它为正交切削。如图 8.17(a)所示为直角刨削简图,它是属于自由切削状态下的直角切削,其切屑流出方向是沿切削刃的法向,这也是金属切削中最简单的一种切削方式,以前的理论和实验研究工作,多采用这种直角自由切削方式。

斜角切削是指刀具主切削刃的刃倾角 $\lambda_s \neq 0$ 的切削,此时主切削刃与切削速度向量不成直角。如图 8.17(b)所示为斜角刨削,它也是属于自由切削方式。一般的斜角切削,无论它是在自由切削或非自由切削方式下,主切削刃上的切屑流出方向都将偏离其切削刃的法向。实际切削加工中的大多数情况属于斜角切削方式。

8.2　金属切削过程的基本理论

8.2.1　切屑的形成

毛坯或工件上多余的金属被切除下来,从而形成具有所需形状和精度的合格零件。那些被切除的多余金属则变成切屑。

实验研究证明:金属切削过程实质是被切削金属层在刀具偏挤压作用下产生剪切滑移的塑性变形过程。虽然切削过程中必然产生弹性变形,但其变形量与塑性变形相比基本上可以

忽略不计。

（1）切削过程中的变形

根据金属切削实验中切削层的变形图片，可绘制如图 8.18 所示的金属切削过程中的滑移线和流线示意图。流线即被切金属的某一点在切削过程中流动的轨迹。为了研究方便，可将切削刃作用部位的切削层划分为三个变形区。这三个变形区汇集在切削刃附近，此处的应力比较集中而复杂，金属的被切削层就在此处与工件母体材料分离，大部分变成切屑，很小的一部分留在已加工表面上。

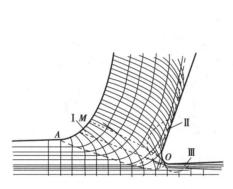

图 8.18　金属切削过程中的滑
移线和流线示意图

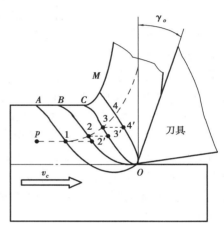

图 8.19　第 I 变形区金属质点的剪切滑移

1）第 I 变形区

被切削金属层在刀具作用下，首先产生弹性变形，当最大剪应力达到材料的屈服极限时，即沿图示的 OA 线开始发生剪切滑移。随着刀具前刀面的进一步趋近，塑性变形逐渐增大，并伴随有变形强化，直至 OM 线晶粒的剪切滑移基本完成，被切金属层与工件母体脱离成为切屑沿刀具前刀面流出。曲线 OA 与曲线 OM 所包围的区域就是剪切滑移区，又称为第 I 变形区。

图 8.19 所示为用切削层内某质点表示的剪切滑移过程。当切削层中金属某质点 P 随着切削的进行向切削刃逼近，到达点 1 的位置时，若通过点 1 的等剪应力曲线 OA，其切应力达到材料的屈服极限，则点 1 在向前移动的同时，也沿 OA 线滑移，因此当其运动到点 2 时，2′—2 就是其滑移量。随着滑移的产生，切应变将逐渐增加，当质点 P 到达点 4 位置后，其流动方向与前刀面平行，不再产生滑移现象。故 OA 线为始滑移线或始剪切线，OM 线为终滑移线或终剪切线。

实际上，OA 线与 OM 线之间的距离很小，为 0.02 ~ 0.2 mm。为简化问题，常将第 I 变形区用一个剪切面来近似表示。

2）第 II 变形区

经第 I 变形区剪切滑移变形形成的切屑沿刀具前面排出时，进一步受到前面的挤压和摩擦，再次产生变形，这就是第 II 变形区。这个变形区主要集中在和前刀面摩擦的切屑底面很薄的一层金属里，这层金属由于受到高温高压的作用，使靠近前面处的金属纤维化，其方向基本上和前面相平行。

应当指出，第 I 变形区和第 II 变形区是相互联系的。第 II 变形区前刀面的摩擦情况对第

Ⅰ变形区的剪切面方向有很大关系。前刀面上的摩擦力大时,切屑排出不畅,将导致挤压变形加剧,引起第Ⅰ变形区的剪切滑移也随之增大。

3)第Ⅲ变形区

工件的过渡表面和已加工表面靠近刀具的金属层受到刀具切削刃钝圆部分与刀具后刀面的挤压和摩擦,产生塑性变形,这一部分称为第Ⅲ变形区。该变形区的变形将造成工件的表层金属纤维化与加工硬化,并产生一定的残余应力。该变形区的变形将影响到工件加工后的表面质量和使用性能。

(2)切屑变形程度的表示方法

1)剪切角 ϕ

剪切面和切削速度方向的夹角叫剪切角,用 ϕ 表示。实验证明,对于同一工件材料,用同样的刀具,切削同样大小的切削层,当切削速度高时,剪切角 ϕ 较大,剪切面积变小,如图8.20所示,切削比较省力,说明切屑变形较小。相反,当剪切角 ϕ 较小,则说明切屑变形较大。

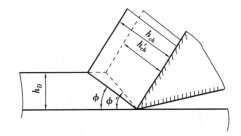

图 8.20　剪切角 ϕ 与剪切面面积的关系　　　图 8.21　切削厚度压缩比 Λ_h 的求法

2)切屑厚度压缩比 Λ_h

如图8.21所示,在切削过程中,刀具切下的切屑厚度 h_{ch} 通常都要大于工件上切削层的公称厚度 h_D,而切屑长度 l_{ch} 却小于切削层公称长度 l_D,切屑宽度基本不变。

切屑厚度 h_{ch} 与切削层公称厚度 h_D 之比称为切屑厚度压缩比 Λ_h;而切削层公称长度 l_D 与切屑长度 l_{ch} 之比称为切屑长度压缩比 Λ_l,即

$$\Lambda_h = \frac{h_{ch}}{h_D} \tag{8.11}$$

$$\Lambda_l = \frac{l_D}{l_{ch}} \tag{8.12}$$

由于工件上切削层的宽度与切屑平均宽度的差异很小,切削前、后的体积可以看作不变。故

$$\Lambda_h = \Lambda_l \tag{8.13}$$

Λ_h 是一个大于1的数,Λ_h 值越大,表示切下的切屑厚度越大,长度越短,其变形也就越大。由于切屑厚度压缩比 Λ_h 直观地反映了切屑的变形程度,并且容易测量,故一般常用它来度量切屑的变形。

(3)影响切屑变形的主要因素

1)工件材料对切屑变形的影响

工件材料的强度硬度愈高,切屑变形愈小。这是因为工件材料的强度硬度愈高,切屑与前

173

面的摩擦愈小,切屑越易排出,故切屑变形的影响愈小。

2)刀具前角对切屑变形的影响

刀具前角愈大,切屑变形愈小。生产实践表明,采用大前角的刀具切削,刀刃锋利,切屑流动阻力小,因此,切屑变形小,切削省力。

3)切削速度对切屑变形的影响

在无积屑瘤的切削速度范围内,切削速度愈大,则切屑变形愈小。这有两方面的原因:一方面是因为切削速度较高时,切削变形不充分,导致切屑变形减小;另一方面是因为随着切削速度的提高,切削温度也升高,使刀-屑接触面的摩擦减小,从而也使切屑变形减小。

4)切削层公称厚度对切屑变形的影响

在无积屑瘤的切削速度范围内,切削层公称厚度愈大,则切屑变形愈小。这是由于切削层公称厚度增大时,刀-屑接触面上的摩擦减小的缘故。

(4)切屑的类型与控制

1)切屑的基本类型与控制

由于工件材料不同,切削条件不同,切削过程中的变形程度也就不同,因而所产生的切屑种类也就多种多样。归纳起来,可切屑分为以下四种类型。

①带状切屑

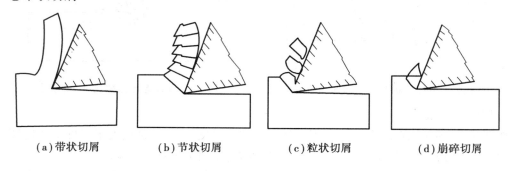

（a）带状切屑　　（b）节状切屑　　（c）粒状切屑　　（d）崩碎切屑

图 8.22　切屑类型

图 8.22（a）所示,带状切屑的外形呈带状,其内表面是光滑的,外表面是毛茸的,加工塑性金属材料如碳钢、合金钢时,当切削层公称厚度较小,切削速度较高,刀具前角较大时,一般常得到这种切屑。它的切削过程比较平稳,切削力波动较小,已加工表面粗糙度较小,但容易划伤工件。

②节状切屑

如图 8.22（b）所示,这类切屑的外形是切屑的外表面呈锯齿形,内表面有时有裂纹,这种切屑大都是在切削速度较低,切削层公称厚度较大、刀具前角较小时产生。它的切削力波动较大,使已加工表面粗糙度高。

③粒状切屑

当切屑形成时,如果整个剪切面上应力超过了材料的破裂强度,则整个单元被切离,成为梯形的粒状切屑,如图 8.22（c）所示。由于各粒形状相似,因此又叫单元切屑。它是加工塑性更差的金属时,使用更低的切削速度、更大的切削厚度、更小的刀具前角的情况下产生的。它的切削力波动更大,导致已加工表面粗糙度更高,甚至有鳞片状毛刺出现。

④崩碎切屑

如图 8.22(d)所示,在切削脆性金属如铸铁、黄铜等时,切削层几乎不经过塑性变形就产生脆性崩裂,从而使切屑呈不规则的颗粒状。工件材料越硬脆,切削厚度越大时,越易产生这类切削。该类切屑的切削力波动最大,已加工表面凹凸不平,容易造成刀具破坏,对机床也不利。

前三种切屑是切削塑性金属时得到的。生产中最常见的是带状切屑,有时得到节状切屑,粒状切屑则很少见。如果改变节状切屑的条件:进一步增大前角,提高切削速度,减小切削层公称厚度,就可以得到带状切屑;反之,则可以得到粒状切屑。这说明切屑的形态是可以随切削条件而转化的,掌握了其变化规律,就可以控制切屑的变形、形态和尺寸,以达到断屑和卷屑的目的。

在加工脆性材料形成崩碎切屑时,其改进办法是减小切削层公称厚度,同时适当提高切削速度,使切屑成针状和片状。

2)切屑的形状

影响切屑的处理和运输的主要因素是切屑的形状,随着工件材料、刀具几何形状和切削用量的差异,所生成的切屑的形状也会不同。切屑的形状大体有带状屑、C 形屑、崩碎屑、螺卷屑、长紧卷屑、发条状卷屑和宝塔状卷屑等,如图 8.23 所示。

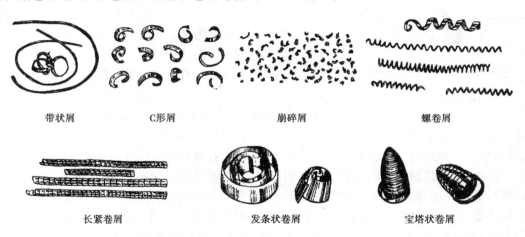

带状屑　　　　　C形屑　　　　　崩碎屑　　　　　螺卷屑

长紧卷屑　　　　　发条状卷屑　　　　　宝塔状卷屑

图 8.23　切屑的各种形状

车削一般碳钢和合金钢工件时,采用带卷屑槽的车刀易形成 C 形屑。C 形屑不会缠绕在工件或刀具上,也不易伤人,是一种比较好的屑形。但 C 形屑多数是碰撞在车刀后刀面或工件表面上折断的,如图 8.24 所示,切屑高频率的碰撞和折断会影响切削过程的平稳性,对工件已加工表面的粗糙度也有一定的影响。因此,精车时一般多希望形成长螺卷屑。

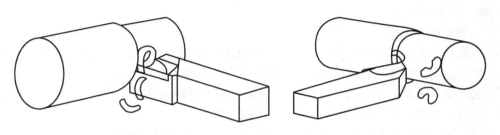

图 8.24　C 形屑的折断过程

车削铸铁和脆黄铜等脆性材料时,切屑崩碎成针状或碎片飞溅,可能伤人,并易磨损机床导轨面及滑动面。这时,应设法使切屑连成卷状。如采用波形刃脆铜卷屑车刀,可以使脆铜和铸铁的切屑连成螺状短卷。

由此可见,切削加工的具体条件不同,要求切屑的形状也应有所不同。脱离具体条件,孤立地评论某一种切屑形状的好坏是没有实际意义的。生产上,常在刀具前刀面上作出卷屑槽来促使切屑卷曲,也采用一些办法使已变形的切屑再附加一次变形将较长的切屑折断。

8.2.2 积屑瘤与鳞刺

(1)积屑瘤

1)积屑瘤及其特征

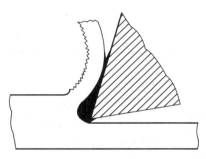

图 8.25　积屑瘤

在一定的切削速度范围内切削钢、铝合金、铜合金等塑性材料时,常有一部分被切工件材料堆积于刀具刃口附近的前刀面上,它包围着刀具切削刃且覆盖部分前面,如图8.25所示。这层堆积物大体呈三角形,质地十分坚硬,其硬度可为工件材料的 $2\sim3.5$ 倍,处于稳定状态时可代替刀尖进行切削。该堆积物称为积屑瘤,俗称刀瘤。

2)积屑瘤的成因与作用

关于积屑瘤的产生有多种解释,通常认为是由于切屑在前刀面上黏结造成的。切屑沿着前刀面流动,由于受前刀面的摩擦作用,使得切屑底层流动速度变得很慢而产生滞流。在一定的温度和压力下,切屑底层的金属会黏结于刀尖上,层层黏结,层层堆积,高度渐长,最终形成了积屑瘤。积屑瘤质地十分坚硬,是由于在激烈的塑性变形中产生加工硬化的缘故。一般地说,塑性材料切削时形成带状切屑,且加工硬化现象较强,易产生积屑瘤;而脆性材料切削时形成碎切屑,且加工硬化现象很弱,不易产生积屑瘤。故加工碳钢常出现积屑瘤,而加工铸铁则不出现积屑瘤。切削温度也是形成积屑瘤的重要条件。切削温度过低,黏结现象不易发生;切削温度过高,加工硬化现象有削弱作用,因而积屑瘤也不易产生。对于碳钢,$300\sim350\ ℃$范围内最容易产生积屑瘤,$500\ ℃$以上趋于消失。

积屑瘤的形成过程就是切屑滞流层在前刀面上逐步堆积和长高的过程,因此它能代替刀刃进行切削,减小刀具的磨损;积屑瘤的高度是在不断变化的,故会引起工件加工尺寸的改变,影响加工精度,也会使加工表面粗糙度恶化。此外,不稳定的积屑瘤不断生长、破碎和脱落,积屑瘤脱落时会剥离前刀面上的刀具材料,加速刀具的磨损,脱落的部分碎片会嵌入已加工表面,影响零件表面质量。

3)积屑瘤的抑制措施

积屑瘤对加工的影响有利有弊,弊大于利,在精加工时应尽量避免。常用的方法有:

①切削速度。选择低速或高速加工,避开容易产生积屑瘤的切削速度区间。

②进给量。进给量增大,则切削厚度增大,刀-屑的接触长度增加,从而形成积屑瘤的生成基础。故可适当降低进给量,削弱积屑瘤的生成基础。

③切削液。采用冷却性和润滑性好的切削液,减小刀具前刀面的粗糙度,以减小该处的摩擦。

④前角。增大刀具前角,切削变形减小,则切削力减小,从而使刀具前刀面上的摩擦减小。实践证明,刀具前角增大到 35°时,一般不产生积屑瘤。

（2）鳞刺

鳞刺是已加工表面上出现的鳞片状毛刺,如图 8.26 所示。它是以较低的切削速度切削塑性金属时(如拉削、插齿、滚齿、螺纹切削等)常出现的一种现象。鳞刺将导致已加工表面质量恶化,是加工中获得较小粗糙度表面的一大障碍。

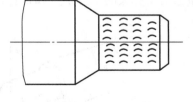

鳞刺生成的原因是由于部分金属材料的黏结层积,而导致即将切离的切屑根部发生导裂,在已加工表面层留下金属被撕裂的痕迹。与积屑瘤相比,鳞刺产生的频率较高。

避免产生鳞刺的措施有:

1)减小切削厚度。

2)采用润滑性能良好的切削液。

3)采用硬质合金或高硬度的刀具切削。

4)如提高切削速度受到限制,可以采用人工加热切削区的措施。

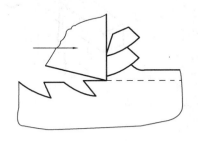

图 8.26　鳞刺

8.2.3　切削力与切削功率

切削力就是在切削过程中作用在刀具或工件上的力,直接影响着切削热的产生,并进一步影响着刀具的磨损、使用寿命、加工精度和已加工表面质量。在生产中,切削力又是计算切削功率,以及设计和使用机床、刀具、夹具的必要依据。因此,研究切削力的规律将有助于分析切削过程,并对生产实际有重要的指导意义。

（1）切削力的来源

根据切屑形成的三个变形区的研究可以知道,切削力主要来源于三个方面,取刀具为受力体来分析,如图 8.27 所示。

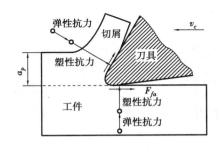

图 8.27　切削力的来源

1)克服被加工材料弹性变形的抗力。

2)克服被加工材料塑性变形的抗力。

3)克服切屑对刀具前刀面、工件过渡表面和已加工表面对刀具后刀面的摩擦力。

被加工材料弹性变形的抗力和塑性变形的抗力,在切削中的三个变形区中均存在,但以第 I 变形区中的抗力最大。

（2）切削合力的分解

图 8.28 所示为为车削外圆时的切削力。为了便于测量和应用,可以将合力 F 分解为三个互相垂直的分力:

F_c——切削力或切向力,是总切削力在主运动方向上的投影,其方向与基面垂直。F_c 是计算车刀强度、设计机床零件、确定机床功率所必需的。

F_f——进给力或轴向力。即是处于基面内并与工件轴线平行的力。F_f 是设计机床走刀强度、设计机床走刀机构强度、计算车刀进给功率所必需的。

F_p——背向力或径向力。即是处于基面内并与工件轴线垂直的力。F_p 用来确定与工件加工精度有关的工件挠度和计算机床零件强度,它也是使工件在切削过程中产生振动的力。

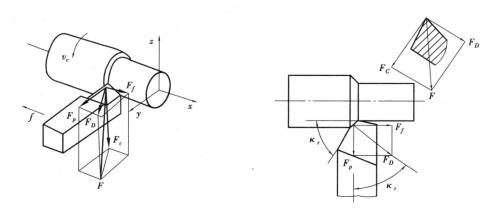

图 8.28 切削合力和分力

由图 8.28 知:

$$F = \sqrt{F_c^2 + F_D^2} = \sqrt{F_C^2 + F_f^2 + F_p^2} \qquad (8.14)$$

(3)切削功率

消耗在切削过程中的切削功称为切削功率 P_c。切削功率为力 F_c、F_f 所消耗的功率之和,因 F_p 方向没有位移,因此不消耗功率。于是

$$P_c = \left(F_c \cdot v_c + \frac{F_f \cdot n_w \cdot f}{1\ 000} \right) \times 10^{-3} (\text{kW}) \qquad (8.15)$$

式中　F_c——切削力,N;

　　　v_C——切削速度,m/s;

　　　F_f——进给力,N;

　　　n_w——工件转速,r/s;

　　　f——进给量,mm/r。

上式中,等号右侧的第二项目是消耗在进给运动中的功率,与 F_C 所消耗的功率相比,一般很小,故可略去不计,于是

$$P_c = F_c \cdot v_c \times 10^{-3} \text{kW} \qquad (8.16)$$

求出 P_c 之后,如果计算机床电机功率 P_E,还应将 P_C 除以机床传动效率 η_c(一般取 0.75 ~ 0.85),即

$$P_E \geqslant \frac{P_c}{\eta_c} \qquad (8.17)$$

(4)切削力的指数经验公式及切削力的计算

1)切削力的指数公式

对于切削力,也可以利用公式进行计算。由于金属切削过程非常复杂,虽然人们进行了大量的试验和研究,但所得到的一些理论公式还不能用来进行比较精确的计算切削力。目前实

际采用的计算公式都是通过大量的试验和数据处理而得到的经验公式。其中应用比较广泛的是指数形式的切削力经验公式,其形式如下:

$$\left.\begin{array}{l} F_e = C_{Fc} \cdot a_{sp}^{xFc} \cdot f^{yFc} \cdot v_c^{nFc} \cdot K_{fc} \\ F_p = C_{FP} \cdot a_{sp}^{xFp} \cdot f^{yFp} \cdot v_c^{nFp} \cdot K_{FP} \\ F_f = C_{Ff} \cdot a_{sp}^{xFf} \cdot f^{yFf} \cdot v_e^{nFf} \cdot K_{Ff} \end{array}\right\} \tag{8.18}$$

式中　F_c, F_p, F_f——切削力、背向力和进给力;

　　　　C_{Fc}, C_{Fp}, C_{Ff}——取决于工件材料和切削条件的系数;

　　　　x_{Fc}, y_{Fc}; n_{Fc}, x_{Fp}, y_{Fp}, n_{Fp}; x_{Ff}, y_{Ff}, n_{Ff}——三个分力公式中背吃刀量、进给量和切削速度的指数;

　　　　K_{Fc}, K_{Fp}, K_{Ff}——当实际加工条件与求得经验公式的试验条件不符时,各种因素对各切削分力的修正系数的积。

式中各种系数、指数和修正系数可以在相关表格中查到。

2)利用单位切削力计算

单位切削力是指单位面积上的切削力,用 K_c 表示。如果单位切削力是已知的(由相关表格中查出),则可用下式计算出切削力 F_c。

$$F_c = k_c \cdot A_D = k_c \cdot a_{sp} \cdot f = k_c \cdot h_D \cdot b_D \tag{8.19}$$

式中　k_c——单位切削力,N/mm^2;

　　　　A_D——切削层公称横截面积,mm^2;

　　　　h_D——切削层公称厚度,mm;

　　　　b_D——切削层公称宽度,mm;

　　　　a_{sp}——背吃刀量,mm;

　　　　F——进给量,mm/r。

(5)切削力的测量

1)切削力的间接测量

在没有专用测力仪器的情况下,可以使用功率表测出机床电动机在切削过程中所消耗的功率,然后按式 8.17 计算出 P_c,在切削速度已知的情况下,利用式 8.16 计算出 F_c。

这种方法只能粗略的估算出切削力的大小。

2)直接测量法

测力仪是测量切削力的主要仪器,按其工作原理可分为机械式、液压式和电测式。电测式又可分为电阻应变式、电磁式、电感式、电容式以及压电式。目前常用的是电阻应变式测力仪和压电式测力仪。

①电阻应变式测力仪。电阻应变式测力仪具有灵敏度高、线性度好、量程范围大、使用可靠和测量精度较高等优点,适用于切削力的动态和静态测量。

这种测力仪常用的电阻元件是电阻应变片。其特点是受到张力时,其长度增大,截面积减小,致使电阻值增大;受到压力时,其长度缩短,截面积增加,致使电阻值减小。将若干电阻应变片固定在测力仪的弹性元件的不同位置,分别连成电桥,如图 8.29 所示。在切削力的作用下,应变片随弹性元件一起发生变形,破坏电桥的平衡。这时,电流表中有与切削力大小相应的电流流过。该电流经过电阻应变仪放大后得到电流读数,经标定后就可以得到切削力的数值。

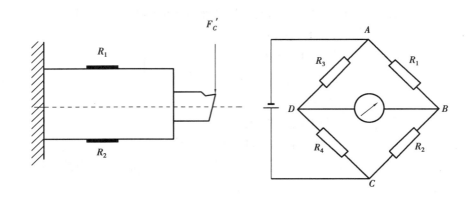

图 8.29　弹性元件上的电阻应变片组成电桥

②压电式测力仪。压电式测力仪具有灵敏度高、刚度大、自振频率高、线性度和抗相互干扰性较好,无惯性、精度高等优点,适用于测量动态切削力和瞬时切削力。其缺点是易受湿度影响,连续测量稳定的或变化不大的切削力时,存在电荷泄漏,致使零点漂移,影响测量精度。

这种测力仪利用某些材料(如石英晶体或压电陶瓷等)的压电效应。即当其受力时其表面产生电荷,电荷的多少仅与所施加的外力的大小成正比。用电荷放大器将电荷转换成相应的电压参数就可以测量出力的大小。

(6)影响切削力的因素

在切削过程中,有很多因素都对切削力产生了不同程度的影响,归纳起来主要有:工件材料、切削用量、刀具几何参数、刀具材料、后刀面的磨损量、刀具刃磨质量及切削液等。这些因素的影响程度和影响规律在切削力的理论公式和经验公式中都有较全面的体现。

1)被加工材料的影响

被加工材料的物理机械性质、加工硬化能力、化学成分、热处理状态等都对切削力的大小产生影响。

材料的强度愈高,硬度愈大,则切削力越大。有的材料如奥氏体不锈钢,虽然初期强度和硬度都较低,但加工硬化大,切削时较小的变形就会引起硬度大大提高,从而使切削力增大。

材料的化学成分会影响其物理机械性能,从而影响切削力的大小,如碳钢中含碳量高,硬度就高、切削力较大。

对同一材料的热处理状态不同,其金相组织不同,硬度就不同,也影响切削力的大小。

铸铁等脆性材料,切削层的塑性变形小,加工硬化小。此外,切屑为崩碎切屑,且集中在刀尖,刀-屑接触面积小,摩擦也小。因此,加工铸铁时切削力比钢小。

2)切削用量对切削力的影响

①背吃刀量 a_{sp} 和进给量 f。背吃刀量 a_{sp} 和进给量 f 增大,都会使切削面积 A_D 增大($A_D = a_{sp} \cdot f$),从而使变形力增大,摩擦力增大,因之切削力也随之增大。但 a_{sp} 和 f 两者对切削力的影响大小不同。

背吃刀量 a_{sp} 增大1倍,切削力 F_C 也增大1倍,即切削力 F_C 的经验公式中, a_{sp} 的指数 x_{Fc} 近似等于1。

进给量 f 增大,切削面积增大、切削力增大;但 f 增大,又使切屑厚度压缩比 A_h 减小,摩擦力减小,使切削力减小。这正反两方面作用结果,使切削力的增大与 f 不成正比,反映在切削力 F_c 的经验公式中, f 的指数 y_{Fc} 一般都小于 1。

②切削速度 v_c。在无积屑瘤的切削速度范围内,随着切削速度 v_c 的增大,切削力减小。这是因为 v_c 增大后,摩擦减小,剪切角 ϕ 增大,切屑厚度压缩比 A_h 减小,切削力减小。另一方面,切削速度 v_c 增大,切削温度增高,使被加工金属的强度、硬度降低,也会导致切削力减小。故只要条件允许,宜采用高速切削,同时还可以提高生产率。

切削铸铁等脆性材料时,由于形成崩碎切屑,塑性变形小,刀—屑接触面间摩擦小,因此切削速度 v_c 对切削力的影响不大。

3)刀具几何参数对切削力的影响

在刀具几何参数中,前角 γ_o 对切削力影响最大。加工塑性材料时,前角 γ_o 增大,切削力降低;加工脆性材料时,由于切屑变形很小,因此前角对切削力的影响不显著。

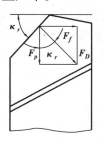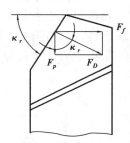

图 8.30　主偏角不同时, F_p 和 F_f 的变化

主偏角 κ_r 对切削力 F_c 的影响较小,但对背向力 F_p 和进给力 F_f 的影响较大,由图 8.30 可知

$$\left.\begin{array}{l} F_p = F_D \cdot \cos \kappa_r \\ F_f = F_D \cdot \sin \kappa_r \end{array}\right\} \tag{8.20}$$

式中　 F_D ——切削合力 F 在基面内的分力。可见 F_p 随 κ_r 的增大而减小, F_f 随 κ_r 的增大而增大。

实验证明,刃倾角 λ_s 在很大范围内($-40° \sim +40°$)变化时对切削力 F_c 没有什么影响,但对 F_p 和 F_f 的影响较大,随着的 λ_s 增大, F_p 减小,而 F_f 增大。

在刀具前面上磨出负倒棱 b_{r1} (图 8.31)对切削力有一定的影响。负倒棱宽度 b_{r1} 与进给量之比(b_{r1}/f)增大,切削力随之增大,但当切削钢 $b_{r1}/f \geqslant 5$,或切削灰铸铁 $b_{r1}/f \geqslant 3$ 时,切削力趋于稳定,这时就接近于负前角 γ_{o1} 刀具的切削状态。

4)刀具材料对切削力的影响

刀具材料与被加工材料间的摩擦系数,影响到摩擦力的变化,直接影响着切削力的变化。在同样的切削条件下,陶瓷刀的切削力最小、硬质合金次之、高速钢刀具的切削力最大。

5)切削液对切削力的影响

切削液具有润滑作用,使切削力降低。切削液的润滑作用愈好,切削力的降低愈显著。在较低的切削速度下,切削液的润滑作用更为突出。

6)刀具后面的磨损对切削力的影响

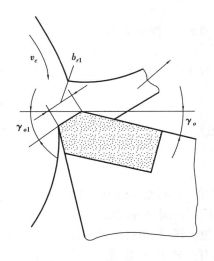

图 8.31　正前角倒棱车刀的切屑流出情况

后面的磨损增加,摩擦加剧,切削力增加。因此要及时更换刃磨刀具。

8.2.4　切削热与切削温度

切削热是切削过程中重要的物理现象之一。大量的切削热使得切削温度升高,这将直接影响刀具前面上的摩擦系数、积屑瘤的形成和消退、刀具的磨损以及工件材料的性能、工件加工精度和已加工表面质量等。

(1)切削热的产生与传出

切削过程中所消耗的能量 97% ~ 99% 都转变为热量。三个变形区就是三个发热区(图 8.32),因此,切削热的来源就是切屑变形功和刀具前、后面的摩擦功。

根据热力学平衡原理,产生的热量和散出的热量应相等,则

$$Q_s + Q_r = Q_c + Q_t + Q_w + Q_m \tag{8.21}$$

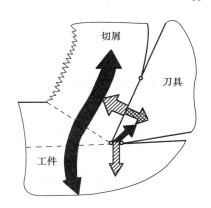

图 8.32　切削热的产生与传出

式中　Q_s——工件材料弹、塑性变形所产生的热量;

Q_r——切屑与前面、加工表面与后面摩擦所产生的热量;

Q_c——切屑带走的热量;

Q_t——刀具传散的热量;

Q_w——工件传散的热量;

Q_m——周围介质如空气,切削液带走的热量。

切削热由切屑、刀具、工件及周围介质传出的比例大致如下:

1)车削加工时,切屑带走切削热为 50% ~ 86%,车刀传出 40% ~ 10%,工件传出 9% ~ 3%,周围介质(如空气)传出 1%。切削速度愈高或切削层公称厚度愈大,则切屑带走的热量愈多。

2)钻削加工时,切屑带走的切削热 28%,刀具传出 14.5%,工件传出 52.5%,周围介质传出 5%。

3)磨削加工时,有 70% 以上的热量瞬时进入工件,只有小部分通过切屑、砂轮、冷却液和大气带走。

(2)切削温度及其分布和测量

所谓切削温度,是指刀具前面上刀-屑接触区的平均温度,用 θ 表示。一般用前刀面与切屑接触区域的平均温度代替。

1)切削温度的测量

切削温度的测量是可以用来研究各种因素对切削温度的影响,也可以用来检查切削温度理论计算的准确性,还可以把测得的切削温度作为自适应控制切削过程的输入信号。

切削温度的测定方法有多种,目前应用较广泛而且比较成熟、简单可靠的方法是自然热电偶法和人工热电偶法,半人工热电偶法也有应用。另外还有热辐射法、涂色法和红外线法等。其中热电偶法测温虽较近似,但装置简单、测量方便,是较为常用的测温方法。

①自然热电偶法。自然热电偶法是利用刀具和工件材料化学成分的不同构成热电偶,将刀具和工件作为热电偶的两极来组成热电回路测量切削温度的方法。切削加工时,当工件与刀具接触区的温度升高后,就在回路中形成热电偶的热端和冷端。这样在刀具和工件的回路

中就形成了温差电动势,利用电位计或毫伏表可以将其数值记录下来。再根据事先标定的热电偶热电势与温度的关系曲线(标定曲线),便可以查出刀具与工件接触区的切削温度值。

用自然热电偶法测到的切削温度是切削区的平均温度。利用这一方法进行测量是简便可靠的,但即便是更换牌号相同、炉号不同的刀具材料或工件材料时,也要重新做一次标定曲线。另外自然热电偶法不能测出切削区指定点的温度,因此,人工热电偶法也常有应用。

②人工热电偶法。人工热电偶法是将两种预先经过标定的金属丝组成热电偶,热电偶的热端焊接在刀具或工件预定要测量温度的点上,冷端通过导线串接电位计或毫伏表。根据表上的读数值和热电偶标定曲线,可获得焊接点上的温度。图 8.33 所示是使用人工热电偶法测量刀具前刀面某点温度的示意图,安放热电偶金属丝的小孔直径越细小越好,同时金属丝应做好绝缘措施。

应用人工热电偶法,只能测得距前刀面有一定距离处的某点温度,而不能直接测出前刀面上的温度。要知道前刀面上的温度,还要利用传热学的原理和公式进行计算。利用这种方法,可以得到刀具、工件和切屑的温度分布情况。

2)切削温度的分布

切削温度的分布一般用温度场来描述。温度场是指工件、切屑和刀具上各点的温度分布。温度场可以用理论计算的方法求出,但更多的是用人工热电偶法或其他方法测出。

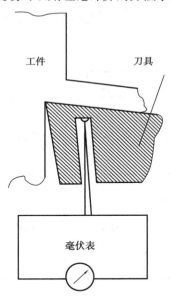

图 8.33　人工热电偶法测量
刀具某点温度

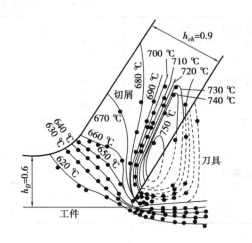

图 8.34　二维切削中的温度分布
工件材料:低碳易切钢;刀具:$\gamma_0 = 30°, \alpha_0 = 7°$;
切削用量:$h_D = 0.6 \text{ mm}, v_c = 22.86 \text{ m/min}$;
切削条件:干切削,预热 611 ℃

图 8.34 是切削钢料时,实验测出的正交平面内的温度场。由此可分析归纳出一些切削温度分布的规律:

①剪切面上各点的温度几乎相同,说明剪切面上各点的应力应变规律基本相同。

②刀具前、后面上最高温度都不在切削刃上,而是在离切削刃有一定距离的地方。这是摩

擦热沿着刀面不断增加的缘故。

（3）影响切削温度的主要因素

考虑切削过程中某因素对切削温度的影响,仍然是从该因素对切削热的产生和传出这两个方面来综合考虑。

1）切削用量对切削温度的影响

通过实验得出的切削温度的经验公式为

$$\theta = C_\theta \cdot v_c^{z\theta} \cdot f^{y\theta} \cdot a_{sp}^{x\theta} \tag{8.22}$$

式中 θ——刀具前面上刀-屑接触区的平均温度,℃;

      C_θ——切削温度系数;

      v_c——切削速度,m/min;

      f——进给量,mm/r;

      a_{sp}——背吃刀量,mm;

      z_θ、y_θ、x_θ——相应的影响指数。

实验得出,用高速钢或硬质合金刀具切削中碳钢时,系数 C_θ 和指数 z_θ、y_θ、x_θ 见表8.2。

由式(8.22)及表8.2可知,v_c、f、a_{sp} 增大,切削温度升高,但切削用量三要素对切削温度的影响程度不一,以 v_c 的影响最大,f 次之,a_{sp} 最小。因此,为了有效地控制切削温度以提高刀具使用寿命,在机床允许的条件下,选用较大背吃刀具 a_{sp} 和进给量 f,比选用大的切削速度 v_c 更为有利。

表 8.2　切削温度的系数及指数

刀具材料	加工方法	C_θ	z_θ		y_θ	x_θ
高速钢	车　削	140~170	0.35~0.45		0.2~0.3	0.08~0.10
	铣　削	80				
	钻　削	150				
硬质合金	车　削	320	$f/(\text{mm} \cdot \text{r}^{-1})$		0.15	0.05
			0.1	0.14		
			0.2	0.31		
			0.3	0.26		

2）刀具几何参数的影响

前角 γ_o 增大,使切屑变形程度减小,产生的切削热减小,因而切削温度下降。但前角大于18°~20°时,对切削温度的影响减小,这是因为楔角减小而使散热体积减小的缘故。

主偏角 κ_r 减小,使切削层公称宽度 b_D 增大,散热增大,故切削温度下降。

负倒棱及刀尖圆弧半径增大,能使切削变形程度增大,产生的切削热增加;但另一方面这两者都能使刀具的散热条件改善,使传出的热量增加,两者趋于平衡,因此,对切削温度影响很小。

3）工件材料的影响

工件材料的强度、硬度增大时,产生的切削热增多,切削温度升高;工件材料的导热系数愈大,通过切屑和工件传出的热量愈多,切削温度下降愈快。

4)刀具磨损的影响

刀具后面磨损量增大,切削温度升高,磨损量达到一定值后,对切削温度的影响加剧;切削速度愈高,刀具磨损对切削温度的影响就愈显著。

5)切削液的影响

切削液对降低切削温度、减少刀具磨损和提高已加工表面质量有明显的效果。切削液对切削温度的影响与切削液的导热性能、比热、流量、浇注方式以及本身的温度有很大关系。

8.2.5　刀具磨损和破损

切削过程中,刀具一方面切下切屑,一方面也被损坏。刀具损坏到一定程度,就要更换新的切削刃或换刀才能继续切削。因此刀具损坏也是切削过程中的一个重要现象。

刀具损坏的形式主要有磨损和破损两类。前者是连续的逐渐磨损,后者又包括脆性破损(如崩刃、碎断、剥落、裂纹等)和塑性破损两种。

刀具磨损后,使工件加工精度降低,表面粗糙度增大,并导致切削力和切削温度增加,甚至产生振动不能继续正常切削。因此,刀具磨损直接影响生产效率、加工质量和成本。

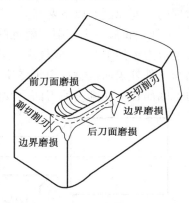

图 8.35　刀具的磨损形态

(1)刀具的磨损形式

切削时,刀具的前面和后面分别与切屑和工件相接触,由于前、后面上的接触压力很大,接触面的温度也很高,因此在刀具前、后面上发生磨损,如图 8.35 所示。

1)前刀面磨损

切削塑性材料时,如果切削速度和切削层公称厚度较大,则在前面上形成月牙洼磨损,如图 8.36(c)。并以切削温度最高的位置为中心开始发生,然后逐渐向前后扩展,深度不断增加。当月牙洼发展到其前缘与切削刃之间的棱边变得很窄时,切削刃强度降低,容易导致切削刃破损。刀具前面月牙洼磨损值以其最大深度 KT 表示,如图 8.36(b)所示。

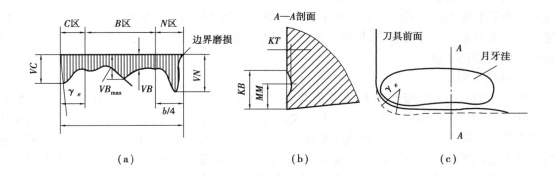

图 8.36　刀具磨损的测量位置

185

2)后刀面磨损

切削时,工件的新鲜加工表面与刀具后面接触,相互摩擦,引起后刀面磨损。后刀面的磨损形式是磨成后角等于零的磨损棱带。切削铸铁和以较小的切削层公称厚度切削塑性材料时,主要发生这种磨损。后刀面上的磨损棱带往往不均匀,如图8.36(a)所示。刀尖部分(C区)强度较低,散热条件又差,磨损比较严重,其最大值为VC;主切削刃靠近工件待加工表面处的后面(N区)磨成较深的沟,以VN表示。在后面磨损棱带的中间部位(B区),磨损比较均匀,其平均宽度以VB表示,而且最大宽度以VB_{max}表示。

3)前后面同时磨损或边界磨损

切削塑性材料,$h_D = 0.1 \sim 0.5$ mm时,会发生前后面同时磨损。

在切削铸钢件和锻件等外皮粗糙的工件时,常在主切削刃靠近工件外皮处以及副切削刃靠近刀尖处的后面磨出较深的沟纹,这种磨损称为边界磨损,如图8.37所示。发生这种边界磨损的主要原因有以下两点。

①切削时,在主切削刃附近的前后刀面上,压应力和切应力很大,但在工件外表面的切削刃上应力突然下降,形成很高的应力梯度,引起很大的切应力。同时,前刀面上切削温度最高,而与工件外表面接触点由于受空气或切削液冷却,造成很高的温度梯度,也引起很大的切应力。因而在主切削刃后刀面上发生边界磨损。

②由于加工硬化作用,靠近刀尖部分的副切削刃处的切削厚度减薄到零,引起这段刀刃打滑,促使副后刀面上发生边界磨损。

加工铸、锻件外皮粗糙的工件时,也容易发生边界磨损。

(2)刀具磨损的原因

切削时刀具的磨损是在高温高压条件下产生的。因此,形成刀具磨损的原因就非常复杂,它涉及机械、物理、化学和相变等的作用。现将其中主要的原因简述如下:

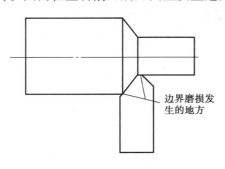

图8.37 边界磨损部位

1)硬质点磨损

硬质点损伤是由工件材料中的杂质、材料基体组织中所含的碳化物、氮化物和氧化物等硬质点以及积屑瘤的碎片等将刀具表面上擦伤而划出一条条的沟纹造成的机械磨损。各种切削速度下的刀具都存在这种磨损,但它是低速刀具磨损的主要原因。这是因为低速时温度低,其他形式的磨损还不显著。

2)黏结磨损

在一定的压力和温度作用下,在切屑与前面、已加工表面与后面的摩擦面上,产生塑性变形而使工件的原子或晶粒冷焊在刀面上形成黏结点,这些黏结点又因相对运动而破裂,其原子或晶粒被对方带走,一般说来,黏结点的破裂发生在硬度较低的一方,即工件材料上,但刀具材料往往有组织不均、存在内应力、微裂纹以及空隙、局部软点等缺陷,因此,黏结点的破裂也常常发生刀具材料被工件材料带走的现象,从而形成刀具的黏结磨损。高速钢、硬质合金等各种刀具都会因黏结而发生磨损。

黏结磨损和程度取决于切削温度、刀具和工件材料的亲和力、刀具和工件材料硬度比、刀具表面形状与组织和工艺系统刚度等因素。例如刀具和工件材料的亲和力越大、硬度比越小，黏结磨损就越严重。

3）扩散磨损

切削过程中，刀具表面始终与工件上被切出的新鲜表面相接触，由于高温与高压的作用，两摩擦表面上的化学元素有可能互相扩散到对方去，使两者的化学成分发生变化，从而削弱了刀具材料的性能，加速了刀具的磨损。例如，用硬质合金刀具切削钢件时，切削温度常达到 $800 \sim 1\,000\ ℃$ 以上，自 $800\ ℃$ 开始，硬质合金中的 Co、C、W 等元素会扩散到切屑中而被带走；切屑中的 Fe 也会扩散到硬质合金中，形成新的低硬度、高脆性的复合碳化物；同时，由于 Co 的扩散，还会使刀具表面上 WC、TiC 等硬质相的黏结强度降低，这一切都加剧了刀具的磨损。因此，扩散磨损是硬质合金刀具的主要磨损原因之一。

扩散磨损的速度主要与切削温度、工件和刀具材料的化学成分等因素有关。扩散速度随切削温度的升高而增加，而且愈增愈烈。

4）化学磨损

在一定温度下，刀具材料与某些周围介质（如空气中的氧、切削液中的极压添加剂硫、氯等）起化学作用，在刀具表面形成一层硬度较低的化合物，而被切屑带走，加速了刀具的磨损；或者因为刀具材料被某种介质腐蚀，造成刀具损耗。这些被称为化学磨损。

化学磨损主要发生于较高的切削速度条件下。

总的说来，当刀具和工件材料给定时，对刀具磨损起主导作用的是切削温度。在温度不高时，以硬质点磨损为主；在温度较高时，以黏结、扩散和化学磨损为主。如图 8.38 所示为硬质合金加工钢料时，在不同的切削速度（切削温度）下各类磨损所占的比例。

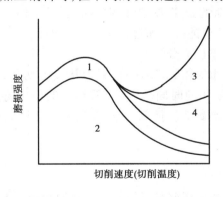

图 8.38　切削温度对刀具磨损强度的影响
1—机械磨损；2—黏结磨损；
3—扩散磨损；4—化学磨损

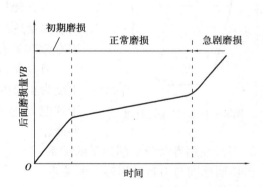

图 8.39　刀具磨损的典型曲线

（3）刀具磨损过程及磨钝标准

1）刀具的磨损过程

根据切削实验，可得图 8.39 所示的刀具磨损过程的典型曲线。由图可见，刀具的磨损过程分三个阶段：

①初期磨损阶段　因为新刃磨的刀具后面存在粗糙不平以及显微裂纹、氧化或脱碳等缺陷，而且切削刃较锋利，后面与加工表面接触面积较小，压应力较大，所以，这一阶段的磨损

较快。

②正常磨损阶段 经过初期磨损后,刀具后面粗糙表面已经磨平,单位面积压力减小,磨损比较缓慢且均匀,进入正常磨损阶段。在这个阶段,后面的磨损量与切削时间近似地成正比增加。正常切削时,这个阶段时间较长。

③急剧磨损阶段 当磨损量增加到一定限度后,加工表面粗糙度增加,切削力与切削温度迅速升高,刀具磨损量增加很快,甚至出现噪声、振动,以致刀具失去切削能力。在这个阶段到来之前,就要及时换刀。

2)刀具的磨钝标准

刀具磨损后将影响切削力、切削温度和加工质量,因此必须根据加工情况给刀具规定一个最大允许的磨损量,这个磨损限度就称为刀具的磨钝标准。

因为一般刀具的后面都发生磨损,而且测量也比较方便,因此。国际标准化组织 ISO 统一规定以 1/2 背吃刀量处后面上测量的磨损带宽度 VB 作为刀具的磨钝标准,如图 8.40 所示。

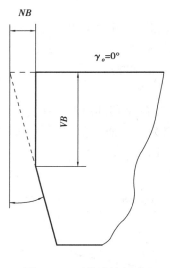

图 8.40 刀具磨钝标准

自动化生产中用的精加工刀具,常以沿工件径向的刀具磨损尺寸作为衡量刀具的磨钝标准,称为刀具的径向磨损量 NB(图 8.40)。

由于加工条件不同,所规定的磨钝标准也有变化,例如精加工的磨钝标准取得小,粗加工的磨钝标准取得大。

磨钝标准的具体数值可参考有关手册,一般 $VB = 0.3$ mm。

(4)刀具使用寿命及其与切削用量的关系

1)刀具使用寿命

刀具使用寿命的定义为:刀具由刃磨后开始切削一直到磨损量达到刀具磨钝标准所经过的总切削时间。刀具使用寿命以 T 表示,单位为分钟。

刀具总的使用寿命是表示一把新刀从投入切削起,到报废为止总的实际切削时间。因此,刀具总的使用寿命等于这把刀的刃磨次数(包括新刀开刃)乘以刀具的使用寿命。

2)刀具使用寿命与切削用量的关系

①切削速度与刀具使用寿命的关系

当工件、刀具材料和刀具的几何参数确定之后,切削速度对刀具使用寿命的影响最大。增大切削速度,刀具使用寿命就降低。目前,用理论分析方法导出的切削速度与刀具使用寿命之间的数学关系,与实际情况不尽相符,因此还是通过刀具使用寿命实验来建立他们之间的经验公式,其一般形式为

$$v_c \cdot T^m = C_o \tag{8.23}$$

式中 v_c——切削速度,m/min;

T——刀具使用寿命,min;

m——指数,表示 v_c 对 T 的影响程度;

C_o——系数,与刀具、工件材料和切削条件有关。

上式为重要的刀具使用寿命公式,指数 m 表示 v_c 对 T 影响程度,耐热性愈低的刀具材料,

其 m 值愈小,切削速度对刀具使用寿命的影响愈大,也就是说,切削速度稍稍增大一点,则刀具使用寿命的降低就很大。

应当指出,在常用的切削速度范围内,式(8.23)完全适用;但在较宽的切削速度范围内进行实验,特别是在低速区内,式(8.23)就不完全适用了。

②进给量和背吃刀量与刀具使用寿命的关系

切削时,增大进给量 f 和背吃刀量 a_{sp},刀具使用寿命将降低。经过实验,可以得到与式(8.23)类似的关系式:

$$\left. \begin{array}{l} f \cdot T^{m_1} = C_1 \\ a_{sp} \cdot T^{m_2} = C_2 \end{array} \right\} \tag{8.24}$$

③刀具使用寿命的经验公式

综合式(8.23)和式(8.24),可得到切削用量与刀具使用寿命的一般关系式。

$$T = \frac{C_T}{V_c^{\frac{1}{m}} \cdot f^{\frac{1}{m_1}} \cdot a_{sp}^{\frac{1}{m_2}}}$$

令 $x = \dfrac{1}{m}, y = \dfrac{1}{m_1}, z = \dfrac{1}{m_2}$,则

$$T = \frac{C_T}{v_c^x \cdot f^y \cdot a_{sp}^z} \tag{8.25}$$

式中　C^T——使用寿命系数,与刀具、工件材料和切削条件有关;

x、y、z——指数,分别为各切削用量对刀具使用寿命的影响程度,一般 $x > y > z$。

用 YT15 硬质合金车刀切削 $\sigma_b = 0.637\mathrm{GPa}$ 的碳钢时,切削用量($f > 0.7$ mm/r)与刀具使用寿命的关系为

$$T = \frac{C_T}{v_c^5 \cdot f^{2.25} \cdot a_{sp}^{0.75}} \tag{8.26}$$

由上式可以看出,切削速度 v_c 对刀具使用寿命影响最大,进给量 f 次之,背吃刀量 a_{sp} 最小。这与三者对切削温度的影响顺序完全一致,反映出切削温度对刀具使用寿命有着最要的影响。

(5)刀具使用寿命的选择

刀具的磨损达到磨钝标准后即需重磨或换刀。究竟刀具切削多长时间换刀比较合适,即刀具的使用寿命应取什么数值才算合理呢? 一般有两种方法:一是根据单件工时最短的观点来确定使用寿命,这种使用寿命称为最大生产率使用寿命;二是根据工序成本最低的观点来确定使用寿命,称为经济使用寿命。

在一般情况下均采用经济使用寿命,当任务紧迫或生产中出现不平衡环节时,则采用最大生产率使用寿命。图 8.41 表示了刀具使用寿命对生产率和加工成本的影响。

生产中一般常用的使用寿命的参考值为:高速钢车刀 $T = 60 \sim 90$ min;硬质合金、陶瓷车刀 $T = 30 \sim 60$ min;

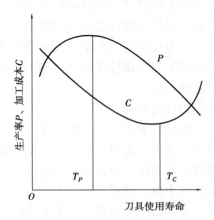

图 8.41　刀具使用寿命对生产率和加工成本的影响

在自动机上多刀加工的高速钢车刀 $T = 180 \sim 200$ min。

在选择刀具使用寿命时,还应注意以下几点:

①简单的刀具如车刀、钻头,使用寿命选得低些;结构复杂和精度高的刀具,如拉刀、齿轮刀具等,使用寿命选得高些;同一类刀具,尺寸大的,制造和刃磨成本均较高的,使用寿命选得高些;可转位刀具的使用寿命比焊接式刀具选得低些。

②装卡、调整比较复杂的刀具,使用寿命选得高些。

③车间内某台机床的生产效率限制了整个车间生产率提高时,该台机床上的刀具使用寿命要选得低些,以便提高切削速度,使整个车间生产达到平衡。

④精加工尺寸很大的工件时,为避免在加工同一表面时中途换刀,使用寿命应选得至少能完成一次走刀,并应保证零件的精度和表面粗糙度要求。

(6)刀具的破损

在切削加工中,刀具时常会不经过正常的磨损就在很短的时间内突然损坏以致失效,这种损坏类型称为破损。破损也是刀具损坏的主要形式之一,多数发生在使用脆性较大刀具材料进行断续切削或者加工高硬度材料的情况下。据统计,硬质合金刀具有 $50\% \sim 60\%$ 的损坏是破损,陶瓷刀具的比例更高。

刀具的破损按性质可以分成塑性破损和脆性破损;按时间先后可以分成早期破损和后期破损。早期破损是切削刚开始或经过很短的时间切削后即发生的破损,主要是由于刀具制造缺陷以及冲击载荷引起的应力超过了刀具材料的强度。后期破损是加工一定时间后,刀具材料因机械冲击和热冲击造成的机械疲劳和热疲劳而发生破损。

1)塑性破损

切削时由于高温、高压的作用,有时在前、后刀面和切屑或工件的接触层上,刀具表层材料发生塑性流动而丧失切削性能。它直接和刀具材料与工件材料的硬度比值有关,比值越高,越不容易发生塑性破损。硬质合金刀具的高温硬度高,一般不易发生这种破损。高速钢刀具因其耐热性较差,常出现这种破损。常见的塑性破损形式有:

①卷刃。刀具切削刃部位的材料,由于后刀面和工件已加工表面的摩擦,沿后刀面向所受摩擦的方向流动,形成切削刃的倒卷,称为卷刃。主要发生在工具钢、高速钢等刀具材料进行精加工或切削厚度很小的加工时。

②刀面隆起。在采用大的切削用量以及加工硬材料的情况下,刀具前、后刀面的材料发生远离切削刃的塑性流动,致使前、后刀面发生隆起。工具钢、高速钢以及硬质合金刀具都会发生这种损坏。

2)脆性破损

脆性破损常发生于脆性较大的硬质合金和陶瓷刀具上。

①崩刃。在切削刃上产生小的缺口,一般缺口尺寸与进给量相当或稍大一些,切削刃还能继续进行切削。陶瓷刀具切削时,在早期最常发生这种崩刃。硬质合金刀具进行断续切削时,也常发生崩刃现象。

②碎断。在切削刃上发生小块碎裂或大块断裂,不能继续正常切削。前者发生在刀尖和主切削刃处,一般还可以重磨修复再使用,硬质合金和陶瓷刀具断续切削时,常在早期出现这种损坏。后者是发生于刀尖处,刀具不能再重磨使用,大多是断续切削较长时间后,没有及时换刀,因刀具材料疲劳而造成的。

8.3　切削条件的合理选择

8.3.1　工件材料的切削加工性

在切削加工中,有些材料容易切削,有些材料很难切削。判断材料切削加工的难易程度,改善和提高切削加工性对提高生产率和加工质量有重要意义。研究材料的切削加工性,是为了找出改善难加工材料切削加工性的途径。

(1)工件材料切削加工性的概念及其评定指标

工件材料切削加工性是指在一定切削条件下,对工件材料进行切削加工的难易程度。材料加工的难易,不仅取决于材料本身,还取决于具体的切削条件。

根据不同的加工要求,衡量切削加工性的指标有以下几种。

1)刀具使用寿命指标与相对加工性指标

用刀具使用寿命高低来衡量被加工材料切削加工的难易程度。在相同切削条件下加工不同材料时,刀具使用寿命较长,其加工性较好;或在保证相同刀具使用寿命的前提下,切削这种工件材料所允许的切削速度,切削速度较高的材料,其加工性较好。

在切削普通金属材料时,取刀具使用寿命为 60 min 时允许的切削速度 v_{60} 值的大小,来评定材料切削加工性的好坏;在切削难加工材料时,则用 v_{20} 值的大小来评定材料切削加工性的优劣。在相同加工条件下,v_{60} 或 v_{20} 的值越高,材料的切削加工性越好;反之,加工性差。

此外,还经常使用相对加工性指标,即以处于正火状态的 45 钢(170 ~ 229HBS,$\sigma_b = 0.637$ GPa)的 v_{60} 为基准,写作 $(v_{60})_j$,其他被切削的工件材料的 v_{60} 与之相比的数值,记作 K_v,这个比值称为相对加工性,即

$$K_v = \frac{v_{60}}{(v_{60})_j} \tag{8.27}$$

$K_v > 1$ 的材料,比 45 钢容易切削;$K_v < 1$ 的材料,比 45 钢难切削。K_v 越大,切削加工性越好;K_v 越小,切削加工性越差。目前常用的工件材料,按相对加工性 K_v 可分为 8 级,见表 8.3。

表 8.3　工件材料的相对切削加工性等级

加工性等级	名称及种类		相对加工性 K_v	代表性工件材料
1	很容易切削材料	一般有色金属	>3.0	5-5-5 铜铅合金,9-4 铝铜合金,铝镁合金
2	容易切削材料	易切削钢	2.5 ~ 3.0	退火 15Cr,$\sigma_b = 0.373 ~ 0.441$ GPa 自动机钢,$\sigma_b = 0.392 ~ 0.490$ GPa
3		较易切削钢	1.6 ~ 2.5	正火 30 钢,$\sigma_b = 0.441 ~ 0.549$ GPa
4	普通材料	一般钢及铸铁	1.0 ~ 1.6	45 钢,灰铸铁,结构钢
5		稍难切削材料	0.65 ~ 1.0	2Cr13 调质,$\sigma_b = 0.828\ 8$ GPa 85 钢轧制,$\sigma_b = 0.882\ 9$ GPa

续表

加工性等级	名称及种类		相对加工性 K_v	代表性工件材料
6	难切削材料	较难切削材料	0.5 ~ 0.65	45 Cr 调质，$\sigma_b = 1.03$ GPa 60 Mn 调质，$\sigma_b = 0.931\ 9 \sim 0.981$ GPa
7		难切削材料	0.15 ~ 0.5	50CrV 调质，1Cr18Ni9Ti 未焠火，α 相钛合金
8		很难切削材料	<0.15	β 相钛合金，镍基高温合金

2）加工材料的性能指标

用加工材料的物理、化学和力学性能高低，来衡量切削该材料的难易程度。表8.4 所示是根据加工材料的硬度、抗拉强度、伸长率、冲击韧性和热导率来划分加工性等级。

表 8.4　工件材料切削加工性分级表

切削加工性		易切钢			较易切削		较难切削		难切削			
等级代号		0	1	2	3	4	5	6	7	8	9	9_a	9_b
硬度	HBS	≤50	>50 ~100	>100 ~150	>150 ~200	>200 ~250	>250 ~300	>300 ~350	>350 ~400	>400 ~480	>480 ~635	>635	
	HRC					>14 ~24.8	>24.8 ~32.3	>32.3 ~38.1	>38.1 ~43	>43 ~50	>50 ~60	>60	
抗拉强度 σ_b /GPa		≤0.196	>0.196 ~0.441	>0.441 ~0.588	>0.588 ~0.784	>0.784 ~0.98	>0.98 ~1.176	>1.176 ~1.372	>1.372 ~1.568	>1.568 ~1.764	>1.764 ~1.96	>1.96 ~2.45	>2.45
伸长率 δ/%		≤10	>10 ~15	>15 ~20	>20 ~25	>25 ~30	>30 ~35	>35 ~40	>40 ~50	>50 ~60	>60 ~100	>100	
冲出韧度 a_k /(kJ·m^{-2})		≤196	>196 ~392	>392 ~588	>588 ~784	>784 ~980	>980 ~1 372	>1 372 ~1 764	>1 764 ~1 962	>1 962 ~2 450	>2 450 ~2 940	>2 940 ~3 920	
热导率 κ/(W·m^{-1}·K^{-1})		418.68 ~293.08	<293.08 ~167.47	<167.47 ~83.74	<83.74 ~62.80	<62.80 ~41.87	<41.87 ~33.5	<33.5 ~25.12	<25.12 ~16.75	<16.75 ~8.37	<8.37		

从加工性分级表中查出材料性能的加工性等级，可较直观、全面地了解材料切削加工难易程度的特点。例如，某正火 45 钢的性能为 229HBS、$\sigma_b = 0.598$ GPa、$\delta = 16\%$、$a_k = 588$ kJ/m^2、$\kappa = 50.24$ W/(m·K)，表中查出各项性能的切削加工性等级为"4,3,2,2,4"，因此，综合各项等级分析可知。正火 45 钢是一种较易切削的金属材料。

3）切削力或切削温度

在粗加工或机床动力不足时，常用切削力或切削温度指标来评定材料的切削加工性。即相同的切削条件下,切削力大、切削温度高的材料,其切削加工性就差;反之,其切削加工性就好。对于某些导热性差的难加工材料,也常以切削温度来衡量。

4)已加工表面质量

精加工时,用被加工表面粗糙度值来评定材料的切削加工性。对有特殊要求的零件,则以已加工表面变质层深度、残余应力和加工硬化等指标来衡量材料的切削加工性。凡是容易获得好的已加工表面质量的材料,其切削加工性较好,反之则切削加工性较差。

5)断屑的难易程度

在自动机床、组合机床及自动线上进行切削加工时,或者对如深孔钻削、盲孔钻削等断屑性能要求很高的工序,采用这种衡量指标。凡是切屑容易折断的材料,其切削加工性就好;反之,则切削加工性较差。

(2)难加工材料切削加工特点

目前在高性能机械结构的机器、造船、航空、电站、石油化工、国防工业中使用了许多难加工金属材料,其中有高锰钢、高强度合金钢、不锈钢、高温合金、钛合金、冷硬铸铁以及各种非金属材料,如玻璃钢、陶瓷等。它们的相对加工性 K_v 一般小于 0.65。在加工这些材料时,常表现出切削力大、切削温度高、切屑不易折断和刀具磨损剧烈等现象。并造成严重的加工硬化和较大的残余拉应力,使加工精度降低。为了改善这些材料的切削加工性,进行了大量试验研究。以下介绍几种材料的切削加工特点。

1)不锈钢

不锈钢的种类较多,按其组织分为:铁素体不锈钢、马氏体不锈钢、奥氏体不锈钢、析出硬化不锈钢。常用的有马氏体不锈钢 2Cr13、3Cr13、奥氏体不锈钢 1Cr18Ni9Ti。例如 1Cr18Ni9Ti 的性能为:硬度 291HBS、强度 $\sigma_b = 0.539$ GPa、伸长率 $\delta = 40\%$、冲击韧度 $a_k = 2\,452$ kJ/m^2,其加工性等级为:"5,2,6,9, –"。

不锈钢的常温硬度和强度接近 45 钢,但切削时切削温度升高后,使硬化加剧,材料硬度、强度随着提高,切削力增大。不锈钢切削时的伸长率是 45 钢的 3 倍,冲击韧性是 45 钢的 4 倍,热导率仅为 45 钢的 1/4 ~ 1/3。因此,消耗功率大,断屑困难,并因传热差使刀具易磨损。

2)钛合金

钛合金从金属组织上可分为 α 相钛合金(包括工业纯钛)、β 相钛合金、(α + β)相钛合金。其硬度按 α 相、(α + β)相、β 相的次序增加,而切削加工性按这个次序下降。

钛合金的导热性能低,切屑与前刀面的接触面积很小,致使切削温度很高,可为 45 钢的 2 倍;钛合金塑性较低,与刀具材料的化学亲和性强,容易和刀具材料中的 Ti、Co 和 C 元素黏结,加剧刀具的磨损;钛合金的弹性模量低,弹性变形大,接近后刀面处工件表面的回弹量大,因此已加工表面与后刀面的摩擦较严重。

3)高锰钢

高锰钢有许多类,常用的有水韧处理高锰钢(Mn13)、无磁高锰钢(40Mn18Cr、50Mn18Cr4WV)。例如 Mn13 耐磨高锰钢的性能为:硬度 210HBS、强度 $\sigma_b = 0.981$ GPa、伸长率 $\delta = 80\%$、冲击韧度 $a_k = 2\,943$ kJ/m^2,加工性等级为:"4,5,9,9a, –"。

由此可见,高锰钢的硬度和强度较低,但伸长率和冲击韧度很高。切削时塑性变形大,加工硬化严重,断屑困难,硬化层达 0.1 ~ 0.3 mm 以上,切削时硬度由 210HBS 提高到 500HBS,产生的切削力较切削正火 45 钢提高 1 倍以上。高锰钢的热导率小,切削温度高,刀具易磨损。

4）冷硬铸铁

冷硬铸铁的表层硬度很高，可达 60HRC。在表层中不均匀的硬质点多，其中镍铬冷硬铸铁的高温强度高、热导率小。

冷硬铸铁的加工特点为：刀尖处受力大、温度高，刀刃碰到硬质点易产生磨粒磨损和崩刃，刀具使用寿命低，因此，在合金铸铁的种类中，是属于难加工材料。

5）硬质合金

硬质合金常用于制造模具材料，它除采用磨削加工外，若选用表层为人工合成聚晶金刚石、基体为硬质合金的复合金刚石刀具（PCD）加工后可得到良好效果。

6）陶瓷

陶瓷材料是用天然或人工合成的粉状化合物，经过成型和烧结高温制成的，由无机化合物构成的多相固体材料。按性能和用途分为普通陶瓷和特种陶瓷。普通陶瓷又叫传统陶瓷；特种陶瓷又叫精细陶瓷，其又可分为结构陶瓷（高强度陶瓷和高温陶瓷）和功能陶瓷（磁性、介电、半导体、光学和生物陶瓷等）两类。

机械工程中应用较多的陶瓷主要是精细陶瓷，具有硬度高、耐磨、耐热等特点。一般采用磨削加工，如采用切削加工，必须选用金刚石刀具或立方氮化硼刀具。

（3）改善材料切削加工性的途径

1）合理选择刀具材料

根据加工材料的性能和要求，应选择与之匹配的刀具材料。例如，切削含钛元素的不锈钢、高温合金和钛合金时，宜用 YG(k) 硬质合金刀具切削，其中选用 YG 类中的细颗粒牌号，能明显提高刀具使用寿命。由于 YG(k) 类的耐冲击性能较高，故也可用于加工工程塑料和石材等非金属材料，Al_2O_3 基陶瓷刀具切削各种钢和铸铁，尤其对切削冷硬铸铁效果良好。Si_3N_4 基陶瓷能高速切削铸铁和淬硬钢、镍基合金等。立方氮化硼铣刀高速铣削 60HRC 模具钢的效率比电加工高 10 倍，表面粗糙度达 Ra 1.8～2.3 μm。金刚石涂层刀具在加工未烧结陶瓷和硬质合金时，效率比用硬质合金刀具高数十倍左右。

2）适当调剂钢中化学元素和进行热处理

在不影响工件的使用性能的前提下，在钢中适当加入易切削元素，如硫、铅，使材料结晶组织中产生硫化物，减少了组织结合强度，便于切削，此外，铅造成组织结构不连接，有利于断屑，铅能形成润滑膜，减小摩擦系数。不锈钢中有硒元素，可改善硬化程度。在铸铁中加入合金元素铝、铜等能分解出石墨元素，易于切削。

采用适当的热处理方法也可改善加工性。例如，对于低碳钢进行正火处理，可提高硬度、降低韧性。高碳钢通过退火处理，降低硬度后易于切削。对于高强度合金钢，通过退火、回火或正火处理可改善切削加工性。

3）采用新的切削加工技术

随着切削加工的发展，出现了一些新的加工方法，例如，加热切削、低温切削、振动切削，在真空中切削和绝缘切削等，其中有的可有效地解决难加工材料切削。

例如，对耐热合金、淬硬钢和不锈钢等材料进行加热切削。通过切削区域中工件上温度增高，能降低材料的剪切强度，减小接触面间摩擦系数，因此，可减小切削力而易于切削。加热切削能减少冲击振动，切削平稳，提高了刀具使用寿命。

加热是在切削部位处加工工件上进行，可采用电阻加热、高频感应加热和电弧加热。加热切削时采用硬质合金刀具或陶瓷刀具。加热切削需附加加热装置,故成本较高。

8.3.2　刀具合理参数的选择

刀具几何参数包括:刀具角度、刀面形式、切削刃形状等。它们对切削时金属的变形、切削力、切削温度、刀具磨损、已加工表面质量等都有显著的影响。

刀具合理的几何参数,是指在保证加工质量的前提下,能够获得最高刀具使用寿命、较高生产效率和较低生产成本的刀具几何参数。

刀具合理几何参数的选择主要决定于工件材料、刀具材料、刀具类型及其他具体工艺条件,如切削用量、工艺系统刚性及机床功率等。

(1)前角及前面形状的选择

1)前角的主要功用

①影响切削区的变形程度。增大刀具前角,可减小切削层的塑性变形,减小切屑流经前面的摩擦阻力,从而减小切削力、切削热和切削功率。

②影响切削刃与刀头的强度、受力性质和散热条件。增大刀具前角,会使刀具楔角减小,使切削刃与刀头的强度降低,刀头的导热面积和容热体积减小;过分增大前角,有可能导致切削刃处出现弯曲应力,造成崩刃。因此,前角过大时,刀具使用寿命会下降。

③影响切削形态和断屑效果。若减小前角,可增大切屑的变形,使之易于脆化断裂。

④影响已加工表面质量　主要通过积屑瘤、鳞刺、振动等影响。

从上述前角的功用可知,增大或减小前角各有利弊,在一定的条件下,前角有一个合理的数值。图 8.42 所示为刀具前角对刀具使用寿命影响的示意曲线,由图可见,前角太大、太小都会使刀具使用寿命显著降低。对于不同的刀具材料,各有其对应着刀具最大使用寿命的前角,称为合理前角 γ_{opt}。由于硬质合金的抗弯强度较低,抗冲击韧性差,其 γ_{opt} 小于高速钢刀具的 γ_{opt}。工件材料不同时也是这样,如图 8.43 所示。

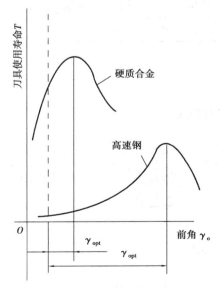

图 8.42　前角的合理数值

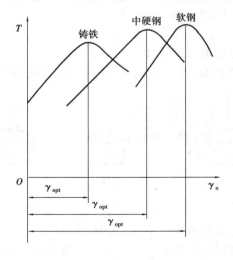

图 8.43　加工材料不同时的合理前角

2)合理前角的选择原则

①工件材料的强度、硬度低,可以取较大的甚至很大的前角;工件材料强度、硬度高,应取较小的前角;加工特别硬的工件(如淬硬钢)时,前角很小甚至取负值。例如加工铝合金时,一般取前角为30°～35°;加工中硬钢时,前角取为10°～20°;加工软钢时,前角为20°～30°。

②加工塑性材料(如钢)时,尤其冷加工硬化严重的材料,应取较大的前角;加工脆性材料(如铸铁)时,可取较小的前角。用硬质合金刀具加工一般钢材料时,前角可选10°～20°;加工一般灰铸铁时,前角可选5°～15°。

③粗加工,特别是断续切削,承受冲击性载荷,或对有硬皮的铸锻件粗切时,为保证刀具有足够的强度,应适当减小前角。但在采取某些强化切削刃及刀尖的措施之后,也可增大前角。

④成形刀具和前角影响刀刃形状的其他刀具,为防止刃形畸变,常取较小的前角,甚至取为0°,但这些刀具的切削条件不好,应在保证切削刃成形精度的前提下,设法增大前角。例如生产中的增大前角的螺纹车刀和齿轮滚刀等。

⑤刀具材料的抗弯强度较大、韧性较好时,应选用较大的前角。如高速钢刀具比硬质合金刀具,相同条件时,允许选用较大前角,可增大5°～10°。

⑥工艺系统刚性差和机床功率不足时,应选取较大的前角。

⑦数控机床和自动机、自动线用刀具,为使刀具的切削性能稳定,宜取较小的前角。

表8.5为硬质合金车刀合理前角的参考值,如为高速钢车刀,其前角可比表中大5°～10°。

表8.5 硬质合金车刀合理前角的参考值

工件材料	碳钢 σ_b/GPa				40Cr		不锈钢(奥氏体)	高锰钢	钛及钛合金
	≤0.445	≤0.558	≤0.784	≤0.98	正火	调质			
前角/(°)	25～30	15～20	12～15	10	13～18	10～15	15～30	25～30	25～30

工件材料	淬硬钢/HRC					铸铁/HBS		铜			铝及铝合金
	38～41	44～47	50～52	54～58	60～65	≤220	>220	纯铜	黄铜	青铜	
前角/(°)	0	−3	−5	−7	−10	10～15	5～10	25～30	15～25	5～15	25～30

注:粗车取较小值,精车取较大值。

3)前面型式选择

图8.44所示为生产中常用到的刀具的几种前面型式。

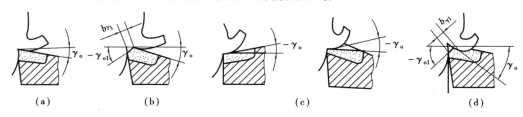

图8.44 前面型式

①正前角平面型(图8.44(a))

该型式形状简单、制造容易、刀刃锋利,但刀具强度较低、散热较差。该型式常用于精加工刀具和复杂刀具,如车刀、成形车刀、铣刀、螺纹车刀和齿轮加工刀具等。

②正前角带倒棱型(图 8.44(b))

该型式要在切削刃上磨出正或负的倒棱。倒棱宽 $b_{\gamma 1}$ 一般为 $0.2 \sim 1$ mm,或 $b_{\gamma 1} = (0.3 \sim 0.8)f$;一般高速钢刀具负倒棱角 γ_{o1} 取 $0° \sim 5°$,硬质合金刀具 $-\gamma_{o1}$ 取 $-5° \sim -10°$。刀具具有倒棱后可提高其切削刃强度、改善散热条件。由于 $b_{\gamma 1}$ 较小,故不影响正前角的切削作用。

一般在用陶瓷刀具、硬质合金刀具进行粗加工和半精加工时需在刀具上磨制出倒棱,磨断屑槽的车刀上也常磨制出倒棱。

③负前角型(图 8.44(c))

负前角可作成单面型和双面型两种,双面型可减小前面重磨面积,增加刀片重磨次数。负前角型刀具的切削刃强度高,散热体积大,刀片上由受弯作用改变为受压,改善了受力条件。但加工时切削力大,易引起振动。

负前角型刀具主要用于硬质合金刀具高速切削高强度、高硬度材料和在间断切削、带冲击切削条件下。

④曲面型(图 8.44(d))

在刀具前面上磨出曲面或在前面上磨出断屑槽,是为了在加工韧性材料时,使切屑卷成螺旋形,或折断成 C 形,使之易于排出和清理。卷屑槽可做成直线圆弧形、直线形、全圆弧形等不同形式,如图 8.45。

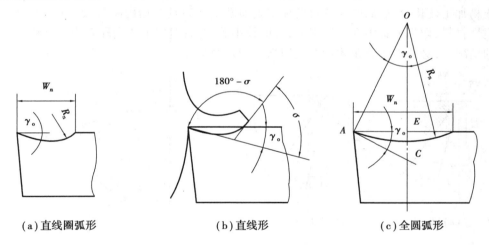

(a)直线圈弧形　　　　　　(b)直线形　　　　　　(c)全圆弧形

图 8.45　刀具前面上卷屑槽的形状

一般,直线圆弧形的槽底圆弧半径 $R_n = (0.4 \sim 0.7)W_n$;直线形槽底角 $(180° - \sigma)$ 为 $110° \sim 130°$。这两种槽形较适于加工碳素钢、合金结构钢、工具钢等,一般 γ_o 为 $5° \sim 15°$。全圆弧槽形,可获得较大的前角,且不致使刃部过于削弱,较适于加工紫铜、不锈钢等高塑性材料,γ_o 可增至 $25° \sim 30°$。

卷屑槽宽度根据工件材料和切削用量决定,一般可取 $W_n = (7 \sim 10)f$。

在一般硬质合金可转位刀片上作有不同形状的断屑槽。在钻头、铣刀、拉刀和部分螺纹刀具上均具有曲面型前面。

(2)后角的选择

1)后角的功用

①后角的主要功用是减小后面与过渡表面之间的摩擦。由于切屑形成过程中的弹性、塑

性变形和切削刃钝圆半径的作用,在过渡表面上有一个弹性恢复层。后角越小,弹性恢复层同后面的摩擦接触长度越大,它是导致切削刃及后面磨损的直接原因之一。从这个意义上来看,增大后角能减小摩擦,可提高已加工表面质量和刀具使用寿命。

②后角越大,切削刃钝圆半径 r_n 值越小,切削刃越锋利。

③在同样的磨钝标准 VB 值下,后角大的刀具由新用到磨钝,所磨去的金属体积较大(图8.46),这也是增大后角可延长刀具使用寿命的原因之一。但带来的问题是刀具径向磨损值 NB 大,当工件尺寸精度要求较高时,就不宜采用大后角。

④增大后角将使切削刃和刀头的强度削弱,导热面积和容热体积减小;且 NB 一定时的磨耗体积小,刀具使用寿命降低(见图8.46),这些是增大后角的不利方面。

因此,同样存在一个后角合理值 α_{opt}。

2)合理后角的选择原则

①粗加工、强力切削及承受冲击载荷的刀具,要求切削刃有足够强度,应取较小的后角;精加工时,刀具磨损主要发生在切削刃区和后面上,为减小后面磨损和增加切削刃的锋利程度,应取较大的后角。车刀合理后角在 $f \leq 0.25$ mm/r 时,可取为 $\alpha_o = 10° \sim 12°$,在 $f > 0.25$ mm/r 时,$\alpha_o = 5° \sim 8°$。

②工件材料硬度、强度较高时,为保证切削刃强度,宜取较小的后角;工件材质较软、塑性较大或易加工硬化时,后面的摩擦对已加工表面质量及刀具磨损影响较大,应适当加大后角;加工脆性材料,切削力集中在刃区附近,宜取较小的后角;但加工特别硬而脆的材料,在采用负前角的情况下,必须加大后角才能造成切削刃切入的条件。

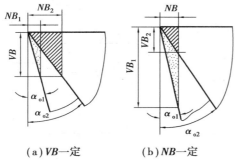

（a）VB一定　　（b）NB一定

图8.46　后角对刀具磨损体积的影响

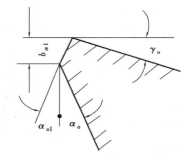

图8.47　带消振棱的车刀

③工艺系统刚性差,容易出现振动时,应适当减小后角。为了减小或消除切削时的振动,还可以在车刀后面上磨出 $b_{\alpha 1} = 0.1 \sim 0.2$ mm,$\alpha_{o1} = 0°$ 的刃带,该刃带不但可消振,还可提高刀具使用寿命,以及起到稳定和导向作用。该法主要用于铰刀、拉刀等有尺寸精度要求的刀具上,也可在刀具后面上磨出如图8.47所示的消振棱,其 $b_{\alpha 1} = 0.1 \sim 0.2$ mm,$\alpha_{o1} = -5° \sim -10°$。消振棱可以使切削过程稳定性增加,有助于消除切削过程中的低频振动。

④各种有尺寸精度要求的刀具,为了限制重磨后刀具尺寸的变化,宜取较小的后角。

⑤为了刀具制造、刃磨方便,车刀的副后角一般取其等于后角。切断刀的副后角,由于受其结构强度的限制,只能很小,$\alpha_o' = 1° \sim 2°$。

硬质合金车刀合理后角的选择见表8.6。

表 8.6　硬质合金车刀合理后角的参考值

工件材料	合理后角/(°)		工件材料	合理后角/(°)	
	粗车	精车		粗车	精车
低碳钢	8 ~ 10	10 ~ 12	灰铸铁	4 ~ 6	6 ~ 8
中碳钢	5 ~ 7	6 ~ 8	铜及铜合金(脆)	4 ~ 6	6 ~ 8
合金钢	5 ~ 7	6 ~ 8	铝及铝合金	8 ~ 10	10 ~ 12
淬火钢	8 ~ 10		钛合金		
不锈钢(奥氏体)	6 ~ 8	8 ~ 10	($\sigma_b \leqslant 1.177GPa$)	10 ~ 15	

（3）主偏角、副偏角及刀尖形状的选择

1）主偏角和副偏角的功用

①影响切削加工残留面积高度。从这个因素看,减小主偏角和副偏角,可以减小已加工表面粗糙度,特别是副偏角对已加工表面粗糙度的影响更大。

②影响切削层的形状,尤其是主偏角直接影响同时参与工作的切削刃长度和单位切削刃上的负荷。在背吃刀量和进给量一定的情况下,增大主偏角时,切削层公称宽度将减小,切削层公称厚度将增大,切削刃单位长度上的负荷随之增大。因此,主偏角直接影响刀具的磨损和刀具使用寿命。

③影响 3 个切削分力的大小和比例关系。在刀尖圆弧半径 r_ε 很小的情况下,增大主偏角,可使背向力减小,进给力增大。同理,增大副偏角也可使得背向力减小。而背向力的减小,有利于减小工艺系统的弹性变形和振动。

④主偏角和副偏角决定了刀尖角 ε_r,故直接影响刀尖处的强度、导热面积和容热体积。

⑤主偏角还影响断屑效果。增大主偏角,使得切屑变得窄而厚,容易折断。

2）合理主偏角 κ_r 的选择原则

①粗加工和半精加工,硬质合金车刀一般选用较大的主偏角,以利于减少振动,提高刀具使用寿命和断屑。

②加工很硬的材料,如冷硬铸铁和淬硬钢,为减轻单位长度切削刃上的负荷,改善刀头导热和容热条件,提高刀具使用寿命,宜取较小的主偏角。

③工艺系统刚性较好时,减小主偏角可提高刀具使用寿命;刚性不足时,应取较大的主偏角,甚至主偏角 $\kappa_r \geqslant 90°$,以减小背向力,减少振动。

④单件小批生产时,希望一两把刀具加工出工件上所有的表面,则选取通用性较好的45°车刀或90°偏刀。

3）合理副偏角的选择原则

①一般刀具的副偏角,在不引起振动的情况下可选取较小的数值,如车刀、端铣刀、刨刀,均可取 $\kappa_r' = 5° \sim 10°$。

②精加工刀具的副偏角应取得更小一些,必要时,可磨出一段 $\kappa_r' = 0$ 的修光刃(图8.48),修光刃长度 b_ε' 应略大于进给量,即 $b_\varepsilon' \approx (1.2 \sim 1.5)f$。

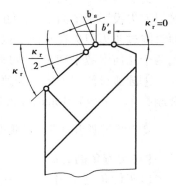

图 8.48　修光刃

③加工高强度高硬材料或断续切削时,应取较小的副偏角,$\kappa_r' = 4° \sim 6°$,以提高刀尖强度。

④切断刀、锯片铣刀和槽铣刀等,为保证刀头强度和重磨后刀头宽度变化较小,只能取很小的副偏角,即 $\kappa_r' = 1° \sim 2°$。

表8.7是在不同加工条件时,主要从工艺系统刚度考虑的合理主偏角、副偏角的参考值。

表8.7　合理主偏角、副偏角的参考值

加工情况	工艺系统刚度足够,加工冷硬铸铁、高锰钢等高硬度高强度材料	工艺系统刚度较好,加工外圆及端面,能中间切入	工艺系统刚度较差,粗加工、强力切削时	工艺系统刚度差,加工台阶轴、细长轴、薄壁件,多刀车、仿形车	切断、切槽
主偏角/(°)	10 ~ 30	45	60 ~ 75	75 ~ 93	≥90
副偏角/(°)	10 ~ 5	45	15 ~ 10	10 ~ 5	1 ~ 2

4)过渡刃的功用与选择

刀尖是整个刀具最薄弱的部位,刀尖处强度和散热条件很差,极易磨损(或破损)。因此,常在主、副切削刃之间磨出过渡刃,以加强刀尖强度,提高刀具寿命。按形成方法的不同,刀尖可分为三种:交点刀尖、直线过渡刃刀尖(见图8.48、图8.49(a))和圆弧过渡刃刀尖(见图8.49(b))。

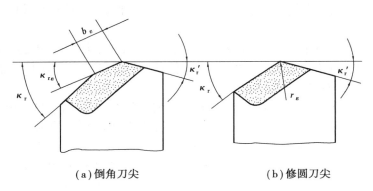

(a)倒角刀尖　　　　　　　　(b)修圆刀尖

图8.49　刀尖形式

交点刀尖是主切削刃和副切削刃的交点,无所谓形状,故无须几何参数去描述。将圆弧过渡刃刀尖投影于基面上,刀尖成为一段圆弧,因此,可用刀尖圆弧半径 r_ε 来确定刀尖的形状。而直线过渡刃刀尖在基面上投影后,成为一小段直线切削刃,这段直线切削刃称为过渡刃,可用两个几何参数来确定,即过渡刃长度 b_ε 以及过渡刃偏角 $\kappa_{r\varepsilon}$。

①圆弧过渡刃刀尖　高速钢车刀 $r_\varepsilon = 1 \sim 3$ mm;硬质合金和陶瓷车刀 $r_\varepsilon = 0.5 \sim 1.5$ mm;金刚石车刀 $r_\varepsilon = 1.0$ mm;立方氮化硼车刀 $r_\varepsilon = 0.4$ mm;

②直线过渡刃刀尖　过渡刃偏角 $\kappa_{r\varepsilon} \approx \frac{1}{2}\kappa_r$;过渡刃长度 $b_\varepsilon = 0.5 \sim 2$ mm 或 $b_\varepsilon = (\frac{1}{4} - \frac{1}{5})a_{sp}$。

(4)刃倾角的选择

1)刃倾角的功用

①控制切屑流出方向　如图8.50所示,$\lambda_s = 0°$时,即直角切削,切屑在前刀面上近似沿垂直于主切削刃的方向流出;λ_s 为负值,切屑流向与 v_f 方向相反,可能缠绕、擦伤已加工表面,但刀头

强度较好,常用粗加工;λ_s 为正值时,切屑流向与 ν_f 方向一致,但刀头强度较差,适用于精加工。

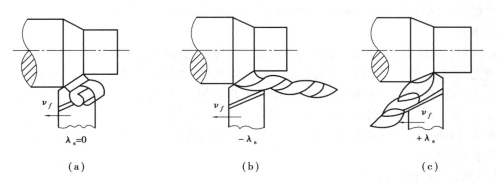

图 8.50　刃倾角 λ_s 对切屑流出方向的影响

②影响切削刃的锋利性　由于刃倾角造成较小的切削刃实际钝圆半径,使切削刃显得锋利,故以大刃倾角刀具工作时,往往可以切下很薄的切削层。

③影响刀尖强度、刀尖导热和容热条件下　在非自由不连续切削时,负的刃倾角使远离刀尖的切削刃处先接触工件,可使刀尖避免受到冲击;而正的刃倾角将使冲击载荷首先作用于刀尖。同时,负的刃倾角使刀头强固,刀尖处导热和容热条件较好,有利于延长刀具使用寿命。

④影响切削刃的工作长度和切入切出的平稳性　当 $\lambda_s = 0$ 时,切削刃同时切入切出,冲击力大;当 $\lambda_s \neq 0$ 时,切削刃逐渐切入工件,冲击小,而且刃倾角越大,切削刃工作长度越长,切削过程越平稳。

2)合理刃倾角的选择原则和参考值

①加工一般钢料和灰铸铁,无冲击的粗车取 $\lambda_s = 0° \sim -15°$,精车取 $\lambda_s = 0° \sim 5°$;有冲击时,取 $\lambda_s = -5° \sim -15°$;冲击特别大时,取 $\lambda_s = -30° \sim -45°$。

②加工淬硬钢、高强度钢、高锰钢,取 $\lambda_s = -20° \sim -30°$。

③工艺系统刚性不足时,尽量不用负刃倾角,以减小背向力。

④微量精车外圆、精车孔和精刨平面时,取 $\lambda_s = 45° \sim 75°$。

8.3.3　切削用量的选择

切削用量的大小对切削力、刀具磨损与刀具使用寿命、加工质量、生产率和加工成本等均有显著影响。只有选择合适的切削用量,才能充分发挥机床和刀具的功能,最大限度地挖掘生产潜力,降低生产成本。

(1)制订切削用量的原则

制定切削用量就是确定切削用量三要素的大小。所谓合理的切削用量,是指充分利用刀具的切削性能和机床性能(功率、扭矩等),在保证加工质量的前提下,获得高的生产率和低的加工成本。

对于粗加工,要尽可能保证较高的金属切除率和必要的刀具使用寿命。

提高切削速度,增大进给量和背吃刀量,都能提高金属切除率。但是,这三个因素中,对刀具使用寿命影响最大的是切削速度,其次是进给量,影响最小的则是背吃刀量。因此,在选择粗加工切削用量时,应优先考虑采用大的背吃刀量,其次考虑采用大的进给量,最后才能根据刀具使用寿命的要求,选定合理的切削速度。

半精加工、精加工时首先要保证加工精度和表面质量,同时应兼顾必要的刀具使用寿命和生产效率。

提高切削速度,切屑变形和切削力有所减小,已加工表面粗糙度值减小;提高进给量,切削力将增大,而且已加工表面的表面粗糙值会显著增大;提高背吃刀量,切削力成比例增大,使工艺系统弹性变形增大,并可能引起振动,因而会降低加工精度,使已加工表面粗糙度值增大。因此,此时常采用较小的背吃刀量和进给量;为了减小工艺系统的弹性变形,减小积屑瘤和鳞刺的产生,用硬质合金刀具进行精加工时一般多采用较高的切削速度,高速钢刀具则一般多采用较低的切削速度。

(2)背吃刀量的选择

背吃刀量根据加工性质和加工余量确定。

1)在粗加工时,一次走刀应尽可能切去全部加工余量,在中等功率机床上,背吃刀量 a_{sp} 可达 8~10 mm。

2)下列情况可分几次走刀:

①加工余量太大,一次走刀切削力太大,会产生机床功率不足或刀具强度不够时。

②工艺系统刚性不足或加工余量极不均匀,引起很大振动时,如加工细长轴或薄壁工件。

③断续切削,刀具受到很大的冲击容易造成打刀时。

在上述情况下,如分二次走刀,第一次的背吃刀量也应比第二次大,第二次的背吃刀量可取加工余量的 1/4~1/3。

3)切削表面层有硬皮的铸锻件或切削不锈钢等冷硬较严重的材料时,应尽量使背吃刀量超过硬皮或冷硬层厚度,以防刀刃过早磨损或破损。

4)在半精加工时,$a_{sp}=0.5\sim2$ mm。

5)在精加工时,$a_{sp}=0.1\sim0.4$ mm。

(3)进给量的选择

粗加工时,对工件表面质量没有太高要求,而此时切削力往往很大,合理的进给量应是工艺系统所能承受的最大进给量。最大进给量要受到下列一些因素的限制:机床进给机构的强度、车刀刀杆的强度和刚度、硬质合金或陶瓷刀片的强度及工件的装夹刚度等。如硬质合金等刀具强度较大时,可选用较大的进给量,当断续切削时,为减小冲击,要适当减小进给量。

在半精加工和精加工时,因背吃刀量较小,切削力不大,进给量的选择主要考虑加工质量和已加工表面的粗糙度值,一般取得较小。

工厂生产中,进给量常根据经验或查表选取。粗加工时,根据加工材料、车刀刀杆尺寸、工件直径及已确定的背吃刀量从相关手册中查表获取进给量。在半精加工和精加工时,则按已加工表面粗糙度要求,根据工件材料、刀尖圆弧半径、切削速度等从相关手册中查表获取进给量。

另外,按经验确定的粗车进给量在一些特殊情况下,如切削力很大、工件长径比很大、刀杆伸出长度很大时,有时还需对选定的进给量校验(一项或几项)。

(4)切削速度的确定

根据已选定的背吃刀量 a_{sp}、进给量 f 及刀具使用寿命 T,就可按下列公式计算切削速度 v_c 或机床转速 n。

$$v_c = \frac{C_v}{T^m \cdot a_{sp}^{x_v} \cdot f^{y_v}} \cdot K_v (\mathrm{m/min}) \tag{8.28}$$

式中 C_v, x_v, y_v——根据工件材料、刀具材料、加工方法等在切削用量手册中查得;

K_v——切削速度修正系数。

实际生产中也可从相关手册中查表选取切削速度的参考值,通过切削速度的参考值可以看出:

①粗车时,背吃刀量、进给量均较大,因此切削速度较低,精加工时,背吃刀量、进给量均较小,所以切削速度较高。

②工件材料强度、硬度较高时,应选较低的切削速度;反之,切削速度较高。工件材料加工性越差,切削速度越低。

③刀具材料的切削性能愈好,切削速度愈高。

此外,在选择切削速度时,还应考虑以下几点:

①精加工时,应尽量避免积屑瘤和鳞刺产生的区域。

②加工材料的强度及硬度较高时,应选较低的切削速度,反之则选较高的切削速度;材料的加工性越差,则切削速度也应选得越低。加工灰铸铁的切削速度较中碳钢为低,加工易切钢的切削速度较同硬度的普通碳钢为高,而加工铝合金和铜合金的切削速度则较加工钢要高很多。

③在断续切削或加工锻、铸件等带有硬皮的工件时,为减小冲击和热应力,宜适当降低切削速度。

④在工艺系统刚度较差易发生振动的情况下,切削速度应避开自激振动的临界速度。

⑤加工大件、细长件、薄壁件以及带硬皮的工件时,应选用较低的切削速度。

(5)机床功率的校核

切削用量选定后,应当校验机床功率能否满足要求。

切削功率 p_c 可用式(8.16)计算,然后利用式(8.17)($P_E \geq \dfrac{P_c}{\eta_c}$)进行校核。$P_E$ 为机床电动机功率,从机床说明书上可以查到。

如果满足式(8.17),则所选择的切削用量可以在该机床上应用。如果 p_c 远小于 P_E,则说明机床的功率没有充分发挥,这时可规定较小的刀具使用寿命或者采用切削性能较好的刀具材料,以提高切削速度,充分利用机床功率,来达到提高生产率的目的。

如果不满足式(8.17),则所选择的切削用量不能在该机床上应用。这时可换功率更大的机床,或根据所限定的机床功率适当降低切削速度,以降低切削功率,但此时刀具的性能未能充分发挥。

8.3.4 切削液

在金属切削过程中,合理选用切削液,可以改善金属切削过程的界面摩擦情况,减少刀具和切屑的黏结,抑制积屑瘤和鳞刺的生长,降低切削温度,减小切削力,提高刀具使用寿命和生产效率。因此,对切削液的研究和应用应当予以重视。

(1)切削液的作用

1)冷却作用

切削液浇注在切削区域内,利用热传导、对流和汽化等方式,可有效降低切削温度,从而可以提高刀具使用寿命和加工质量。在刀具材料的耐热性较差、工件材料的热膨胀系数较大以及两者的导热性较差的情况下,切削液的冷却作用显得更为重要。

2) 润滑作用

切削液渗入到切屑、刀具、工件的接触面间,其中带油脂的极性分子吸附在切屑、刀具、工件的接触面上,形成物理性吸附膜;若与添加在切削液中化学物质产生化学反应,形成化学性吸附膜。在切削区内形成的润滑膜,减小了切屑、刀具、工件之间的摩擦系数,减轻黏结现象、抑制积屑瘤,改善加工表面质量,提高刀具使用寿命。

3) 清洗作用

在金属切屑过程中,有时会产生一些细小的切屑(如切削铸铁)或磨料的细粉(如磨削)。为了防止碎屑或磨粉黏附在工件、刀具和机床上,影响工件已加工表面质量、刀具使用寿命和机床精度,要求切削液具有良好的清洗作用。为了增强切削液的渗透性、流动性,往往加入剂量较大的表面活性剂和少量矿物油,用大的稀释比(水占95%~98%)制成乳化液,可以大大提高其清洗效果。为了提高其冲刷能力,及时冲走碎屑及磨粉,在使用中往往给予一定的压力,并保持足够的流量。

4) 防锈作用

为了减小工件、机床、刀具受周围介质(空气、水分等)的腐蚀,要求切削液具有一定的防锈作用。在切削液中加入防锈添加剂,使其与金属表面起化学反应生成保护膜,从而起到防锈作用。在气候潮湿地区,对防锈作用的要求显得更为突出。

防锈作用的好坏,取决于切削液本身的性能和加入的防锈添加剂。

此外,切削液应具有良好的稳定性和抗霉变的能力、不损坏涂漆零件,达到排放时不污染环境、对人体无害和使用经济性等要求。

(2) 切削液的种类

切削加工中最常用的切削液可分为水溶性、非水溶性(油性)和固体润滑剂三大类。

1) 水溶性切削液

水溶性切削液以冷却为主,主要有以下几种:

①水溶液

水溶液是以水为主要成分的切削液。水的导热性能和冷却效果好,但单纯的水容易使金属生锈,润滑性能差。因此,常在水溶液中加入一定量的添加剂,如防锈添加剂、表面活性物质和油性添加剂等,使其既具有良好的防锈性能,又具有一定的润滑性能。在配制水溶液时,要特别注意水质情况,如果是硬水,必须进行软化处理。

②乳化液

乳化液是将乳化油用95%~98%的水稀释而成,呈乳白色或半透明状的液体,具有良好的冷却作用。但润滑、防锈性能较差。通常再加入一定量的油性、极压添加剂和防锈添加剂,配制成极压乳化液或防锈乳化液。表面活性剂的分子上带极性一端与水亲合,不带极性一端与油亲合,并添加乳化稳定剂,使乳化油、水不分离。

2) 非水溶性(油性)切削液

非水溶性(油性)切削液以润滑为主,主要为切削油。

①切削油

切削油的主要成分是矿物油,少数采用动植物油或复合油(矿物油与动植物油的混合油),常用的是矿物油。

矿物油包括机械油、轻柴油和煤油等。它们的特点是:热稳定性好,资源较丰富,价格较便宜,但润滑性能较差。

②极压切削油

纯矿物油不能在摩擦界面形成坚固的润滑膜,润滑效果较差。实际使用中,常在矿物油中添加氯、硫、磷等极压添加剂和防锈添加剂,形成极压切削油,以提高其润滑和防锈作用。

3)固体润滑剂

固体润滑剂主要是二硫化钼蜡笔、石墨、硬脂酸蜡等。二硫化钼能防止黏结和抑制积屑瘤形成,减小切削力,能显著地延长刀具使用寿命和减小加工表面粗糙度。生产中,用二硫化钼蜡笔涂在砂轮、砂盘、带、丝锥、锯带或圆锯片上,能起到润滑作用,降低工件表面的粗糙度,延长砂轮和刀具的使用寿命,减少毛刺或金属的熔焊。

在攻螺纹时,常在刀具或工件上涂上一些膏状或固体润滑剂。膏状润滑剂主要是含极压添加剂的润滑脂。

(3)切削液的选用

切削液的使用效果除取决于切削液的性能外,还与刀具材料、加工要求、工件材料、加工方法等因素有关,应综合考虑,合理选用。

1)根据刀具材料、加工要求选用切削液

高速钢刀具耐热性差,粗加工时,切削用量大,切削热多,容易导致刀具磨损,应选用以冷却为主的切削液;精加工时,主要是为获得较好的表面质量,可选用润滑性好的极压切削油或高浓度极压乳化液。硬质合金刀具耐热性好,一般不用切削液,如需必要,也可用低浓度乳化液或水溶液,但应连续地、充分地浇注,不宜断续浇注,以免处于高温状态的硬质合金刀片在突然遇到切削液时,产生巨大的内应力而出现裂纹。

2)根据工件材料选用切削液

加工钢等塑性材料时,需用切削液。

加工铸铁、黄铜等脆性材料时,一般不用切削液,原因是作用不如钢明显,而崩碎切屑黏附在机床的运动部件上又易搞脏机床、工作地。对于铜、铝及铝合金等,加工时均处于极压润滑摩擦状态,为了得到较好的表面质量和精度,应选用极压切削油或极压乳化液,可采用10% ~ 20%乳化液、煤油或煤油矿物油的混合液;切削铜时不宜用含硫的切削液,因为硫会腐蚀铜。加工高强度钢、高温合金等难加工材料时,由于切削加工处于极压润滑摩擦状态,故应选用含极压添加剂的切削液。切削镁合金时,不能用水溶液,以免燃烧。

3)根据加工性质选用切削液

钻孔、攻丝、铰孔、拉削等,排屑方式为封闭、半封闭状态,导向部、校正部与已加工表面的摩擦严重,对硬度高、强度大、韧性大、冷硬严重的难切削材料尤为突出,宜用乳化液、极压乳化液和极压切削油;成形刀具、齿轮刀具等,要求保持形状、尺寸精度等,应采用润滑性好的极压切削油或高浓度极压切削液;磨削加工温度很高,且细小的磨屑会破坏工件表面质量,要求切削液具有较好冷却性能和清洗性能,常用半透明的水溶液和普通乳化液,磨削不锈钢、高温合金宜用润滑性能较好的水溶液和极压乳化液。

8.4 磨 削

8.4.1 砂轮

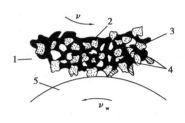

图 8.51 砂轮的组成
1—砂轮；2—结合剂；3—磨料；
4—气孔；5—工件

砂轮是一种用结合剂把磨粒粘结起来，经压坯、干燥、焙烧及车整而成，具有很多气孔，而用磨粒进行切削的工具。砂轮的结构如图 8.51 所示，可见，砂轮是由磨料、结合剂和气孔所组成。它的特性主要由磨料、粒度、结合剂、硬度和组织五个参数所决定。

(1) 磨料

磨料分天然磨料和人造磨料两大类。天然磨料为金刚砂、天然刚玉、金刚石等。天然金刚石价格昂贵，其他天然磨料杂质较多，质地较不均匀，故主要用人造磨料来制造砂轮。

目前常用的磨料可分为刚玉系、碳化物系和超硬磨料系三类。其具体分类、代号、主要成分、性能和适用范围见表 8.8。

表 8.8 常用磨料的种类、代号、主要成分、性能和适用范围

种 类	名 称	代号	主要成分	颜 色	性 能	适用范围
刚玉类	棕刚玉	A	Al_2O_3：>95% TiO_2：2%～3%	棕褐色	硬度高，韧性好，抗弯强度大，化学性能稳定，耐热，价廉	碳钢、合金钢、可锻铸铁与青铜
	白刚玉	WA	Al_2O_3：>99%	白色		淬火钢、高速钢
碳化硅类	黑碳化硅	C	SiC：>95%	黑色	硬度更高，强度高，性脆，很锐利，与铁有反应，热稳定性较好	铸铁、黄铜、非金属
	绿碳化硅	GC	SiC：>99%	绿色		硬质合金
高硬磨料类	人造金刚石	D	碳结晶体	乳白色	极硬，强度高，高温时与水碱有反应，高温石墨化	硬质合金、宝石、陶瓷
	立方氮化硼	CBN	六方氮化硼	黑色		硬质合金、高硬钢

(2) 粒度

粒度指磨料的颗粒大小(尺寸单位为 μm)。粒度有两种表示方法：对于用机械筛选法获得的磨粒(筛选法)来说，粒度号是指用 1 英寸长度有多少孔的筛网来命名的，粒度号为 4#～240#，粒度号越大，颗粒越小；而用显微镜分析法来测量获得的粒度(微粉法)，其粒度号为 W63～W0.5，W 后的数字(粒度号)是表示磨料颗粒最大尺寸的微米数，粒度号越小，颗粒越小。常用粒度及适用范围见表 8.9。

砂轮粒度选择的原则如下：

1)粗磨时，选粒度较小(颗粒粗)的砂轮，可提高磨削生产率。

2)精磨时，选粒度较大(颗粒细)的砂轮，可减小已加工表面粗糙度。

3)磨软而韧的金属,用颗粒较粗的砂轮,这是因为用粗粒砂轮可减少同时参加磨削的磨粒数,避免砂轮过早堵塞,并且磨削时发热也小,工件表面不易烧伤。

4)磨硬而脆的金属,用颗粒较细的砂轮,此时增加了参加磨削的磨粒数,可提高磨削生产率。

表 8.9　常用磨料的粒度和适用范围

类　别	粒　度	颗粒尺寸/μm	应用范围	类　别	粒　度	颗粒尺寸/μm	应用范围
磨粒	12# ~36#	2 000~1 600	荒磨	微粉	W40~W28	40~28	珩磨
		500~400	去毛刺			28~20	研磨
	46# ~80#	400~315	粗磨 半精磨		W20~W14	20~14	研磨 超精磨
		200~160	精磨			14~10	
	100# ~280#	160~125	精磨		W10~W5	10~7	研磨 超精磨 镜面磨
		50~40	珩磨			5~3.5	

(3)结合剂

结合剂是把许多细小的磨粒粘结在一起而构成砂轮的材料。砂轮是否耐腐蚀、能否承受冲击和经受高速旋转而不致裂开等,主要取决于结合剂的成分和性质。常用结合剂的性质和用途见表 8.10。

表 8.10　常用结合剂的性能和适用范围

结合剂	代　号	性　能	适用范围
陶瓷	V	耐热、耐蚀,气孔率大,易保持廓形,弹性差	最常用,适用于各类磨削加工
树脂	B	强度较 V 高,弹性好,耐热性差	适用于高速磨削,切断,开槽等
橡胶	R	强度较 B 高,弹性更好,气孔率大,耐热性差	适用于切断,开槽,及作无心磨的导轮
青铜	J	强度最高,导电性好,磨耗少,自锐性差	适用于金刚石砂轮

(4)砂轮的硬度

砂轮硬度并不是指磨粒本身的硬度,而是指砂轮工作表面的磨粒在外力作用下脱落的难易程度。即磨粒容易脱落的,砂轮硬度为软;反之,为硬。同一种磨料可做出不同硬度的砂轮,它主要取决于结合剂的成分。砂轮硬度从"超软"到"超硬"可分成 7 级,其中再分小级,硬度等级见表 8.11。

表 8.11　砂轮的硬度等级名称及代号

大级名称	超　软			软			中　软		中		中　硬			硬		超　硬
小级名称	超软			软1	软2	软3	中软1	中软2	中1	中2	中硬1	中硬2	中硬3	硬1	硬2	超硬
代　号	D	E	F	G	H	J	K	L	M	N	P	Q	R	S	T	Y

砂轮硬度的选用原则如下：

1）工件材料愈硬，应选用愈软的砂轮。这是因为硬材料易使磨粒磨损，需用较软的砂轮以使磨钝的磨粒及时脱落，但是磨削有色金属（铝、黄铜、青铜等）、橡皮、树脂等软材料，却要用较软的砂轮。因为这些材料易使砂轮堵塞，选用软的砂轮可使堵塞处较易脱落，露出尖锐的新磨粒。

2）砂轮与工件磨削接触面积大时，磨粒参加切削的时间较长，较易磨损，应选用较软的砂轮。

3）半精磨与粗磨相比，需用较软的砂轮，以免工件发热烧伤，但精磨和成形磨削时，为了使砂轮廓形保持较长时间，则需用较硬一些的砂轮。

4）砂轮气孔率较低时，为防止砂轮堵塞，应选用较软的砂轮。

5）树脂结合剂砂轮由于不耐高温，磨粒容易脱落，其硬度可比陶瓷结合剂砂轮选高 1～2 级。

在机械加工中，常用的砂轮硬度等级是软 2 至中 2，荒磨钢锭及铸件时常用至中硬 2。

（5）砂轮的组织号

砂轮的组织是指磨粒、黏结剂、气孔三者在砂轮内分布的紧密或疏松的程度。磨粒占砂轮体积百分比较高而气孔较少时，属紧密级；磨粒体积百分率较低而气孔较多时，属疏松级。砂轮组织的等级划分是以磨粒所占砂轮体积的百分数为依据的，见表 8.12。

砂轮组织号大，则组织松，砂轮不易被磨屑堵塞，切削液和空气能带入磨削区域，可降低磨削区域的温度，减少工件因发热引起的变形和烧伤，故适用于粗磨、平面磨、内圆磨等磨削接触面积较大的工序，以及磨削热敏感性较强的材料、软金属和薄壁工件。

砂轮组织号小，则组织紧密，气孔百分率小，使砂轮变硬，容易被磨屑堵塞，磨削效率低，但可承受较大磨削压力，砂轮廓形可保持持久，故适用于重压力下磨削，如手工磨削以及精磨、成形磨削。

表 8.12　砂轮的组织代号

组织号	0	1	2	3	4	5	6	7	8	9	10	11	12	13	14
磨料/%	62	60	58	56	54	52	50	48	46	44	42	40	38	36	34
疏密度	紧　密				中　等				疏　松					大气孔	
使用范围	重负荷、成形、精密磨削、间断及自由磨削，或加工硬脆材料				外圆、内圆、无心磨及工具磨，淬火钢工件及刀具刃磨等				粗磨及磨削韧性大、硬度低的工件，适合磨削薄壁、细长工件，或砂轮与工件接触面大以及平面磨削等					有色金属及塑料等非金属，以及热敏性大的合金	

（6）砂轮的形状

为了适应在不同类型的磨床上磨削各种形状和尺寸工件的需要，砂轮有许多种形状和尺寸。砂轮的标志印在砂轮端面上，其顺序是：形状代号、尺寸、磨料、粒度号、硬度、组织号、结合剂、线速度。例如外径 300 mm、厚度 50 mm、孔径 75 mm、棕刚玉、粒度 60、硬度 L、5 号组织、陶瓷结合剂、最高工作线速度 35 m/s 的平形砂轮标记为：砂轮 1—300 × 50 × 75—

A60L5V—35 m/s GB 2485。

选用砂轮时,其外径在可能情况下尽量选大些,可使砂轮圆周速度提高,以降低工件表面粗糙度和提高生产率;砂轮宽度应根据机床的刚度、功率大小来决定,机床刚性好、功率大,可使用宽砂轮。

8.4.2　磨削过程

从本质上来看,磨削也是一种切削。砂轮表面上的每个磨粒的突出在外表面上的尖棱可以认为是微小的切削刃。因此,砂轮可以看作是具有极多微小刀齿的刀具(如铣刀)。如图8.52所示,砂轮上的磨粒是无数又硬又小且形状很不规则的多面体,磨粒的顶尖角为 90° ~ 120°,并且尖端均带有若干微米的尖端圆角半径 r_β,磨粒尖端随机分布在砂轮上。经修整后

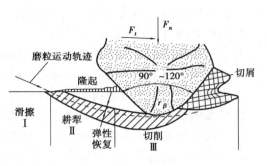

图 8.52　磨粒切入过程

的砂轮,磨粒前角可达 – 80° ~ – 85°,因此磨削过程与其他切削方法相比又具有自己的特点。

磨削时,其切削厚度由零开始逐渐增大。由于磨粒具有很大负前角和较大尖端圆角半径,当磨粒开始以高速切入工件时,在工件表面上产生强烈的滑擦,这时切削表面产生弹性变形;当磨粒继续切入工件,磨粒作用在工件上的法向力 F_n 增大到一定值时,工件表面产生塑性变形,使磨粒前方受挤压的金属向两边塑性流动,在工件表面上耕犁出沟槽,而沟槽的两侧微微隆起;当磨料继续切入工件,其切削厚度增大到一定数值后,磨粒前方的金属在磨粒的挤压作用下,发生滑移而成为切屑。

由于各个磨粒形状、分布和高低各不相同,其切削过程也有差异。其中一些突出和比较锋利的磨粒,切入工件较深,经过滑擦、耕犁和切削三个阶段,形成非常微细的切屑;比较钝的、突出高度较小的磨粒,切不下切屑,只是起刻划作用,在工件表面上挤压出微细的沟槽;更钝的、隐藏在其他磨粒下面的磨粒只是稍微滑擦工件表面,起抛光的作用。由此可见,磨削过程是包含切削、刻划和抛光作用的综合的复杂过程。

从磨削的过程看,滑擦、耕犁和切削使工件有挤压变形,并导致工件与磨粒之间的摩擦增加,同时切削速度很高,磨削过程经历的时间极短(只有 0.000 1 ~ 0.000 05 s);因此磨削时产生的瞬时局部温度是极高的(可达到 800 ~ 1 200 ℃)以上,磨削时见到的火花,就是高温下燃烧的切屑。当磨粒被磨钝和砂轮被切屑堵塞时,温度还会更高,甚至能使切屑熔化,烧伤工件表面及改变工件的形状和尺寸,在磨淬硬钢时还会出现极细的裂纹。为了降低磨削温度和冲去砂轮空隙中的磨粒粉末和金属微尘,通常磨削时必须加冷却液,把它喷射到磨削区域,来提高磨削生产率,并改善加工表面的质量。冷却液应具有黏性小、冷却迅速的性质,又不致腐蚀机件和损害操作者健康,通常采用的冷却液是碳酸钠液和乳化液。

习题与思考题

1. 以外圆车削为例,说明什么是主运动、进给运动和合成运动,并分析三者之间的关系。

2. 何谓基面、切削平面、正交平面?

3. 试比较标注参考系与工作参考系的异同。

4. 试画出切断刀具正交平面参考系的标注角度 γ_o、α_o、κ_r 和 κ_r',设 $\kappa_r = 90°$,$\lambda_s = 0°$。

5. 为什么当切断车刀切到实心工件最后时,工件不是被切断的,而是被挤断的?

6. 试画图说明切削过程的三个变形区及各产生何种变形?

7. 切削变形的表示方法有哪些?它们之间有何关系?

8. 以外圆车削为例说明切削合力、分力及切削功率。

9. 影响切削力有哪些主要因素?并简述其影响情况。

10. 切削热是如何产生与传出的?

11. 切削温度的含义是什么?常用的测量切削温度的方法有哪些?测量原理是什么?

12. 切削用量三要素对切削温度的影响是否相同?为什么?试与切削用量对切削力的影响进行对比。

13. 刀具有哪几种磨损形态?各有什么特征?

14. 刀具磨损过程可分为几个阶段?各阶段有什么特点?

15. 何谓刀具磨钝标准?它与刀具使用寿命有何关系?磨钝标准制定的原则是什么?

16. 刀具使用寿命与刀具总寿命有何关系?

17. 如何改善工件材料的切削加工性?

18. 选择切削用量的原则是什么?从刀具使用寿命的角度来考虑,应如何选择切削用量?

19. 如果选定切削用量后,发现切削功率将会超过所选机床功率时,应如何解决?

20. 前角有何功用?如何选择车刀的前角?

21. 车刀的过渡刃和修光刃有什么功用?

22. 刃倾角的功用有哪些?

23. 后角的主要功用是什么?

24. 切削加工中常用的切削液有哪几类,它们的主要特点是什么?

25. 砂轮粒度怎样表示,简述砂轮粒度的选择原则。

26. 何谓砂轮的硬度?与砂轮磨粒的硬度有何区别?简述砂轮硬度的选择原则。

27. 磨削过程分为哪三个阶段?如何运用这一规律来提高磨削效率和表面质量?

第 **9** 章
数控刀具材料

9.1 刀具材料应具备的性能

数控加工对刀具提出了更高和更新的要求。近几十年来,世界各工业发达国家都在大力发展先进数控刀具,开发出了许多高性能的刀具材料。

刀具材料通常是指刀具切削部分的材料。其性能的好坏将直接影响加工精度、切削效率、刀具寿命和加工成本。因此正确选择刀具材料是设计和选用刀具的重要内容之一。

由于刀具在切削时,要克服来自工件的弹塑性变形的抗力和来自切屑、工件的摩擦力,常使刀具切削刃上出现很大的应力并产生很高的温度,刀具将会出现磨损和破损。因此为使刀具能正常工作,刀具材料应满足如下一些性能要求。

(1) 高的硬度和耐磨性

刀具材料的硬度必须高于被加工材料的硬度,常温下刀具硬度一般应在 HRC60 以上。

耐磨性是指材料抵抗磨损的能力,它与材料硬度、强度和金相组织等有关。一般而言,材料的硬度越高,耐磨性越好;材料金相组织中碳化物越多、越细,分布越均匀,其耐磨性越高。

(2) 足够的强度和韧性

切削时刀具要承受较大的切削力、冲击和振动,为避免崩刃和折断,刀具材料应具有足够的强度和韧性。一般用材料的抗弯强度和冲击韧度值表示。

(3) 高的耐热性

耐热性即高温下保持足够的硬度、耐磨性、强度和韧性的性能。常将材料在高温下仍能保持高硬度的能力称为热硬性、红硬性,刀具材料的高温硬度越高,耐热性越好,允许的切削速度越高。

(4) 化学稳定性好

指刀具材料在常温和高温下不易与周围介质及被加工材料发生化学反应。

(5) 良好的工艺性和经济性

便于加工制造,如良好的锻造性、热处理性、可焊性、刃磨性等,还应尽可能满足资源丰富、价格低廉的要求。

数控加工具有高速、高效和自动化程度高等特点,为适应数控加工的需要,对数控刀具材料提出了比传统的加工用刀具材料更高的要求,它不仅要求刀具耐磨损、寿命长、可靠性好、精度高,而且要求刀具尺寸稳定、安装调整方便等。

9.2 刀具材料的种类

随着机械制造技术的发展与进步,刀具材料也取得了较大的发展。刀具材料从碳素工具钢发展到了现在广泛使用的硬质合金和超硬材料(陶瓷、立方氮化硼、金刚石等)。

目前,数控加工基本淘汰了碳素工具钢,所使用刀具材料主要为高速钢、硬质合金、陶瓷、立方氮化硼、金刚石五类,其主要物理力学性能见表9.1。生产中应用最多的是硬质合金刀具。

表 9.1　常用刀具材料的主要物理力学性能

材料种类		密度/(g·cm^{-3})	硬度/HRC (HRA)	抗弯强度/GPa	冲击韧度值/(MJ·m^{-2})	热导率/(W·m^{-1}·K^{-1})	耐热性/℃
高速钢		8.0～8.8	63～70 (83～86.6)	2～4.5	0.098～0.588	16.75～25.1	600～700
硬质合金	钨钴类	14.3～15.3	(89～91.5)	1.08～2.35	0.019～0.059	75.4～87.9	800
	钨钛钴类	9.35～13.2	(89～92.5)	0.9～1.4	0.002 9～0.006 8	20.9～62.8	900
	碳化钽、铌类	—	(～92)	～1.5	—	—	1 000～1 100
	碳化钛基类	5.56～6.3	(92～93.3)	0.78～1.08	—	—	1 100
陶瓷	氧化铝陶瓷	3.6～4.7	(91～95)	0.44～0.686	0.004 9～0.011 7	4.19～20.93	1 200
	氧化物、碳化物混合陶瓷			0.71～0.88			1 100
超硬材料	立方氮化硼	3.44～3.49	HV8 000～9 000	～0.294		75.55	1 400～1 500
	人造金刚石	3.47～3.56	HV10 000	0.21～0.48		146.54	700～800

9.2.1　高速钢

高速钢是在工具钢中加入较多的钨(W)、钼(Mo)、铬(Cr)、钒(V)等合金的高合金工具钢,俗称为白钢或锋钢。

(1)高速钢的特点

与普通的碳素工具钢和合金工具钢相比,高速钢突出的特点是热硬性很高,在切削温度达500～650 ℃时,仍能保持60HRC的硬度。同时,高速钢还具有较高的耐磨性以及高的强度和韧性。

与硬质合金相比,高速钢的最大优点是可加工性好并具有良好的综合力学性能。同时,高速钢的抗弯强度是硬质合金的 3～5 倍,冲击韧性是硬质合金的 6～10 倍。

高速钢具有较好的力学性能和良好的工艺性,特别适合制造各种小型及结构和形状复杂的刀具,如成形车刀、钻头、拉刀、齿轮加工刀具和螺纹加工刀具等。另外,由于高速钢刀具热处理技术的进步以及成形金切工艺(全磨制钻头、丝锥等)的更新,使得高速钢仍是数控加工应用较多的刀具材料之一。

(2)常用高速钢材料的分类与性能及应用

高速钢的品种繁多,按切削性能可分为普通高速钢和高性能高速钢;按化学成分可分为钨系、钨钼系和钼系高速钢;按制造工艺不同,分为熔炼高速钢和粉末冶金高速钢。常用高速钢的力学性能见表9.2。

1)普通高速钢

普通高速钢的特点是工艺性能好,具有较高的硬度、强度、耐磨性和韧性,可用于制造各种刃形复杂的刀具。

普通高速钢又分为钨系高速钢和钨钼系高速钢两类。

①钨系高速钢。该类高速钢的典型牌号为 W18Cr4V,是我国最常用的一种高速钢。该类高速钢综合性能较好,可制造各种复杂刃型刀具。

②钨钼系高速钢。它是以 Mo 代替部分 W 发展起来的一种高速钢。与 W18Cr4V 相比,这种高速钢的碳化物含量减少,而且颗粒细小分布均匀,因此其抗弯强度、塑性、韧性和耐磨性都略有提高,适于制造尺寸较大、承受冲击力较大的刀具(如滚刀、插刀等);又因钼的存在,使其热塑性非常好,故特别适于轧制或扭制钻头等热成形刀具。其主要缺点是可磨削性略低于 W18Cr4V。

表9.2　常用高速钢的种类、牌号、主要性能和用途

种　类		牌　号	常温硬度/HRC	高温硬度/HRC(600 ℃)	抗弯强度/GPa	冲击韧性/($MJ \cdot m^{-2}$)	其他特性	主要用途
普通高速钢	钨系高速钢	W18Cr4V(W18)	63～66	48.5	2.94～3.33	0.170～0.310	可磨性好	复杂刀具,精加工刀具
	钼系高速钢	W6Mo5CR4V2(M2)	63～66	47～48	3.43～3.92	0.388～0.446	高温塑性特好,热处理较难,可磨性稍差	代替钨系用,热轧刀具
高性能高速钢	钴高速钢	W6Mo5Cr4VC08(M42)	67～70	55	2.64～3.72	0.223～0.291	综合性能好,可磨发性也好,但价格特高	切削难加工材料的刀具
	铝高速钢	W6Mo5Cr4V2AI(501)	67～69	54～55	2.84～3.82	0.223～0.291	性能与M42相当,价格低得多,可磨性略差	切削难加工材料的刀具

2)高性能高速钢

高性能高速钢是在普通高速钢成分中再添加一些碳(C)、钒(V)、钴(Co)、铝(Al)等合金

元素,进一步提高材料的耐热性能和耐磨性。该类高速钢的寿命为普通高速钢的 1.5～3 倍,适用于加工不锈钢、耐热钢、钛合金及高强度钢等难加工材料。

这种高速钢的种类很多,主要有钴高速钢和铝高速钢两种。

①钴高速钢。牌号为 W2Mo9Cr4VCo8。这是一种含钴超硬高速钢,常温硬度较高,具有良好的综合性能。钴高速钢在国外应用较多,我国因钴储量少,故使用不多。

②铝高速钢。牌号为 W6Mo5Cr4V2Al。这是我国研制的无钴高速钢,是在 W6Mo5Cr4V2 的基础上增加铝、碳的含量,以提高钢的耐热性和耐磨性,并使其强度和韧性不降低。国产的 W6Mo5Cr4V2Al 的综合性能已接近国外的 W2Mo9Cr4VCo8,因不含钴,生产成本较低,已在我国推广使用。

3)粉末冶金高速钢

粉末冶金高速钢是将熔炼的高速钢液用高压惰性气体或高压水雾化成细小粉末,将粉末在高温高压下制成形,再经烧结而成的高速钢。

与熔炼高速钢相比,由于碳化物细小,分布均匀,从而提高了材料的硬度与强度,热处理变形小,因此粉末冶金高速钢不仅耐磨性好,而且可磨削性也得到显著改善。但粉末冶金高速钢成本较高,其价格相当于硬质合金。因此主要使用范围是制造成形复杂刀具,如精密螺纹车刀、拉刀、切齿刀具等,以及加工高强度钢、镍基合金、钛合金等难加工材料用的刨刀、钻头、铣刀等刀具。

9.2.2 硬质合金

(1)硬质合金的组成与性能

硬质合金是由高硬度、高熔点的金属碳化物(WC、TiC、TaC 和 NbC 等)微粉,用 Co 或 Mo、Ni 等金属成分作为黏结剂经高温烧结而成的粉末冶金制品。由于其高温碳化物含量远远超过高速钢,因此它的硬度、耐磨性和高热硬性均高于高速钢,切削温度达到 800～1 000 ℃时仍能进行切削。但其抗弯强度较低,脆性较大,加工工艺性很差。

硬质合金的性能取决于其化学成分、碳化物粉末粗细及其烧结工艺。碳化物含量增加时,则硬度增高,抗弯强度降低,适于粗加工;黏结剂含量增加时,则抗弯强度增高,硬度降低,适于精加工。

表 9.3 常用硬质合金牌号、成分和力学性能

| 类型 | 牌号 | 成分(质量分数)/% | | | | | 物理力学性能 | | | | 使用性能 | | |
		WC	Tic	Tac (Nbc)	Co	其他	密度/(g·cm⁻³)	导热系数/(W·M⁻¹·C⁻¹)	HRA (HRC)	抗弯强度	加工材料类别	1)耐磨性 2)韧性 3)切削速度 4)进给量	相当于ISO牌号
钨钴类	YG3	97	—	—	3	—	14.9～15.3	87.92	91.5(78)	1.08	短切屑的黑色金属;有色金属;非金属材料	1 2 3 4 ↑ ↓ ↓ ↑	01
	YG6X	93.5	—	0.5	6	—	14.6～15.0	75.55	91(78)	1.37			05
	YG6	94	—	—	6	—	14.6～15.0	75.55	89.5(75)	1.42		K类	10
	YG8	92	—	—	8	—	4.5～14.9	75.36	89(74)	1.47			20
	YG8C	92	—	—	8	—	14.5～14.9	75.36	88(72)	1.72			30

续表

类型	牌号	成分（质量分数）/%					物理力学性能				使用性能		相当于ISO牌号
		WC	Tic	Tac（Nbc）	Co	其他	密度/（g·cm⁻³）	导热系数/（W·M⁻¹·C⁻¹）	HRA（HRC）	抗弯强度	加工材料类别	1）耐磨性 2）韧性 3）切削速度 4）进给量	
钨钛钴类	YT30	66	30	—	4	—	9.3~9.7	20.93	92.5（80.5）	0.88	长切屑的黑色金属	1 2 3 4 ↑ ↓ ↓ ↑	01
	YT15	79	15	—	6	—	11~11.7	33.49	91（78）	1.13			10
	YT14	78	14	—	8	—	11.2~12.0	33.49	90.5（77）	1.77			20
	YT5	85	5	—	10	—	12.5~13.2	62.80	89（74）	1.37			30
添加钽（铌）类	YG6A（YA6）	91	—	5	6	—	14.6~15.0	—	91.5（79）	1.37	长切屑或短切屑的黑色金属和有色金属		05
	YG8A	91	—	1	8	—	14.5~14.9	—	89.5（75）	1.47			25
	YW1	84	6	4	6	—	12.8~13.3	—	91.5（79）	1.18			10
	YW2	82	6	4	8	—	12.6~13	—	90.5（77）	1.32			20
碳化钛基类	YN05	—	79	—	—	Ni7 Mo14	5.56		93.3（82）	0.78~0.93	长切屑的黑色金属	—	01
	YN10	15	62	1	—	Ni12 Mo10	6.3		92（80）	1.08			01

ISO牌号列：YT30~YT5 为 P 类；YG6A~YW2 为 KM 类。

注：表中符号为 Y—硬质合金；G—钴；T—钛；X—细颗粒合金；C—粗颗粒合金；A—含 TaC（NbC）的 YG 硬质合金；W—通用合金；N—不含钴，用镍作黏结剂的合金。

（2）普通硬质合金分类、牌号与使用性能

国产普通硬质合金按化学成分不同分为四类：钨钴类、钨钛钴类、钨钛钽（铌）钴类和碳化钛基类硬质合金。前三类主要成分是 WC，后一类主要成分为 TiC。常用硬质合金见表 9.3。

1）钨钴类硬质合金（YG）

由 WC 和 Co 组成，代号为 YG。此类硬质合金抗弯强度好，硬度和耐磨性较差。主要用于加工铸铁、有色金属和非金属材料。Co 含量越高，韧性越好，适于粗加工；Co 含量少者用于精加工。YG 类细晶粒硬质合金适于加工精度高、表面粗糙度要求小和需要刀刃锋利的场合。

2）钨钛钴类硬质合金（YT）

该类硬质合金含有 5%~30% 的 TiC，其硬度、耐磨性、耐热性都明显提高，但韧性、抗冲击和抗振动性差，主要用于加工切屑成带状的钢料等塑性材料。合金中含 TiC 量多、含 Co 量少时，耐磨性好，适于精加工；含 TiC 量少、含 Co 量多时，承受冲击性能好，适于粗加工。

3）钨钛钽（铌）钴类硬质合金

在 YG 类硬质合金中添加少量的 TiC 或 NbC，可细化晶粒、提高硬度和耐磨性，而韧性不变，还可提高合金的高温硬度、高温强度和抗氧化能力，适于加工冷硬铸铁、有色金属及其合金的半精加工。

在 YT 类硬质合金中添加少量的 TiC 或 NbC,可提高抗弯强度、冲击韧性、耐热性、耐磨性及高温硬度和抗氧化能力等,既可用于加工钢料,又可用于加工铸铁和有色金属,因此被称为"通用合金"(代号为 YW)。

4)碳化钛基类硬质合金(YN)

碳化钛基类硬质合金又称为金属陶瓷。以 TiC 为主体,加入少量的 WC 和 NbC,以 Ni 和 Mo 为黏结剂,经压制烧结而成。

该类硬质合金具有比 WC 基硬质合金更高的耐磨性、耐热性和抗氧化能力,其主要缺点是热导率低和韧性较差,适于工具钢的半精加工及淬硬钢的加工。

硬质合金种类繁多,且不同硬质合金的性能也有所不同,只有根据具体条件合理选用,才能充分发挥硬质合金的效能。各种硬质合金的应用范围见表 9.4。

9.2.3 陶瓷材料

常用的陶瓷刀具材料是以 Al_2O_3 或 Si_3N_4 为基体成分在高温下烧结而成的。其硬度可达 91~95HRA,即使在 1 200 ℃ 时硬度也达 HRA80;耐磨性比硬质合金高十几倍,有很高化学稳定性,即使在高温下也不易与工件起化学反应;摩擦系数也低,切屑不易粘刀、不易产生积屑瘤。

陶瓷材料的抗弯强度及冲击韧性很差,仅为硬质合金的 1/3~1/2,对冲击十分敏感;导热性差,仅为硬质合金的 1/5~1/2。因此它特别适宜于高速条件下进行切削,可加工 HRC60 的淬硬钢、冷硬铸铁等,也适用于加工大件,能获得很高精度。目前陶瓷刀具已能胜任多种难加工材料的半精加工和粗加工,除用于车削外,还可用铣削、刨削,具有广阔的发展前景。

目前,国内外应用最为广泛的陶瓷刀具材料大多数为复相陶瓷,其种类一般可分为氧化铝基陶瓷、氮化硅基陶瓷和复合氮化硅-氧化铝基陶瓷三大类。其中,前两种应用最为广泛。

9.2.4 金刚石

金刚石有天然及人造两类,金刚石刀具有三种:天然单晶金刚石刀具、人造聚晶金刚石刀具和金刚石复合刀具。天然金刚石由于价格昂贵等原因应用较少,工业上多使用人造聚晶金刚石作为刀具或磨具材料。

人造金刚石是在高温高压条件下,依靠合金触媒的作用,由石墨转化而成。金刚石复合刀片是在硬质合金的基体上烧结一层厚约 0.5 mm 的金刚石,形成金刚石与硬质合金的复合刀片。

金刚石的硬度极高,它是目前已知的硬度最高的物质,其硬度接近于 HV10 000(而硬质合金的硬度仅为 HV1 050~1 800),耐磨性很好;金刚石刀具有非常锋利的切削刃,能切下极薄的切屑,加工冷硬现象较少;金刚石抗黏结能力强,不产生积屑瘤,很适合精密加工。但其耐热性差,切削温度不得超过 700~800 ℃;强度低、脆性大,对振动很敏感,只宜微量切削;与铁的亲合力很强,不适合加工黑色金属材料。

金刚石目前主要用于磨具及磨料,对硬质合金、陶瓷及玻璃等高硬度、高耐磨性材料的加工;作为切削刀具多在高速下对有色金属及非金属材料进行精细切削。

表 9.4　常用硬质合金的应用范围

牌　号	使用性能	应用范围
YG3X	属细颗粒合金,是 YG 类合金中耐磨性最好的一种,但冲击韧性差	铸铁、有色金属的精加工,合金钢、淬火钢及钨、钼材料精加工
YG6X	属细颗粒合金,耐磨性优于 YG6,强度接近 YG6	铸铁、冷硬铸铁、合金铸铁、耐热钢、合金钢的半精加工、精加工
YG6	耐磨性较好,抗冲击能力优于 YG3X、YG6X	铸铁、有色金属及合金、非金属的粗加工、半精加工
YG8	强度较高,抗冲击性能较好,耐磨性较差	铸铁、有色金属及合金的粗加工,可断续切削
YT30	YT 类合金中红硬性和耐磨性最好,但强度低,不耐冲击,易产生焊接和磨刀裂纹	碳钢、合金钢连续切削时的精加工
YT15	耐磨性和红硬性较好,但抗冲击能力差	碳钢、合金钢连续切削时的半精加工和精加工
YT14	强度和冲击韧性较高,但耐磨性和红硬性低于 YT15	碳钢、合金钢连续切削时的粗加工、半精加工和精加工
YT5	是 YT 类合金中冲击韧性最高的一种,不易崩刃,但耐磨性差	碳钢、合金钢连续切削时的粗加工,可断续切削
YG6A	属细颗粒合金,耐磨性和强度与 YG6X 相似	硬铸铁、球铸铁、有色金属及合金、高锰钢、合金钢、淬火钢的半精加工和精加工
YG8A	属中颗粒合金,强度较好,红硬性较差	硬铸铁、球铸铁、白口铁、有色金属及合金、不锈钢的粗加工、半精加工
YW1	红硬性和耐磨性较好,耐冲击,通用性较好	不锈钢、耐热钢、高锰钢及其他难加工材料的半精加工和精加工
YW2	红硬性和耐磨性低于 YW1,但强度和抗冲击性较高	不锈钢、耐热钢、高锰钢及其他难加工材料的半精加工和精加工

9.2.5　立方氮化硼

立方氮化硼(CBN)是由软的立方氮化硼在高温高压下加入催化剂转化而成的一种新型超硬刀具材料。

立方氮化硼硬度很高,达 HV8 000~9 000,仅次于金刚石硬度;热稳定性大大高于人造金刚石,在 1 300 ℃时仍可切削;铁元素的化学惰性也远大于人造金刚石,与铁系材料在 1 200~1 300 ℃高温时也不易起化学作用;抗弯强度和断裂韧性介于硬质合金和陶瓷之间。

因此,立方氮化硼作为一种超硬磨刀具材料,可用于加工钢铁等黑色金属,特别是加工高温合金、淬火钢和冷硬铸铁等难加工材料,它还非常适合数控机床加工。

9.2.6 涂层刀片

涂层刀片是在韧性和强度较高的基体(如硬质合金或高速钢)上,采用化学气相沉积(CVD)、物理气相沉积(PVD)、真空溅射等方法,涂覆一层或多层(涂层厚度 5 ~ 12 μm)颗粒极细的耐磨、难熔、耐氧化的硬化物(最常用的涂层材料是 TiC、TiN,以及 TiC-TiN 复合涂层和 TiC-Al$_2$O$_3$ 复合涂层)后获得的新型刀片。涂层刀具既保持了良好的韧性和较高的强度,又具有了涂层的高硬度、高耐磨性和低摩擦系数等特点。因此,涂层刀具可以提高加工效率,提高加工精度,延长刀具使用寿命,降低加工成本。但涂层刀具重磨性差,工艺及工装要求高,刀具成本高,主要用于刚性高的数控机床。

当今数控机床所用的切削刀具中有 80% 左右使用涂层刀具。涂层刀具将是今后数控加工领域中最重要的刀具品种。

9.3 刀具材料的选用

目前广泛应用的数控刀具材料主要有金刚石刀具、立方氮化硼刀具、陶瓷刀具、涂层刀具、硬质合金刀具和高速钢刀具等。刀具材料种类繁多、各种类材料的牌号更多,其性能相差很大,每一品种的刀具材料都有其特定的加工范围,只能适应一定的工件材料和一定的切削速度范围,而被加工工件材料的品种十分繁多。如何正确选择刀具材料进行切削加工,以确保加工质量、提高切削加工生产率、降低加工成本和减小资源是一个十分重要的问题。

每一品种的刀具材料都有其最佳加工对象,即存在刀具材料与加工对象的合理匹配的问题。刀具材料与加工对象的匹配,主要指二者的力学性能、物理性能和化学性能相匹配,以获得最长的刀具寿命和最大的切削加工生产率。

数控加工用刀具材料必须根据所加工的工件和加工性质来选择。

(1)切削刀具材料与加工对象的力学性能匹配

切削刀具与加工对象的力学性能匹配问题主要是指刀具与工件材料的强度、韧性和硬度等力学性能参数要相匹配。具有不同力学性能的刀具材料所适合加工的工件材料有所不同。

刀具材料的主要力学性能排序如下:

1)刀具材料的硬度大小顺序。金刚石刀具 > 立方氮化硼刀具 > 陶瓷刀具 > 硬质合金 > 高速钢。

2)刀具材料的抗弯强度大小顺序。高速钢 > 硬质合金 > 陶瓷刀具 > 金刚石和立方氮化硼刀具。

3)刀具材料的断裂韧度大小顺序。高速钢 > 硬质合金 > 立方氮化硼、金刚石和陶瓷刀具。

刀具材料的硬度必须高于工件材料的硬度,高硬度的工件材料,必须用更高硬度的刀具来加工。如立方氮化硼刀具和陶瓷刀具能胜任淬硬钢(45 ~ 65HRC)、轴承钢(60 ~ 62HRC)、高速钢(>62HRC)、工具钢(57 ~ 60HRC)和冷硬铸铁等的高速精车加工,可实现"以车代磨"。

具有优良高温力学性能的刀具适合于在数控机床上以较高的切削速度进行切削加工。刀具的高温力学性能比常温力学性能更为重要。高温硬度高的陶瓷刀具可作为高速切削刀具,普通硬质合金在温度高于 500 ℃时因为其粘结相钴(Co)变软而硬度急剧下降,因此不适合用作高速切削刀具。

(2)切削刀具材料与加工对象的物理性能匹配

切削刀具与加工对象的物理性能匹配问题主要是指刀具与工件材料的熔点、弹性模量、导热系数、热膨胀系数、抗热冲击性能等物理性能参数要相匹配。具有不同物理性能的刀具(如高导热却低熔点的高速钢刀具、高熔点和低热胀的陶瓷刀具、高导热和低热胀的金刚石刀具等)所适合加工的工件材料有所不同。

1)各种刀具材料的耐热温度

各种刀具材料的耐热温度由低到高分别为:HSS 为 600 ~ 700 ℃、金刚石刀具为 700 ~ 800 ℃、WC 基超细晶粒硬质合金为 800 ~ 900 ℃、TiC(N)基硬质合金为 900 ~ 1 100 ℃、陶瓷刀具为 1 100 ~ 1 200 ℃、PCBN 刀具为 1 300 ~ 1 500 ℃。

2)各种刀具材料的导热系数

各种刀具材料的导热系数大小顺序为:PCD > PCBN > WC 基硬质合金 > TiC(N)基硬质合金 > HSS > Si_3N_4 基陶瓷 > Al_2O_3 基陶瓷。

3)各种刀具材料的热胀系数

各种刀具材料的热胀系数大小顺序为:HSS > WC 基硬质合金 > TiC(N) > Al_2O_3 基陶瓷 > PCBN > Si_3N_4 基陶瓷 > PCD。

4)各种刀具材料的抗热振性

各种刀具材料的抗热振性大小顺序为:HSS > WC 基硬质合金 > Al_2O_3 基陶瓷 > PCBN > PCD > TiC(N)基硬质合金 > Al_2O_3 基陶瓷。

加工导热性差的工件时,应采用导热较好的刀具材料,以使切削热得以迅速传出而降低切削温度。金刚石由于导热系数及热扩散率大,切削热容易散出,故刀具切削部分温度低。金刚石的热膨胀系数比硬质合金小,约为高速钢的 1/10。因此,金刚石刀具不会产生很大的热变形,这对尺寸精度要求很高的精密加工刀具来说尤为重要。

(3)切削刀具材料与加工对象的化学性能匹配

切削刀具材料与加工对象的化学性能匹配问题主要是指刀具材料与工件材料化学亲和性、化学反应、扩散和溶解等化学性能参数要相匹配。具有不同组分的刀具(如金刚石刀具、立方氮化硼刀具、陶瓷刀具、硬质合金刀具、高速钢刀具)所适合加工的工件材料有所不同。

各种刀具材料的主要化学性能顺序如下:

1)各种刀具材料抗黏结温度高低顺序

各种刀具材料与钢抗黏结温度高低顺序。PCBN > 陶瓷 > 硬质合金 > HSS。

各种刀具材料与镍基合金抗黏结温度高低顺序。陶瓷 > PCBN > 硬质合金 > 金刚石 > HSS。

2)各种刀具材料抗氧化温度高低顺序

各种刀具材料抗氧化温度高低顺序。陶瓷 > PCBN > 硬质合金 > 金刚石 > HSS。

3)各种刀具材料的扩散强度大小顺序

各种刀具材料对钢铁的扩散强度大小顺序。金刚石 > Si_3N_4 基陶瓷 > PCBN > Al_2O_3 基陶瓷。

各种刀具材料对钛的扩散强度大小顺序。Al_2O_3 基陶瓷 > PCBN > SiC > Si_3N_4 > 金刚石。

4)刀具材料元素在钢(未淬硬)中溶解度的大小顺序(1 027 ℃)

$SiC > Si_3N_4$ 基陶瓷 > WC 基硬质合金 > PCBN > TiN > TiC > Al_2O_3 基陶瓷 > ZrO_2。

(4)数控刀具材料的合理选择

一般而言,PCBN、陶瓷刀具、涂层硬质合金及 TiC(N)基硬质合金刀具适合于钢铁等黑色金属的数控加工;而 PCD 刀具适合于对 Al、Mg、Cu 等有色金属材料及其合金和非金属材料的加工。表9.5列出了上述刀具材料所适合加工的一些工件材料。

表 9.5　数控加工常用刀具材料所适合加工的一些工件材料

刀具材料	高硬钢	耐热合金	钛合金	镍基高温合金	铸铁	纯铜	高硅铝合金	FRP 复材料
PCD	×	×	◎	×	×	×	◎	◎
PCBN	◎	◎	○	◎	◎		●	●
陶瓷刀具	◎	◎	×	◎	◎		×	×
涂层硬质合金	○	◎	●	◎	◎		●	●
TiC(N)基硬质合金	●	×	×	×	◎	●	×	×

注:表中符号含义为:◎—优;○—良;●—尚可;×—不适合。

习 题 与 思 考 题

1. 刀具切削部分材料应具备哪些性能?

2. 高性能高速钢有几种类型? 与普通高速钢比较有什么特点?

3. 常用的硬质合金有哪些牌号? 它们的用途如何? 为什么?

4. 涂层刀具有何优点? 一般有几种涂层材料?

5. 陶瓷刀具材料有何特点? 各类陶瓷刀具材料的适用场合怎样?

6. 金刚石刀具材料有何特点? 适用场合怎样?

7. 立方氮化硼刀具材料有何特点? 适用场合怎样?

8. 如何根据加工条件,合理选择刀具材料?

第**10**章
数控刀具

数控刀具一般分为数控车削刀具、孔加工刀具、数控铣削刀具、拉刀和螺纹刀具等。

10.1 数控车削刀具

10.1.1 车刀的分类

(1)按用途分类

按用途不同,车刀分为外圆车刀、内孔车刀、端面车刀、切断车刀与螺纹车刀等,如图10.1所示。

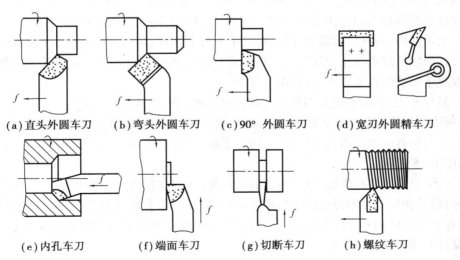

(a)直头外圆车刀　(b)弯头外圆车刀　(c)90°外圆车刀　(d)宽刃外圆精车刀

(e)内孔车刀　　　(f)端面车刀　　　(g)切断车刀　　　(h)螺纹车刀

图10.1　常用车刀种类

外圆车刀用于粗车和精车外回转表面。直头外圆车刀结构简单,制造方便,通用性差,一般适用于车削外圆。弯头外圆车刀不仅可车削外圆,还可车削端面及倒角,通用性较好。90°

外圆车刀的主偏角 κ_r 为 90°,径向力较小,因此适用于加工阶梯轴或细长轴零件的外圆和肩面。宽刃精刀的切削刃宽度大于进给量,可获得粗糙度较低的已加工表面。但由于其副偏角 κ_r' 为 90°,径向力较大,容易产生振动,故只适用于工艺系统刚度高的机床。

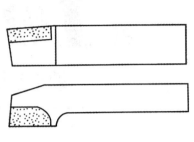

图 10.2　焊接车刀

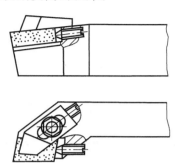

图 10.3　机夹车刀

（2）按结构分类

按结构不同,车刀可分为整体车刀、焊接车刀、机夹车刀、可转位车刀和成形车刀等。

1）整体车刀:是由长条形状的整块高速钢制成,俗称"白钢刀",使用时视其具体用途刃磨。

2）焊接车刀:把硬质合金刀片钎焊在优质碳素结构钢（45 钢）上或合金结构钢（40Cr）的刀杆刀槽上,并按所选择的几何参数刃磨而制得（图 10.2）。

焊接车刀的特点:结构简单、使用可靠、制造方便,一般工厂可以自行制造。可以根据使用刃磨出所需的形状和角度。但刀杆不能重复使用,当刀片用完后,刀杆也随之报废;又由于硬质合金刀片和刀杆材料的线膨胀系数差别较大,焊接时会因热应力引起刀片上表面产生微裂纹。

3）机夹车刀:是将硬质合金刀片用机械夹固的方法夹持在刀杆上使用的车刀（图 10.3）。

与硬质合金焊接车刀相比,机夹车刀有很多优点:刀片不经高温焊接,排除了产生焊接应力和裂纹的可能性;刀杆可以重复使用,提高了刀杆利用率,降低成本;刀片用钝后可重磨,报废时还可以回收。缺点是在使用过程中仍需刃磨,不能完全避免由于刃磨而引起的热裂纹;切削性能取决于刃磨的技术水平;刀杆制造复杂。

4）可转位车刀:其刀片也是用机械夹固法装夹的（图 10.4）,但刀片为可转位的圆形或正多边形,每边都可作切削刃。用钝后不需刃磨,只需使刀片转位,即可用新的切削刃继续切削。只有当刀片上所有的切削刃都磨钝后,才需要更换刀片。可转位车刀由刀杆、刀片和夹紧元件组成,如图 10.5 所示。

可转位车刀除了具有焊接、机夹车刀的优点外,还有切削性能和断屑稳定、停车换刀时间短、完全避免了使用焊接和刃磨引起的热应力和热裂纹、适合硬质合金、涂层刀片和超硬材料的使用、有利于刀杆和刀片的专业化生产等。由于可转位车刀的几何参数是根据已确定的加工条件设计的,故通用性较差。

5）成形车刀:又称样板刀,是一种专用刀具,其刃形是根据工件廓形设计的。它主要用在普通车床、六角车床、半自动及自动车床上加工内外回转成形表面。详细介绍请参阅 10.2 节。

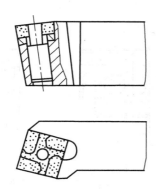

图 10.4　可转位车刀

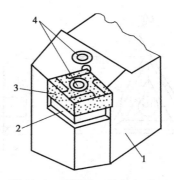

图 10.5　可转位刀片的组成

1—刀杆；2—刀垫；3—刀片；4—夹紧元件

10.1.2　可转位车刀

(1)硬质合金可转位刀片

常用的刀片形状有：三角形、偏 8°三角形、凸三角形、正方形、五角形和圆形等，如图 10.6 所示。刀片形状主要根据工件形状和加工条件选择。

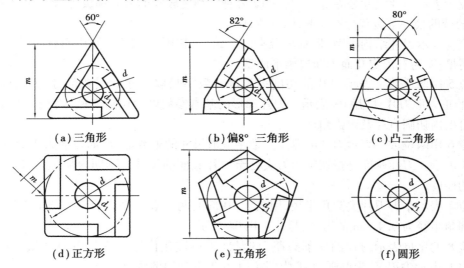

（a）三角形　　　　（b）偏 8°　三角形　　　　（c）凸三角形

（d）正方形　　　　（e）五角形　　　　（f）圆形

图 10.6　常用硬质合金可转位刀片的形状

可转位车刀刀片多数有孔而无后角，每条切削刃处做有断屑槽并形成刀片前角，少数刀片做成带后角而不带前角。

刀片尺寸有：内切圆直径 d 或刀片边长 L、检验尺寸 m、刀片厚度 S、孔径 d_1 及刀尖圆弧半径 r_ε，其中 d 和 s 是基本尺寸，如图 10.7 所示。尺寸 d 根据切削刃工作长度选择，断屑槽根据工件材料、切削用量和断屑要求选择。

(2)可转位车刀的 ISO 代码

GB 2076—1987 规定了我国可转位车刀刀片的形状、尺寸、精度、结构特点等，用 10 位代码表示(这与 ISO 规则是一致的)，如图 10.8 所示。

码位 1 表示刀片形状。如 S 表示正方形，T 表示正三角形等。

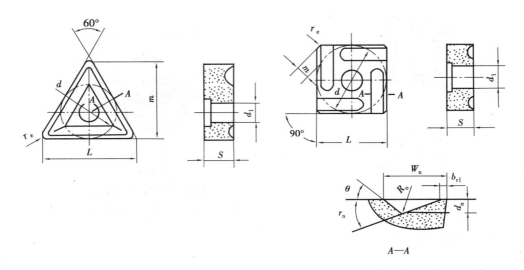

图 10.7　可转位刀片尺寸

码位 2 表示刀片的法向后角。

码位 3 表示刀片尺寸公差等级,共有 12 号种。精度较高的公差等级代号为 A,F,C,H,E,G;精度较低的公差等级代号有 J,K,L,M,N,U。

码位 4 表示刀片结构类型(断屑模及夹固形式)。如用 M 表示刀片中间有固定孔,并单向带有断屑槽;A 为有固定孔而无断屑槽平面型。

码位 5 用两位数字表示刀片的切削刃长度。数字只取尺寸的整数部分,如切削刃长为 8.0 mm 的正方形刀片,即用 08 表示。刀片廓形的基本参数以内切圆直径 d 表示,刀片的切削刃长度可由内切圆直径及刀尖角计算得出。

码位 6 用两位数字表示刀片的厚度。数字只取尺寸的整数部分,如厚度为 4.76 mm 的刀片,用 04 表示。刀片厚度是指切削刃刀尖处至刀片底面的尺寸。不同内切圆直径的刀片,采用不同的厚度。

码位 7 表示车刀刀片尖圆角半径,用放大 10 部的两位数字来表示刀尖圆角半径的大小,如刀尖圆角半径为 0.4 mm 的刀片,号位 7 用 04 表示。

码位 8 的字母表示刀片的切削刃截面形状(刃口钝化代号),它是由刀具几何参数决定的。其中 F 表示尖刃,E 为倒圆刃,T 为倒棱刃,S 为倒圆加倒棱刃。

码位 9 表示刀片切削刃的切削方向,R 表示右切,L 表示左切,N 表示左、右切均可。

码位 10 是制造商自定义代码,通常用一个字母和一个数字表示刀片断屑槽的形式和宽度(例如 C2),或者用两个字母分别表示断屑槽的形式和加工性质。断屑槽的形式和尺寸是可转位刀片诸参数中最活跃的因素。

(3)可转位车刀刀片的夹紧结构

为保证可转位车刀正常工作,刀片的夹紧结构应满足以下要求:刀片在刀槽中的定位精度高,夹紧牢固可靠;刀片的转位、更换及夹紧操作要简单快捷;夹紧结构力求简单、紧凑;夹紧元件应满足标准化、系列化和通用化的要求。

C	N	M	G	12
1	2	3	4	5

1 刀片形状

A 85°　B 82°　K 55°	
H 120°	
L 90°	
O 135°	
P 108°	
C 80°　D 55°　E 75°　M 86°　V 35°	
R -	
S 90°	
T 60°	
W 80°	

2 刀片后角

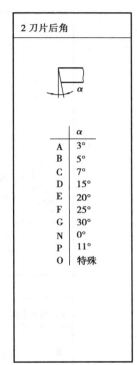

	α
A	3°
B	5°
C	7°
D	15°
E	20°
F	25°
G	30°
N	0°
P	11°
O	特殊

3 精度代号(包括刀片的厚度,内切圆公差)

	d/mm (±)	m/mm (±)	s/mm (±)	d=6.35/9.525	d=12.7	d=15.8/19.05
A	0.025	0.005	0.025	●	●	●
C	0.025	0.013	0.025	●	●	●
E	0.025	0.025	0.025	●	●	●
F	0.013	0.005	0.025	●	●	●
G	0.025	0.025	0.130	●	●	●
H	0.013	0.013	0.025	●	●	●
J	0.050	0.005	0.025	●		
	0.080	0.005	0.025		●	
	0.100	0.005	0.025			●
K	0.050	0.013	0.025	●		
	0.080	0.013	0.025		●	
	0.100	0.013	0.025			●
M	0.05	0.08	0.13	●		
	0.08	0.13	0.13		●	
	0.10	0.015	0.13			●
N	0.05	0.08	0.025	●		
	0.08	0.13	0.025		●	
	0.10	0.15	0.025			●
U	0.08	0.13	0.13	●		
	0.13	0.20	0.13		●	
	0.18	0.27	0.13			●

4 断屑槽及夹固形式

R　无中心孔	Q　圆柱孔+双面倒角40°~60°
F　无中心孔	C　圆柱孔+双面倒角70°~90°
N　无中心孔	G　圆柱孔
A　圆柱孔	T　圆柱孔+单面倒角40°~60°
M　圆柱孔	H　圆柱孔+单面倒角70°~90°
U　圆柱孔+双面倒角40°~60°	W　圆柱孔+单面倒角40°~60°
J　圆柱孔+双面倒角70°~90°	B　圆柱孔+单面倒角70°~90°
X　特殊设计	

5 切削刃长/mm

d/mm	A	C	S	R	H	T	L	O	W
5.56	—	05	05	—	—	09	08	—	03
6.0	—	—	—	06	—	—	—	—	—
6.35	—	06	06	—	03	11	10	02	04
6.65	10	—	—	—	—	—	—	—	—
7.94	—	07	07	—	—	—	—	—	—
8.0	—	—	—	08	—	—	—	—	—
9.0	—	—	—	—	—	12	—	—	—
9.525	—	09	09	—	05	16	15	04	06
10.0	—	—	—	10	—	—	—	—	—
12.0	—	—	—	12	—	—	—	—	—
12.7	—	12	12	—	07	22	20	05	08
15.875	—	15	15	—	09	27	—	06	10
16.0	—	—	—	16	—	—	—	—	—
16.74	—	16	16	—	—	—	—	—	—
19.05	—	19	19	—	11	33	—	07	13
20.0	—	—	—	20	—	—	—	—	—

04	04	E	N	TF
6	7	8	9	10

6 刀片厚度 s/mm

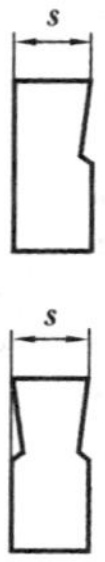

01	s=1.59
T1	s=1.98
02	s=2.38
03	s=3.18
T3	s=3.97
04	s=4.76
05	s=5.56
06	s=6.35
07	s=7.94
09	s=9.52

7 刀尖圆角半径 R

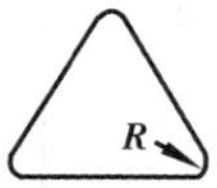

	02	04	05	08	12	16	20	24	32
R/mm	0.2	0.4	0.5	0.8	1.2	1.6	2.0	2.4	3.2

圆形刀片

　　　00 内接圆（英制）

　　　M0 内接圆（公制）

8 刃口钝化代号

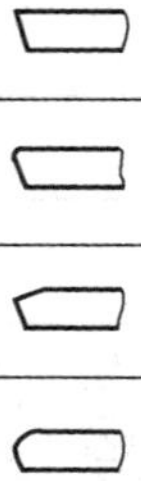

F	尖刃
E	倒圆刃
T	倒棱刃
S	倒圆且倒棱刃

9 切削刃方向

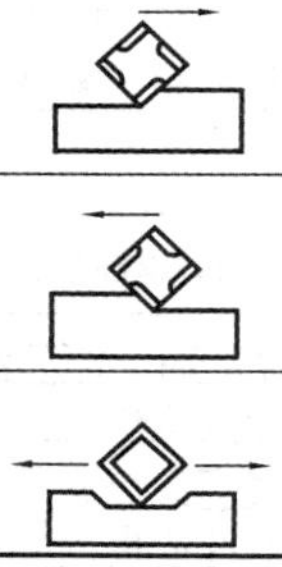

R	右切
L	左切
N	左、右切

10 制造商选择代号（端屑槽型）

刀片的国际编号通常由前9位编号组成（包括8位，9位编号，仅在需要时标出）。此外，制造商根据需要可以增加编号

| −CF | −TF | −TM | −TMR | −SF |
| −SM | −SMF | −25P | −27 | −42 |

图 10.8　可转位车刀刀片 ISO 代码

几种典型的夹紧结构：

1）上压式

上压式(图10.9)是一种螺钉压板结构,夹紧时先将刀片推向刀槽两侧定位面后再施力压紧。这种结构夹紧可靠、定位精确,缺点是压板有碍切屑流出,适用于带后角无孔刀片的夹紧。

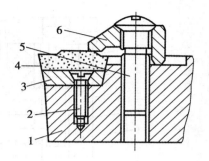

图 10.9　上压式

1—刀杆;2—沉头螺钉;3—刀垫;
4—刀片;5—压紧螺钉;6—压板

2）杠杆式

杠杆式夹紧结构是利用压紧螺钉夹紧刀片的,如图10.10所示。旋紧时推动"L"形杠杆绕支点顺时针转动将刀片夹紧的,压紧螺钉旋出时,杠杆逆时针转动而松开刀片,有两种形式：

图10.10(b)结构更好些。杠杆式结构受力合理、加紧可靠、使用方便,是性能较好的一种。缺点是工艺性较差,制造比较困难。

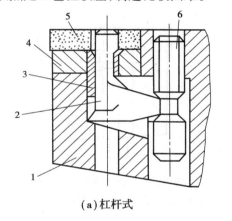
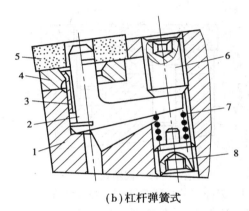

（a）杠杆式　　　　　　　　　　　（b）杠杆弹簧式

图 10.10　杠杆夹紧结构

1—刀杆;2—杠杆;3—弹簧套;4—刀垫;
5—刀片;6—压紧螺钉;7—弹簧;8—调节螺钉

3）杠销式

杠销式夹紧结构是利用杠杆原理夹紧刀片。用螺钉在杠销下端加力 p,使其绕支点 o 将刀片夹紧。

杠销加力的方法有两种：一种是螺钉直接顶压杠销下端,如图10.11(a)；另一种是螺钉头部锥面在杠销下端切向加力,如图10.11(b)。

杠销式能实现双侧面定位夹紧,结构不算复杂,制造较容易。

4）楔销式

楔销式(图10.12)的刀片也是利用内孔定位夹紧的。当旋紧螺钉2将楔块7压下时,刀片6被推向销轴5而将刀片夹紧；松开螺钉时,弹簧垫圈3将楔块抬起。

优点是结构简单、方便,制造容易。缺点是夹紧力与刀片所受背向抗力相反,定位精度差。

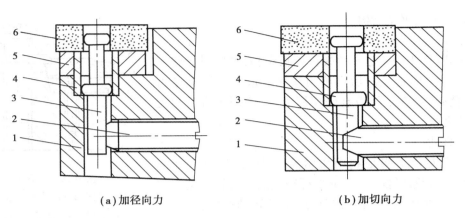

（a）加径向力　　　　　　　　　　（b）加切向力

图 10.11　杠销式夹紧结构

1—刀杆；2—螺钉；3—杠销；4—弹簧套；5—刀垫；6—刀片

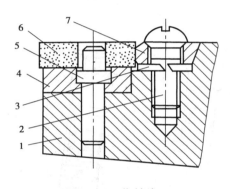

图 10.12　楔销式

1—刀杆；2—压紧螺钉；3—弹簧垫圈；

4—刀垫；5—圆柱销；6—刀片；7—楔块

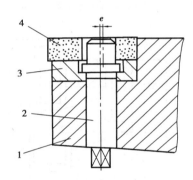

图 10.13　偏心销轴夹紧结构

1—刀杆；2—偏心轴；3—刀垫；4—刀片

5）偏心式

偏心式（图 10.13）是靠转轴上端的偏心轴实现的。偏心轴可为偏心销轴或偏心螺钉轴。偏心夹紧结构的主要参数是偏心量 e 及刀杆刀槽孔的位置。优点是结构简单，使用方便。

10.1.3　车刀角度的换算

（1）正交平面与法平面间角度的换算

可转位刀片的角度是在法平面给出的，安装到刀槽上后则需要计算出正交平面内的角度。

1）前角 γ_o。

图 10.14 给出了刃倾角 $\lambda_s \neq 0^\circ$ 车刀主切削刃上选定点在正交平面 p_o、法平面 p_n 内的各标注角度。图中 Mb 为正交平面 p_o 与前刀面 A_γ 的交线，Mc 为法平面与前刀面 A_γ 的交线，Ma 为正交平面 p_o、法平面 p_n 与基面 p_r 三者的交线。于是有

$$\tan \gamma_n = \frac{ac}{Ma}$$

$$\tan \gamma_o = \frac{ab}{Ma}$$

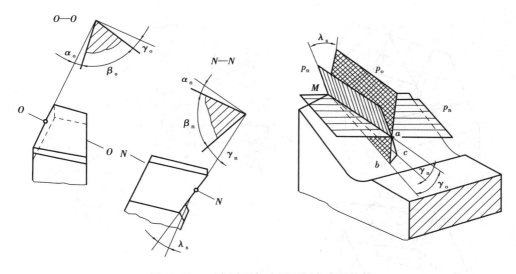

图 10.14　正交平面与法平面间角度的换算

$$\frac{\tan \gamma_n}{\tan \gamma_o} = \frac{\dfrac{ac}{Ma}}{\dfrac{ab}{Ma}} = \frac{ac}{ab} = \cos \lambda_s$$

$$\tan \gamma_n = \tan \gamma_o \cos \lambda_s \qquad (10.1)$$

式(10.1)即为法平面前角与正交平面前角的关系式。

2)后角 α_o

当进行后角换算时,可设想把前角逐渐加大,直到前刀面与后刀面重合,此时前角与后角互为余角,即

$$\alpha_n = 90° - \gamma_n, \alpha_o = 90° - \gamma_o$$

而

$$\cot \alpha_n = \tan \gamma_n, \cot \alpha_o = \tan \gamma_o$$

因此

$$\cot \alpha_n = \cot \alpha_o \cos \lambda_s \qquad (10.2)$$

式(10.2)即为法平面后角 α_n 与正交平面后角 α_o 的关系式。

(2)垂直于基面的各平面与正交平面间角度的换算

1)任意平面与正交平面间角度的换算

如图 10.15 所示,p_i 为通过切削刃上选定点 A 并垂直基面的任意平面,它与主切削刃 (AH) 在基面中的投影 AG 间的夹角为 τ_i,τ_i 称为方位角。假设正交平面参考系内的各角度 γ_o、α_o、κ_r、κ_r'、λ_s 均已知,求 p_i 内的前角 γ_i 与后角 α_i。

当 $\lambda_s = 0°$(图 10.15(a)),过切削刃 AH 作一矩形 $AEBH$,此矩形为基面 p_r,AEF 为正交平面 p_o,ABC 为任意平面 p_i,$AHCF$ 为前刀面,则前角 γ_i 为

$$\tan \gamma_i = \frac{BC}{AB} = \frac{EF}{AB} = \frac{AE \tan \gamma_o}{AB} = \tan \gamma_o \sin \tau_i$$

当 $\lambda_s \neq 0°$(图 10.15(b)),过点 A 做一矩形 $AEBG$,此矩形为通过主切削刃 A 点的基面,AEF 为正交平面 p_o,AGH 为切削平面 p_s,ABC 为任意平面 p_i,$AHCF$ 为前刀面,则前角 γ_i 为

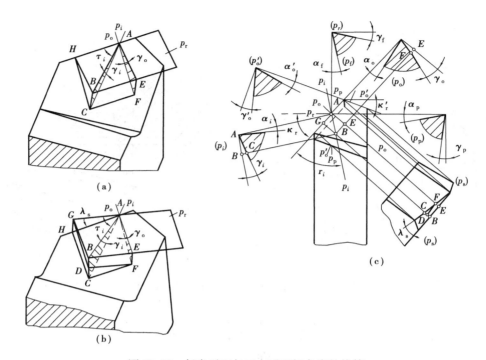

图 10.15　任意平面与正交平面间角度的换算

$$\tan \gamma_i = \frac{BC}{AB} = \frac{BD + DC}{AB} = \frac{EF + GH}{AB} = \frac{AE \tan \gamma_o + AG \tan \lambda_s}{AB}$$

$$= \frac{AE}{AB}\tan \gamma_o + \frac{DF}{AB}\tan \lambda_s$$

得

$$\tan \gamma_i = \tan \gamma_o \sin \tau_i + \tan \lambda_s \cos \tau_i \tag{10.3}$$

式(10.3)即为求任意平面前角 γ_i 的公式。为求后角 α_i，可设想把前角加大到前刀面与后刀面重合，此时 $\alpha_i = 90° - \gamma_i$，这样可以得到任意平面的后角公式。

$$\cot \alpha_i = \cot \alpha_o \sin \tau_i + \tan \lambda_s \cos \tau_i \tag{10.4}$$

2)背平面 p_p 内的角度

当 $\tau_i = 90° - \kappa_r$ 时，p_i 平面即为背平面 p_p，得 γ_p 与 α_p 的公式

$$\tan \gamma_p = \tan \gamma_o \cos \kappa_r + \tan \lambda_s \sin \kappa_r \tag{10.5}$$

$$\cot \alpha_p = \cot \alpha_o \cos \kappa_r + \tan \lambda_s \sin \kappa_r \tag{10.6}$$

3)假定工作平面 p_f 内的角度

当 $\tau_i = 180° - \kappa_r$ 时，p_i 平面即为假定工作平面 p_f，可得 γ_f 与 α_f 的公式。

$$\tan \gamma_f = \tan \gamma_o \sin \kappa_r - \tan \lambda_s \cos \kappa_r \tag{10.7}$$

$$\cot \alpha_f = \cot \alpha_o \sin \kappa_r - \tan \lambda_s \cos \kappa_r \tag{10.8}$$

4)正交平面 p_o 内的角度与背平面 p_p、假定工作平面 p_f 内角度关系

由式(10.5)～式(10.8)可导出正交平面参考系内的角度 γ_o 与 α_o

$$\tan \gamma_o = \tan \gamma_p \cos \kappa_r + \tan \gamma_f \sin \kappa_r \tag{10.9}$$

$$\cot \alpha_o = \cot \gamma_p \cos \kappa_r + \cot \gamma_f \sin \kappa_r \tag{10.10}$$

$$\tan \lambda_s = \tan \gamma_p \sin \kappa_r + \tan \gamma_f \cos \kappa_r \tag{10.11}$$

5）最大前角 γ_g 及所在平面 p_g 的方位角 τ_g

最大前角也称几何前角，记为 γ_g。

设 $y = \tan \gamma_i$，对式（10.3）求导，并使其为零，即

$$\frac{\mathrm{d}\gamma}{\mathrm{d}\tau_i} = \tan \gamma_o \cos \tau_i - \tan \lambda_s \sin \tau_i = 0$$

得

$$\tan \tau_g = \frac{\tan \gamma_o}{\tan \lambda_s} \tag{10.12}$$

式中　τ_g——最大前角所在平面 p_g 与主切削刃在基面上投影的夹角称为方位角，γ_g 即在平面 p_g 内。

将式（10.12）代入式（10.3），即可得最大前角

$$\tan \gamma_g = \sqrt{\tan^2 \gamma_o + \tan^2 \lambda_s} \tag{10.13}$$

或

$$\tan \gamma_g = \sqrt{\tan^2 \gamma_p + \tan^2 \gamma_f} \tag{10.14}$$

最大前角平面同时垂直于基面和前刀面。因此，在设计和铣制刀槽时，只要在 p_g 平面内保证最大前角 γ_g，也就同时能保证车刀主切削刃的角度 γ_o 和 λ_s。

6）最小后角 α_b 及所在平面 p_b 的方位角 τ_b

对式（10.4）求导，并使其为零，即

$$\cot \tau_b = \frac{\tan \lambda_s}{\cot \alpha_o} = \tan \alpha_o \tan \lambda_s \tag{10.15}$$

式中　τ_b——平面 p_b 与主切削平面 p_s 之间的夹角，最小后角 α_b 即在平面 p_b 内。

将式（10.15）代入式（10.4），即可得最小后角 α_b。

$$\cot \alpha_b = \sqrt{\cot^2 \alpha_o + \tan^2 \lambda_s} \tag{10.16}$$

$$\cot \alpha_b = \sqrt{\cot^2 \alpha_p + \cot^2 \alpha_f} \tag{10.17}$$

最小后角平面 p_b 同时垂直于基面和后刀面。

7）副切削刃前角 γ_o' 与刃倾角 λ_s'

当前刀面为平面时，主、副切削刃共面。如果给定了刀尖角 ε_r，则副切削刃前角 γ_o' 与刃倾角 λ_s' 也就随之确定了。此时可用式（10.3）推导和的表达式。当 $\tau = \varepsilon_r - 90°$ 时，平面 p_i 即为副切削刃的正交平面 p_o'，可得副前角 γ_o' 的公式。

$$\tan \gamma_o' = -\tan \gamma_o \cos \varepsilon_r + \tan \lambda_s \sin \varepsilon_r \tag{10.18}$$

当 $\tau_i = \varepsilon_r$ 时，平面 p_i 即为副切削刃的切削平面 p_s'，可得副切削刃刃倾角 λ_s' 的公式

$$\tan \lambda_s' = \tan \gamma_o \sin \varepsilon_r + \tan \lambda_s \cos \varepsilon_r \tag{10.19}$$

10.1.4　可转位车刀几何角度的设计计算

可转位车刀的几何角度是由刀片的几何角度和刀槽几何角度综合形成的（图 10.16）。

（1）刀槽角度设计计算

下面以最常用的 $\gamma_{nb} > 0°$、$\alpha_{nb} = 0°$、$\lambda_b = 0°$ 刀片为例，讲述刀槽角度的设计计算。

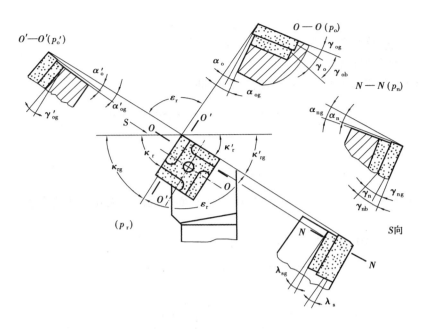

图 10.16 可转位车刀几何角度关系

由于 $\alpha_{nb} = 0°$，要使刀片安装在刀槽上后具有车刀后角 α_o，必须将刀槽平面做成带负前角的斜面，这个负前角叫做刀槽前角 γ_{og}；

同理，刀槽还应做有负的刃倾角 λ_{sg}，以保证车刀的副刃后角 α_o'。

1）刀槽主偏角 κ_{rg} 与刃倾角 λ_{sg}

刀槽主偏角 κ_{rg} 与刃倾角 λ_{sg} 分别等于车刀的主偏角 κ_r 与刃倾角 λ_s，即

$$\kappa_{rg} = \kappa_r \qquad (10.20)$$

$$\lambda_{sg} = \lambda_s \qquad (10.21)$$

2）刀槽前角 γ_{og}

为使车刀获得后角 α_o，刀槽前角 γ_{og} 也必须是负值。从图 10.16 中知，在法平面内车刀前角 γ_n 等于刀片前角 γ_{nb} 刀槽前角 γ_{ng} 的代数和，即

$$\gamma_n = \gamma_{nb} + \gamma_{ng}$$

或

$$\gamma_{ng} = \gamma_n - \gamma_{nb} \qquad (10.22)$$

将式（10.22）取正切函数，并将式（10.1）代入，整理得 γ_{og} 的计算式。

$$\tan \gamma_{og} = \frac{\tan \gamma_o - \tan \gamma_{nb}/\cos \lambda_s}{1 + \tan \gamma_o \tan \gamma_{nb} \cos \lambda_s} \qquad (10.23)$$

3）刀槽最大倾斜角 γ_{gg} 与方位 τ_{gg}

刀槽最大倾斜角 γ_{gg} 就是刀槽底面的最大负前角，利用最大负前角法铣制刀槽比较简便，如图 10.17 所示。

刀槽最大倾斜角 γ_{gg} 可按式（10.24）计算。当 $\gamma_{og} < 0°$ 且 $\lambda_{sg} < 0°$ 时，γ_{gg} 取负值，即

$$\tan \gamma_{gg} = -\sqrt{\tan^2 \gamma_{og} + \tan^2 \lambda_{sg}} \qquad (10.24)$$

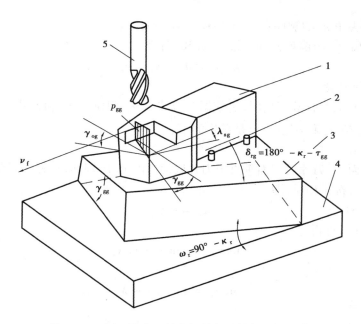

图 10.17　用刀槽底面最大倾斜角法铣制刀槽原理

1—刀杆；2—定位销；3—斜底模；4—铣床工作台；5—立铣刀

刀槽最大倾斜角 γ_{gg} 所在平面的方位角 τ_{gg} 可按式（10.25）计算

$$\tan \tau_{gg} = \frac{\tan \gamma_{og}}{\tan \lambda_{sg}} \tag{10.25}$$

4）车刀刀尖角 ε_r 与副偏角 κ'_r

车刀刀尖角 ε_r 是刀片刀尖角在基面的投影，由于刀槽负刃倾角和副前角的存在，刀尖角 ε_r 并不等于刀片刀尖角 ε_b，有 $\varepsilon_r > \varepsilon_b$。由图 10.18 可知

$$\varepsilon_r = \tau_{gg} + \tau'_{gg} \tag{10.26}$$

式中　　τ'_{gg}——刀槽最大倾斜角 γ_{gg} 所在平面与副切削平面的夹角。

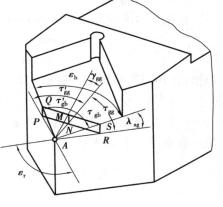

图 10.18　刀尖角的计算

τ'_{gg} 的计算公式：

因为

$$\frac{QM}{AM} = \tan \tau'_{gb} \qquad \frac{AN}{AM} = \cos \gamma_{gg}$$

所以

$$\tan \tau'_{gg} = \frac{\tan \tau'_{gb}}{\cos \gamma_{gg}} = \frac{QM}{AN} = \frac{PH}{AN} \tag{10.27}$$

式中

$$\tau'_{gb} = \varepsilon_b - \tau_{gb} \tag{10.28}$$

而

$$\tan \tau_{gb} = \frac{MS}{AM} = \frac{NR}{AM} \frac{AN}{AN} = \tan \tau_{gg} \cdot \cos \gamma_{gg} \tag{10.29}$$

233

以上为求刀尖角 ε_r 的顺序: $\tau_{gg} \rightarrow \tau_{gb} \rightarrow \tau'_{gb} \rightarrow \tau'_{gg} \rightarrow \varepsilon_r$。

当刀尖角已知时,副偏角 κ'_r 可用式(10.30)计算

$$\kappa'_r = 180° - \kappa_r - \varepsilon_r \tag{10.30}$$

(2)车刀后角校验

由式(10.24)知,在计算刀槽时,是依据车刀前角 γ_o、刃倾角 λ_s 和刀片前角 λ_{nb},当刀片形状确定后,车刀后角 α_o 和 α'_o 就只能是派生的了。

1)车刀后角 α_o

在车刀法平面中,刀片后刀面垂直于刀片底面(图10.16)此时车刀法后角 α_n 与刀槽法前角 γ_{ng} 的数值相等,符号相反,即

$$\alpha_n = -\gamma_{ng} \tag{10.31}$$

根据式(10.1),可得

$$\tan \gamma_{ng} = \tan \gamma_{og} \cos \lambda_s$$

而

$$\tan \alpha_o = \tan \alpha_n \cos \lambda_s$$

因此

$$\tan \alpha_o = -\tan \gamma_{og} \cos^2 \lambda_s \tag{10.32}$$

式(10.32)即为可转位车刀后角 α_o 的校验公式。

2)副刃后角 α'_o

根据式(10.18)、式(10.19)可得副刃前角 γ'_{og} 和刃倾角 λ'_{sg} 计算公式

$$\tan \gamma'_{og} = -\tan \gamma_{og} \cos \varepsilon_r + \tan \lambda_{sg} \sin \varepsilon_r \tag{10.33}$$

$$\tan \lambda'_{sg} = \tan \gamma_{og} \sin \varepsilon_r + \tan \lambda_{sg} \cos \varepsilon_r \tag{10.34}$$

根据式(10.32)可得副刃后角 α'_o 计算公式

$$\tan \alpha'_o = -\tan \gamma'_{og} \cos^2 \lambda'_{sg} \tag{10.35}$$

式(10.33)、式(10.34)中的 ε_r 由式(10.26)求得。也可以近似取 $\varepsilon_r = \varepsilon_b$,副刃后角的数值一般应不小于 $2° \sim 3°$。

10.2 成形车刀

成形车刀是一种加工回转体成形表面的专用工具,其刃形是根据工件的廓形设计的。它以其加工精度稳定、生产率高、刀具使用寿命长和刃磨简便等特点广泛应用于各类车床以及生产自动线上。

用成形车刀加工时,由于工件的成形表面主要取决于刀具切削刃的形状和制造精度,所以它可以保证被加工工件表面形状和尺寸精度的一致性与互换性,加工精度可达 IT10 ~ IT8,表面粗糙度可达 $Ra\ 3.2 \sim 6.3\ \mu m$;工件廓形是由刀具切削刃一次切成的,同时参加工作的切削刃长,生产率高;成形车刀可重磨次数多,使用寿命长。

10.2.1　成形车刀的种类

（1）按刀具结构分类

1）平体成形车刀

外形为平条状,与普通车刀相似,只是切削刃有一定形状。图 10.19(a)所示的螺纹车刀、铲齿车刀就属此类。这种车刀可用来加工较简单的外成形表面,并且沿前刀面的重磨次数不多。

2）棱体成形车刀（图 10.19(b)）

外形为多棱柱体,由于结构尺寸限制,只能用来加工外成形表面,大大增加了沿前刀面的重磨次数,刀体刚性好。

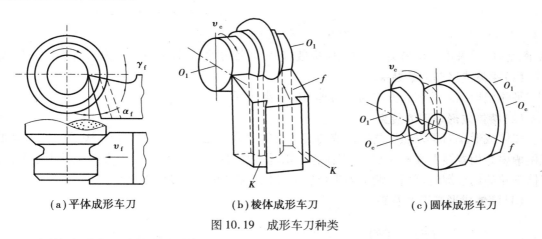

（a）平体成形车刀　　　　（b）棱体成形车刀　　　　（c）圆体成形车刀

图 10.19　成形车刀种类

3）圆体成形车刀（图 10.19(c)）

外形为回转体,重磨次数较棱体车刀更多,且可用来加工内成形表面。因为刀体本身为回转体,制造容易,故生产中应用较多;但加工精度不如前两种成形车刀高。

（2）按进给方向分类

1）径向成形车刀（图 10.19）

径向成形车刀是沿工件半径方向进给的,整个切削刃同时切入,工作行程短,生产效率高。但同时参加工作的切削刃长度长,径向力较大,易引起振动而影响加工质量,不适于细长和刚性差的工件。

2）切向成形车刀（图 10.20）

此类成形车刀是沿工件切线方向进给的,由于切削刃与工件端面(进给方向)偏斜角 κ_r,故切削刃是逐渐切入工件的,只有切削刃上最后一点通过工件的轴向铅垂面后,工件上的成形表面才被加工完成。

显然,与径向成形车刀相比,它的切削力小且工作过程较平稳;但工作行程长,生产效率低。故仅用于加工廓形深度不大、细长、刚度较差的工件。

10.2.2　成形车刀的安装

成形车刀的安装精度会影响加工工件的质量。因此,为保证刀具的安装位置准确、夹固可

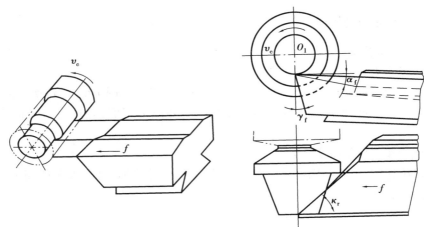

图 10.20 切向进给成形车刀

靠、刚度好,需采用专用刀夹,使刀具的拆装容易、调整方便,并且夹持结构力求简单和标准化。

(1)平体成形车刀的装夹

平体成形车刀的装夹方法与普通车刀的装夹相同。

(2)棱体成形车刀的装夹

棱体成形车刀是以燕尾的底面或与其平行的表面为定位基准,装夹(图 10.21)在刀夹的燕尾槽内并用螺栓夹紧。安装时,刀体相对铅垂面倾斜成 α_f 角度,并使刀尖与工件中心等高。刀体下端的调节螺钉可用来调节刀尖位置的高低,同时可增加刀具的刚性。

(3)圆体成形车刀的装夹

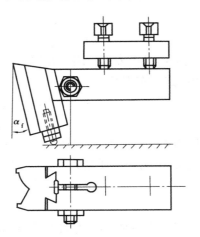

图 10.21 棱体成形车刀的装夹

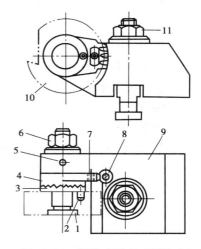

图 10.22 圆体成形车刀的装夹

1—螺杆;2,5,7,—销子;3—齿环;4—扇形板;
6,11—螺母;8—蜗杆;9—刀夹;10—车刀

圆体成形车刀的装夹(图 10.22)是以内孔和沉孔端面作为定位基准面,在单轴自动车床上常用的装夹方式。车刀 10 通过内孔套装在刀夹 9 的螺杆轴 1 上,通过销子 2 与端面齿环 3 连接,以防车刀工作时受力而转动。转动齿环 3 可粗调车刀刀尖的高度,带有端面齿的扇形板 4 即与齿环 3 啮合,有与小蜗杆 8 啮合,转动小蜗杆就可达到微调刀尖高度的目的。扇形板 4

上的销子 7 用来限制扇形板 4 的转动范围。刀尖位置调好后旋紧螺母 6,即可将车刀夹固与刀夹 9 内,拧紧螺母 11 即可使刀夹夹固于机床 T 型槽内。

10.2.3　成形车刀的前角与后角

成形车刀与其他刀具一样,必须具有合理的切削角度才可以有效工作。由于成形车刀切削刃形状复杂,切削刃上各点的正交平面方向各不相同,难于做到切削刃各点的切削角度合理。一般只给假定工作(进给)平面的前角 γ_f 与后角 α_f。

(1)前角与后角的形成

①在制造棱体成形车刀时(图 10.23),将成形车刀在进给平面 p_f 内的楔角 β_f 磨制成 $90^{\circ}-(\gamma_f+\alpha_f)$,安装时将其后刀面相对铅垂面倾斜成 α_f 角,则前刀面与水平轴向面间的夹角即为 γ_f。

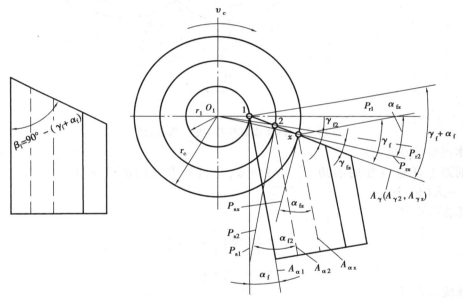

图 10.23　棱体成形车刀前角与后角的形成

②在制造(刃磨)圆体成形车刀时(图 10.23),只要在进给平面 p_f 内,使刀具前刀面至其轴心线的距离 $h_o=R\sin(\gamma_f+\alpha_f)$,安装时 $H=R\sin\alpha_f$ 使刀具轴心线高于工件轴心线,并使刀尖位于工件中心高度上,便可得到刀具的前角 γ_f 与后角 α_f。

上述前角与后角都是在假定工作平面内测量,切削刃上最外点处的前角与后角,它是设计与制造成形车刀的名义前角 γ_f 与后角 α_f。

(2)前角与后角的变化规律

由图 10.24 可以看出,只有基点 1 位于工件中心等高位置上,其余各点都低于工件中心。由于切削刃上各点的切削平面和基面位置不同,因而前角和后角也都不同,距基点越远的点,前角越小、后角越大。即

$$\gamma_{f2} < \gamma_{f1}$$

$$\alpha_{f2} > \alpha_{f1}$$

由于圆体成形车刀切削刃上各点后刀面(该点在圆的切线)是变化的,因此后角增大的程

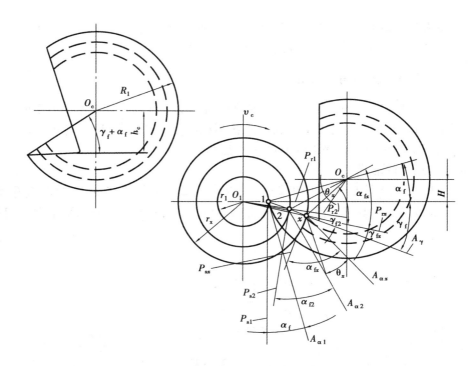

图 10.24　圆体成形车刀前角与后角的形成

度比棱体成形车刀更大。

切削刃上任意点处的前角 γ_{fx} 和后角 α_{fx} 与最外点处的前角 γ_f 和后角 α_f 有关系式（10.36）~式（10.39）。

棱体成形车刀

$$\gamma_{fx} = \arcsin\left(\frac{r_1}{r_x}\sin\gamma_f\right) \tag{10.36}$$

$$\alpha_{fx} = (\alpha_f + \gamma_f) - \gamma_{fx} \tag{10.37}$$

圆体成形车刀

$$\gamma_{fx} = \arcsin\left(\frac{r_1}{r_x}\sin\gamma_f\right) \tag{10.38}$$

$$\alpha_{fx} = (\alpha_f + \gamma_f) - \gamma_{fx} + \theta_x \tag{10.39}$$

式中　r_1——成形车刀切削刃上最外点对应的工件最小半径；

　　　　r_x——成形车刀切削刃上任意点对应的工件半径；

　　　　θ_x——圆体成形车刀切削刃上任意点处的后刀面与最外点处后刀面间的夹角。

（3）前角与后角的选取

成形车刀前角与后角均指名义侧前角 γ_f 与侧后角 α_f。前角 γ_f 的合理数值也同车刀一样，是根据工件材料的性质选取的，见表 10.1。后角 α_f 的合理数值则是根据成形车刀的种类选取的，见表 10.1。

不难看出：工件材料的强度（硬度）越高，成形车刀的前角 γ_f 应取得越小，以保证刃口强度。由于圆体成形车刀切削刃上各点后角变化较大，故名义后角 α_f 应取得小些。

表 10.1　成形车刀的前角与后角

工件材料		材料的力学性能		前角 γ_f	成形车刀 种　类	后角 α_f
钢	$\sigma_b/$ GPa		< 0.5	20°	圆 体	10° ~ 15°
			0.5 ~ 0.6	15°		
			0.6 ~ 0.8	10°		
			> 0.8	5°		
铸铁	HBS		160 ~ 180	10°	棱 体	12° ~ 17°
			180 ~ 220	5°		
			> 220	0°		
青铜				0°	平 体	25° ~ 30°
黄铜	H62			0° ~ 5°		
	H68			10° ~ 15°		
	H80 ~ H90			15° ~ 20°		
铝、紫铜				25° ~ 30°		
铅黄铜 HPb59-1				0° ~ 5°		
铝黄铜 HA159-3-2						

注:本表仅适用于高速钢成形车刀,如为硬质合金成形车刀加工钢料时,可取表中数值减去 5°;如工件为正方形或六角形棒料时,值应减小 2° ~ 5°。

(4) 切削刃正交平面内的后角及其改善措施

成形车刀后刀面与工件过渡表面间的摩擦程度取决于切削刃各点的后角大小,因此要对切削刃上关键点的后角进行验算。

现以 $\gamma_f = 0°$、$\lambda_s = 0°$ 成形车刀为例进行讨论。如图 10.25 所示切削刃上任一点 x 在假定工作平面内的后角 α_{fx} 与该点主剖面后角为 α_{ox} 间的关系为

$$\tan \alpha_{ox} = \tan \alpha_{fx} \sin \kappa_{rx}$$

由上式可以看出,当 $\kappa_{rx} = 0°$,则有 $\alpha_{ox} = 0°$。这将造成该段切削刃所在的后刀面与加工表面间的严重摩擦。因此在设计时就必须采取以下的改善措施:

1)在 $\kappa_{rx} = 0°$ 的切削刃磨出凹槽,只保留一狭窄棱面,如图 10.26(a)所示。

2)在 $\kappa_{rx} = 0°$ 的切削刃处磨出 $\kappa'_{rx} \approx 2°$ 的副切削刃,如图 10.26(b)所示。

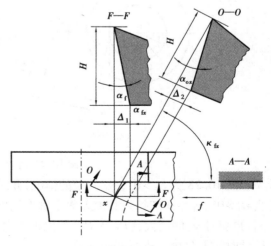

图 10.25　切削刃上的 α_{ox} 与 α_{fx} 的关系

3）将成形车刀与工件轴线斜置成 $\tau = 15° \sim 20°$，如图 10.26（c）所示。这样从根本上解决了后刀面与加工表面间的摩擦严重的问题。

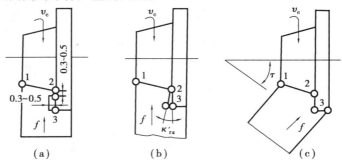

图 10.26　改善正交平面内 $\alpha_{ox} = 0°$ 的措施

10.2.4　径向成形车刀的廓形设计

（1）廓形设计的必要性

在进行成形车刀的廓形设计之前，首先要明确对廓形设计、计算的原因。

图 10.27（a）所示为 $\gamma_f = 0°$、$\alpha_f > 0°$ 的棱体成形车刀。棱体成形车刀的廓形就是其法向剖面 $N—N$ 内的廓形，在制造棱体成形车刀时，必须知道 $N—N$ 剖面内的廓形。由图可知，刀具在 $N—N$ 剖面内的廓形深度 P_2 就与工件轴向剖面内的廓形深度 P_{W2} 不同，$P_2 < P_{W2} = C_2$，C_2 为刀具前刀面的廓形深度，而根据工件径向尺寸及 α_f 值对刀具廓形进行设计计算。

同样，对于圆体成形车刀（图 10.27（b）），在制造时也必须先知道轴向剖面 $N—N$ 内的廓形。由图可知，刀具在 $N—N$ 剖面内的廓形深度 P_2 与工件轴向剖面内的廓形深度关系为 $P_2 < P_{W2} = C_2$。

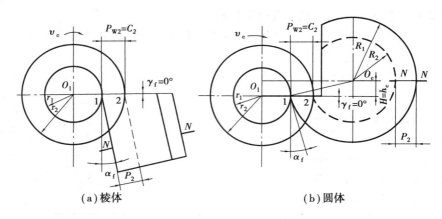

图 10.27　$\gamma_f = 0°$、$\alpha_f > 0°$ 时的廓形

图 10.28 为 $\alpha_f > 0°$，$\gamma_f > 0°$ 的情况，此时 $C_2 > P_{W2}$，因为 $P_2 < P_{W2}$，所以 $P_2 < P_{W2} < C_2$。即当 $\alpha_f > 0°$、$\gamma_f > 0°$ 时，刀具前刀面上廓形深度 C_2 与工件轴向剖面内的廓形深度 P_{W2} 也不再相同，且随着 γ_f 的增大，$(P_{W2} - P_2)$ 差值也增大。因此为了保证能切出正确的工件廓形，必须在设计时对刀具廓形进行修正计算。

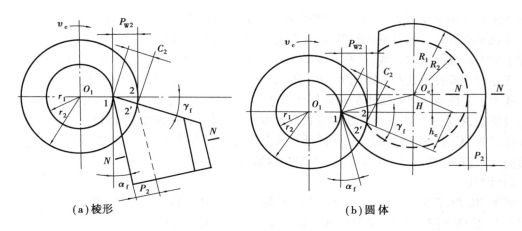

(a)棱形   (b)圆体

图 10.28　$\gamma_f > 0°$、$\alpha_f > 0°$时的廓形

(2)棱体成形车刀的廓形设计

1)图解法

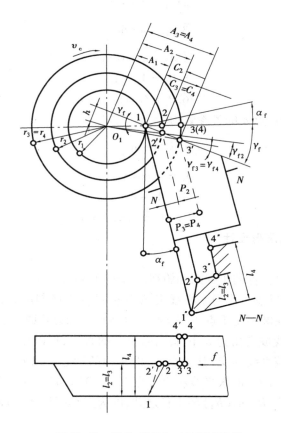

图 10.29　棱体成形车刀的廓形设计

1,2,3,4—工件廓形;1′,2′,3′,4′—切削刃廓形;1″,2″,3″,4″—刀具廓形

①以放大的比例画出工件的正视图和俯视图(图 10.29)。

②在正视图上,从基准点 1 作与水平线成 γ_f 的直线,即为前刀面的投影线。它与工件各

组成点所在圆相交于点 2′、3′(4′)，这些点就是刀具前刀面上与工件各组成点相对应的点。

③自基准点 1 作与铅垂线倾斜 α_f 的直线，即为后刀面的投影线，由 2′、3′(4′)各点分别作平行于后刀面投影线的直线，这些直线即为切削刃上的各点所在后刀面的投影线，它们与基准点 1 所在后刀面投影线间的距离 P_2、$P_3(P_4)$，即为刀具各组成点的廓形深度。

④由于工件廓形各组成点的轴向尺寸等于刀具廓形上相应点的轴向尺寸，因此延长各后刀面投影线，在点 1 后刀面投影线的延长线上取点 1″并作该线的垂线。以该垂线为起始线，分别在过点 2′、3′(4′)的后刀面投影线的延长线上截取 $l_2 = l_3$ 和 l_4 得交点 2″、3″、4″，用直线(或平滑曲线)连接这些点，即得刀具 $N—N$ 剖面内廓形。

2)计算法

如图 10.29，首先作刀具前刀面投影线的延长线，再从工件中心点 O_1 作该延长线的垂线交于点 b，点 O_1 到垂线的距离为 h，再标出 C_2，C_3，C_4 及 A_1，A_2，A_3，A_4。

根据图 10.29 的几何关系，可按以下步骤求出 2′的廓形深度。

$$① h = r_1 \sin \gamma_f$$

$$② A_1 = r_1 \cos \gamma_f$$

$$③ \gamma_{f2} = \arcsin \frac{h}{r_2}$$

$$④ A_2 = r_2 \cos \gamma_{f2}$$

$$⑤ C_2 = A_2 - A_1$$

$$⑥ P_2 = C_2 \cos(\gamma_f + \alpha_f)$$

同理，前刀面上的任意点 n 的各参数为

$$\gamma_{fn} = \arcsin \frac{h}{r_n} \tag{10.40}$$

$$A_n = r_n \cos \gamma_{fn} \tag{10.41}$$

$$C_n = A_n - A_1 \tag{10.42}$$

$$P_n = C_n \cos(\gamma_f + \alpha_f) \tag{10.43}$$

(3)圆体成形车刀的廓形设计

1)图解法

①以放大的比例画出工件的正视图和俯视图(图 10.30)。

②在正视图上，从基准点 1 作与水平线夹角为 γ_f 的向下倾斜的直线为前刀面的投影线，分别于工件各组成点所在圆相交于点 2′、3′(4′)，这些点即为刀具廓形的组成点。

③自点 1 作与水平线成夹角为 α_f 的斜向右上方的直线，再以点 1 为中心，车刀的外圆半径 R_1 为半径作圆弧，与该直线相交，其交点 O_c 即车刀的轴心。以 O_c 为圆心，O_c1、$O_c2′$、$O_c3′$(4′)为半径作同心圆，与过 O_c 的水平线相交于点 1″、2″、3″(4″)。R_1、R_2、$R_3(R_4)$ 即为刀具廓形各组成点的半径。R_1 与 R_2、$R_3(R_4)$ 各半径之差，即为刀具廓形各组成点在轴向剖面的廓形深度。

④根据已知的工件轴向尺寸及 R_1、R_2、R_3、R_4，利用摄影原理，即可求出刀具轴向剖面内的廓形。

2)计算法

如图 10.30 所示，过点 1 作前刀面投影线的延长线，O_1 至该延长线的距离为 h，O_c 至该延

长线的距离为 h_c，分别标出工件和刀具廓形上的尺寸 A_1、A_2、A_3（A_4）、C_2、C_3（C_4）、B_1、B_2、B_3（B_4）。

由图 10.30 可知

$$①h_c = R_1 \sin(\gamma_f + \alpha_f)$$

$$②B_1 = R_1 \cos(\gamma_f + \alpha_f)$$

$$③\varepsilon = \arctan \frac{h_c}{B_1}$$

$$④B_2 = B_1 - C_2$$

$$⑤\varepsilon_2 = \arctan \frac{h_c}{B_2}$$

$$⑥R_2 = \frac{h_c}{\sin \varepsilon_2}$$

同理

$$B_n = B_1 - C_n \tag{10.44}$$

$$\varepsilon_n = \arctan \frac{h_c}{B_n} \tag{10.45}$$

$$R_n = \frac{h_c}{\sin \varepsilon_n} \tag{10.46}$$

式中 C_2、C_n 的计算方法与棱体成形车刀相同。

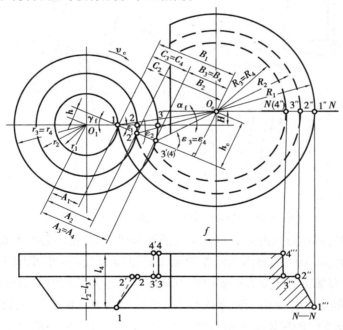

图 10.30　圆体成形车刀的廓形设计

10.2.5　成形车刀加工圆锥表面的双曲线误差

用成形车刀加工的零件，其外形很多是圆锥部分或曲线部分（可以看成许多圆锥部分组成）。如果使用普通成形车刀加工，则加工后的工件外形经检验发现圆锥部分的母线不是直线，而是一条内凹的双曲线，圆锥体实际上变成了双曲线体，因而产生了误差。这个误差称为双曲线误差。

（1）双曲线误差产生的原因

图10.31给出了棱体成形车刀加工圆锥表面的情况。工件圆锥表面的母线是工件轴向剖面的直线12。由于成形车刀的前角 $\gamma_f > 0°$，切削刃上只有点1处于工件圆锥母线上，而点 $2'$ 处于刀具前刀面 $M—M$。由数学知识可知，用过前刀面 $M—M$ 的平面去截圆锥面时，可得到一外凸的双曲线 $1—3''—2''$，与之对应的刀具切削刃廓形应是相吻合的内凹双曲线。这就要求 $N—N$ 剖面内的刀具廓形应是内凹双曲线，但这会给刀具制造带来很大困难。为便于刀具制造，$N—N$ 剖面内的刀具廓形做成直线 $1''—2''$，会相应地得到工件在 $M—M$ 剖面内的直线形 $1'—4''—2''$，这样反映到轴向剖面内就不会得到母线为直线的圆锥面了，而是内凹的双曲面，它们之间的差为 Δ_1，故称双曲线误差了。

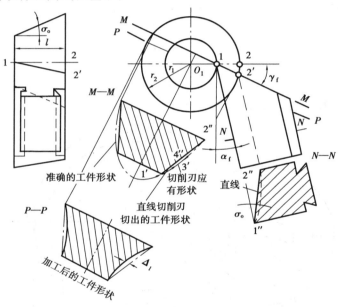

图 10.31　棱体成形车刀加工圆锥面表面的误差

如果取 $\Delta_1 = 0°$，即让刀具前刀面 $M—M$ 与圆锥母线重合，就不会产生双曲线误差。

同理，用 $\gamma_f > 0°$、$\alpha_f > 0°$ 的圆体成形车刀加工圆锥面时，也会得到内凹双曲线，而且内凹程度比棱体成形车刀加工时还要大得多（图10.32）。误差大的原因可以这样理解，总误差由两部分组成：一部分误差 Δ_1 是由于圆体成形车刀的前刀面 $M—M$ 不与工件圆锥母线相重合造成的，这正相当于 $\gamma_f > 0°$ 的棱体成形车刀加工圆锥表面的情况；另一部分误差 Δ_2 是由于圆体成形车刀的前刀面 $M—M$ 不通过本身轴线，即不与本身圆锥母线相重合造成的。

因此，要想加工出圆锥体工件，刀具应该是与之吻合的反向圆锥体。由于圆体成形车刀的前刀面不通过刀具本身的轴线，得到的前刀面 $M—M$ 内的切削刃廓形不但不是内凹双曲线 $1'—3—2''$，甚至也不是直线 $1'—2''$（$N—N$ 剖面 $1'—2''$），而是外凸双曲线 $1'—4—2''$，当然在 $M—M$ 面内得到的工件形状为一与之对应的内凹双曲线，它与直线间的差称为刀具本身的双

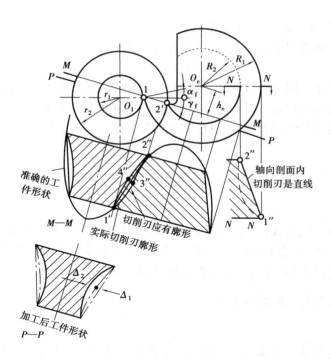

图 10.32　圆体成形车刀加工圆锥面表面的误差

曲线误差。反映在轴向剖面 $P—P$ 内的误差用 Δ_2 表示,且 Δ_2 比 Δ_1 大得多。

　　当 $\gamma_f = 0°$,只能使 $\Delta_1 = 0$,Δ_2 依然存在,这是由圆体成形车刀本身的结构决定的。

　　上述双曲线误差随工件圆锥表面的锥角 σ_o、刀具前角 γ_f 及对应轴向尺寸 l 的增加而增大。圆体成形车刀的双曲线误差还与刀具后角 α_f 和最大半径 R_1 有关。

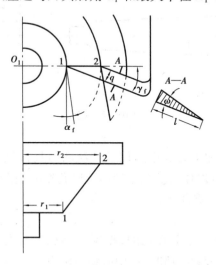

图 10.33　带前刀面侧向倾斜角的成形车刀

(2)消除(或减小)双曲线误差的措施

　　对于棱体成形车刀,$\gamma_f > 0°$ 是加工圆锥表面产生双曲线误差的主要原因,故只有使 $\gamma_f = 0°$ 才能消除这种误差,这是办法之一。对于圆体成形车刀,$\gamma_f = 0°$ 只能消除总误差 Δ 中的

部分 Δ_1，比 Δ_1 大几十倍的 Δ_2 依然不能消除。

消除双曲线误差的第二个办法是:采用带有前刀面侧向倾斜角 ω 的成形车刀,如图 10.33 所示。

为了使切削刃与工件圆锥母线重合,可使前刀面倾斜 ω 角,从而将低于工件水平轴线的切削刃提高到水平轴线的位置。对棱体成形车刀来说,这样做完全消除了双曲线误差;圆体成形车刀本身就拥有有双曲线误差,故不可能完全消除,只能减小误差。

10.3 孔加工刀具

在工件实体材料上钻孔或扩大已有孔的刀具统称为孔加工刀具。孔加工刀具按其用途分为两类:一类是用于实体工件上的孔加工刀具,如扁钻、麻花钻、中心钻及深孔钻等;另一类是对工件上已有的孔进行再加工的刀具,如扩孔钻、锪钻、铰刀及镗刀等。

10.3.1 孔加工刀具的种类与用途

(1)扁钻

扁钻是一种古老的钻孔工具,如图 10.34,它的切削部分呈铲形,结构简单、生产成本低、刃磨方便,但切削和排屑性能较差。

扁钻有整体式和装配式两种。前者适用于数控机床,常用于较小直径(小于 $\phi 12$ mm)孔加工,后者适用于较大直径(大于 $\phi 63.5$ mm)孔加工。

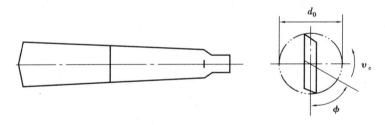

图 10.34 扁钻

(2)麻花钻

麻花钻(图 10.40)是孔加工刀具中运用最广泛的刀具,特别适合于加工小于 $\phi 30$ mm 的孔,对于直径大一点的孔也可以作为扩孔钻使用。麻花钻的制造材料常用高速钢,近年来小于 $\phi 30$ mm 的麻花钻也用整体硬质合金。

(3)中心钻

中心钻是用来加工轴类工件中心孔的,根据其结构特点分为:带护锥中心钻(图 10.35(a))、无护锥中心钻(图 10.35(b))和弧形中心钻(图 10.35(c))。

(4)铰刀

铰刀是对孔进行精加工的刀具,也可对高精确的孔进行半精加工。由于铰刀齿数多,其刚度和导向性好,加工余量小,制造精度高,因此加工精度可达 IT11 ~ IT6 级,表面粗糙度 Ra 1.6 ~ 0.2 μm。其加工范围一般为中小孔(详见 10.3.3)。

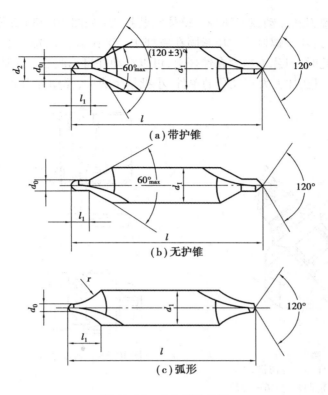

图 10.35　中心钻的种类

(5)深孔钻

深孔钻通常用于加工孔深与孔径之比大于 5～10 倍的孔。由于切削液不易到达切削区,深孔钻的冷却条件差,切削温度高,刀具耐用度差;而且刀具细长,刚度较差,钻孔时容易发生偏移和振动。

(6)镗刀

镗刀是对工件已有孔进行再加工的刀具,可以在车床、铣床、镗床及组合镗床上镗孔。镗孔的加工精度可达 IT8～IT6 级,表面粗糙度 Ra 6.3～0.8 μm。

镗刀按其结构特点及使用方式,可分为单刃和多刃镗刀。单刃镗刀的刀头与车刀相似,在镗杆轴线的一侧有切削刃(图 10.36),其结构简单、制造方便,通用性强,但刚度比车刀差。新型的微调镗刀(图 10.37),调节方便、精度高,镗盲孔时刀头与镗杆轴线倾斜 53.8°。

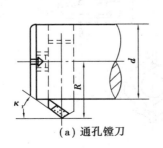

(a)通孔镗刀

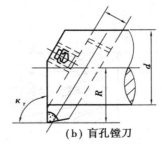

(b)盲孔镗刀

图 10.36　单刃镗刀

双刃镗刀的两个切削刃对称安装在镗杆轴线两侧,可消除径向力对镗孔质量的影响。双刃镗刀可分为定装镗刀和浮动镗刀两种。整体定装镗刀(如图10.38)直径尺寸不能调节,刀片一端有定位轴肩,刀片用螺钉或楔块紧固在镗杆中。装配式浮动镗刀的直径尺寸可在一定的范围内调节。镗孔时,刀片不紧固在镗杆上,可以浮动并自动调心。浮动镗刀不能加工孔径小于 $\phi20$ mm 的孔,但在加工大直径孔的单件、小批量生成中,浮动镗刀非常实用。

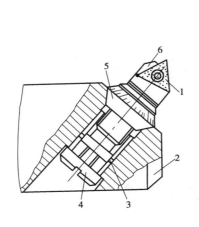

图 10.37 微调镗刀
1—刀片;2—镗杆;3—导向键;
4—紧固螺钉;5—精调螺母;6—刀块

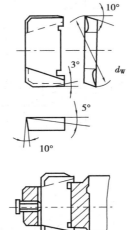

图 10.38 双刃镗刀

(7)扩孔钻

扩孔钻专门用来扩大已有孔。扩孔钻的外形与麻花钻相似,但齿数较多,通常有 3~4 齿,因而工作时导向性好;扩孔余量小,无横刃,改善了切削条件;扩孔钻的主切削刃较短,容屑槽较浅,强度和刚度均较高,切削过程平稳。因此,扩孔时可采用较大的切削用量,而加工质量和生产效率却比麻花钻高,精度可达 IT11~IT10 级,表面粗糙度 Ra 6.3~3.2 μm。

常用的有高速钢整体扩孔钻(图 10.39(a))、高速钢镶齿套式扩孔钻(图 10.39(b))及硬质合金镶齿套式扩孔钻(图 10.39(c))等。

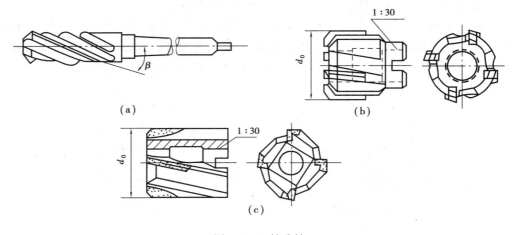

(a)

(b)

(c)

图 10.39 扩孔钻

（8）锪钻

锪钻用于加工圆柱形沉头孔、锥孔、凸台面等。带导柱的平底锪钻适用于加工圆柱形沉头孔,其端面和圆周上都有刀齿,并且有一个导向柱,以保证沉头座和孔保持同心。导向柱可做成可拆卸的,以便于制造和刃磨;带导柱 90°锥面锪钻,适用于加工沉头螺钉沉头座;端面锪钻只有端面上有切削齿。

10.3.2　麻花钻

（1）麻花钻的结构组成

麻花钻由工作部分、颈部和柄部三部分组成,如图 10.40 所示。

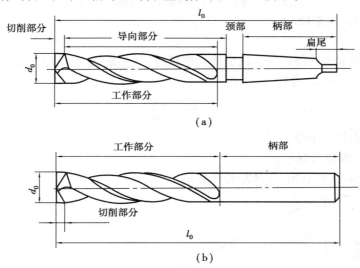

图 10.40　标准麻花钻

工作部分包括切削部分和导向部分。切削部分承担切削工作,导向部分的作用在于切削部分切入孔后起导向作用,也是切削部分的备磨部分。为了减小孔壁的摩擦,在外径上沿轴向作出每 100 mm 长度上有 0.03 ~ 0.12 mm 的倒锥。钻心圆是一个假想的圆,钻心直径沿轴向作出每 100 mm 长度上有 1.4 ~ 2.0 mm 的正锥。

柄部是钻头的夹持部分,用以与机床主轴孔配合并传递扭矩。柄部有直柄和锥柄之分。柄部末端作有扁尾。

颈部凹槽可供砂轮磨锥柄时退刀,刻有钻头的规格及厂标。直柄钻头通常无颈部。

（2）麻花钻切削部分的组成

麻花钻切削部分(图 10.41)由两个前刀面、两个后刀面、两个副后刀面、两条主切削刃、两条副切削刃和一条横刃组成。

前刀面即螺旋沟表面,是切屑流经的表面;后刀面与加工表面相对,位于钻头前端,形状由刃磨方法决定;副后刀面是与已加工表面(孔壁)相对的钻头外圆柱面上的窄棱面;主切削刃是前刀面(螺旋沟表面)与后刀面的交线;副切削刃即棱边,是前刀面(螺旋沟表面)与副后刀面(窄棱面)的交线;横刃亦称钻尖,是两个(主)后刀面的交线,位于钻头的最前端。

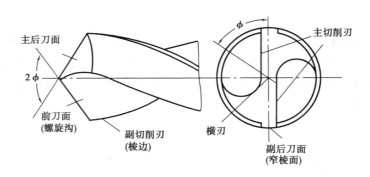

图 10.41　麻花钻的组成

（3）麻花钻的几何参数

1）螺旋角

钻头螺旋沟表面与外圆柱表面的交线为螺旋线,该螺旋线与钻头轴线的夹角称为钻头螺旋角,记为 β。有图 10.42 可知

$$\tan \beta = \frac{2\pi R}{p} \tag{10.47}$$

式中　R ——钻头外圆半径;

　　　p ——钻头螺旋沟导程;

　　　β ——钻头名义螺旋角,即外缘处螺旋角。

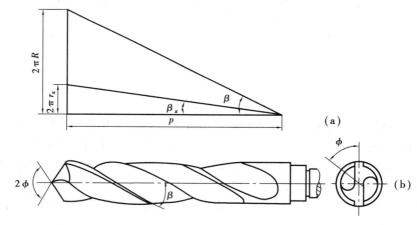

图 10.42　钻头的螺旋角

主切削刃上各点的半径不同,而同一条螺旋线上各点导程是相同的,故主切削刃上任意点处的螺旋角 β_x 不同,可写成式（10.48）。

$$\tan \beta_x = \frac{2\pi r_x}{p} = \frac{2\pi R}{p} \frac{r_x}{R} = \frac{r_x}{R} \tan \beta \tag{10.48}$$

式中　r_x ——主切削刃上任意点半径。

螺旋角实际上就是钻头在假定工作平面内的前角 γ_f。螺旋角越大,前角越大,钻头切削刃越锋利。但螺旋角过大,会使钻头刃口处强度削弱,散热条件变差。标准麻花钻的名义螺旋角一般为 18 °～30°,大直径钻头取大值。

从切削原理角度出发,钻不同工件需要不同的前角,即不同的螺旋角。如钻青铜与黄铜时, $\beta = 8° \sim 12°$; 钻紫铜与铝合金时, $\beta = 35° \sim 40°$; 钻高强度钢与铸铁时, $\beta = 10° \sim 15°$。

2) 刃倾角与端面刃倾角

由于主切削刃不过轴心线, 故形成了刃倾角 λ_s。又因为主切削刃上各点的基面、切削平面不同, 所以主切削刃上各点刃倾角也不同。

主切削刃上选定点的端面刃倾角(图 10.43)是在端面投影图中测量的该点基面与主切削刃间的夹角。同理, 主切削刃上不同点的刃倾角也不同, 外缘处最大(绝对值最小), 近钻心处小(绝对值最大)。选定点的端面刃倾角 λ_{tx} 可按式(10.49)近似计算。

$$\sin \lambda_{tx} = -\frac{d_c}{2r_x} \tag{10.49}$$

式中　d_c——钻心直径。

主切削刃上选定点的端面刃倾角与刃倾角有式(10.50)的关系。

$$\sin \lambda_{sx} = \sin \lambda_{tx} \sin \kappa_{rx} = -\frac{d_c}{2r_x} \sin \kappa_{rx} \tag{10.50}$$

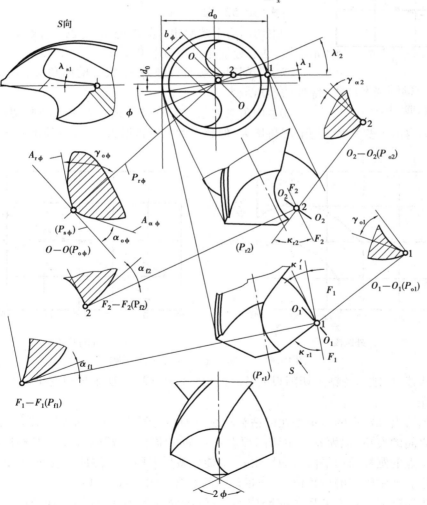

图 10.43　钻头的几何角度

251

3）顶（锋）角与主偏角

钻头顶角是两条主切削刃平行平面内测量的两条主切削刃在该平面内投影间的夹角，记为 2ϕ。它是设计、制造、刃磨时的测量角度。标准麻花钻的 $2\phi = 120°$。主切削刃上各点顶角是相同的，与基面无关。

主偏角是在基面内测量的主切削刃在其上的投影与进给方向间的夹角，记为 κ_{rx}。由于各点基面不同，各点处的主偏角也就不同。

2ϕ 与主切削刃上选定点的 κ_{rx} 存在式（10.51）的关系。

$$\tan \kappa_{rx} = \tan \phi \cos \lambda_{tx} \tag{10.51}$$

4）前角

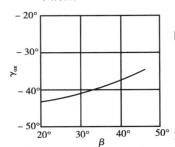

图 10.44　螺旋角 β 对钻心处前角 γ_{ox} 的影响

主切削刃上选定点的前角是在该点的正交平面内测量的。数值可用式（10.52）计算。

$$\tan \gamma_{ox} = \frac{\tan \beta_x}{\sin \kappa_{rx}} + \tan \lambda_{tx} \cos \kappa_{rx} \tag{10.52}$$

由式（10.52）知：

①主切削刃上螺旋角大处的前角 γ_{ox} 也大，故钻头外缘处的前角最大，钻心处前角最小（图 10.44）。

②主切削刃上端面刃倾角 λ_{tx} 大处的前角 λ_{ox} 也大，故钻头外缘处的前角最大。

③主偏角对前角的影响较复杂。无论对哪段切削刃，主偏角在某一范围内由小变大时，前角 γ_{ox} 将增大，但超出此范围再增大时，反会使前角 γ_{ox} 减小，如图 10.45 所示。

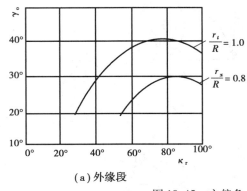

（a）外缘段

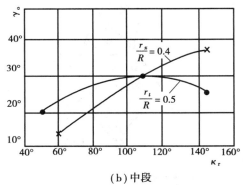

（b）中段

图 10.45　主偏角 κ_r 对前角 γ_o 的影响

综上所述，标准麻花钻主切削刃上各点前角将按图 10.46 所示规律变化。

5）后角

主切削刃上选定点的后角是在以钻头轴线为轴心的圆柱面的切平面内测量的切削平面与主后刀面之间的夹角，记为 α_f。主切削刃上各点都在绕轴线做圆周运动（忽略进给运动时），而过该选定点的圆柱面切平面内的后角 α_f 最能反映后刀面与工件加工表面间的摩擦情况，而且便于测量。通常给定的后角值，一般指外缘的名义后角 α_f（8° ～ 14°）。

钻头主切削刃上各点的后角应磨成不等：外缘处磨得小些，近钻心处磨得大些。原因有三点：

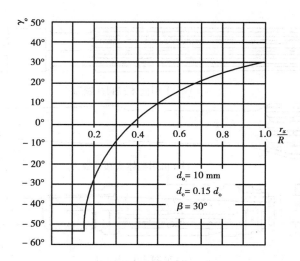

图 10.46　钻头前角的变化规律

第一,要与主切削刃上各点的前角变化相适应,以使各点楔角相差不大。

第二,由于有进给运动,实际上主切削刃上的各点在作螺旋运动,其运动轨迹为螺旋线。

第三,近钻心处后角磨大后,可改善横刃的切削条件,有利于切削液渗入切削区。

6)副后刀面

钻头的副刃后角 $\alpha_o' = 0°$,因为副后刀面(窄棱面)是外圆柱表面的一部分。

7)横刃角度

两个主后刀面的交线即为横刃(图 10.43),它接近于一条直线,横刃长度记为 b_ψ。横刃角度包括横刃前角 $\gamma_{o\psi}$、横刃后角 $\alpha_{o\psi}$ 和横刃斜角 ψ。横刃的前角和后角均在横刃正交平面内测量。由于横刃通过钻头中心且在端面投影图中为直线,故横刃上各点的基面相同。横刃斜角 ψ 是在端面投影图中测量的、横刃相对于主切削刃倾斜的角度,记为 ψ。它是刃磨钻头主后刀面时自然形成的。后角大时,ψ 减小,一般情况下,$\psi = 50° \sim 55°$,当横刃近似垂直于主切削刃,即 $\psi \approx 90°$ 时,$\alpha_{o\psi}$ 最小,因而可用 ψ 的大小来判断后角是否刃磨得合适。

10.3.3　铰刀

(1)铰刀的种类与用途

1)铰刀的种类

铰刀的种类很多,根据使用方式,铰刀一般分为手用铰刀和机用铰刀两种。手用铰刀柄部为直柄,工作部分较长,导向作用较好。手用铰刀又分为整体式和外径可调式两种。机用铰刀可分为带柄的和套式的,根据加工类型可分为圆柱铰刀和锥度铰刀(图 10.47)。

2)用途

铰削适用于孔的精加工和半精加工,也可用于磨孔和研孔前的预加工。铰刀是定尺寸刀具,适用于小直径孔的精加工和半精加工。

(2)铰刀的结构与几何参数

1)铰刀的结构

铰刀由工作部分、柄部和颈部三部分组成(图 10.48)。工作部分包括引导锥、切削部分

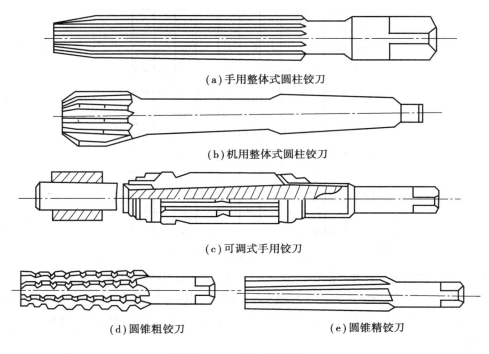

(a)手用整体式圆柱铰刀

(b)机用整体式圆柱铰刀

(c)可调式手用铰刀

(d)圆锥粗铰刀　　　　　　　　　(e)圆锥精铰刀

图 10.47　铰刀的种类

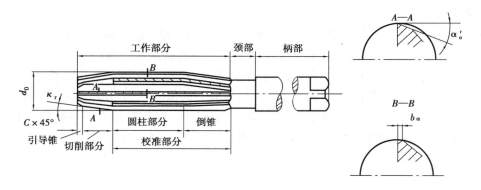

图 10.48　圆柱铰刀的结构

（切削锥）和校准部分。引导锥的作用在于使铰刀顺利导入孔内;切削部分完成主要切削任务,呈圆锥体。

　　校准部分由圆柱和倒锥两部分组成:圆柱部分起校准、导向、修光作用,圆柱面上作出 $b_{a1}=0.05\sim0.3$ mm 的刃带,以保证铰刀直径尺寸并加强导向作用;倒锥部分的作用在于减小与已加工孔壁间的摩擦。柄部用于连接机床主轴、传递扭矩。颈部是工作部分与柄部间的过渡部分,可供砂轮磨校准部时退刀,也可供打标记。

　　2)铰刀齿数及齿槽

　　①齿数 Z。因为铰削余量小,不需大的容屑空间,故齿数 Z 可适当多些。Z 越多,铰刀工作越平稳,导向性也好,加工精度会提高,表面粗糙度值会减小。但 Z 不宜过多,过多会使刀齿强度降低。

铰刀齿数 Z 与直径、工件材料性质有关,设计时可按表 10.2 选取。加工韧性材料取小值,脆性材料取大值。为便于铰刀直径的测量和制造,一般取偶数。小直径铰刀也可取奇数(Z = 3 或 5),以便增大容屑空间。

表 10.2　高速钢铰刀齿数

手用铰刀	直径 d_0/mm	1~2.8	3~13	14~26	27~40	42~50
	齿数 Z	4	6	8	10	12
机用铰刀	直径 d_0/mm	1~2.8	3~20	21~35	36~48	50~55
	齿数 Z	4	6	8	10	12

②刀齿分布。铰刀刀齿在圆周上一般做成等齿距分布(图 10.49(a)),以便于铰刀的制造与测量。在某些情况下,为避免周期性切削载荷对孔表面质量的影响,也可选用不等齿距(图 10.49(b))。

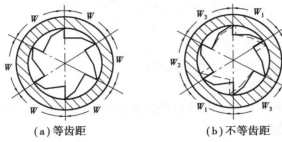

| (a)等齿距 | (b)不等齿距 |

图 10.49　刀齿分布形式

③齿槽形式。齿槽形式有直线、圆弧和折线三种,如图 10.50 所示。直线齿槽可用单角度铣刀铣出,制造简单,使用广泛。圆弧齿槽容屑空间较大,折线齿槽刀齿强度高,常用于硬质合金铰刀。

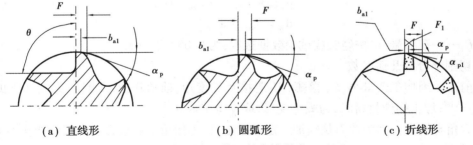

(a)直线形　　　　(b)圆弧形　　　　(c)折线形

图 10.50　铰刀的齿槽形式

铰刀齿槽方向有直槽和螺旋槽两种。直槽铰刀刃磨、检验都比较方便,生产中常用;螺旋槽铰刀切削过程平稳。其旋向有右旋和左旋之分,左旋槽铰刀在切削时切屑向前排出,适用于加工通孔;右旋槽铰刀切削时切屑向后排出,适用于加工盲孔。

3)铰刀的直径及公差

铰刀是定尺寸刀具,直径及其公差的选取主要取决于被加工孔的直径及其精度,同时对铰刀的制造成本和铰刀的使用寿命也有影响。因此在确定直径公差时,必须综合考虑被加工孔

255

本身的公差 δ_d、铰刀制造公差 G、铰刀磨损储备量 H 以及铰孔时可能产生的孔扩张量 P(或收缩量 P_1)等因素,如图 10.51 所示。此时的铰刀直径应按式(10.53)~式(10.55)确定。

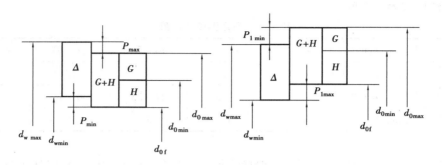

图 10.51　铰刀直径的确定

$$d_{0max} = d_{wmax} - P_{max} \qquad (10.53)$$

$$d_{0min} = d_{wmax} - P_{max} - G \qquad (10.54)$$

$$d_{0f} = d_{w\,min} - P_{min} \qquad (10.55)$$

式中　d_{0max}、d_{0min}——铰刀最大、最小直径;

d_{wmax}、d_{wmax}——待加工孔最大、最小直径;

d_{0f}——铰刀报销时的直径;

P——铰孔扩张量,一般按经验或试验数据选取,为 $0.003 \sim 0.02$ mm;

G——铰刀的制造公差。

铰孔时,如果使用硬质合金铰孔,或在薄壁、韧性材料工件上铰孔,由于严重的挤压摩擦及工件弹性变形的恢复,会使得孔径小于铰刀校准部直径,即产生了"孔缩",此时的铰刀直径应按式(10.56)~式(10.58)确定。

$$d_{0max} = d_{wmax} - P_{1min} \qquad (10.56)$$

$$d_{0min} = d_{wmax} + P_{1min} - G \qquad (10.57)$$

$$d_{0f} = d_{wmin} + P_{1max} \qquad (10.58)$$

式中　P_1——孔缩量,可按经验或试验数据选取,为 $0.05 \sim 0.2$ mm。

4)切削部分的几何参数

①前角。因加工余量小,h_D 很薄,刀-屑接触长度短,前角作用不明显,为制造上的方便,常取 $\gamma_o = 0°$;加工韧性材料时,为减小变形,取 $\gamma_o = 5° \sim 10°$。

②后角和韧带。因为铰刀是精加工定尺寸工具,为使重磨后铰刀径向尺寸变化不大,一般 α_o 取得小些,$\alpha_o = 6° \sim 8°$。为使切削部分的刀齿锋利,不带刃带;但校准部刀齿其校准、导向与挤压作用,必须留有宽度合适的刃带,一般 $b_{\alpha 1} = 0.05 \sim 0.3$ mm。

③刃倾角。带刃倾角铰刀(图 10.52)与螺旋槽铰刀有相同特点,适用于加工余量较大塑性材料的通孔加工。

刃倾角 λ_s 可在高速钢铰刀切削部分刀齿上沿与轴线倾斜 15° ~20° 方向磨去形成。有了刃倾角,可控制切屑的排出方向(图 10.53(a))。但 λ_s 较大时,为避免削弱刀齿,刀齿数 Z 应适当减小;铰盲孔时,带 λ_s 的铰刀应在前端挖出一沉头孔,以容纳切屑(图 10.53(b))。

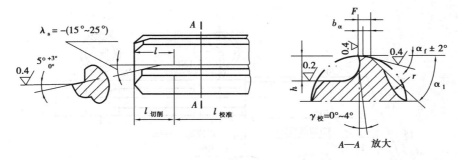

图 10.52　带刃倾角的铰刀

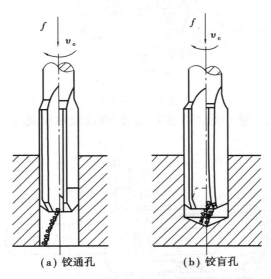

（a）铰通孔　　　（b）铰盲孔

图 10.53　带刃倾角铰刀的排屑情况

10.3.4　深孔钻

深孔钻按主切削刃的数目可分为单刃深孔钻和多刃深孔钻;按排屑通道方式来分,可分为外排屑深孔钻和内排屑深孔钻。深孔钻的加工特点是:孔深与孔径之比大,钻头细长,强度和刚度较差均较差,易引起孔中心线的偏斜与振动;由于孔深度大,容屑排屑空间小,切屑流程长、不易排出;在封闭状态下工作,切削热不易散出。

（1）枪钻

枪钻最早用于钻枪孔而得名。常用来钻 $\phi 3 \sim \phi 20$ mm,长径比达 100 的小深孔,加工精度可达 IT10 ~ IT8 级,表面粗糙度 Ra 3.2 ~ 0.8 μm,孔直线形较好。

由图 10.54 可知,枪钻工作部分是由高速钢或硬质合金钻头与无缝钢管压制成形的钻杆对焊而成的。钻杆应在保证强度、硬度的前提下,尽量取较大的内径,以利切削部分的冷却和排屑,外径应比钻头切削部分外径小 0.5 ~ 1.0 mm,以避免与孔壁的摩擦。

工作原理:工作时工件回转,钻头作轴向进给,高压(3.4 ~ 9.8 MPa)切削液从钻杆尾部注入,冷却了切削区的切削液连同切屑在压力作用下沿钻杆与孔壁间的 120° V 形槽冲出。

（2）喷吸钻

喷吸钻是一种高效的内排屑深孔钻,利用流体喷吸(射)效应原理实现冷却排屑的(图

257

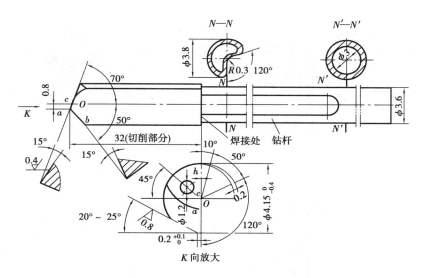

图 10.54 枪钻

10.55)。当高压流体经过一狭小通道高速喷射时,在这股喷射流的周围形成了低压区,使得喷嘴附近的流体被吸走。

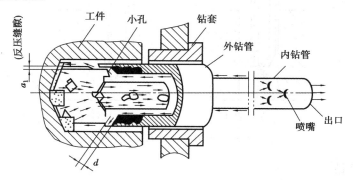

图 10.55 喷吸钻工作原理

在图 10.55 中,切削液在一定压力(1—2 MPa)下经内外钻管之间注入,2/3 的切削液通过钻头上的小孔流向切削区,使得切削区冷却润滑,另外 1/3 的切削液经内钻管上很窄的月牙形喷嘴,高速喷向后部而形成低压区,切削区的切削液连同切屑就被吸入内钻管并迅速向后排出。

喷吸钻利用末端月牙形喷嘴在内钻管内形成低压区而产生喷吸效应;外钻管上的反压缝隙 a_1 及喷嘴位置参数十分重要,参数选择不当,影响低压的形成,从而影响喷吸效果。

10.3.5 孔加工复合刀具

(1)孔加工复合刀具

复合刀具是将两把或两把以上的同类或不同类的孔加工刀具组合成一体的专用刀具,它能在一次加工过程中完成钻孔、扩孔、铰孔、锪孔和镗孔等工序不同的工艺复合。

孔加工复合刀具的特点:

1)可同时或顺序加工几个表面,减少机动和辅助时间,提高生产率。

2)可减少工件的安装次数或夹具的转位次数,以减小和降低定位误差。

3)降低对机床的复杂性要求,减少机床台数,节约费用,降低制造误差。

4)可保证加工表面间的相互位置精度和加工质量。

复合刀具在组合机床、自动线和专业机床上应用相对广泛,较多地用于加工汽车发动机、摩托车、农用柴油机和箱体等机械零部件。

(2)常用孔加工复合刀具

1)复合钻

通常在同时钻螺纹底孔与孔口倒角,或钻阶梯孔时,使用复合钻,如图 10.56 所示。这种复合钻可用标准麻花钻改制而成,或制成硬质合金复合钻。

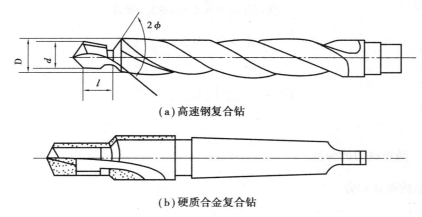

(a)高速钢复合钻

(b)硬质合金复合钻

图 10.56　复合钻

2)复合扩孔钻

在组合机床上加工阶梯孔、倒角时,广泛使用扩孔钻。小直径的扩孔钻,可用高速钢制成整体结构,直径稍大时,可制成硬质合金复合扩孔钻,如图 10.57 所示。

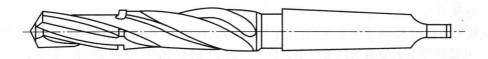

图 10.57　复合扩孔钻

3)复合铰

一般复合铰刀为了保证孔的尺寸精度和位置精度,与机床主轴采用浮动连接,因此在设计复合铰刀时,要合理设置导向部分(图 10.58)。小直径的复合铰刀可制成整体的,大直径的可制成套式的;直径相差较大的,可制成装配式的。

4)扩铰复合刀具

扩铰复合刀具是由不同类刀具组成的孔加工复合刀具,刀具结构和工艺要求不同,在设计和制造方面都会有困难。因而要解决好刀具材料、结构形式和切削用量的选择等问题。

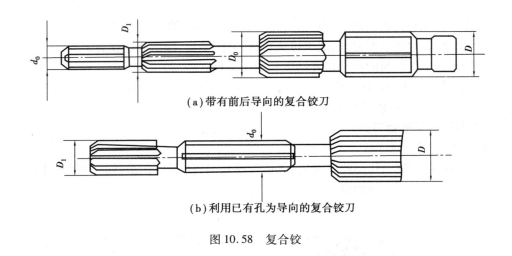

（a）带有前后导向的复合铰刀

（b）利用已有孔为导向的复合铰刀

图 10.58　复合铰

10.4　数控铣削刀具

10.4.1　数控铣刀的分类

（1）按结构形式划分

1）面铣刀

面铣刀又称端铣刀，用于立式铣床上加工平面，铣刀的轴线垂直于被加工表面，如图10.59（a）所示。面铣刀切削刃分布在铣刀端面上。由于面铣刀同时参加切削的齿数较多，又有副切削刃的修光作用，因此已加工表面粗糙度小。小直径的面铣刀一般用高速钢制成整体式，大直径的面铣刀是在刀体上焊接硬质合金刀片，或采用机夹可转位硬质合金刀片。刀齿材料为高速钢或硬质合金，刀体为40Cr。

2）立铣刀

立铣刀一般由 3～4 个刀齿组成，用于加工平面、台阶面、沟槽和相互垂直的平面（图10.59（b））。其圆柱面上的螺旋切削刃是主切削刃，端面上的切削刃是副切削刃。立铣刀工作时只能沿刀具的径向进给，不能沿轴线方向作进给运动。

3）模具铣刀

模具铣刀由立铣刀发展而成，可分为圆锥形立铣刀、圆柱形球头立铣刀和圆锥形球头立铣刀三种，其柄部有直柄、削平型直柄和莫氏锥柄。它的结构特点是球头或端面上布满切削刃，圆周刃与球头刃圆弧连接，可以作径向和轴向进给。铣刀工作部分用高速钢或整体硬质合金制造。图 10.59（c）所示为硬质合金模具铣刀。

4）键槽铣刀

键槽铣刀主要用来加工圆头封闭键槽，如图 10.59（d）所示。它的外形与立铣刀相似，不同的是键槽铣刀仅有两个刃瓣，其圆柱面和端面都有切削刃。铣削键槽工作时先作轴向进给切入工件，然后沿键槽方向进给铣出全槽。

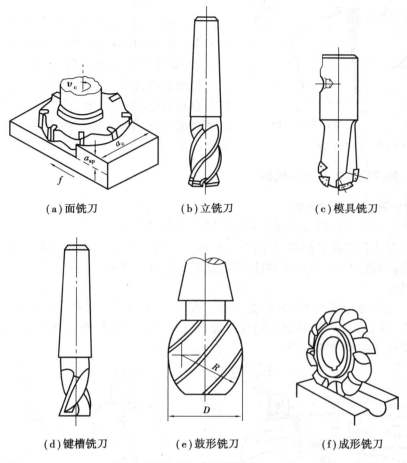

（a）面铣刀　　　　　　（b）立铣刀　　　　　　（c）模具铣刀

（d）键槽铣刀　　　　　（e）鼓形铣刀　　　　　（f）成形铣刀

图 10.59　铣刀的种类

5）鼓形铣刀

鼓形铣刀的切削刃分布在半径为 R 的圆弧面上，端面无切削刃。如图 10.59（e）所示是一种典型的鼓形铣刀。加工时控制刀具上下位置，相应改变刀刃的切削部位，可以在工件上切出从负到正的不同斜角。R 越小，鼓形铣刀所能加工的斜角范围越广，但所获得的表面质量也越差。这种刀具刃磨困难，切削条件差，而且不适于有底的轮廓表面。

6）成形铣刀

成形铣刀是在铣床上加工成形表面的刀具，其刀齿廓形要根据被加工工件表面的廓形来确定。如图 10.59（f）所示，成形铣刀可在通用的铣床上加工形状复杂的表面，并可获得较高的精度和表面质量，生产率也较高。

（2）按齿背形式分类

1）尖齿铣刀

尖齿铣刀的齿背经铣制而成，并在切削刃后磨出一窄后刀面，用钝后仅需要重磨该后刀面（图 10.60（a））。与铲齿铣刀相比使用寿命更长，加工表面质量较好，对于切削刃为简单直线或螺旋线的铣刀，刃磨很方便，故使用广泛。图 10.59 中除（f）所示成形铣刀外，其余全为尖齿铣刀。

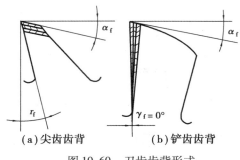

(a)尖齿齿背   (b)铲齿齿背

图 10.60　刀齿齿背形式

2)铲齿铣刀

铲齿铣刀的后刀面是铲制而成的,用钝后重磨前刀面(图 10.60(b))。当铣刀切削刃为复杂廓形时,可保证铣刀在重磨后廓形不变。

目前多数成形铣刀为铲齿铣刀,它比尖齿成形铣刀容易制造,重磨简单。铲齿铣刀的后刀面如经过铲磨加工,可保证较长的使用寿命和较好的加工表面质量。

10.4.2　数控铣刀刀片 ISO 代码

(1)可转位铣刀刀片的夹紧

可转位铣刀是将可转位刀片通过夹紧装置夹固在刀体上,当刀片的一个切削刃用钝后,直接在机床上将刀片转位或更换新刀片,而不必拆卸铣刀。如图 10.61 为机夹可转位面铣刀结构。它由刀体、刀垫、刀片、内六角螺钉、楔块和紧固螺钉等组成。

1)刀片的定位

可转位面铣刀刀片最常用的定位方式是三点定位,可由刀片座或刀垫实现,如图 10.62 所示。图 10.62(a)定位靠刀垫的制造精度保证,其精度要求较高;图 10.62(b)定位点可调,因此对铣刀制造精度的要求要低些。

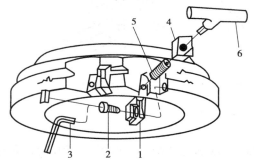

图 10.61　机夹可转位面铣刀
1—刀垫和刀片;2—内六角螺钉;3—内六角扳手;
4—楔形压块;5—双头螺柱;6—专用锁紧扳手

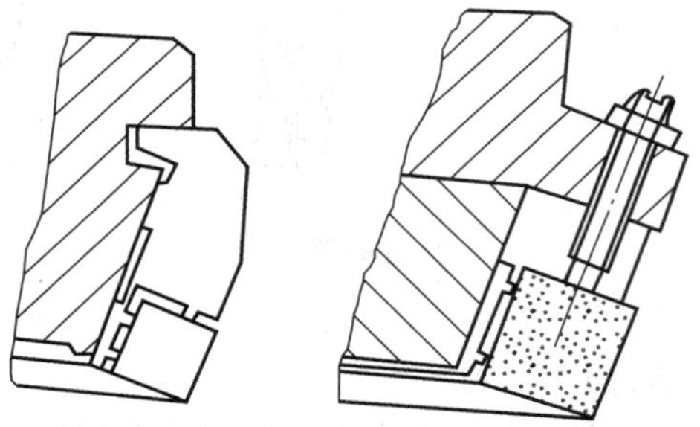

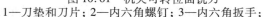

(a)轴向定位点固定　　(b)轴向定位点可调

图 10.62　刀片的定位

2)刀片的夹紧

目前常用的夹紧方式有以下三种,如图 10.63 所示。

①螺钉楔块式。如图 10.63(a)、(b)所示,楔块楔角 12°,以螺钉带动楔块将刀片压紧或松开。优点是结构简单、夹紧可靠、工艺性好,目前应用最多。

②拉杆楔块式。如图 10.63(c)所示为螺钉拉杆楔块式,通过螺母压紧刀片和刀垫。该结构所占空间小,结构紧凑,可增加铣刀齿数,有利于提高切削效果。图 10.63(d)所示为弹簧拉杆楔块式,刀片靠弹簧力的作用力来固定。此类夹紧方式主要用于细齿可转位面铣刀。

③上压式。刀片通过蘑菇头螺钉(见图 10.63(e))或通过螺钉压板(见图 10.63(f))夹紧在刀体上。它具有结构简单、紧凑,零件少,易制造等优点,故常用于小直径面铣刀。

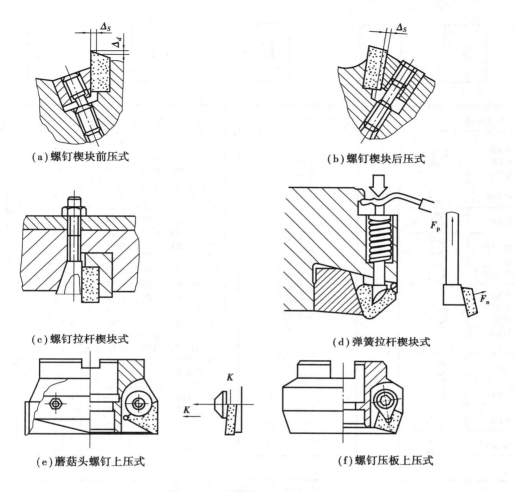

(a)螺钉楔块前压式　　　　　　　　　　(b)螺钉楔块后压式

(c)螺钉拉杆楔块式　　　　　　　　　　(d)弹簧拉杆楔块式

(e)蘑菇头螺钉上压式　　　　　　　　　(f)螺钉压板上压式

图 10.63　可转位刀片的夹紧方式

(2)可转位铣刀刀片的 ISO 代码

如图 10.64 所示,可转位铣刀刀片的 ISO 代码与可转位车刀刀片相似,主要区别在于第 7 为代码:铣刀用两个字母分别表示主偏角 κ_r 和修光刃法后角 α_n,而车刀刀片则是表示刀尖角圆弧半径 r_ε。

10.4.3　铣刀的几何角度

铣刀齿数虽多,但各刀齿的形状和几何角度相同,因此对一个齿进行研究即可。每个刀齿都可视为一把外圆车刀,故车刀几何角度的概念完全可用于铣刀。

(1)面铣刀

面铣刀的标注角度如图 10.65 所示。

面铣刀的一个刀齿,就相当于一把普通的外圆车刀,角度标注方法与车刀相同。

S	D	H	T	12
1	2	3	4	5

1 刀片形状

A 85° B 82° K 55°	
H 120°	⬡
L 90°	▭
O 135°	⬡
P 108°	⬠
C 80° D 55° E 75° M 86° V 35°	▱
R –	◯
S 90°	▢
T 60°	△
W 80°	◁

2 刀片后角

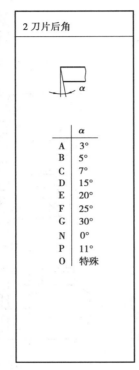

	α
A	3°
B	5°
C	7°
D	15°
E	20°
F	25°
G	30°
N	0°
P	11°
O	特殊

3 公差 (包括刀片的厚度,内切圆公差)

	d/mm ($\pm$)	m/mm ($\pm$)	s/mm ($\pm$)	d=6.35/9.525	d=12.7	d=15.8/19.05
A	0.025	0.005	0.025	•	•	•
C	0.025	0.013	0.025	•	•	•
E	0.025	0.025	0.025	•	•	•
F	0.013	0.005	0.025	•	•	•
G	0.025	0.025	0.130	•	•	•
H	0.013	0.013	0.025	•	•	•
J	0.05	0.005	0.025	•		
	0.08	0.005	0.025		•	
	0.10	0.005	0.025			•
K	0.05	0.013	0.025	•		
	0.08	0.013	0.025		•	
	0.10	0.013	0.025			•
M	0.05	0.08	0.13	•		
	0.08	0.13	0.13		•	
	0.10	0.15	0.13			•
N	0.05	0.08	0.025	•		
	0.08	0.13	0.025		•	
	0.10	0.15	0.025			•
U	0.08	0.13	0.13	•		
	0.13	0.20	0.13		•	
	0.18	0.27	0.13			•

5 切削刃长/mm

d/mm	A	C	S	R	H	T	L	O	W
5.56	–	05	05	–	–	09	08	–	03
6.0	–	–	–	06	–	–	–	–	–
6.35	–	06	06	–	03	11	10	02	04
6.65	10	–	–	–	–	–	–	–	–
7.94	–	07	07	–	–	–	–	–	–
8.0	–	–	–	08	–	–	–	–	–
9.0	–	–	–	–	–	–	12	–	–
9.525	–	09	09	–	05	16	15	04	06
10.0	–	–	–	10	–	–	–	–	–
12.0	–	–	–	12	–	–	–	–	–
12.7	–	12	12	–	07	22	20	05	08
15.875	–	15	15	–	09	27	–	06	10
16.0	–	–	–	16	–	–	–	–	–
16.74	–	16	16	–	–	–	–	–	–
19.05	–	19	19	–	11	33	–	07	13
20.0	–	–	–	20	–	–	–	–	–

4 断屑槽及夹固形式

A	▢▢ ▢▢	Q	▭▭
F		R	
G		T	
M		W	
N		O	特殊设计

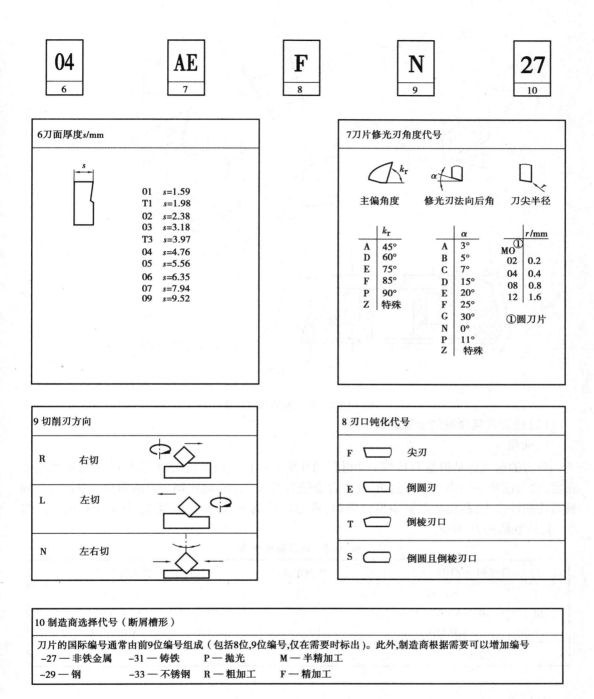

04	AE	F	N	27
6	7	8	9	10

6 刀面厚度 s/mm

01	s=1.59
T1	s=1.98
02	s=2.38
03	s=3.18
T3	s=3.97
04	s=4.76
05	s=5.56
06	s=6.35
07	s=7.94
09	s=9.52

7 刀片修光刃角度代号

主偏角度　　修光刃法向后角　　刀尖半径

	k_r
A	45°
D	60°
E	75°
F	85°
P	90°
Z	特殊

	α
A	3°
B	5°
C	7°
D	15°
E	20°
F	25°
G	30°
N	0°
P	11°
Z	特殊

	r/mm
MO①	
02	0.2
04	0.4
08	0.8
12	1.6

①圆刀片

9 切削刃方向

R	右切
L	左切
N	左右切

8 刃口钝化代号

F	尖刃
E	倒圆刃
T	倒棱刃口
S	倒圆且倒棱刃口

10 制造商选择代号（断屑槽形）

刀片的国际编号通常由前9位编号组成（包括8位,9位编号,仅在需要时标出）。此外,制造商根据需要可以增加编号

-27 — 非铁金属　　-31 — 铸铁　　　P — 抛光　　　M — 半精加工

-29 — 钢　　　　　-33 — 不锈钢　　R — 粗加工　　F — 精加工

图 10.64　可转位铣刀刀片 ISO 代码

265

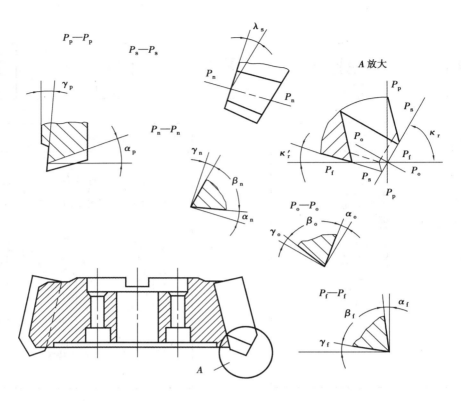

图 10.65 面铣刀的几何角度

（2）铣刀几何角度的合理选择

1）前角 γ_o

铣刀的前角也是根据刀具和工件材料的性质来选择。由于铣削时有冲击，为保证切削刃强度，铣刀前角一般小于车刀前角，硬质合金铣刀的前角小于高速钢铣刀的前角。硬质合金面铣刀切削冲击大，前角应取更小值或负值，或加以负倒棱，负倒棱宽度 b_γ 应小于每齿进给量 f_z。具体数值见表 10.3。

表 10.3 铣刀前角 γ_o 值

工件材料 σ_b/GPa		高速钢铣刀	硬质合金铣刀
钢	< 0.598	20°	5° ~ 10°
	0.598 ~ 0.981	15°	5° ~ -5°
	> 0.981	10° ~ 12°	-5° ~ -10°
铸铁		5° ~ 15°	5° ~ -5°

2）后角 α_o

铣刀的后角 α_o 主要根据进给量（或切削厚度）的大小来选择。由于铣刀的切削厚度一般比较小，因此铣刀的磨损主要发生在后刀面上，采用较大的后角可以减少磨损。数值可参考表10.4。

表 10.4　铣刀前角 α_o 值

铣刀种类		后角值
高速钢铣刀	粗齿	12°
	细齿	16°
高速钢锯片铣刀	粗齿、细齿	20°
硬质合金铣刀	粗铣	6°~8°
	精铣	12°~15°

3）刃倾角 λ_s

立铣刀和圆柱铣刀的螺旋角 β 就是刃倾角 λ_s，它影响铣刀同时工作齿数、铣削过程的平稳性及工作前角 γ_{oe}。增大 β，可以使实际前角增大，切削刃锋利，同时切削易于排出。刃倾角数值可参考表 10.5 选用。

表 10.5　铣刀刃倾角 λ_s 值

铣刀种类	圆柱铣刀		立铣刀	键槽铣刀	三面刃及两面刃铣刀	硬质合金端铣刀
	粗齿	细齿				
螺旋角 β	40°~60°	25°~30°	30°~45°	15°~20°	10°~15°	5°~-15°

4）主偏角 κ_r 和副偏角 κ_r'

硬质合金端铣刀的 κ_r 和 κ_r' 推荐：铣钢时，$\kappa_r=60°~75°$，$\kappa_r'=0°~5°$；铣铸铁时，$\kappa_r=45°~60°$，$\kappa_r'=0°~5°$。槽铣刀、锯片铣刀取：$\kappa_r=90°$，$\kappa_r'=0°15'~1°$；立铣刀、两（三）面刃铣刀取 $\kappa_r=90°$，$\kappa_r'=1°30'~2°$。

10.4.4　铣削用量

（1）铣削用量四要素

1）铣削速度 v_c

铣削速度是指铣刀外缘处的线速度，即

$$v_c = \frac{\pi d_o n_o}{60 \times 1\,000}\ \text{m/s} \tag{10.59}$$

式中　d_o——铣刀直径，mm；

　　　n_o——铣刀转数，r/min。

2）进给量 f_z、f、v_f

①每齿进给量 f_z。它是指铣刀每转一个刀齿时，工件与铣刀的相对位移，单位为 mm/Z，是平衡铣削效率和铣刀性能的重要指标。

②每转进给量 f。它是指铣刀每转一转时，工件与铣刀的相对位移，单位为 mm/r。

③进给速度 v_f。它是指铣刀每分钟相对工件的移动距离，单位为 mm/min。

f_z、f、v_f 三者之间的关系为

$$v_f = fn = f_z Z n \tag{10.60}$$

3）背吃刀量 a_{sp}

背吃刀量 a_{sp} 是平行于铣刀轴线测量的切削层尺寸（图 10.59（a））。对于圆柱铣刀，背吃刀量即为加工表面的宽度。

4）铣削宽度 a_e

铣削宽度 a_e 是垂直于铣刀轴线测量的切削层尺寸。对于圆柱铣刀，铣削宽度就是加工表面的深度。

铣削速度 v_c、进给量 f、背吃刀量 a_{sp}、铣削宽度 a_e 合称为铣削用量四要素。

（2）铣削用量选择

切削用量的选择原则与车削相似，在保证铣削加工表面质量和工艺系统刚度允许的前提下，首先应选用大的 a_{sp} 和 a_e；其次选用较大的每齿进给量 f_z；最后根据铣刀的合理使用寿命确定铣削速度。

1）铣削深度 a_{sp} 和铣削宽度 a_e 的选择

端铣刀铣削深度的选择：当加工余量 8 mm，且工艺系统刚度较大时，留出半精铣余量 0.5~2 mm 以后，尽量一次走刀去除余量；当余量大于 8 mm 时，可分两次走刀。铣削宽度 a_e 与端铣刀直径 d_o 应保持如式（10.61）的关系

$$d_o = (1.1 \sim 1.6)a_e \text{ mm} \tag{10.61}$$

圆柱铣刀铣削深度 a_{sp} 应小于铣刀长度，铣削宽度 a_e 的选择与端铣刀铣削深度 a_{sp} 的选择相同。

2）进给量的选择

每齿进给量 f_z 是衡量铣削加工效率的重要指标。与车削一样，粗铣时 f_z 主要受切削力限制，半精铣和精铣时，f_z 主要受加工表面粗糙度的限制。

对于高速钢铣刀，过大的切削力将引起刀杆变形（带孔铣刀）和刀体损坏（带柄铣刀）。

对于硬质合金铣刀，由于刀片受冲击载荷，刀片易破损，故同样强度的硬质合金刀片允许的 f_z 比车削小。端铣刀粗铣中碳钢时，一般 $f_z = 0.10 \sim 0.35$ mm。

3）铣削速度的确定

铣削速度的可用下式计算，也可查切削用量手册确定。

$$v_c = \frac{C_v d_o^{q_v}}{T^m a_p^{x_v} f_z^{y_v} a_e^{u_v} Z^{p_v} 60^{1-m}} \tag{10.62}$$

式中　v_c——铣削速度，m/s；

　　　T——铣刀使用寿命，s，见表 10.6；

　　　C_v——常数；

　　　m、x_v、y_v、u_v、p_v、q_v——与工件材料、刀具材料和铣刀种类有关的指数。

10.4.5　铣削方式

（1）周铣法

用铣刀圆周上的切削刃铣削平面的方法，称为周铣法。周铣法有两种铣削方式：逆铣和顺铣，如图 10.66 所示。

表 10.6　铣刀使用寿命的平均值　　　　　　　　　　　　　　min

名　称	铣刀直径 d_0/mm										
	小于 25	25 ~ 40	40 ~ 60	60 ~ 75	75 ~ 90	90 ~ 110	110 ~ 150	150 ~ 200	200 ~ 225	225 ~ 250	250 ~ 300	300 ~ 400
端铣刀	—	120	180						240		300	420
镶齿圆柱铣刀	—				180							
细齿圆柱铣刀	—		120	180								
盘铣刀	—				120		150		180	240		
立铣刀	60	90	120									
槽铣刀锯片铣刀	—			60	75	120	150	180				
成形铣刀角度铣刀	—		120	180								

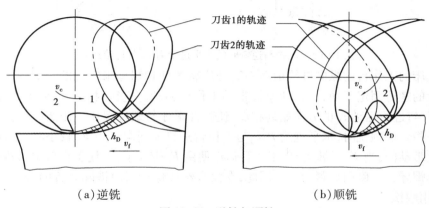

（a）逆铣　　　　　　　　　　　　　　（b）顺铣

图 10.66　逆铣与顺铣

逆铣和顺铣的特点：

1）逆铣

逆铣时,铣刀切入工件的切削速度方向与工件的进给方向相反,刀齿的切削厚度 h_D 由零度逐渐增大。刀齿刚切入时,由于切削刃钝圆半径 r_n 存在,因此刀齿在工件表面上挤压滑行,因而造成冷硬变质层;下一个刀齿在前一个刀齿留下的冷硬层上滑过,又使铣刀刀齿磨损加剧,故刀具使用寿命低,加工表面质量差。当滑行到一定程度时（切削厚度 h_D 等于或大于切削刃钝圆半径 r_n）,刀齿才能切入工件。

逆铣加工时,当接触角大于一定数值时,垂直进给力 F_{fN} 指向上方,有将工件向上抬起的趋势,易引起振动。

2）顺铣

顺铣时,铣刀切入工件的切削速度方向与工件的进给方向相同,刀齿切入时的切削厚度 h_D 最大,然后逐渐减小到零。顺铣加工避免了刀齿在已加工表面冷硬层上挤压滑行的过程,而且刀齿的切削距离较短,铣刀磨损较小,故刀具使用寿命高,已加工表面质量较好。

顺铣时,铣刀使用寿命可比逆铣提高 2 ~ 3 倍,但不宜用顺铣方式加工带硬皮工件,否则会缩短刀具使用寿命,甚至打坏刀齿。

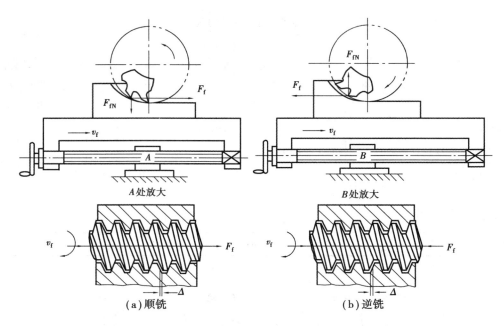

图 10.67　顺铣与逆铣时的水平进给力 F_f 与进给运动

由于铣床的工作台的纵向进给运动一般是依靠丝杆和螺母来实现的。如图 10.67 所示，铣床工作台的螺母固定不动，由转动丝杠带动工作台移动。逆铣时，工作台（丝杠）受到的水平进给力 F_f 与进给运动 v_f 的方向始终相反，使丝杠螺牙与螺母螺牙一侧始终保持接触，故进给运动较平稳。而顺铣时，水平进给力 F_f 与工作台进给 v_f 同向。当 F_f 较小时，工作台的进给运动由丝杠带动的；当 F_f 足够大时，工作台运动便由 F_f 带动了，可使工作台突然推向前，直到丝杠与螺母螺牙另一侧面靠紧为止。因此，在没有丝杠螺母间隙消除装置的铣床上只宜用逆铣，不能采用顺铣。

（2）端铣法

端铣法是利用铣刀端面刀齿加工平面的。它有三种铣削方式，如图 10.68。

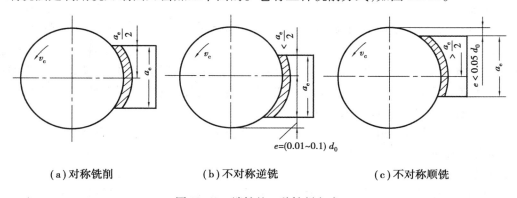

（a）对称铣削　　　　（b）不对称逆铣　　　　（c）不对称顺铣

图 10.68　端铣的三种铣削方式

1）对称铣削。对称铣削切入、切出时的切削厚度相同，平均切削厚度较大。当采用较小的每齿进给量铣削淬硬钢，为使刀齿超过冷硬层切入工件，宜采用对称铣削。

2）不对称逆铣。不对称逆铣切入时的切削厚度较小，切出时的切削厚度较大。铣削碳钢和合金结构钢时,采用这种方式可减小切入冲击,使硬质合金端铣刀使用寿命提高 1 倍以上。

3)不对称顺铣。不对称顺铣切入时的切削厚度较大,切出时的切削厚度较小。实践证明,不对称顺铣用于加工不锈钢和高温合金时,可减小硬质合金的剥落破损,切削速度可提高40% ~60% 。

10.4.6　成形铣刀

成形铣刀可在通用铣床上加工直沟和螺旋沟等外形复杂的表面,并保证工件尺寸和形状的一致性,生产效率高,使用广泛。其铣削刃的廓形是根据工件廓形来设计。

成形铣刀按齿背形成可分为:尖齿成形铣刀(图 10.69(a))和铲齿成形铣刀(图 10.69(b))两大类 。

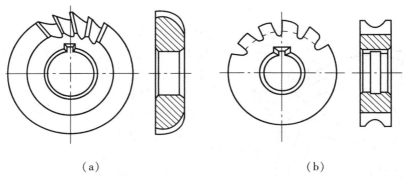

（a）　　　　　　　　　　　　　　　　　（b）

图 10.69　成形铣刀

尖齿成形铣刀用钝后需要重磨后刀面,但后刀面为成形表面,制造和重磨时必须用专门夹具,使用不方便。铲齿成形铣刀的齿背是按一定曲线铲制的,用钝后只需重磨前刀面即可保证刃形不变。由于前刀面是平面,刃磨很方便,因而应用广泛。

(1)成形铣刀的铲齿

1)成形铣刀的刃磨

成形铣刀一般取前角 $\gamma_f = 0°$。成形铣刀沿前刀面研磨后,要求刀齿的刃形不变,刀齿各轴向平面的轮廓均相同。这就要求铣刀刀齿的后刀面应是切削刃廓形绕铣刀轴线回转并向铣刀中心移动所形成的表面。产生中普遍采用阿基米德螺旋线作为铲齿成形铣刀的齿背曲线(通过切削刃上任意一点的铣刀的端剖面与齿背表面的交线)。

2)成形铣刀的铲齿过程

图 10.70 所示为成形铣刀的径向铲齿过程。铲刀的前刀面($\gamma_f = 0°$)准确的安装在铲床的水平中心面内。当铣刀匀速回转时,铲刀就在凸轮的推动下沿半径方向向铣刀中心等速前进,铣刀转过 δ_0 角时,凸轮转过 φ_0 角,铲刀铲出一个刀齿的齿背。然后,当铣刀再转过 δ_1 角时,凸轮转过 φ_1 角,凸轮曲线下降,铲刀作回程运动。这样,铣刀转过一个齿间角 $\varepsilon \left(\varepsilon = \dfrac{2\pi}{Z} \right)$时,凸轮转一周,铲刀完成一个往复行程,铲出一齿。重复上述过程,便可铲完所有刀齿。

(2)成形铣刀的铲背量 K 和名义后角 α_f

铲刀每转过一个齿间角 ε,铲刀沿半径方向所前进的距离称为铲背量。相应地,如果凸轮无回程,而是半径一直增大,那么凸轮一周的升高量就等于铲背量。由于回程角 φ_1 的存在,凸

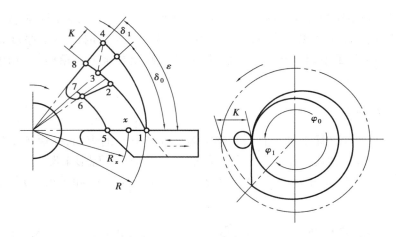

图 10.70　成形铣刀的径向铲齿

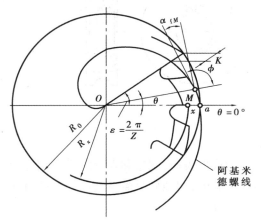

图 10.71　成形铣刀的后角

轮上最大半径与最小半径之差小于铲背量。但通常凸轮上标出其 K 值。

齿背曲线以极坐标表示,如图 10.71 所示:设铣刀半径为 R_0,当 $\theta = 0°$ 时,$\rho = R_0$;当 $\theta > 0°$ 时,$\rho < R_0$。因此阿基米德螺线方程为

$$\rho = R_0 - C\theta \tag{10.63}$$

式中　C——常数。

当 $\theta = \dfrac{2\pi}{Z}$ 时,$\rho = R_0 - K = R_0 - C\dfrac{2\pi}{Z}$

故

$$C = \frac{KZ}{2\pi} \tag{10.64}$$

由微分几何学可知,曲线上任意点 M 的切线和该点向径之间的夹角 ψ 为

$$\tan \psi = \frac{\rho}{\rho'} \tag{10.65}$$

将式(10.63)代入式(10.65),得

$$\tan \psi = \frac{R_0 - C\theta}{-C} = \theta - \frac{R_0}{C}$$

铣刀刀齿在任意点 M 处的后角 α_{fM} 可按式(10.66)计算。

$$\tan \alpha_{fM} = \tan(\psi - 90°) = -\frac{1}{\tan \psi} = \frac{1}{\dfrac{R_0}{C} - \theta} \tag{10.66}$$

将式(10.64)代入式(10.66),得

$$\tan \alpha_{fM} = \frac{1}{\dfrac{2\pi R_0}{KZ} - \theta} \tag{10.67}$$

对新铣刀,当 $\theta = 0°$ 时,即铣刀齿顶处后角 α_{fa} 为

$$\tan \alpha_{fa} = \frac{KZ}{2\pi R_0} \tag{10.68}$$

或

$$K = \frac{\pi d_0}{Z} \tan \alpha_{fa} \qquad (10.69)$$

式中　d_0——铣刀直径。

当刀齿齿顶后角 α_{fa} 确定后,可由上式(10.69)求出铲背量 K。

铣刀切削刃上各点的铲背量都相同,因此各点的齿背曲线都是齿顶齿背曲线的等距线,半径为点 R_x 处的后角为

$$\tan \alpha_{fx} = \frac{KZ}{2\pi R_x} = \frac{R_0}{R_x} \tan \alpha_{fa} \qquad (10.70)$$

由式(10.70)可知,铣刀切削刃上各点的后角不等,越靠近轴心的点,R_x 越小,α_{fx} 越大。只要齿顶处的后角符合要求,就可以保证切削刃上其他各点有足够的后角。因此规定新铣刀齿顶处的后角为成形铣刀的名义后角 α_f,一般 $\alpha_f = 10° \sim 12°$。

10.5　拉　刀

拉刀是一种大批量生产的高精度、高效率的多齿刀具。拉削利用只有主运动、没有进给运动的拉床,依靠拉刀的结构变化,加工出各种形状的通孔、通槽和内、外表面。

10.5.1　概述

(1) 拉削特点

拉刀拉削时作等速直线运动。拉削过程(图 10.72)是靠拉刀的后一个(或一组)刀齿高于前一个(或一组)刀齿,一层一层地切除余量,以获得较高的精度和较好的表面质量。

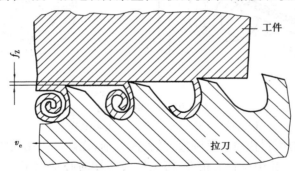

图 10.72　拉削原理

拉削加工方法的特点:生产效率高、加工精度与表面质量高、拉刀使用寿命长、拉床结构简单以及拉削力大等。

制造拉刀一般选用高速钢,常用的牌号有 W6Mo5Cr4V2、W18Cr4V 等。制造镶齿拉刀刀片有硬质合金 YG8、YG6、YG6X、YW1、YW2 等牌号。

(2) 拉刀类型

拉刀类型按结构可分为整体拉刀和组合拉刀。前者主要用于中小型高速钢拉刀,后者用于大尺寸和硬质合金拉刀。按加工表面可分为内拉刀和外拉刀,按受力方式又可分为拉刀和推刀。

1）内拉刀

内拉刀用于加工内表面,如图 10.73 和图 10.74 所示。

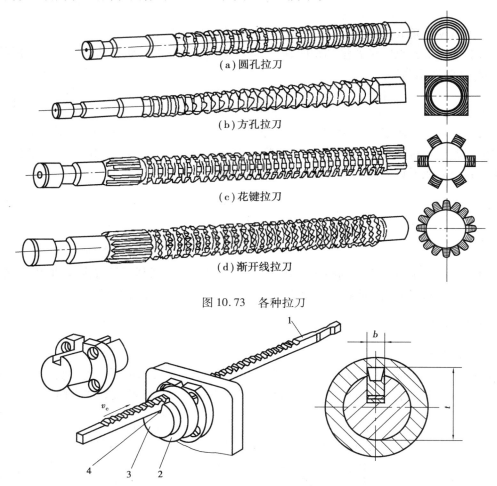

(a)圆孔拉刀

(b)方孔拉刀

(c)花键拉刀

(d)渐开线拉刀

图 10.73　各种拉刀

图 10.74　键槽拉削

1—键槽拉刀；2—工件；3—心轴；4—垫片

内拉刀加工工件的预制孔通常呈圆形,经各齿拉削,逐渐加工出所需内表面形状。键槽拉刀拉削时,为保证键槽在孔中位置的精度,将工件套在导向心轴上定位,拉刀与心轴槽配合并在槽中移动。槽底面上可放垫片,用于调节所拉键槽深度和补偿拉刀重磨后刀齿高度的变化量。

2）外拉刀

外拉刀用于加工工件外表面,如图 10.75 所示。

大部分外拉刀采用组合式结构,其刀体结构主要取决于拉床形式,为便于刀齿的制造,一般做成长度不大的刀块。

为了提高生产效率,也可以采用拉刀固定不动,被加工工件装在链式传动带的随行夹具上做连续运动而进行拉削,如图 10.76 所示。

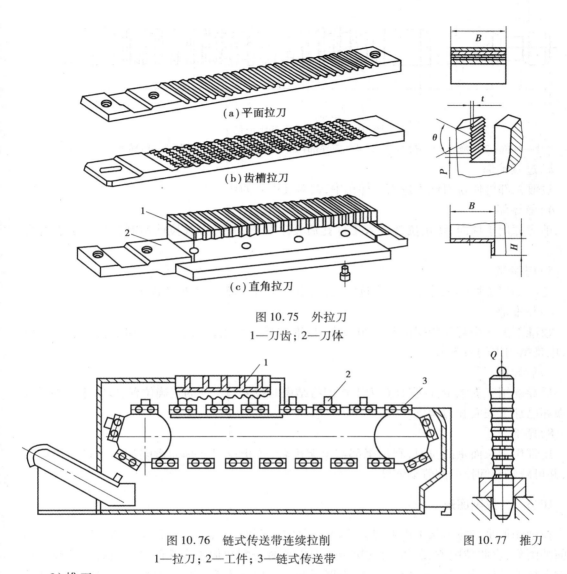

图 10.75　外拉刀
1—刀齿；2—刀体

图 10.76　链式传送带连续拉削
1—拉刀；2—工件；3—链式传送带

图 10.77　推刀

3）推刀

拉刀一般在拉应力状态下工作，如在压应力状态下工作则称为推刀（图 10.77），一般较少，长度较短（其长度与直径之比一般不超过 12～15），主要用于加工余量较少，或者校正经热处理（硬度小于 45HRC）后工件的变形和孔缩。

（3）拉刀的结构组成

拉刀的种类很多，结构也各不相同，但它们的组成部分和基本结构是相似的。在此以圆孔拉刀（图 10.78）为例来说明各部分的功能。

1）柄部

拉刀与机床的连接部分，用于装夹拉刀、传动拉力。

2）颈部

柄部与过渡锥之间的链接部分，其长度与机床结构有关，也可供打拉刀标记。

275

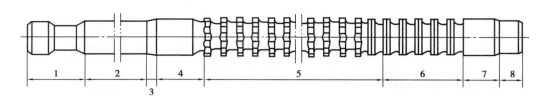

图 10.78　圆孔拉刀的组成部分

1—柄部；2—颈部；3—过渡锥部；4—前导部；5—切削部；6—校准部；7—后导部；8—尾部

3）过渡锥部

过渡锥部可使拉刀便于进入工件孔中,起对准中心的作用。

4）前导部

前导部用于导向,防止拉刀进入工件孔后发生歪斜,并可检查拉前预制孔尺寸是否符合要求。

5）切削部

切削部担负切除工件上加工余量的工作,由粗切齿、过渡齿和精切齿组成。

6）校准部

校准部由几个直径相同的刀齿组成,起校准和修光作用,以提高工件加工精度和表面质量,也是精切齿的后备齿。

7）后导部

后导部用于支承工件,保证拉刀工作即将结束时拉刀与工件的正确位置,以防止工件下垂而损坏已加工表面和刀齿。

8）尾部

尾部用于长而重的拉刀,利用尾部与支架配合,防止拉刀下垂而影响加工质量和损坏刀齿,并可减轻装卸拉刀的劳动强度。

10.5.2　拉削图形

拉削图形是指拉刀从工件上切除拉削余量的顺序和方式,也就是每个刀齿切除的金属层截面的图形,也叫拉削方式。它直接决定了刀齿负荷分配和加工表面的形成过程。拉削图形影响了拉刀结构、拉刀长度、拉削力、拉刀磨损和拉刀使用寿命,也影响拉削表面质量、生产效率和制造成本。

拉削图形可分为分层式、分块式和综合式三种。

（1）分层式

分层式拉削是一层层地切去拉削余量。根据加工表面形成过程的不同,可分为成形式和渐成式两种。

1）成形式

成形式（图10.79）也称同廓式。此种拉刀刀齿的廓形与被加工表面的最终形状一样,最终尺寸则由拉刀最后一个切削齿决定。采用成形式拉削,为了使切屑容易卷曲和清除,需要在切削齿上磨出分屑槽。

采用成形式拉削圆孔、平面等形状简单表面时,由于刀齿廓形简单、制造容易、加工表面粗糙度值小,因而应用较广。当工件形状复杂时,需采用渐成式拉削。

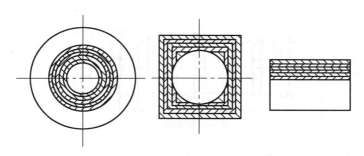

图 10.79　成形式拉削图形

2）渐成式

渐成式（图 10.80）拉削的刀齿廓形与工件最终形状不同,工件最终形状和尺寸由各刀齿的副切削刃切出的表面连接而成。因此,刀齿可制成圆弧和直线等简单形状,拉刀制造容易。缺点是在工件已加工表面可能出现副切削刃的交接痕迹,工件表面质量较差。键槽、花键槽及多边孔常采用渐成式拉削。

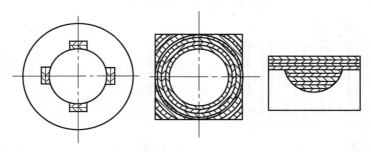

图 10.80　渐成式拉削图形

（2）分块式

按分块式（图 10.81）拉削的拉削图形设计的拉刀,其切削部分由若干齿组组成,每个齿组中有 2~3 个刀齿。它们直径相同,共同切下加工余量中的一层金属,每个刀齿仅仅切除该层金属的一部分。

采用分块式拉削的拉刀称为轮切式拉刀。如图 10.80 所示为三个刀齿为一组的圆孔拉刀的外形。其第一齿与第二齿直径相同,均磨出交错排列的圆弧形分屑槽,切削刃相互错开,各切除同一层金属中的一部分,剩下的残留量由第三齿切除,但该齿不磨分屑槽。为避免切削刃与前两齿切成的工件表面摩擦及切下圆环形的整圈切屑,其直径应较前刀齿小 0.02~0.05 mm。

分块式拉削主要优点是每一个刀齿参加工作长度较小,因此在保持相同的切削力的情况下,允许的切削厚度比分层式拉削大得多。在同一拉削量下,所用的刀齿总数减少,拉刀长度大大缩短,生产率提高。由于采用圆弧形分屑槽,切屑不存在加强筋,利于容屑。圆弧形分屑槽能够较容易地磨出较大的槽底后角和侧刃后角,故有利于减轻刀具磨损,提高刀具使用寿命。分块式拉削的主要缺点是加工表面质量不如成形式好。

（3）综合式

综合式（图 10.82）拉削集中了分块式拉削和成形式拉削各自的优点,粗切齿采用不分组的轮切式拉削,精切齿采用成形式拉削,既保持较高的生产效率,又能获得较好的表面质量。

综合式圆孔拉刀的粗切齿齿升量较大,磨圆弧形分屑槽,前后刀齿分屑槽交错排列。第一

277

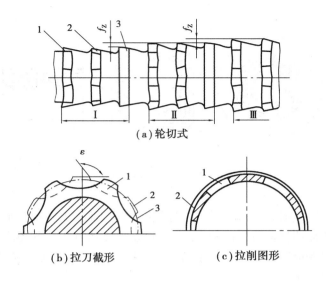

图 10.81　轮切式拉刀及拉削图形

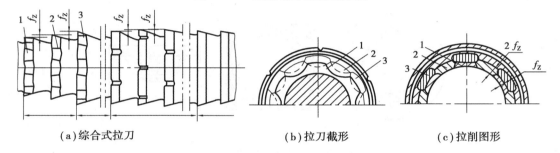

图 10.82　综合式拉刀及拉削图形

个刀齿分块切除圆周上金属层的一半;第二个刀齿比前一个刀齿高出一个齿升量,该刀齿除了切除第二层金属的一半外,还要切去前一个刀齿留下的金属层;第二个刀齿留下的金属层由第三个刀齿切除,如此交错下去切除。粗切齿采用这种拉削方式,除第一个刀齿外,其余粗切齿实际切削厚度都是 $2f_z$,粗切齿切除 80% 以上的加工余量。精切齿齿升量较小,采用成形式拉削,保证了加工表面粗糙度值小。在粗切齿与精切齿之间有过渡齿,齿形与粗切齿相同。

10.5.3　圆孔拉刀设计

(1) 工作部分设计

工作部分是拉刀的主要部分,它直接关系到拉削质量、生产率以及拉刀的制造成本。

1) 拉削余量 A

拉削余量 A 是拉刀各刀齿应切除金属层厚度的总和。应在保证去除前道工序造成的加工误差和表面破坏层的前提下,尽量减小拉削余量,缩短拉刀长度。

拉削余量 A 可按下列任一种方法来确定:

①已知拉前孔径 D_w 和拉后孔径 D_m 时,也可作如下计算

$$A = D_{m\,max} - D_{w\,min} \tag{10.71}$$

②按经验公式计算

当拉前孔为钻孔或扩孔时：

$$A = 0.005D_m + (0.1 \sim 0.2)\sqrt{L}(\text{mm}) \tag{10.72}$$

当拉前孔为镗孔或粗铰孔时：

$$A = 0.005D_m + (0.05 \sim 0.1)\sqrt{L}(\text{mm}) \tag{10.73}$$

式中　$D_{m\,max}$——拉后孔最大直径，mm；

　　　$D_{w\,min}$——拉前孔最小直径，mm；

　　　L——拉削长度，mm。

③拉削余量 A 还可以根据被拉孔直径、长度和预制孔加工精度查表确定。

2）确定齿升量 f_z

圆孔拉刀的齿升量 f_z 是指相邻两个刀齿（或两组刀齿）的半径差。齿升量越大，切削齿数就越小，拉刀长度越短，拉削生产率越高，刀齿成本相对较低。但齿升量过大，拉刀会因强度不够而降低使用寿命，而且拉削表面质量也不易保证。

齿升量 f_z 应根据工件材质和拉刀的类型确定。拉刀的粗切齿、精切齿和过渡齿的齿升量各不相同。粗切齿齿升量最大，一般不超过 0.15 mm，每个刀齿的齿升量相等，切除整个拉削余量的80%；为保证切削过程的平稳和提高加工表面质量，并使拉削负荷逐渐减小，齿升量从粗切削齿经过过渡齿递减至精切齿。过渡齿的齿升量为粗切齿的2/5～3/5精切齿齿升量最小，一般取 0.005～0.025 mm。

确定齿升量的原则：在保证加工表面质量、容屑空间和拉刀强度足够的条件下，尽快选取较大值。圆孔拉刀齿升量可参考表 10.7 选取。

表 10.7　圆孔拉刀齿升量 f_z　　　　　　　　　　　　　　　　mm

拉刀种类	工件材料			
	钢	铸铁	铝	铜
分层式圆孔拉刀	0.015～0.03	0.03～0.08	0.02～0.05	0.05～0.10
综合式圆孔拉刀	0.03～0.08	—	—	—

3）确定齿距 p

切削部的齿距 p 过大，同时工作齿数 Z_e 减少，拉削平稳性降低，且增加了拉刀长度，不仅制造成本高，而且降低了生产效率。反之，容屑空间小，切屑容易堵塞；同时工作齿数 Z_e 增加，拉削平稳性增加，但拉削力增大，可能导致拉刀被拉断。为保证拉削平稳和拉刀强度，应选择同时工作齿数 Z_e 为 3～8 个。

粗齿的齿距 p 可用经验公式（10.74）计算。

$$p = (1.25 \sim 1.9)\sqrt{L}(\text{mm}) \tag{10.74}$$

其中系数 1.25～1.5 用于分层式拉削的拉刀，1.45～1.9 用于分块式拉削。齿距 p 确定后，同时工作齿数 Z_e 可用式（10.75）计算。

$$Z_e = \frac{L}{p} + 1 \tag{10.75}$$

计算后对工作齿数进行圆整，且 Z_e 不能小于2。

过渡齿齿距取与粗切齿相同。精切齿齿距选取时，当齿距 $p \leqslant 10$ mm 时，选择的齿距与粗齿相同；当 $p > 10$ mm 时，为粗切齿齿距的 0.7 倍。当拉刀总长度允许时，为了制造方便，也可制成都相等的齿距。为提高拉削表面质量，避免拉削过程中的周期性振动，拉刀也可制成不等齿距。

4）确定容屑槽形状和尺寸

容屑槽是形成刀齿的前刀面和容纳切屑的环状或螺旋状沟槽。拉刀属于封闭式切削，切下的切屑全部容纳在容屑槽内。如果容屑槽没有足够的空间，切削将挤塞其中，影响加工表面质量，甚至损坏拉刀。因此，容屑槽的形状和尺寸应能较宽敞的容纳切屑，并能使切屑卷曲成较紧密的圆卷形状，并保证拉刀的强度和重磨次数。常用的容屑槽形式如图 10.83 所示。

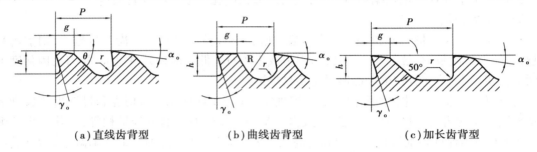

（a）直线齿背型　　　　（b）曲线齿背型　　　　（c）加长齿背型

图 10.83　容屑槽形状

①直线齿背型

这种槽形由两段直线（齿背和前刀面）与槽底圆弧 r 圆滑连接，容屑空间较小，适用于用同廓式拉削方式的拉刀加工脆性材料和普通钢材。

②曲线齿背型

这种槽形由两端圆弧 R、r 和前刀面组成，容屑空间较大，便于切屑卷曲。深槽或齿距较小或拉削韧性材料时采用。

③加长齿背型

这种槽形底部由两端圆弧 r 和一段直线组成。此槽有足够的容屑空间，适用于加工深孔或孔内有空刀槽的工件。当齿距 $p > 16$ mm 时可选用。容屑槽尺寸应满足容屑条件。由于切屑在容屑槽内卷曲和填充不可能很紧密，为保证容屑，容屑槽的有效容积 V_p 必须大于切屑所占体积 V_D，即

$$V_p > V_D$$

或

$$K = \frac{V_p}{V_D} > 1 \tag{10.76}$$

式中　V_p——容屑槽的有效容积；

V_D——切屑体积；

K——容屑系数。

由于切屑在宽度方向变形很小，故容屑系数可用容屑槽和切屑的纵向截面面积比来表示（图 10.84），即

$$K = \frac{A_p}{A_D} = \frac{\pi h^2 / 4}{h_D L} = \frac{\pi h^2}{4 h_D L} \tag{10.77}$$

式中　A_p——容屑槽纵向截面面积，mm^2；

A_D——切屑纵向截面面积,mm^2;

h_D——切削厚度,mm。

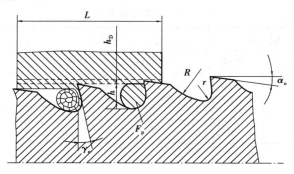

图 10.84　容屑槽容屑情况

综合式拉削 $h_D = 2f_z$,其他 $h_D = f_z$。

当许用容屑系数$[K]$和切削厚度 h_D 已知时,容屑槽深度 h 用式(10.78)计算:

$$h \leqslant \sqrt{[K]h_D L}\ \text{mm} \tag{10.78}$$

设计拉刀时,许用容屑系数$[K]$的大小与工件材料性质、切削层截形和拉刀磨损有关。对于带状切屑,当卷曲疏松、空隙较大时,$[K]$值选大些;脆性材料形成崩碎切屑时,因为较容易充满容屑槽,$[K]$值可选小些。式(10.78)中$[K]$值可从拉刀设计资料中查表选取。

5)选择几何参数

拉刀的几何参数主要是指其前角 γ_o、后角 α_o 和刃带宽度 $b_{\alpha1}$。一般为了提高表面质量和刀具使用寿命,拉刀前角 γ_o 应适当大些,根据加工材料的性能选取,加工塑性材料时,前角选大值;加工脆性材时,前角选小值(表 10.8)。拉刀后角 α_o 根据切削原理中后角的选择原则,应取较大后角。由于内拉刀重磨前刀面,如后角取很大,刀齿直径就会减小得很快,拉刀使用寿命会显著下降。因此,后角一般选的较小(表 10.9)。为了便于测量刀齿直径和起支撑作用,重磨后又能保持直径不变,在校准齿上作有刃带。刃带宽度不宜过大,否则刀齿磨损严重,降低加工表面质量。刃带宽度见表 10.9。

表 10.8　拉刀前角

工件材料		前角 γ_o	工件材料	前 γ_o
结构钢	HB≤197	16°~18°	可锻铸铁	10°
	HB = 198~229	15°	铝及其合金、巴氏合金、紫铜	20°
	HB > 229	10°~12°		
不锈钢、耐热奥氏体钢		20°	一般黄铜	10°
灰铸铁	HB≤180	10°	青铜、黄铜	5°
	HB > 180	5°	粉末冶金及铁石墨材料	15°

6)分屑槽

分屑槽的作用在于减小切屑宽度,降低切屑卷曲阻力,便于切屑的卷曲、容纳和清除。拉刀的分屑槽,前后刀齿上应交错磨出。分层式拉刀采用角度形分屑槽(图 10.85)。分块式拉刀采用圆弧形分屑槽(图 10.86)。综合式圆拉刀粗切齿、过渡齿采用圆弧形分屑槽,精切齿采用角度形分屑槽。

表 10.9　拉刀后角与刃带

拉刀类型	粗切齿		精切齿		校准齿	
	后角 α_o	刃带 $b_{\alpha 1}$	后角 α_o	刃带 $b_{\alpha 1}$	后角 α_o	刃带 $b_{\alpha 1}$
圆孔拉刀	$3°{}^{+1'}_{\ 0}$	≤0.1	$2°{}^{+30'}_{\ \ 0}$	0.05 ~ 0.2	$1°{}^{+30'}_{\ \ 0}$	0.3 ~ 0.5
花键拉刀		0.05 ~ 0.15	$1°30'{}^{+30'}_{\ \ \ \ \ 0}$	0.05 ~ 0.2		0.5
键槽拉刀		0.2	$2°{}^{+1'}_{\ 0}$	0.2 ~ 0.4	$2°{}^{+30'}_{\ \ 0}$	0.6

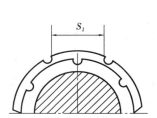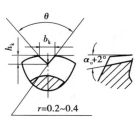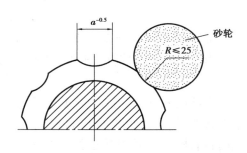

图 10.85　角度形分屑槽　　　　　　图 10.86　圆弧形分屑槽

设计分屑槽时应需要注意的问题:

①分屑槽的深度 h_k 必须大于齿升量,否则不起分屑作用。角度形分屑槽 $\theta = 90°$,槽宽 $b_k \leqslant 1.5$ mm,深度 $h_k \leqslant 1/2 b_k$。圆弧形分屑槽的刃宽略大于槽宽。

②为使分屑槽两侧刃上也具有足够的后角,槽底右角一般不应小于 5°,常取为 $\alpha_o + 2°$。

③分屑槽槽数 n_k 应保证切屑宽度不太大,使切屑平直易卷曲。为便于测量刀齿直径,槽数 n_k 应取偶数。

④在拉刀最后一个精切齿上不做分屑槽。拉削铸铁等脆性材料时,切屑呈崩碎状,也不必做分屑槽。

7)确定拉刀齿数和直径

根据已选定的拉削余量 A 和齿升量 f_z,可按式(10.79)计算

$$Z = \frac{A}{2f_z} + (3 \sim 5) \tag{10.79}$$

求出的齿数按四舍五入的原则进行圆整,过渡齿取 3 ~ 5 个,精切齿取 3 ~ 7 个,其余为粗切齿。

为避免拉削余量不均或工件材料内含有杂质而承受偶然负荷,拉刀的第一个切削齿通常没有齿升量。其余粗切齿直径为前一刀齿直径加上 2 倍齿升量,最后一个精切齿的直径等于校准齿的直径。切削齿的直径应保证一定的制造公差,一般取 -0.002 ~ -0.008 mm。最后一个精切齿的直径偏差应与校准齿相同。过渡齿升量逐步减小,直到接近精切齿齿升量,其直径等于前一刀齿直径加上 2 倍实际齿升量。拉刀切削齿直径的排表方法:先确定第一个粗切削齿直径和最后一个精切齿直径,再分别按向后和向前的顺序逐齿确定其他切削齿直径。

（2）拉刀其他部分设计

1）柄部

选择拉刀柄部时，要保证快速装夹和承受最大拉力。头部直径至少要比拉削前的孔径小 0.5 mm，并要选择标准值。头部的基本尺寸可查阅相关手册。

2）颈部及过渡锥

颈部直径可与柄部相同或略小于柄部直径，颈部长度与拉床型号有关（图 10.87）。

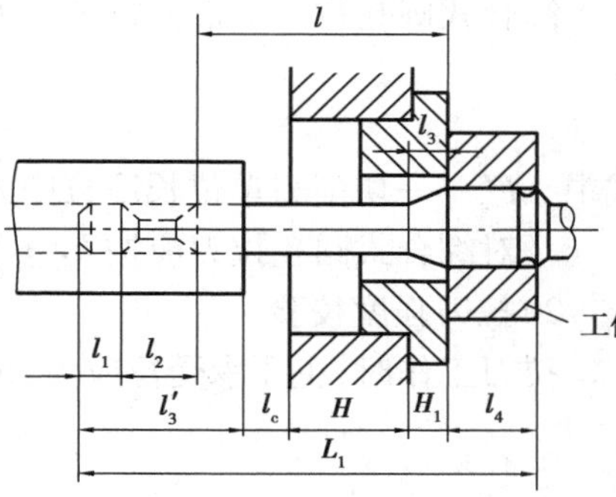

图 10.87　拉刀的颈部长

颈部与过渡锥总长 l 可由下式计算

$$l = H_1 + H + l_c + (l_3' - l_1 - l_2)(\text{mm}) \qquad (10.80)$$

常用拉床 L6110、L6120、L6140 有关尺寸如下：

H——拉床床壁厚度，分别为 60，80，100 mm；

H_1——花盘厚度，分别为 30，40，50 mm；

l_c——卡盘与床壁间隙，分别为 5，10，15 mm；

l_3', l_1, l_2——分别取为 20，30，40 mm；

l——分别取为 125，175，225 mm。

过渡锥 l_3 可根据拉刀直径取为 10~20 mm。

拉刀工作图上通常不标注 l 值，而标注柄部顶端到第一刀齿长度 L_1，由图 10.87 可得

$$L_1 = l_1 + l_2 + l + l_4(\text{mm}) \qquad (10.81)$$

式中　l_1, l_2——柄部尺寸，mm；

　　　l_4——前导部长度，mm。

3）前导部与后导部及尾部

前导部长度 l_4 一般可取与拉削长度 L 相等，工件长径比 $L/D > 1.5$ 时，可取 $l_4 = 0.75 L$。前导部的直径 $d_{04} = D_{m\,max}$，公差按 f_8 查得。

后导部长度可取工件长度的 1/2~2/3，但不大于 20 mm。当孔内有空刀槽时，后导部的长度应大于工件空刀槽一端拉削长度与空刀槽长度之和。其直径等于或略小于拉削后工件孔的最小直径，公差取 f_7。

尾部长度一般取为拉后孔径的 0.5~0.7 倍，直径 d_{06} 等于护送托架衬套孔径。

4）拉刀总长度 L_0

拉刀总长度受到拉床允许的最大行程、拉刀刚度、拉刀生产工艺水平、热处理设备等因素的限制，一般不超过表 10.10 所规定的数值。否则，需修改设计或改为两把以上的成套拉刀。

表 10.10　圆孔拉刀允许长度　　　　　　　　　　　　　　　　　　mm

拉刀直径 d_0	12~15	15~20	20~25	25~30	30~50	>50
拉刀总长度 L_0	600	800	1 000	1 200	1 300	1 600

（3）拉刀强度及拉床拉力校验

1）拉削力

拉削时，虽然拉刀每个刀齿的切削厚度很薄，但由于同时参加工作的切削刃总长度很长，因此拉削力很大。

综合式圆孔拉刀的最大拉削力 F_{max} 用式(10.82)计算

$$F_{max} = F'_c \pi \frac{d_0}{2} Z_e \text{ N} \tag{10.82}$$

式中　F'_c——切削刃单位长度拉削力，N/mm，可由有关资料查得。

对综合式圆孔拉刀应按 $h_D = 2f_z$ 查出 F'_c。

2)拉刀强度校验

拉刀工作时，主要承受拉应力，可按式(10.83)校验

$$\sigma = \frac{F_{max}}{A_{min}} \leqslant [\sigma] \tag{10.83}$$

式中　A_{min}——拉刀危险截面面积，mm^2；

$[\sigma]$——拉刀材料的许用应力，MPa。

拉刀危险截面可能是柄部或第一个切削齿的容屑槽底部截面处。高速钢许用应力$[\sigma]=$ 343～392 MPa，40Cr 的许用应力$[\sigma]=245$ MPa。

3)拉床拉力校验

拉刀工作时的最大拉削力一定要小于拉床的实际拉力，即

$$F_{max} \leqslant K_m F_m \tag{10.84}$$

式中　F_m——拉床额外拉力，N；

K_m——拉床状态系数，新拉床 $K_m = 0.9$，状态较好的旧拉床 $K_m = 0.8$，状态不好的旧拉床 $K_m = 0.5$ ～0.7。

10.6　螺纹刀具

螺纹的种类很多，可以采用不同的加工方法和螺纹刀具来加工螺纹。按加工方法不同，螺纹刀具可分为切线法和滚压加工法两大类。

10.6.1　切削螺纹刀具

(1)螺纹车刀

螺纹车刀是一种具有螺纹廓形的成形车刀，可用于各种内、外螺纹。螺纹车刀的结构和普通的成形车刀相同，较为简单。齿形制造容易，加工精度较高，通用性好，可用于切削精密丝杆等。但它工作时需多次走刀才能切出完整的螺纹廓形，故生产率较低，常应用于中、小批量及单件螺纹的加工。

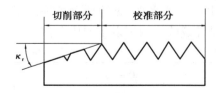

图 10.88　螺纹梳刀的刀齿

(2)螺纹梳刀

螺纹梳刀相当于一排多齿螺纹车刀，刀齿由切削部分和校准部分组成(图 10.88)。切削部分做成切削锥，刀齿高度一次增大，以使切削载荷分布在几个刀齿上。校准部分齿形完整，其校准修光作用。

螺纹梳刀加工螺纹时，梳刀沿螺纹轴向进给，一次走刀就能切出全部螺纹，生产效率比螺纹车刀高。螺纹梳刀的结构形式与成形车刀相同，也有平体、棱体和圆体三种，如图 10.89 所示。

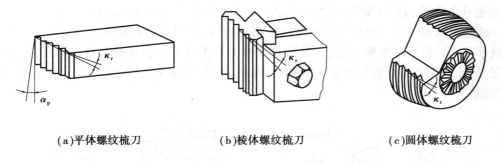

(a)平体螺纹梳刀　　　　(b)棱体螺纹梳刀　　　　(c)圆体螺纹梳刀

图 10.89　螺纹梳刀的结构形式

(3)丝锥

丝锥是加工各种内螺纹用的标准刀具之一。它本质上一个带有纵向容屑槽的螺栓。容屑槽形成切削刃,锥形部分 l_1 为切削部分,后面 l_0 为校准部分,如图 10.90 所示。丝锥结构简单,使用方便,既可手用,也可在机床上使用。特别在中、小尺寸的螺纹加工中,应用广泛。

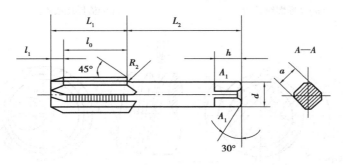

图 10.90　手用丝锥

l_0—校准部分; l_1—切削部分; L_1—工作部分; L_2—柄部

(4)板牙

板牙是加工中、小尺寸外螺纹的标准刀具。它可以看成是沿轴向等分开有排屑孔的螺母,在螺母的两端做有切削锥,以便于切入,板牙结构见图 10.91。

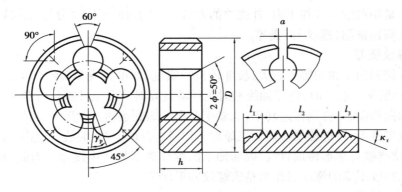

图 10.91　板牙结构

板牙的切削锥部担任主要的切削工作,中间校准部有完整螺纹用于校准和导向。其前角 γ_p 由排屑孔的位置和形状决定,切削锥部后角 α_p 由铲磨得到,校准部齿形是完整的,但不磨后角。外缘处的 60°缺口槽是在板牙磨损后将其磨穿,以借助两侧的两个 90°的沉头锥孔来调整板牙尺寸。另外两个 90°的沉头锥孔是用来夹持板牙的。板牙的螺纹表面是内表面,难于磨削,热处理产生的变形等缺陷无法消除,因而它仅用于加工精度 h6～h8 和表面质量要求不高的螺纹。

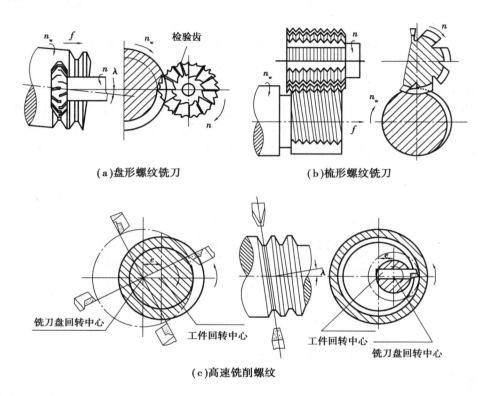

（a）盘形螺纹铣刀 （b）梳形螺纹铣刀

（c）高速铣削螺纹

图 10.92　螺纹铣刀

(5) 螺纹铣刀

螺纹铣刀是用铣削方式加工内、外螺纹的刀具。按结构的不同可分为盘形螺纹铣刀、梳形螺纹铣刀以及高速铣削(螺纹)刀盘等。

1) 盘形螺纹铣刀

盘形螺纹铣刀用于铣切螺距较大、长度较长的螺纹,如单头或多头的梯形螺纹和蜗杆等,如图 10.92(a)所示。加工时,铣刀轴线相对工件轴线倾斜一个工件螺纹升角 λ。铣刀回转的同时沿工件轴向移动,工件则慢速转动,二者配合形成螺旋运动。盘形螺纹铣刀是加工成形螺旋槽表面的成形铣刀,按螺旋槽表面加工原理工作,铣刀廓形应是曲线。但由于曲线刃制造困难,生产中通常将铣刀廓形做成直线,因而加工的螺纹廓形将产生误差。因此,盘形螺纹铣刀主要用于加工精度不高的螺纹或作为精密螺纹的粗加工。

2) 梳形螺纹铣刀

梳形螺纹铣刀刀齿呈环状,铣刀工作部分长度比工件螺纹长度稍长,如图 10.92(b)所示。加工时,铣刀轴线与工件轴线平行,铣刀快速回转作切削运动,工件缓慢转动的同时还沿轴向移动,铣刀切入工件后,工件回转一周,铣刀相对工件轴向移动一个导程。梳形螺纹铣刀生产效率较高,用于专用螺纹铣床上加工一般精度、螺纹短而螺距不大的三角形内、外圆柱和圆锥螺纹。

　　3)高速铣削(螺纹)刀盘

　　高速铣削刀盘加工螺纹的方法又称旋风铣(图 10.92(c)),利用装在回转刀盘上的几把硬质合金切刀进行高速铣削各种内、外螺纹。旋风铣螺纹是在改装的车床或专用机床上进行的,多用于成批生成中大螺距螺杆和丝杠加工,其特点是:切削平稳、生产效率高、刀具使用寿命长,但加工精度不高,一般为 7 ~ 8 级,表面粗糙度 $Ra = 0.8~\mu m$。

　　(6)螺纹切头

　　螺纹切头是一种高生产率、高精度的螺纹刀具,如图 10.93 所示。它有切削外螺纹用的自动板牙切头和切削内螺纹用的自动开合丝锥两种。

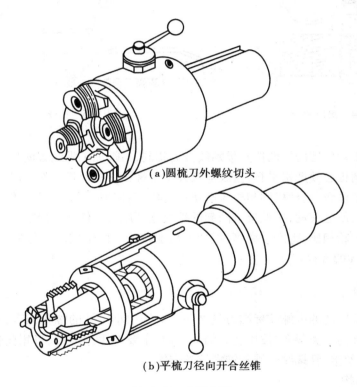

(a)圆梳刀外螺纹切头

(b)平梳刀径向开合丝锥

图 10.93　螺纹切头

10.6.2　滚压螺纹刀具

　　滚压螺纹刀具是利用金属表层塑性变形的原理来加工各种螺纹的高效工具。与切屑螺纹刀具相比,这种滚压螺纹的加工方法生产率高,加工螺纹质量较好,可达 4 ~ 7 级精度,Ra 为 0.8 ~ 0.2 μm;力学性能好,滚压工具的磨损小,寿命长。滚压法加工螺纹的工具主要有滚丝轮和搓丝板。

（1）滚丝轮

滚丝轮成对在滚丝机上使用。两滚丝轮螺纹方向相同,与被加工螺纹方向相反;滚丝轮中径螺纹升角 τ 等于工件中径螺纹升角 λ。安装时,两滚丝轮轴线平行,而齿纹错开半个螺距。

滚丝轮滚压螺纹工作情况如图 10.94 所示。工作时,两滚丝轮同时等速旋转,工件放在两滚丝轮之间的支撑板上,当一滚丝轮(动轮)向另一轮(定轮)径向进给时,工件逐渐被压出螺纹。

滚丝轮制造容易,加工的螺纹精度高达 4~5 级,表面粗糙度 Ra 为 0.2 μm,生产效率也比切削加工高,故适用于批量加工较高精度的螺纹标准件。

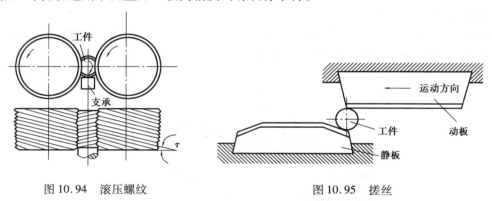

图 10.94　滚压螺纹　　　　　　　　　　图 10.95　搓丝

（2）搓丝板

搓丝板也是成对使用的。两搓丝板螺纹方向相同,与被加工螺纹方向相反,斜角等于工件中径螺纹升角。两板必须严格平行,齿纹应错开半个螺距。搓丝板工作情况如图 10.95 所示。静板固定在机床工作台上,动板则与机床滑块一起沿工件切向运动。当工件进入两块搓丝板之间,立即被夹住,使之滚动,搓丝板上凸起的螺纹逐渐压入工件而形成螺纹。

搓丝板与滚丝轮相比,生产效率高,但加工精度较低。由于搓丝行程的限制,故只用于加工直径小于 24 mm 的螺纹。

10.6.3　丝锥

丝锥是使用最广泛的内螺纹标准刀具之一。对于中小尺寸的螺孔而言,丝锥甚至是唯一的加工刀具。丝锥的种类很多,按用途和结构不同,主要有手用丝锥、机用丝锥、螺母丝锥、拉削丝锥、梯形螺纹丝锥、管螺纹丝锥和锥螺纹丝锥等。

（1）丝锥的结构

丝锥的主体结构是相同的,都由工作部分和柄部两部分组成。图 10.96 所示为常用丝锥结构。

工作部分由切削部分 l_1 和校准部分 l_0 组成。切削部分担负螺纹的切削工作,校准部分用以校准螺纹廓形并在丝锥前进时起导向作用,柄部用来夹持丝锥并传递攻丝扭矩。

1）切削部分

丝锥切削部分是切削锥,切削锥上的刀齿齿形不完整,后一刀齿比前一刀齿高,逐齿排列,使切削负荷分布在几个刀齿上。图 10.97 表示丝锥切削时的情况。

当螺纹高度 H 确定后,切削锥角 κ_r 与切削锥长度 l_1 的关系式为

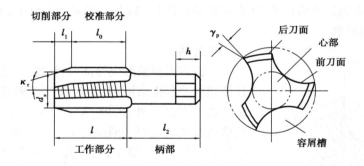

图 10.96 丝锥结构

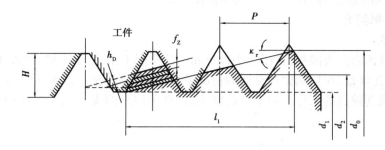

图 10.97 丝锥切削部分及切削情况

$$\tan \kappa_r = \frac{H}{l_1} \qquad (10.85)$$

当丝锥转一转,切削部分就会前进一个螺距,每个刀齿从工件上切下一层金属,若丝锥有 Z 个容屑槽,丝锥每齿切削厚度 h_D 为

$$h_D = \frac{f_Z}{Z}\cos \kappa_r = \frac{p}{Z}\tan \kappa_r \cos \kappa_r = \frac{p}{Z}\sin \kappa_r \qquad (10.86)$$

由式(10.86)可知,切削锥角 κ_r、容屑槽数 Z 和螺距 p 是确定丝锥每齿切削负荷的三要素。对于同一规格丝锥,螺距 p 是常数,容屑槽数 Z 受丝锥结构尺寸限制,一般也是确定值。因此,丝锥每个刀齿的切削厚度主要取决于切削锥角 κ_r 的大小。锥角 κ_r 小,切削锥长度 l_1 增加,每齿切削厚度 h_D 减小,即刀齿切削负荷减小;锥角 κ_r 大,切削锥长度 l_1 减小,每齿切削厚度 h_D 增加,螺纹加工表面粗糙度值增加,但单位切削力可减小。

一般应使每齿切削厚度 h_D 不小于丝锥切削刃钝圆半径 r_n。加工钢件时取 $h_D = 0.02 \sim 0.05$ mm,加工铸铁时 $h_D = 0.04 \sim 0.07$ mm。

2)校准部分

校准部分刀齿有完整齿形。为了减小切削时的摩擦,校准部分外径和中径应做出倒锥。铲磨丝锥的倒锥量在 100 mm 长度上为 $0.05 \sim 0.12$ mm,不铲磨丝锥为 $0.12 \sim 0.20$ mm。

3)前角 γ_p 与后角 α_p

丝锥的前角和后角都在端平面内标注和测量。切削部分和校准部分的前角相同。前角大小根据被加工材料的性能选择,如加工钢材时,可取前角 $\gamma_p = 5° \sim 13°$;加工铝合金时,$\gamma_p = 12° \sim 14°$;加工铸铁时,$\gamma_p = 2° \sim 4°$;标准丝锥具有通用性,$\gamma_p = 8° \sim 10°$。

后角 α_p 是铲磨出来的,常取 $4° \sim 6°$。不铲磨丝锥,仅在切削部分铲磨出齿顶后角;磨齿丝锥处在切削部分齿顶铲磨后角外,还有铲磨螺纹两侧面;对直径 $d_0 > 10$ mm,$p > 1.5$ mm 的丝锥,校准齿侧面也铲磨。

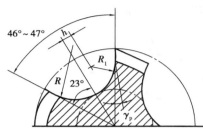

图 10.98　常用丝锥容屑槽槽形

（2）典型丝锥简介

1）手用丝锥

手用丝锥刀柄为方头圆柄,常用于小批量和单件修配工作,齿形不铲磨（图 10.99）。对于中、小规格的通孔丝锥,在切削锥角合适的情况下,可用单只丝锥一次加工完成。当螺纹直径较大和在材料强度较高的工件上加工盲孔螺纹时,宜采用由两支或三支组成的丝锥组依次进行切削。

4）容屑槽

丝锥容屑槽槽形应保证获得合适的前角,容屑空间大且使切削卷曲排出顺利;还应在丝锥倒旋时,刀背不会刮伤已加工表面。图 10.98 所示为常用丝锥容屑槽形。容屑槽槽数 Z 就是每一圈螺纹上的刀齿数。槽数少,则容屑空间大,切屑不易堵塞,刀齿强度也高,且每齿切削厚度大,单位切削力和扭矩减小。生产中常用三槽或四槽,大直径丝锥用六槽。

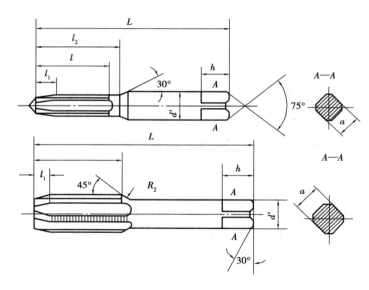

图 10.99　手用丝锥

由于手用丝锥切削速度很低,故常用优质碳素工具钢 T12 或合金工具钢 9SiCr 制造。

2）机用丝锥

机用丝锥是用于机床上加工螺纹的丝锥。柄部除有方头外,还有一环形槽以防止丝锥从夹头中脱落。机用丝锥的螺纹齿形经铲磨,因机床传动扭矩大、导向性好,故常用单支丝锥加工。当螺纹直径较大或工件材料加工性差或加工盲孔时,需用成组丝锥。由于切削速度高,故多用高速钢制造。

3）螺母丝锥

螺母丝锥是指专用于机床上加工螺母的丝锥。它有直柄和弯柄之分,其加工情况见图10.100。长柄螺母丝锥加工完的螺母可套在柄上,待螺母穿满后,停机将螺母取下。弯柄螺母丝锥用于专用攻丝机上。工作时,由自动上料机构将螺母毛坯送到旋转地丝锥切削锥端部,加工好的螺母依次沿丝锥弯柄移动,最后从柄部落下。

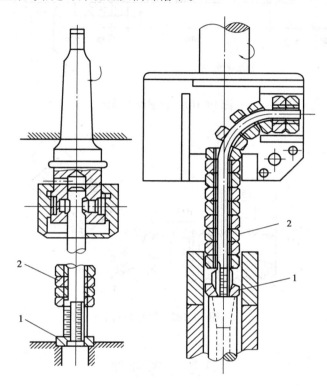

图 10.100　螺母丝锥的加工情况
1—螺母毛坯；2—已加工螺母

4）拉削丝锥

拉削丝锥用来加工余量较大的方形和梯形单头或多头内螺纹。拉削丝锥兼有拉刀和丝锥的结构,由前导部、颈部、切削部、校准部和后导部组成(图10.101)。拉削丝锥工作时改变了轴向受力状态,由受压力变为受拉力,因而丝锥可以做得很长,也能平稳工作,在一次走刀中既能将螺纹加工完毕,显著地提高了生产率。

5）短槽丝锥

短槽丝锥的轴向不开通槽,只在前端开有短槽(图10.102)。丝锥上的短槽与轴线倾斜8°～15°,槽底向前倾斜6°～15°。因槽不开通,故丝锥强度高。其切削部分用来切削,校准部分用来挤压,适用于加工铜、铝、不锈钢等韧性材料。

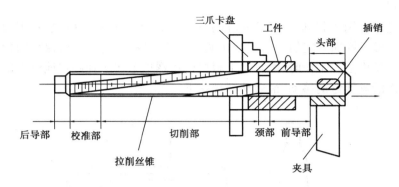

图 10.101　拉削丝锥结构

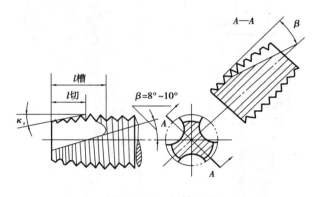

图 10.102　短槽丝锥

习题与思考题

1. 车刀按结构分为哪几种？各有什么特点？

2. 可转位车刀的前角、后角是怎样形成的？

3. 可转位车刀的夹紧结构有何特点？

4. 车刀法平面与正交平面间的角度如何换算？

5. 车刀任意平面与正交平面间的前角、后角关系式如何推导？

6. 已知可转位车刀的前角 $\gamma_o = 15°$，刃倾角 $\lambda_s = -6°$，主偏角 $\kappa_r = 75°$，刀片为正方形，刀片前角 $\gamma_{nb} = 20°$，$\alpha_{nb} = \lambda_{sb} = 0°$。试求刀槽角度及车刀其余角度。

7. 试述成形车刀的种类和特点。

8. 成形车刀的名义前角、后角是怎样定义的？在什么面内测量？

9. 试分析棱体和圆体成形车刀切削刃上各点的前、后角变化规律。

10. 当成形车刀切削刃与进给方向平行时，如何改善其正交平面的后角？

11. 成形车刀在加工圆锥面时为什么会产生双曲线误差？如何消除或减少双曲线误差？

12. 常见的孔加工刀具有哪些？各有什么用途？

13. 画图说明麻花钻切削部分的组成。

14. 麻花钻主刃上各点的 β_x, α_{fx}, κ_{rx}, γ_{ox} 的变化规律是什么？

15. 麻花钻主刃上各点的后角 α_{fx} 应按什么变化规律刃磨？为什么不在正交平面中测量后角？

16. 画图说明麻花钻横刃处 $\gamma_{o\psi}$, $\alpha_{o\psi}$ 和 ψ。

17. 麻花钻在结构上存在哪些缺点？如何修磨？

18. 内排屑深孔钻和喷吸钻的工作原理各是什么？

19. 铰刀直径公差如何确定？

20. 绘图说明圆柱铣刀和端铣刀的标注角度。

21. 何谓铣削用量四要素？

22. 何谓顺铣与逆铣？各有何特点？

23. 成形铣刀有几种齿背结构？各有何优缺点？

24. 何谓铲齿铣刀的名义后角？它与铲背量有何关系？

25. 什么是拉削图形？比较成形式、渐成式、分块式与综合式拉削的特点。

26. 在设计拉刀时如何考虑容屑系数？容屑系数受哪些因素影响？

27. 试述螺纹铣刀的种类、加工原理和特点。

28. 试述丝锥切削部分、校准部分的功用和结构特点。

29. 圆柱铣刀切削刃上某一点的背平面和该点的切削平面是否重合？为什么？

30. 请画出圆体成形车刀切削刃上 1 点、2 点和 3 点处的基面 p_r、切削平面 p_s、前刀面 A_γ 和后刀面 A_α，并标出各点的前角 γ_{f1}、γ_{f2}、γ_{f3}。

第 11 章
数控工具系统

11.1 概　述

很多数控设备特别是加工中心加工内容的多样性,使其配备的刀具和装夹工具的种类也很多,并且要求刀具更换迅速。因此,刀、辅具的标准化和系列化十分重要。把通用性较强的刀具和配套装夹工具系列化、标准化,就成为通常所说的工具系统,它是刀具与机床的接口。除了刀具本身外,还包括实现刀具快更换所必需的定位、装夹、抓拿及刀具保护等机构。采用工具系统进行加工,虽然工具成本高些,但它能可靠地保证加工质量,最大限度地提高加工质量和生产率,使加工中心的效能得到充分的发挥。

数控机床工具系统分为镗铣类数控工具系统和车床类数控工具系统。它们主要由两部分组成:一是刀具部分,二是工具柄部(刀柄)、接杆(接柄)和夹头等装夹工具部分。20 世纪 70 年代,工具系统以整体结构为主;80 年代初,开发出了模块式结构的工具系统(分车削、镗铣两大类);80 年代末,开发出了通用模块式结构(车、铣、钻等万能接口)的工具系统。模块式工具系统将工具的柄部和工作部分分割开来,制成各种系统化的模块,然后经过不同规格的中间模块,组成各种不同用途、不同规格的工具。目前世界上模块式工具系统有几十种结构,其区别主要在于模块之间的定位方式和锁紧方式不同。

数控机床工具系统除具备普通工具的特性外,主要有以下要求:

1)精度要求　较高的换刀精度和定位精度。

2)耐用度要求　提高生产率,需要使用高的切削速度,因此刀具耐用度要求较高。

3)刚度要求　数控加工常常大进给量,高速强力切削,要求工具系统具有高刚性。

4)断屑、卷屑和排屑要求　自动加工,刀具断屑、排屑性能要好。

5)装卸调整要求　工具系统的装卸、调整要方便。

6)标准化、系列化和通用化　此"三化"便于刀具在转塔及刀库上的安装,简化机械手的结构和动作,还能降低刀具制造成本,减少刀具数量,扩展刀具的适用范围,有利于数控编程和工具管理。

11.2　镗铣类数控工具系统

镗铣类数控工具系统是镗铣床主轴到刀具之间的各种连接刀柄的总称,其主要作用是连接主轴与刀具,使刀具达到所要求的位置与精度,传递切削所需扭矩及保证刀具的快速更换。不仅如此,有时工具系统中某些工具还要适应刀具切削中的特殊要求(如丝锥的扭矩保护及前后浮动等)。工作时,刀柄按工艺顺序先后装在主轴上,随主轴一起旋转,工件固定在工作台上作进给运动。

镗铣类数控工具系统按结构,则又可分为整体式结构(TSG 工具系统)和模块式结构(TMG 工具系统)两大类。

11.2.1　TMG 工具系统

模块式工具系统就是把工具的柄部和工作部分分割开来,制成各种系列化的模块,然后经过不同规格的中间模块,组成一套套不同用途、不同规格的模块式工具。目前,世界上出现的各种模块式工具系统之间的区别主要在于模块连接的定心方式和锁紧方式不同。然而,不管哪种模块式工具系统都是由下述三个部分组成:

1)主柄模块　模块式工具系统中直接与机床主轴相连接的工具模块。

2)中间模块　模块式工具系统中为了加长工具轴向尺寸和变换连接直径的工具模块。

3)工作模块　模块式工具系统中为了装夹各种切削刀具的模块。

图 11.1 所示为国产镗铣类模块式 TMG 工具系统图谱。

(1)TMG 数控工具系统的类型及其特点

国内镗铣类模块式工具系统可用其汉语"镗铣类""模块式""工具系统"三个词组的大写拼音字头 TMG 来表示。为了区别各种结构不同的模块式工具系统,在 TMG 之后加上两位数字,以表示结构的特征。

前面的一位数字(十位数字)表示模块连接的定心方式:1—短圆锥定心;2—单圆柱面定心;3—双键定心;4—端齿啮合定心;5—双圆柱面定心。

后面的一位数字(个位数字)表示模块连接的锁紧方式:0—中心螺钉拉紧;1—径向销钉锁紧;2—径向楔块锁紧;3—径向双头螺栓锁紧;4—径向单侧螺钉锁紧;5—径向两螺钉垂直方向锁紧;6—螺纹连接锁紧。

(2)国内常见的镗铣类模块式工具系统

有 TMG10、TMG21 和 TMG28 等。

1)TMG10 模块式工具系统　采用短锥定心,轴向用中心螺钉拉紧,主要用于工具组合后不经常拆卸或加工件具有一定批量的情况。

2)TMG21 模块式工具系统　采用单圆柱面定心,径向销钉锁紧,它的一部分为孔,而另一部分为轴,两者插入连接构成一个刚性刀柄,一端和机床主轴连接,另一端则安装上各种可转位刀具便构成了一个先进的工具系统,主要用于重型机械、机床等行业。

3)TMG28 模块式工具系统　我国开发的新型工具系统,采用单圆柱面定心,模块接口锁紧方式采用与前述 0~6 不同的径向锁紧方式(用数字"8"表示)。TMG28 工具系统互换性好,连接的重复精度高,模块组装、拆卸方便,模块之间的连接牢固可靠,结合刚性好,达到国外模块式工具的水平,主要适用于高效切削刀具(如可转位浅孔钻、扩孔钻和双刃镗刀等)。该模块接口如图11.2所示,在模块接口凹端部分装有锁紧螺钉和固定销两个零件;在模块接口凸端部分装有锁紧滑销、限位螺钉和端键等零件,限位螺钉的作用是防止锁紧滑销脱落和转动;模块前端有一段鼓形的引导部分,以便于组装。由于靠单圆柱面定心,因此圆柱配合间隙非常小。

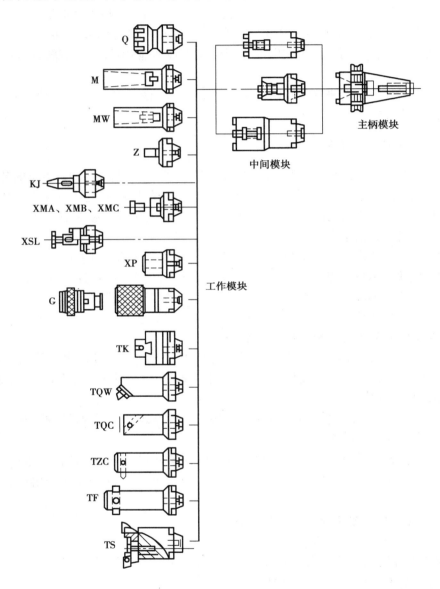

图 11.1 TMG 工具系统

(3)TMG 模块型号的表示方法

为了便于书写和订货,也为了区别各种不同结构接口,TMG 模块型号的表达内容依顺序应为:模块接口形式,模块所属种类,用途或有关特征参数。具体表示方法如下:

①模块连接的定心方式 即 TMG 类型代号的十位数字(0～5)。

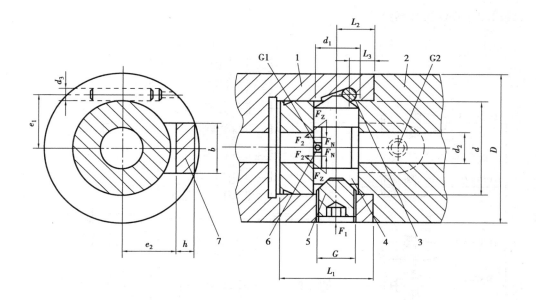

图 11.2 TMG28 模块接口结构示意
1—模块接口凹端;2—模块接口凸端;3—固定销;
4—锁紧滑销;5—锁紧螺钉;6—限位螺钉;7—端键

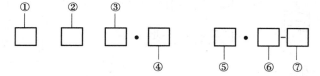

②模块连接的锁紧方式 即 TMG 类型代号的个位数字(一般为 0~6,TMG28 锁紧方式代号为 8)。

③模块所属种类 模块类别标志,一共有 5 种:A—标志主柄模块,AH—带冷却环的主柄模块,B—中间模块,C—普通工具模块,CD—带刀具的工作模块。

④柄部形式代号 表示锥柄形式,如 JT、BT 和 ST 等。

⑤锥度规格 表示柄部尺寸(锥度号)。

⑥模块接口处直径 表示主柄模块和刀具模块接口处外径。

⑦装在主轴上悬伸长度 指主柄圆锥大端直径至前端面的距离或者是中间模块前端到其与主柄模块接口处的距离。

TMG 模块型号示例:

28A·ISOJT50·80-70—TMG28 工具系统的主柄模块,主柄柄部符合 ISO 标准,规格为 50 号 7∶24 锥度,主柄模块接口外径为 80 mm,装在主轴上悬伸长度为 70 mm。

21A·JT40·25-50—TMG21 工具系统的主柄模块,锥柄形式为 JT,规格为 40 号 7∶24 锥度,主柄模块接口外径为 25 mm,装置主轴上悬伸长度为 50 mm。

21B·32/25-40—TMG21 工具系统的变径中间模块,它与主柄模块接口处外径32 mm,与刀具模块接口处外径为 25 mm,中间模块的悬伸长度为 40 mm。

11.2.2　TSG 工具系统

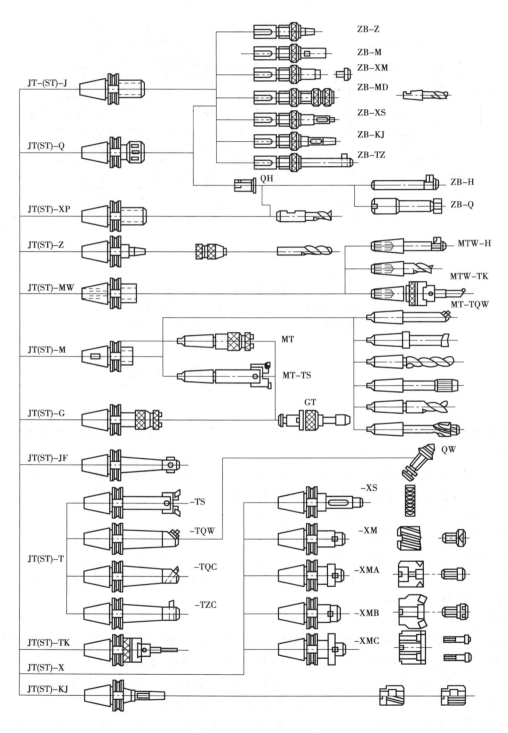

图 11.3　TSG82 工具系统

TSG 工具系统属于整体式结构,是专门为加工中心和镗铣类数控机床配套的工具系统,也可用于普通镗铣床。它的特点是将锥柄和接杆连成一体,不同品种和规格的工作部分都必须带有与机床相连的柄部。其优点是结构简单、整体刚性强、使用方便、工作可靠、更换迅速等,缺点是锥柄的品种和数量较多。图 11.3 所示为我国的 TSG82 工具系统,选用时一定要按图示进行配置。

(1) TSG 工具系统型号的表示方法

工具系统的型号由五个部分组成,其表示方法如下:

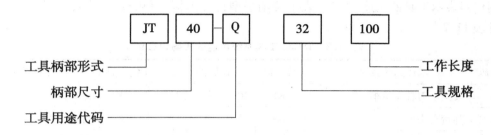

1) 工具柄部形式

工具柄部一般采用 7∶24 圆锥柄。刀具生产厂家主要提供五种标准的自动换刀刀柄:GB 10944—1989、ISO 7388/1-A、DIN 69871-A、MAS403BT、ANSI B5.50 和 ANSI B5.50CAT。其中,GB 10944—1989、ISO 7388/1-A 和 DIN 69871-A 是等效的,而 ISO 7388/1-B 为中心通孔内冷却型。另外,GB 3887、ISO 2583 和 DIN 2080 标准为手动换刀刀柄,用于数控机床手动换刀。

常用的工具柄部形式有 JT、BT 和 ST 三种,它们可直接与机床主轴连接。JT 表示采用国际标准 ISO 7388 制造的加工中心机床用锥柄柄部(带机械手夹持槽);BT 表示采用日本标准 MAS403 制造的加工中心机床锥柄柄部(带机械手夹持槽);ST 表示按 GB 3837 制造的数控机床用锥柄(无机械手夹持槽)。

镗刀类刀柄自己带有刀头,可用于粗、精镗。有的刀柄则需要接杆或标准刀具,才能组装成一把完整的刀具;KH、ZB、MT 和 MTW 四类接杆,接杆的作用是改变刀具长度。TSG 工具柄部形式见表 11.1。

表 11.1　TSG 工具柄部形式

代号	工具柄部形式	类别	标　准	柄部尺寸
JT	加工中心用锥柄,带机械手夹持槽	刀柄	GB 10944—1989	ISO 锥度号
XT	一般镗铣床用工具柄部	刀柄	GB 3837	ISO 锥度号
ST	数控机床用锥柄,无机械手夹持槽	刀柄	GB 3837.3—1983	ISO 锥度号
MT	带扁尾莫氏圆锥工具柄	接杆	GB 1443—1985	莫氏锥度号
MW	不带扁尾莫氏圆锥工具柄	接杆	GB 1443—1985	莫氏锥度号
XH	7∶24 锥度的锥柄接杆	接杆	JB/QB 5010—1983	莫氏锥度号
ZB	直柄工具柄	接杆	GB 6131—1985	直径尺寸

2）柄部尺寸

柄部形式代号后面的数字为柄部尺寸。对锥柄表示相应的 ISO 锥度号,对圆柱柄表示直径。

7：24 锥柄的锥度号有 25,30,40,45,50 和 60 等。如 50 和 40 分别代表大端直径为 $\phi69.85$ mm 和 $\phi44.45$ mm 的 7：24 锥度。大规格 50,60 号锥柄适用于重型切削机床,小规格 25,30 号锥柄适用于轻型切削机床。

3）工具用途代码

用代码表示工具的用途,如 XP 表示装削平型铣刀刀柄。TSG82 工具系统用途的代码和意义见表 11.2。

表 11.2 TSG82 工具系统用途的代码和意义

代 码	代码的意义	代 码	代码的意义	代 码	代码的意义
J	装接长刀杆用锥柄	KJ	用于装扩、铰刀	TF	浮动镗刀
Q	弹簧夹头	BS	倍速夹头	TK	可调镗刀
KH	7：24 锥柄快换夹头	H	倒锪端面铣刀	X	用于装铣削刀具
Z(J)	装钻夹头刀柄(莫氏锥度加J)	T	镗孔刀具	XS	装三面刃铣刀
MW	装无扁尾莫氏锥柄刀具	TZ	直角镗刀	XM	装套式面铣刀
M	装有扁尾莫氏锥柄刀具	TQW	倾斜式微调镗刀	XDZ	装直角端铣刀
G	攻螺纹夹头	TQC	倾斜式粗镗刀	XD	装端铣刀
C	切内槽工具	TZC	直角形粗镗刀	XP	装削平型直柄刀具

4）工具规格

用途代码后的数字表示工具的工作特性,其含义随工具不同而异,有些工具该数字为其轮廓尺寸 D 或 L;有些工具该数字表示应用范围。

5）工作长度

表示工具的设计工作长度(锥柄大端直径处到端面的距离)。

(2)国外镗铣类模块式数控工具系统简介

1）NOVEX 工具系统

NOVEX 工具系统是由德国 Walter 公司开发的,其接口形式为圆锥定心,锥孔、锥体与所在模块同轴,轴线上用螺钉拉紧。锥孔锥角略大于锥体锥角,造成结合时小端接触,拉紧后接触区会产生弹性变形,直至端面贴合,压紧为止。因采用轴向拉紧,使用中组装不太方便,Walter 公司于 1989 年又推出径向锁紧的 NOVEX-RADIAL 结构。

2）VARILOCK 工具系统

VARILOCK 工具系统是由瑞典 SANDVIK 公司于 1980 年研制成的轴向拉紧工具系统,它是双圆柱配合,起导向及定心作用,用中心螺钉拉紧,模块装卸显得不太方便。1988 年该公司研制成径向锁紧的 VARILOCK 工具系统。

3）ABS 工具系统

ABS 工具系统是由德国 KOMET 公司开发的,其接口形式为两模块之间有一段圆柱配合,起定心作用。靠螺钉与夹紧销轴线之间的偏心,达到轴向压紧的目的。

KOMET 公司于 1990 年又将 ABS 工具系统做了少许改动,申请了新的专利。其核心内容是改进了配合孔壁厚,以增加径向夹紧销轴向受力时孔的弹性,从而增加配合部位的轴与孔的公差带宽度。这样,夹紧后套筒在滑动轴线的横向,由于弹性变形局部直径变小而压向配合轴所对应的区域。

4)WIDAFLEX UTS(美国称 KM)工具系统

WIDAFLEX UTS 工具系统是由德国 KRUPP 公司与美国 KENNAMETAL 公司合作开发的一种新的工具系统,其接口是用圆锥定心(锥角 5°43′),采用端面压紧来保证轴向定位精度和加大刚度。

5)MC 工具系统

MC 工具系统是由德国 HERTEL 公司于 1989 年开发的,其接口的定心方式与 ABS 相同,夹紧方式相仿,把锥面、锥孔接触改为可转位钢球与夹紧销斜面的面接触。为了弥补轴向夹紧分力小的弱点,接触的环行端面上做出 Hirth 齿(Hertel 公司 FTS 系统的成熟技术)。

6)CAPTO 工具系统

CAPTO 工具系统是由瑞典 SANDVIK 公司于 1990 年开发的,定心采用弧面的三棱锥,夹紧是从三棱锥内部拉紧,使端面紧密贴合。这种接口刚性好,传递扭矩大。但制造时设备要求高,必须用许多数控机床才能实现。据介绍,这种工具系统可用于车削,也可用于镗铣加工,是一种万能型的工具系统。

(3)镗铣类模块式数控工具系统的选用

尽管模块式工具系统有适用性强、通用性好、便于生产、使用和保管等优点,但是,并不是说整体式工具系统将全部被取代,也不是说都改用模块式组合刀柄就最合理。正确的做法是根据具体加工情况来确定用哪种结构。再有,精镗孔往往要求长长短短许多镗杆,应优先考虑选用模块式结构,而在镗削箱体外廓平面时,以选用整体式刀柄为最佳。对于已拥有多台数控镗铣床、加工中心的厂家,尤其是这些机床要求使用不同标准、不同规格的工具柄部时,选用模块式工具系统将更经济。因为除了主柄模块外,其余模块可以互相通用,这样就减少了工具储备,提高了工具的利用率。至于选用哪种模块式工具系统,应考虑以下几个方面。

1)模块接口的连接精度、刚度要能满足使用要求。因为有些工具系统模块连接精度很好,结构又简单,使用很方便。如 Rotaflex 工具系统用于精加工(如坐标镗床用)效果挺好,但对既要粗加工又要精加工时,就不是最佳选择,在刚性和拆卸方面都会出现问题。

2)专利产品在未取得生产许可也未与外商合作生产的情况下,是不能仿制成商品销售的。因此,除非是使用厂多年来一直采用某一国外结构,需要补充购买相同结构的模块式工具外,刚开始选用模块式工具的厂家最好选用国内独立开发的新型模块式工具为宜,因为经检测国内独立开发的新型模块接口,在连接精度、动刚度、使用方便性等方面均已达到较高水平。

3)在机床上使用时,模块接口是否需要拆卸?在重型行业应用时,往往只需更换前部工作模块,这时要选用侧紧式,而不能选用中心螺钉拉紧结构。如在机床上使用时,模块之间不需要拆卸,而是作为一个整体在刀库和主轴之间重复装卸使用,中心螺钉拉紧方式的工具系统因其锁紧可靠,结构简单,比较实用。

11.2.3 新型工具系统

(1) 概述

当代机械加工技术正向着高效、精密、柔性、自动化方向发展,对工具的连接系统提出了更高的要求。国外一些大工具公司竞相推出了各种新型工具系统,以满足加工需要。空心短锥工具系统是一种最新的产品,目前在欧美、日本已迅速推广应用,近几年国内也开始应用。

1) 空心短锥工具系统的开发历史

空心短锥工具系统的研究开发始于 20 世纪 80 年代。德国从 1987 年开始,以阿亨(Aachen)大学及一些工具公司为主,开始研究设计 HSK 空心短锥工具系统,于 1991 年取得第一轮成果;随后开始第二轮设计研究,于 1993 年取得第二轮成果,同时定为德国标准 DIN 69893。从开始调研、设计到 DIN 标准颁发,历经 8 年。

1996 年 5 月,在 ISO/TC29/WG33 审议会上,DIN 69893 被提出列为 ISO 标准,于 1997 年 9 月召开的 TC29 会议上作为正式提案,1998 年作为正式的国际标准颁发。

美国肯纳金属(KENNA METAL)公司于 1987 年开发了 KM 工具系统,最早用于车床,1993 年开始用于旋转刀具。瑞典山得维克(SANDVIK Coromant)公司也于 20 世纪 80 年代开发了空心短锥工具系统,先用于车床,以后又用于旋转刀具,1991 年推出 Capto 工具系统。在此期间,欧美有 30 多家公司和大学参与空心短锥系统的开发研制工作,受到世界各国的关注。

2) 空心短锥工具系统的特点

国外各大工具公司以极大的兴趣,迅速推出自己的新产品。这种新型工具系统与以往的工具系统相比,具有显著的特点:

① 定位精度高。其径向和轴向重复定位精度一般在 2 μm 以内,并能长期保持高精度。

② 静态、动态刚度高。空心短锥刀柄采用了锥度和端面同时定位(过定位),所以连接刚度高,传动扭矩大。在同样的径向力作用下,其径向变形仅为 7∶24 锥度(BT)连接的 50% ,如图 11.4 所示。

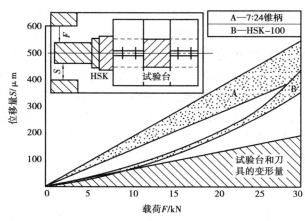

图 11.4 HSK 和 7∶24 锥柄的静态刚度比较

③ 适合高速加工。空心刀柄高速旋转时,在离心力作用下能够"胀大",与主轴内孔紧密贴合。7∶24 锥孔在离心力作用下产生弹性变形"胀大",而实心的 7∶24 锥柄不能"胀大",与主轴锥孔产生间隙,因而接触不良。

④重量轻、尺寸小、结构紧凑。空心短锥柄与 7∶24 锥柄相比,重量减轻 50%,长度为 7∶24 圆锥的 1/3,可缩短换刀时间。

⑤清除污垢方便。

各国各公司开发的空心短锥工具系统在原理上均采用短圆锥和端面共同定位(过定位),但具体结构却不相同,性能上也有差异。下面介绍几种典型结构的工作原理及其特点。

(2)德国 HSK 工具系统

如前所述,德国的空心短锥系统已列为德国标准 DIN 69893,图 11.5 所示为 HSK-A63 刀柄及主轴锥孔,这是其中一种规格,锥度为 1∶10,锥体尾部有端面键槽以传递扭矩,锥体内孔有 30°锥面,夹紧机构的夹爪钩在此面以拉紧刀柄。锥体与主轴锥孔有微小过盈,夹紧时薄壁锥体产生弹性变形,使锥体与端面同时靠紧,因而能够牢固地夹紧刀柄。根据不同的工作需要,HSK 系统分为 6 种型号,如图 11.6 所示。每种型号又有多种规格。HSK 刀柄上有供内冷却用的冷却液孔。

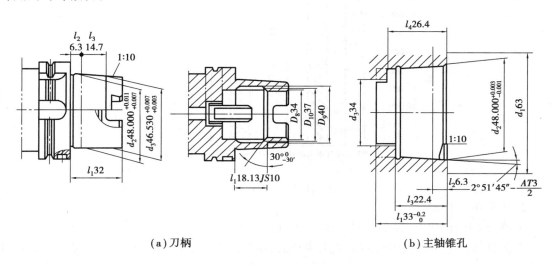

（a）刀柄　　　　　　　　　　　　　　　（b）主轴锥孔

图 11.5 HSK-A63 刀柄及主轴锥孔

DIN 69893 仅对锥柄做了规定,而对与之配套的主轴锥孔没有规定。因为各公司研制的刀柄夹紧系统结构皆不相同,所以主轴锥孔内部结构也就无法统一。夹紧机构可分为自动夹紧和手动夹紧两大类。

1)HSK 工具系统的类型

A 型:法兰上带机械手用 V 形槽和定位用键槽、定向槽、芯片孔;中心处有内冷通道,尾部有传递扭矩的键槽。可用于自动换刀或手动换刀,适合中等扭矩的一般加工,应用范围最广。

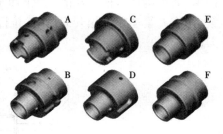

图 11.6 HSK 系统 6 种型号

B 型:相同锥部直径时法兰直径大一号,法兰接触面积增大,在法兰上制有键槽传递较大扭矩,尾部无键槽,其他与 A 型相似。也可用于自动换刀或手动换刀,适合较大扭矩的一般加工。

C 型:法兰上无 V 形槽,其他与 A 型相同。只用于手动换刀的一般加工。

D 型:相同锥部直径时,法兰直径大一号,法兰上无 V 形槽,其他与 B 型相同用于手动换刀时较大扭矩的一般加工。

E 型:法兰上带 V 形槽,但无其他键槽和开口,尾部也无键槽,完全靠端面和锥面摩擦力传递扭矩。用于小扭矩、高转速、自动换刀的情况。

F 型:相同锥部直径时,法兰直径大一号,传递扭矩较大一些,其余与 E 型相同。用于大径向力条件下的高速加工,如高速木工机床。

由于刀柄规格不同,其法兰直径和重量也不同,主轴转速越高其消耗的主轴功率越大,因此应根据使用的转速来确定刀柄的规格。推荐转速如图 11.7 所示。

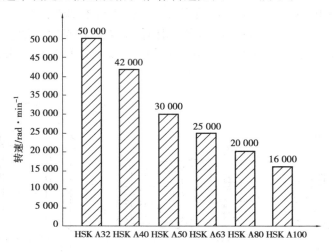

图 11.7　推荐转速图

2)HSK 的工作原理

①德国 GUHRING 公司的工具系统　自动夹紧机构结构的原理如图 11.8 所示。装在主轴内的夹紧装置是靠拉杆的轴向运动来带动的,用油缸及弹簧驱动拉杆往复运动。拉杆向外(向左)移动,处于松开位置。装入刀柄后,拉杆向内(向右)移动,拉杆前端的斜面将夹爪径向推出,夹爪钩在刀柄内孔的 30°锥面上,拉动刀柄向主轴方向移动,使刀柄端面与主轴端面靠紧,完成夹紧动作。松开刀柄时,拉杆向左移动,夹爪离开刀柄锥面,并将刀柄推出,即可卸下刀柄。

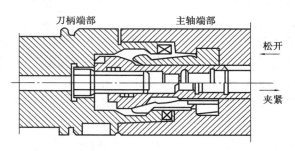

图 11.8　GUHRING 公司的 HSK 自动夹紧机构的结构原理

在安装刀柄时应注意:因两个键槽的深度不同,安装时应该与主轴孔内相应的端键对应,才能进行夹紧。

刀柄的重复定位精度:径向和轴向均为 0.002 mm,如图 11.9 所示,自动夹紧比手动夹紧精度更高。手动夹紧装置有两种:三爪夹紧装置和两爪夹紧装置。该公司推荐用后者。两爪四点夹紧装置如图 11.10 所示,夹紧装置用螺纹固定在主轴孔内。夹紧刀柄时,将扳手插入主轴上的扳手孔内,旋转双头螺钉,带动两个夹紧楔块(夹爪)径向推出,靠夹爪的斜面顶在刀柄内孔的 30°锥面上,拉紧刀柄。松开时,反向旋转双头螺钉,夹爪退回到夹紧装置内。为了防止锥度自锁,在松开过程中,夹爪退回时,夹爪上有一个小斜面推动卸刀滑块,顶在刀柄内孔的端面上,将刀柄推出,脱离主轴锥孔,即可方便地取下刀柄。在夹紧刀柄时,扳手扭矩及夹紧力见表 11.3。

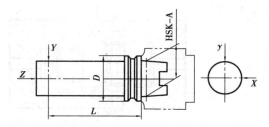

图 11.9　HSK 刀柄重复定位精度

HSK-A	D /mm	L /mm	重复定位精度		
			X 向 /mm	Y 向 /mm	Z 向 /mm
32	32	50	0.002	0.002	0.002
40	40	60	0.002	0.002	0.002
50	50	75	0.002	0.002	0.002
63	63	100	0.002	0.002	0.002
100	100	150	0.002	0.002	0.002

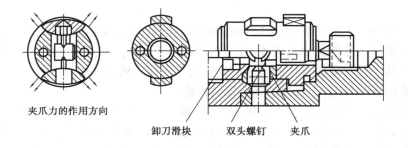

夹爪力的作用方向

卸刀滑块　　双头螺钉　　夹爪

图 11.10　GUHRING 公司两爪四点夹紧装置

表 11.3　GUHRING 公司手动夹紧装置扳手扭矩及夹紧力

HSK 型号	螺钉直径 /mm	最大扭矩 /(N·m)	夹紧力/kN	HSK 型号	螺钉直径 /mm	最大扭矩 /(N·m)	夹紧力/kN
25	2.5	1.5	4.5	50	4	14.0	20.0
32	2.5	3.0	7.0	63	5	27.0	28.0
40	3	6.0	12.0	80	6	54.0	40.0

②德国 MAPAL 公司的工具系统　图 11.11 所示为 MAPAL 公司的手动夹紧装置,其尾部的凸缘插入主轴孔内相应的凹槽中,旋转 90°用弹性销锁住。安装刀柄时要注意键槽方向。用扳手旋转双头螺钉,夹紧块(夹爪)径向伸出,顶在刀柄内孔的 30°锥面上将刀柄夹紧。为了防止灰尘、切屑进入扳手孔内,应转动主轴外圆上的铜套,将扳手孔罩住。卸刀时,反向旋转螺钉,则可松开。为了防止锥度自锁,在松开时,双头螺栓上的小斜面推动夹紧装置里的滑块向外移动,顶在刀柄内端面上,将刀柄从主轴孔内推出。规定的夹紧扳手扭矩见表 11.4。

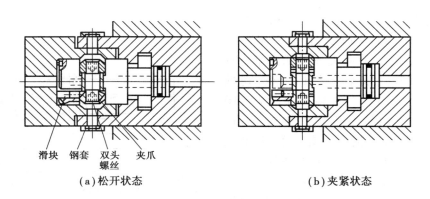

（a）松开状态　　　　　　　　　　　　　　　（b）夹紧状态

图 11.11　MAPAL 公司 HSK 手动夹紧装置

表 11.4　MAPAL 公司夹紧扳手扭矩

HSK 型号	扳手扭矩/(N·m)	扳手头宽度/mm	HSK 型号	扳手扭矩/(N·m)	扳手头宽度/mm
32	8	3	63	20	5
40	8	3	80	30	6
50	15	4	100	40	8

在使用中还有一点应注意，双头螺钉的两头均有扳手孔，通常仅用一个孔装卸刀柄，另一个孔做备用。如果一端的扳手孔损坏，可用备用孔卸下刀柄。只要有一个扳手孔损坏，就应更换双头螺钉。若不及时更换，待两个孔都损坏，会给拆卸刀柄带来麻烦。

（3）美国 KENNAMETAL 公司的 KM 工具系统

KM 工具系统刀柄的基本形状与 HSK 相似，锥度为 1∶10，锥体尾端有键槽，用锥度的端面同时定位，如图 11.12 所示。但其夹紧机构不同，图 11.13 为 KM 刀柄的一种夹紧机构。在拉杆上有两个对称的圆弧凹槽，该槽底为两段弧形斜面，夹紧刀柄时，拉杆向右移动，钢球沿凹槽的斜面被推出，卡在刀柄上的锁紧孔斜面上，将刀柄向主轴孔内拉紧，薄壁锥柄产生弹性变形，使刀柄端面与主轴端面贴紧。拉杆向左移动，钢球退回到拉杆的凹槽内，脱离刀柄的锁紧孔，即可松开刀柄。

根据冷却液压力大小，在刀柄内部的密封有两种形式：普通压力时，密封圈在圆周密封；高压时，密封圈在端面密封。

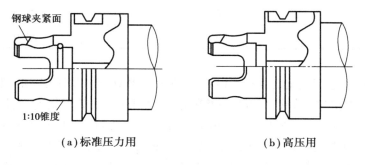

（a）标准压力用　　　　　　　　　　　　（b）高压用

图 11.12　KM 刀柄形状

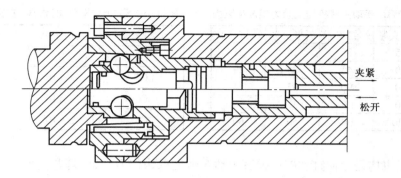

图 11.13　KM 刀柄的一种夹紧机构

KM 系统的特点如下：

1）它是一种高精度的中心线性系统，其径向和轴向定位精度均为 ±0.002 5 mm，切削刃高为 ±0.025 mm。

2）KM 工具系统适用于极高的主轴转速，这一点是 7∶24 锥柄难以比拟的，因而它的加工精度也比其他工具系统高。

3）KM 工具系统是一种采用锥面和端面接触的 1∶10 短锥系统，它可以通过简单的操作，快捷地实现自动或手动换刀。短锥接触可保证高的刚性，锁紧极高可保证端面的高精度定位。

4）KM 工具系统采用两个钢球夹紧，锁紧力为一般工具系统的 3.5 倍左右，手动锁紧力矩达 10 ~ 34 N·m。

5）KM 工具系统带有密封式的内冷系统，带内冷机构的切削单元或带内冷却单元的镗刀可使刀具寿命显著提高。

6）KM 工具系统快换时间短，仅为 30 s。快换单位不是以往的以刀片为单位，而是一个预测好的切削单元。

（4）瑞典 SANDVIK COROMANT 公司的工具系统

该公司的刀柄与以上几种锥柄不同的是：锥柄不是圆锥形，而是三棱锥，其棱为圆弧形，锥度为 1∶20，如图 11.14 所示。这种结构有一下特点：应力分散，分布合理，定心性好，精度高，适合高速旋转，转速为 15 000 ~ 55 000 r/min，小直径取大值。夹紧装置有自动和手动两种，夹紧力分别见表 11.5 和表 11.6。

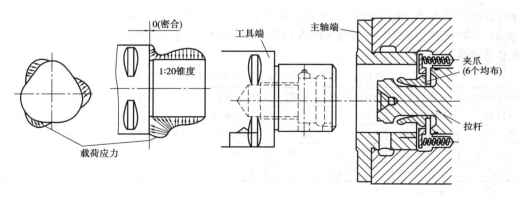

图 11.14　SANDVIK 刀柄系统

表 11.5 SANDVIK 手动夹紧机构夹紧力矩及夹紧力

	齿形夹紧	螺钉夹紧	齿形夹紧	螺钉夹紧
C3	35	35	18	21
C4	50	45	25	29
C5	70	90	32	34
C6	90	130	37	50
C8	130	160	50	60

表 11.6 SANDVIK 自动(液压)夹紧机构夹紧力

型号	压力/Pa	夹紧力/kN
C4	10^7	35
C5	8×10^6	45
C6	8×10^6	55
C8	8×10^6	80

自动夹紧机构是用油缸和碟形弹簧驱动 6 个夹爪钩住刀柄,原理与前面的刀柄夹紧机构相似,如图 11.15 所示。

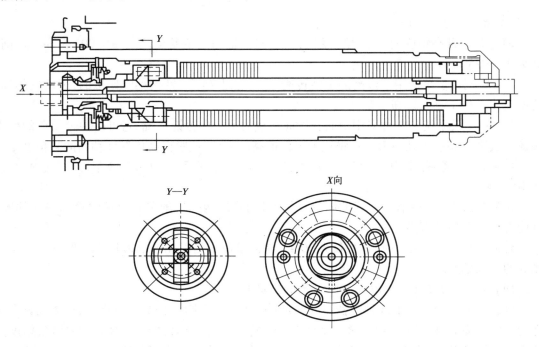

图 11.15 SANDVIK 工具系统自动夹紧机构

国外各大公司的空心短锥工具系统的型号和规格均有自己的系列。德国 HSK 系统用锥体前面的圆柱直径作为主参数,用来表示规格,而不是以锥度直径来表示。为了便于对照比较,表 11.7 列出德国的 HSK、美国 KENNAMETAL 的 KM、日本日研的 NC5 与 BT(7∶24 锥度)刀柄型号规格对照。

表 11.7 HSK、KM、NC5 和 BT 刀柄型号规格对照

HSK(德国)	KM(肯纳)	NC5(日研)	BT	HSK(德国)	KM(肯纳)	NC5(日研)	BT
32(24)	4032(24)			80(60)			45
40(30)	5040(30)			100(75)	10080(64)	NC5-100	50
50(38)		NC5-46	30	125(95)			55
63(48)	6350(40)	NC5-63	40	160(120)			60

注:( )内尺寸为锥柄直径。

（5）空心短锥工具系统的应用

如前所述，该工具系统是一种最新的工具系统，国外各大工具公司竞相推出自己的产品并大力宣传，宣称是面向 21 世纪的工具系统，似乎出现"HSK 热"。但世上并没有完美无缺的事物，对该系统应一分为二地看待。该系统虽有诸多优点，适合高速、高精度加工需要，但也有其局限性，并不能完全取代目前所用的 BT（7∶24）锥度及 ABS（圆柱 + 端面）等工具系统。

下面对几个具体问题进行分析，以对该工具系统能有进一步了解。

1）连接精度和刚度

空心短锥工具系统只有在一定使用条件下才能达到高精度和高刚度。从 HSK 刚度曲线可知，当径向载荷达到一定程度，刀杆与主轴端面产生间隙，刚度明显下降，精度亦显著降低，而 BT 的变形曲线斜率基本不变，因此在重载荷下不宜采用该系统。

另外，刀杆太长、太重时，由于短锥锥柄的有效长度 l_6 很短。这种情况下，在装夹刀柄时，容易卡住，使端面不能全面接触，大大降低其工作性能。尤其是长刀杆高速旋转时，会有危险，不应采用这种系统。

本系统对制造精度要求很高，加工难度大，很难全面达到其各项精度指标，瑞典某公司检测了国外 15 个公司的 HSK-A 刀柄，仅有一家公司的产品各项精度完全达到 DIN 标准。

2）刀柄强度

空心锥柄的壁很薄，容易损坏，尤其是 HSK-63 以下的小规格刀柄更易破损折断。KM 刀柄比 HSK 显得更为单薄，强度较差。有些小零件，如双头螺钉、夹紧块（夹爪）都很容易损坏，对刀柄材质和热处理要求也很高。

3）刀柄动平衡

为了满足高速旋转需要，对刀柄动平衡要求很高，各公司都在研究对策，如做成对称键槽，或取消键槽，但各种结构都有一定局限性。

4）型号规格

HSK 刀柄已定为德国标准，其型号规格很多，用途又不十分明确，给用户带来不便。各公司所用的夹紧机构不同，主轴锥孔结构也不同，性能也有差异，不能通用化、标准化，产品琳琅满目，但用户难以选定。

5）造价问题

该系统造价高，对使用、维护、管理的要求也较高，因而限制了推广应用。

11.3　数控车削工具系统

数控车床的刀具必须具有稳定的切削性能，能够经受较高的切削速度，能稳定地断屑和卷屑，能快速更换且能保证较高的换刀精度。为达到上述要求，数控车床也应像数控铣床一样，有一套较为完善的工具系统。

数控车床工具系统是车床刀架与刀具之间的连接环节（包括各种装车刀的非动力刀夹及装钻头、铣刀的动力刀柄）的总称，它的作用是使刀具能快速更换和定位以及传递回转刀具所需的回转运动。它通常是固定在回转刀架上，随之作进给运动或分度转位，并从刀架或转塔刀架上获得自动回转所需的动力。

数控车床工具系统主要由两部分组成：一部分是刀具；另一部分是刀夹（夹刀器）。更为完善的工具系统还包括自动换刀装置、刀库、刀具识别装置和刀具自动检测装置。

11.3.1　通用型数控车削工具系统的发展

数控车床的刀架有多种形式,且各公司生产的车床,其刀架结构各不相同,因此各种数控车床所配的工具系统也各不相同。一般是把系列化、标准化的精化刀具应用到不同的转塔刀架或快换刀架上,以达到快速更换的目的。

(1)圆柱柄的发展

德国工程师协会对快换刀的几种较好的结构进行了研究,制订为标准 VD 13425,其中的圆柱柄结构获得了日益广泛的应用。后来,在这种圆柱柄的基础上制订了德国国家标准 DIN 69880。国际标准化组织 1997 年也把它制订为国际标准 ISO 10889,如图 11.16 所示,目前我国等效采用的国家标准也在制订中。

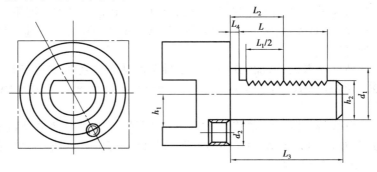

图 11.16　ISO 10889 工具柄

与 DIN 69880 相比,ISO 10889 有以下特点:

1)ISO 10889 增加了 $d_1 = 16$ mm 和 $d_1 = 25$ mm 两种小规格柄部。

2)圆柱柄上 90°齿形的尺寸及形位公差具体化了(DIN 69880 没有)。

3)圆柱柄上 90°齿形的齿数比 DIN 69880 有所减少。

4)圆柱柄根部空刀形状改了,更便于车削。

5)圆柱柄根部增加了 O 形橡胶圈。

6)配合尺寸 d_2 为 16,20,25 mm 时,公差为 H6;d_2 为 30~80 mm 时,公差为 H_5。

圆柱柄的夹紧原理为:圆柱柄安装孔(如图 11.17 所示)内的齿形夹紧块的定位尺寸 L_3(图 11.16)比圆柱柄上齿形的定位尺寸 L_2(图 11.16)长 0.3 mm,压紧时齿形单面接触,从而获得越来越广泛的应用。

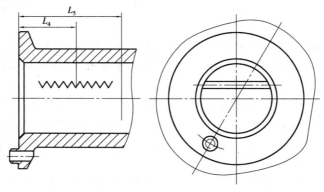

图 11.17　ISO 10889 工具柄安装孔

目前,许多车床长和附件厂按上述标准来设计刀架。最近几年进口的数控车床及车削中心,这种圆柱柄刀夹占有相当大的比重。由此可见,数控车床工具系统与刀架的连接形式采用这种圆柱柄会成为一种发展趋势。我国在上海第二机床长、宝鸡机床厂、云南机床厂、北京机床研究所等都有与此相适应的机床产品。

(2)通用型数控车削工具系统的发展

把圆柱柄的前端设计成夹持各种车刀和轴向刀具的工作部分就形成了较为通用的工具系统。工具系统中夹持矩形截面车刀的称为刀夹。车刀与圆柱柄轴线垂直的,叫做 B 型刀夹。它分为左右切、正反切、长型短型共 8 种(B1、B2、…、B8 型),因刀具尺寸不同而形成 1 个系列。刀与圆柱柄轴线平行的,叫作 C 型刀夹,它同样分为左右切、正反切共 4 种(C1、C2、C3、C4 型),每 1 种形式也都是一个系列。装轴向刀具的习惯上称为刀柄,有装圆柱刀杆的 E1 和 E2 型刀柄和装带扁尾莫氏锥柄刀具的 F1 型刀柄。为了提高数控车床的加工效率,根据工序集中的原则,出现了车削中心,它不仅能完成数控车床上所加工的同轴内外圆表面,而且通过安装动力刀具的转塔刀架与主轴自动分度或慢回转联动动作,还能完成在工件轴向和径向等部位进行钻削、铣削、攻螺纹和曲面加工,图

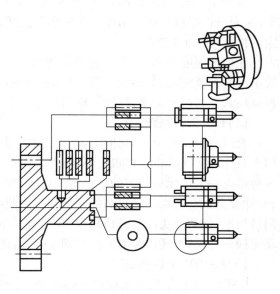

图 11.18　车削中心上加工的典型零件

11.18 为车削中心上加工的典型零件。

图中所示加工工序在数控车床上不能实现,因此,在开发数控车床用工具系统时,必须与车削中心用工具(带动力刀柄)有机地联系起来,使所开发的车削工具系统既可以用于数控车床也可用于车削中心,绝不应搞成两套装夹形式各异的工具系统。国外已有了符合 DIN 69800 圆柱柄的产品。在国内,车削工具系统尚处在开发研制阶段,还没有形成较完整的系列及标准,更未形成专业化生产。与主机相比,车削工具系统的开发已滞后,应引起足够的重视。可以预料,这一领域有着广阔的潜在市场。

11.3.2　更换刀具头部的数控车削工具系统的发展

随着数控车床的发展,西欧一些著名的工具厂相继开发了一些更换刀具头部的车削工具系统。它们的共同优点:换刀时所更换的体积和量都比过去小,这样使刀库、机械手尺寸比较紧凑,允许机床刀库有较大的容量,更适合于多品种、较复杂零件的加工。但是,选用其中哪种工具系统,一般在订购机床时就确定了,而且往往是从工具系统、机械手到刀库,都应采用该工具公司的全套技术和产品(均为专利)。由主机生产厂把这些技术"合成"到机床上。否则,如想在现有的机床上采用这类工具系统是困难的。尤其这些产品在国内未获生产许可的情况下,工具的订购与补充都不太方便。再有,换刀精度由工具系统连接环节的制造精度及刀片制造精度所决定,刀片的制造精度远高于前述通用型车削工具。

(1) BTS 工具系统

瑞典 SANDVIK 公司于 1980 年在芝加哥机床博览会上首先推出的模块式工具系统(Block Tool System),其切削头部有一系列不同的刀具模块,可以完成车削、镗削、钻削、切断、攻螺纹以及检测工作。

这种工具的连接部分由拉杆和拉紧 T 形孔组成。在拉紧过程中,能使拉紧孔产生稍许变形,从而获得很高的定位精度和连接刚度。试验表明,其径向定位精度可达 ±0.002 mm,轴向定位精度可达 ±0.005 mm。

在切削速度为 1.67 m/s,进给量为 0.73 mm/r,背吃刀量分别为 1 mm,5 mm,10 mm 的情况下测量系统刚度,其刀尖位置变形情况是:Z 方向 <0.02 mm,Y 和 X 方向 <0.005 mm。这种模块式工具可手动换刀,也可机动换刀。手动换刀需 5 s,机动换刀只需 2 s。

(2) FTS 工具系统

德国 Hertel 公司在 20 世纪 80 年代中期也推出了 1 种更换刀具头部的车削工具系统——FTS 工具系统(Flexible Tooling System)。该系统切削头部的定位靠类似分度盘的 Hirth 端齿,这种端齿是采用无屑加工的方法精压而成,做成成对的圆盘,分别镶装在切削头部及定位不见相对的端面上,从而达到很高的定位和互换精度。每个切削头部的轴线上都安装一个拉钉,并向后拉紧,使切削头部紧紧地靠在 Hirth 端齿上。切削头部外径上有机械手抓拿槽,可实现自动更换。必要时,还可装上刀具识别编码,借助识别装置进行换刀。

(3) CAPTO 工具系统

CAPTO 工具系统是由瑞典 SANDVIK 公司 1990 年开发的,定心采用弧面的三棱锥,夹紧是从三棱锥内部拉紧,使端面紧密贴合。这种工具刚性好,传递扭矩大,但制造时设备要求高,必须用许多数控机床才能实现。这种工具系统可用于车削,也可用于镗、铣加工,是一种万能型的工具系统。

11.4　刀具管理系统

在数控机床的使用过程中,刀具的管理无疑是影响其效率发挥的重要因素之一。刀具管理是否合理、科学,在很大程度上决定了 CAM 系统的可靠性和生产效率的高低。刀具管理的目的就是保证及时、准确地为指定的机床提供所需刀具。一个合理有效的全面刀具管理系统必然会对整个系统生产力水平的提高、投资费用的减少起重要作用。

为跟踪国际制造业先进水平,作为自动化领域主题的 CIMS 得到国内许多企业的重视,引进了一大批先进加工设备,改善了生产条件,在一定程度上提高了生产力和产品质量。但是不少企业在生产过程中忽视了配套软件的完善,其中以刀具的管理显得尤为突出。刀具管理中的种种弊端已严重影响了引进的一流设备的充分高效利用。具体表现如下:

1) 分散管理,刀具资源不能合理利用。一方面关键数控刀具缺口严重;另一方面,大量数控刀具闲置,大量先进的数控刀具没有发挥其应有的作用。

2) 缺乏有效的刀具信息管理系统,无法监视刀具库存量,不能预测并及时补充刀具的种类及数量。无法有效地将国内外不同刀具制造商的产品资源加以综合利用以降低机械加工的成本。无法有效地监测刀具的使用情况等。

3）数控切削用量选择不合理,机床效率不能有效发挥,刀具使用寿命低。

11.4.1 刀具管理系统的含义

理想的刀具管理模式应该涵盖刀具规划、采购、物流、调整、刃磨、修理、现场技术支持、加工问题分析和解决、刀具优化和刀具成本控制等方面内容,有一套完善的体系来运作和控制,以期达到预定的目标,涉及企业管理、质量管理、物流管理、刀具技术、制造工程、信息与数据库技术、财务与成本控制、人力资源管理等方面的工作,是一个系统性的问题。

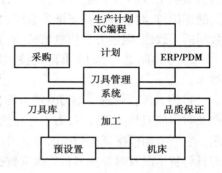

图 11.19 刀具管理系统结构示意图

当前的刀具管理系统一般由刀具的加工和计划两大部分组成,包括刀具库存管理、刀具采购、NC 编程参数查询等功能模块,功能结构示意图如图 11.19 所示。

11.4.2 刀具管理的意义

良好的刀具管理可以减少初期投资、工作人员、库存资金以及采购管理成本。据 TDM 刀具管理系统的用户的反馈,实施刀具管理系统后,在刀具计划环节上节约费用约 25%;在制造环节因减少设置和停顿时间而节约费用约 10%,因减少刀具调整节约费用约 15%。

以刀具库存管理为例,通过刀具管理系统,用户可管理加工车间、调刀室、刀具库房、维修等刀具流通部门所放刀具的品种、规格、数量等详细信息。不但如此,还可生成刀具成本评估清单和刀具利用情况统计表,以优化刀具使用成本及使用频率。这些信息将有助于设备管理部门实现优化管理,降低制造成本的目标。此外,通过条码识别或无线射频等识别技术,还可以方便快捷地监测刀具的入库和流出,精确地管理刀具及其参数,大大提高刀具的管理效率。

11.4.3 刀具管理系统的职能

如果把涉及刀具的各种获得纳入整个生产过程,则可将其分解为刀具需求、刀具设计、刀具制造、刀具库存管理、刀具分配管理、刀具准备及供应和刀具使用管理七个方面的阶段任务,如图 11.20 所示。

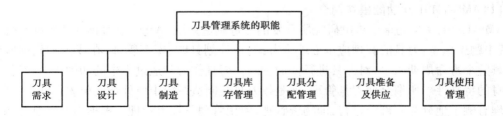

图 11.20 刀具管理系统的职能

1）刀具需求 进行市场调研,了解制造业对刀具的需求状况,如刀具的类型、规格、切削条件等,为刀具制造商进行产品设计开发提供信息。对于刀具使用单位,则应根据被加工零件的具体要求,提出刀具需求计划,进行刀具成本估算。

2)刀具设计　刀具设计是保证刀具管理系统有效实施的重要前提。要注意刀具结构要素的系列化和标准化,包括刀具类型、结构尺寸及附件的系列化设计,尽可能用一种刀具完成尽量多的表面加工,减少刀具品种和换刀次数。尤为重要的是建立一个完整的刀具原始数据库,统一刀具的标识符,对各种刀具规格参数加以确切定义和描述,并制订相应的数据格式,这对保持刀具数据的一致性、限制刀具信息繁殖、减少数据冗余、保证刀具信息流通是十分重要的。

3)刀具制造　采用计算机技术、网络技术辅助刀具的制造,如 CAPP、CAM 和 PDM 等技术。

4)刀具库存管理　如刀具的分类、编号、储存、动静态数据等工作,其基本目标是在保证对生产及时供应刀具的前提下,力求库存投资最少。为此,系统必须建立准确和完善的库存报告和记录。它一方面根据现场使用的刀具出错情况及时反馈的信息不断调整库存状态,另一方面根据刀具订货情况及时补充刀具的供货数据。与此同时,还需经常对刀具需求作出统计预测,及时采购和定制各种刀具。要做到库存有准确的记录,建立刀具库存管理数据库是必不可少的。

5)刀具分配管理　首先要根据机床加工任务确定机床所需的刀具使用计划,然后根据剩余寿命计算求得刀具需求量。检查该机床上的相应刀具能否予以调整,做到这点是非常必要的,因为机床刀库的容量是有限的。为了防止可能出现刀具短缺的情况,同时有必要检查刀具的可使用性。

6)刀具准备及供应　刀具的准备包括两个方面:一方面,根据刀具的需求清单,将刀具的各个元件从库存中取出,进行组装,在刀具预调仪上进行尺寸预调后,放在相应的刀架中,准备发送。另一方面,根据刀具卸刀清单,将运送来的刀具拆卸,检查刀具各元件是否可用。如可用,则修复后放入库存;如不可用,则剔除。

刀具供应包括了在刀具准备及修理期间的输送搬运过程以及将准备好的刀具运往加工设备(包括 FMC、FMS、CNC 机床)或在使用后将刀具送回维修的输送过程。

7)刀具使用管理　刀具使用管理是指控制系统及时向机床发出更换刀具的指令,机床控制装置接受指令,安排刀具在相应的库位中就位,接收相应的刀具调整数据,满足机床加工的需要。此外还要做好刀库的管理及刀具状态的记录,及时向刀具分配调度模块回报刀具使用的实际状况,排除那些不再使用或需重新返修的刀具,并修改相应的信息,以便下次作业调度时提供确切数据。此模块需要对刀具的工况进行监控,主要监控刀具磨损、破损状态。对刀具磨损应采取补偿、调整等措施;对刀具破损应及时报警,停止工作,进行更换。

11.4.4　典型刀具管理系统介绍

(1) AMS-TMS1.0 功能模块简介

AMS-TMS1.0 是北京市机电研究所开发的先进制造系统(AMS)中刀具管理系统软件的原型,其主题思想是:刀具的管理应全面综合考虑,从计划订购、库存管理、在线监控到回收维护等刀具整个寿命周期入手,对刀具进行全面管理。刀具作为制造过程中的切削工具,其管理有其自身的特殊性。所谓全面刀具管理,就是按刀具在制造系统中所处不同位置及状态,把刀具的管理有侧重地分为三部分进行,即物资管理、使用管理及技术管理。根据刀具在制造系统中使用过程情况,又可将刀具管理应用软件划分为:计划与库存模块,调度模块和数据维护与查询统计模块,如图 11.21 所示。

1)计划与库存模块

作为制造过程中的切削工具,刀具大部分实际仍处在库存或传输过程中。另外,根据生产计划进行需求规划、采购、设计制造乃至供应,无不显示了刀具在相当长的使用周期里作为物资进行管理的必要性和科学性。因此,计划与库存模块是一个基本功能模块。

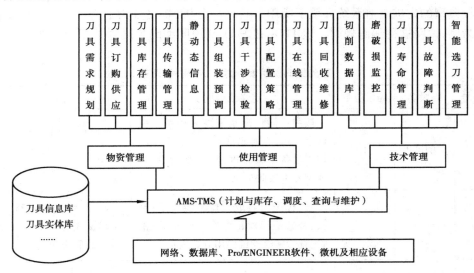

图 11.21　AMS-TMS1.0 刀具管理系统功能模块图

2)调度模块

由刀具需求计划根据刀具配置策略进行刀具调配,制定刀具装配单,安装后经预调仪预调,将刀具具体直径、长度及刃角等参数导入数据库中供加工时参考使用。已完成任务及被磨损的刀具回收经检测后,或入库或刃磨更名后入库或作报废处理。

3)数据维护与查询统计模块

该模块是对刀具数据库进行查询统计和数据维护的功能模块,它可以快捷地对刀具数据库进行维护和改善,保证数据库应用软件的正常实施。

(2) AMS-TMS1.0 关键技术

基于计算机网络及数据库技术设计和开发刀具管理应用系统就可以实现刀具的计算机管理。AMS-TMS1.0 系统旋转面向对象的关系数据库中文 Visual Foxpro3.0 专业版,在中文 Windows NT 操作平台上,基本实现对刀具的计划管理、调度管理、库存管理以及统计查询与信息维护功能。AMS-TMS1.0 全面刀具管理系统中一些关键技术如下。

1)刀具信息编码技术

正确的信息编码是计算机辅助技术的基础,信息的编码应符合唯一性、可扩性、适应性、稳定性、识别性和可操作性原则。为使刀具的标志和分类经济而有效地适应自动化生产的需要,就必须建立一个科学的、完整的切削刀具分类编码系统,以便:

①建立刀具准确可靠的规范和储存保管,减少刀具的库存和投资,提高经济学;

②有利于刀具的计划供应和储存保管,减少刀具的库存和投资,提高经济性;

③可以改善各部门之间信息的交换和沟通,保证刀具信息的顺利交流。

刀具编码系统发展至今已有很多种,即使国内也有不少编码系统,但它们大都是采用纯数字式编码。虽然这种编码方式简洁,易于计算机存储,但是不够直观。对使用者来说,仅从代码本身看,不知任何意义,造成在识别和使用上差错率较高。

因此,从实际使用情况出发,鉴于刀具的计算机辅助管理属于人机交互系统,AMS-TMS 1.0采用信息容量很大的线分类和面分类体系相结合、数字加字母的混合式编码技术。据此对当前比较典型的先进制造系统环境下所用刀具进行分析,将之分为七大类。下面以旋转类刀具组件为例,说明这种编码规则。表11.8和表11.9说明编码各段含义,图11.29以一铣刀举例说明。

表 11.8　整刀编码说明表(除第二代码段,即第 2、3 位)

码段序号	码段名	码段位数	定义或说明	代　码
1	主柄锥度	1	按照不同标准及锥度大小用一位数字表示,当前北京市机电研究院的加工设备主轴锥度以 BT50 为主,其他型号可按此扩充	0-BT40 1-BT45 2-BT50
2	直径	3	铣、镗类刀具取三位整数表示;钻头、普通螺纹丝锥留有一位小数;锥管、直管螺纹丝锥仍用分数表示	(铣、镗类)125～125.00 mm (螺纹、钻头)125～12.5 mm (锥、直管螺纹)3/4～3/4 mm
3	刀具旋向	1	刀具旋向分左手刀、右手刀和两方向三种	L—左手刀 R—右手刀 N—两方向
4	安装角度/刃长	2	对于面铣刀及倒角铣刀,安装角是十分重要的属性,这两种类型刀第五段代码表示安装角;其他类型刀具本段代码表示它们的刃长	面铣刀、倒角铣刀: 75—刀具安装角75度 其他类: 18—刀具刃长 18.00 mm
5	姐妹码	1	当前五段代码出现重码时,为了能唯一识别每一把刀具,可用一位姐妹码加以识别区分。姐妹码是一顺序码	用字母 A,B,C,……,依次表示,从而能唯一识别每一把刀具

表 11.9　整刀第二代码段编码说明表(第 2、3 位)

刀具类型	类型代码		定义或说明	刀具类型	类型代码		定义或说明
	第2位	第3位			第2位	第3位	
铣刀	X	M	通用面铣刀	钻头类	Z	Z	中心钻头
		D	通用端铣刀			K	扩孔钻头
		Y	玉米铣刀			J	铰刀
		Q	球头铣刀	攻丝类	G	M	普通螺纹丝锥
		S	三面刃铣刀			Z	锥管螺纹丝锥
镗刀类	T	R	粗镗刀			G	直管螺纹丝锥
		M	半精镗刀				
		P	精镗刀				

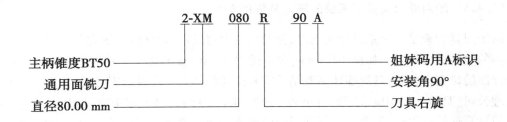

图 11.22　φ80 90°通用面铣刀（右手，主柄锥度 BT50）整刀编码实例说明

2）数据库设计技术

在研制开发刀具管理系统时，建立刀具信息数据库是基础。数据库设计阶段应首先对数据库应用领域进行深入细致的调查和分析，收集用户对数据库信息和处理功能方面的要求，设计出能充分反映用户需求的概念模式。

通过对典型先进制造系统中刀具流动情况分析可知，刀具在库房、机床、刃磨站、装调室及运输小车之间流动而形成刀具物流；其相应刀具信息则是在刀具工作站、机床数控装置以及设计工艺部门之间传输，即刀具信息流。用户对管理系统要求大致可归纳为刀具计划管理功能、调度管理功能、库存管理功能和刀具信息查询统计及维护功能等。按照以上几个功能要求对整个数据库的数据处理过程进行划分，建立多个分过程的实体联系模型（E-R 模型），通过消除其交叉冗余部分，汇总成一个总体 E-R 图模型。对其中各个实体、联系进一步分析，建立对它们进行详细描述的数据字典。至此就完成了数据库概念设计阶段，这是数据库设计中影响全局的、关系到数据库设计开发成功与否的关键环节。

由已有的概念设计，选择适当操作平台及数据系统，便可进行数据库逻辑设计，利用规范化理论将 E-R 图转换成关系数据模型，此后尚需进行物理设计以及最后数据库系统应用软件开发。

3）刀具配置策略与图形库的建立

刀具配置策略因生产任务的不同、企业规模情况而有多种选择，如①成批刀具交换法；②确定制造周期刀具共享法；③任务完成刀具迁移法；④常驻刀具法；⑤刀具驻留法。以上策略各有优缺点，应根据具体生产环节选择其中一种或两种进行刀具调度。AMS-TMS1.0 采用了③和④两种方法，将那些通用的刀具常驻机床刀库中，而对于其他一些不常用或专用刀具，一旦完成任务即回收入库，以备他用。这样的刀具调度策略既方便，又能充分地利用刀具，适合于一般中小型企业。

以前在设计中往往根据设计人员及工艺人员经验估计刀具干涉碰撞的可能性，等到图纸完成后，按照已编制好的工艺在机床上进行试切削时才能验证设计的优劣以及工艺的好坏。这样往往设计周期长，返修工作量大，代价高昂。随着 CAD/CAM 技术的发展，虚拟现实环节的不断完善，在提供了刀具实体模型的基础上就可以在计算机中通过仿真手段来不断完善设计，以验证刀具可能的干涉与碰撞。这就要求建立刀具实体图形库，实现加工过程的仿真。AMS-TMS1.0 在 Windows NT 网络平台上，利用 Pro/ENGINEER 应用软件建立了被加工零件和包括机床约束、夹具和刀具的加工环境实体模型，进行了制造加工过程的走刀仿真，并按所生产的 NC 程序完成了机床加工，达到了预期效果。

11.4.5 国内外刀具管理系统的研究及应用现状

由于刀具管理是一个系统性的问题,涉及研究内容较广,因此以往研究者一般只对其中某一方面的问题做出研究。如荷兰 Twente 大学的 R. M. Boogert 等人对刀具描述数据结构做了比较详细的研究,提出刀具的描述需要是数字和图片相结合。世界范围来看,奥地利的刀具咨询管理公司(TCM International Tool Consulting & Management)最早在 1996 年开展了系统性较强的刀具管理外包服务,至今刀具管理服务已形成一定的规模。已经有一些发展比较成熟的刀具管理系统,比较典型的如 TDMSystem(Tool Data Management System)、KATMS(Kennametal Automated Tool Management Solutions)、eTMS(Enterprise Tool Management Software)等。其软件实现、功能模块以及软件开发商见表 11.10。

在刀具管理系统应用方面,国内的李毅、杨晓等从加工费用角度,分析了刀具对生产效率的影响达 20%~30%;达世亮、张书桥等,从发动机制造业的角度,分析了刀具管理的模式、重要性以及复杂性等。在刀具管理系统平台方面,国内大部分研究也着眼于刀具管理系统的某一方面,如刀具参数数据库、刀具调度、刀具寿命等相关课题。较为系统地研究刀具管理系统的有西北工业大学,对刀具全寿命周期管理进行了研究;河北科技大学也对基于 Web 网络平台的刀具管理系统的模型做了一定的研究;上海交通大学提出了基于 B/S 机构的刀具管理,该系统以一家烟草企业现有刀具库位基础,通过企业内部局域网以及 ERP 和 PDM 的数据接口实现了与 ERP/PDM 的信息集成与整合,从软件实现方面介绍了烟草刀具管理系统。国内比较典型的刀具管理系统软件有 Smart Crib,其功能模块见表 11.10。

表 11.10 国内外典型刀具管理系统软件及相关信息

软件名称(软件提供商)	软件实现	主要功能模块
TMD System(Sandvik)	C/S 结构、支持条码识别、Oracle 数据库、Windows 平台	刀具目录、库存控制、统计、购买、刀具数据管理与企业管理系统的集成等
KATMS(Kennametal)	C/S 机构、Windows 平台、Oracle 数据库	刀具数据管理、采购决策、库存管理、分析报表、加工参数优化、加工成本控制、刀具供应商集成与企业管理系统的集成等
eTMS(Tadcon,上海诺升机械科技)	C/S 结构和 B/S 结构、支持条码识别、Oracle 等数据库、Windows平台	刀具数据库管理、刀具跟踪、库存控制、报表、采购(需求、合同、报告等)企业管理系统的集成等
Smart Crib(兰光创新)	B/S 结构、支持条码识别、MSSQL 数据库、Windows 平台	系统管理、标准数据维护、刀柄管理、附件管理、组合刀具管理、贵重刀具管理、量具管理、非标刀具设计、库房预警、自动订货功能、报表管理、友情链接

习 题 与 思 考 题

1. 数控机床工具系统的分类及特性。

2. 镗铣类模块式数控工具系统的选用原则。

3. 试述 TMG 模块式工具系统型号的表示方法,TSG 工具系统型号的表示方法。

4. 空心短锥工具系统有何特点?

5. 简述数控车削工具系统的发展。

6. 简述 CCTMS1.0 刀具管理系统的原理。

参考文献

[1] 丁晓红.机械装备结构设计[M].上海:上海科学技术出版社,2018.

[2] 邱言龙,李文菱.金属切削机床实用技术手册[M],北京:中国电力出版社,2022.

[3] 戴曙.金属切削机床[M].北京:机械工业出版社,2017.

[4] 黄开榜,张庆春,那海涛.金属切削机床[M].哈尔滨:哈尔滨工业大学出版社,2006.

[5] 武文革.现代数控机床[M].北京:国防工业出版社,2016.

[6] 王爱玲.现代数控机床[M].北京:国防工业出版社,2003.

[7] 杜君文.机械制造技术装备及设计[M].天津:天津大学出版社,2007.

[8] 罗中先,周利平,程应端.金属切削机床[M].重庆:重庆大学出版社,1997.

[9] 陈婵娟.数控车床设计[M].北京:化学工业出版社,2006.

[10] 蔡厚道,吴晔.数控机床构造[M].北京:北京理工大学出版社,2007.

[11] 周利平,尹洋,董霖.数控技术基础[M].成都:西南交通大学出版社,2011.

[12] 孙蓓,罗春阳.数控应用技术[M].北京:机械工业出版社,2018.

[13] 赵燕伟.现代数控技术与装备[M].北京:中国科技出版传媒股份有限公司,2017.

[14] 杨建军,李长河.金属切削机床设计[M].北京:电子工业出版社,2014.

[15] 王仁德,张耀满,赵春雨,赵亮.机床数控技术[M].2版.沈阳:东北大学出版社,2007.

[16] 林述温.机电装备设计[M].北京:机械工业出版社.2002.

[17] 徐宏海,等.数控机床刀具及其应用[M].北京:化学工业出版社,2005.

[18] 陈锡渠,彭晓南.金属切削原理与刀具[M].北京:北京大学出版社,2006.

[19] 邓建新,赵军.数控刀具材料选用手册[M].北京:机械工业出版社,2005.

[20] 娄锐.数控应用关键技术[M].北京:电子工业出版社,2005.

[21] 崔元刚.数控机床技术应用[M].北京:北京理工大学出版社,2006.

[22] 陈蔚芳,王洪涛.机床数控技术及应用[M].3版.北京:科学出版社,2016.

[23] 陈朴.机械制造技术基础[M].重庆:重庆大学出版社,2015.

[24] 李艳霞.镗铣类模块式数控工具系统的发展及选用[J].精密机械制造与自动化,2004(3):4.

［25］李慧.基于高速数控机床用新型工具系统特性分析［J］.机械工程师,2009(10):2.

［26］黄贯生,张永强,王笑.数控刀具管理系统的建设与发展［J］.纺织机械,2011(1):37-39.

［27］李艳霞,王晓明.数控车削工具系统的发展［J］.机械研究与应用,2004,17(5):2.

［28］周利平,李玉玲,刘小莹,陈朴.现代切削刀具［M］.重庆:重庆大学出版社,2013

［29］韩荣第.金属切削原理与刀具［M］.哈尔滨:哈尔滨工业大学出版社,2007.

［30］陈锡渠,彭晓南.金属切削原理与刀具［M］.北京:中国林业出版社,2006.